# Galois 余环理论

王栓宏　陈建龙　著

科学出版社
北京

## 内 容 简 介

本书介绍了余环和余模的基本概念、环扩张和 Galois 下降理论、缠绕结构、Morita 理论、群余环理论及其应用等. 内容由浅入深, 既有理论又有应用, 反映了近二十年来在余环和量子群理论领域的最新研究成果.

本书可供高等院校数学和数学物理专业的高年级大学生、研究生、教师以及科研人员阅读参考.

图书在版编目(CIP)数据

Galois 余环理论/王栓宏, 陈建龙著. —北京: 科学出版社, 2009

ISBN 978-7-03-025564-8

Ⅰ.G… Ⅱ.①王… ②陈… Ⅲ. 环-理论 Ⅳ. O153.3

中国版本图书馆 CIP 数据核字 (2009) 第 162921 号

责任编辑: 赵彦超 / 责任校对: 郑金红

责任印制: 张 伟 / 封面设计: 陈 敬

科学出版社出版

北京东黄城根北街 16 号

邮政编码: 100717

http://www.sciencep.com

北京建宏印刷有限公司 印刷

科学出版社发行 各地新华书店经销

*

2009 年 10 月第 一 版 开本: B5(720×1000)

2019 年 1 月第三次印刷 印张: 11 1/2

字数: 223 000

**定价: 68.00 元**

(如有印装质量问题,我社负责调换)

# 前　言

余环是指某个代数上双模范畴中的余代数. 余环的概念最早可以追溯到 1968 年 Jonah 的张量范畴中余代数的上同调的工作[118]. 到 1975 年, Sweedler 正式引进了余环的概念[212], 一方面是作为余代数概念的推广, 另一方面是作为一种工具来讨论 Jacobson-Bourbaki 定理的半对偶形式. 1981 年前后, Rojter 和 Kleiner 在他们的矩阵问题的算法工作中又用到了余环 (称为某个范畴上带有余代数的双模)[127,195]. 此后很长一段时间, 余环只有两类例子: 一类是环扩张, 另一类来自于矩阵问题 (就是现在的余矩阵余环).

20 世纪 80 年代以后, 随着量子群 (或 Hopf 代数) 理论的发展, 各类 Hopf 型模都得到研究, 例如, 分次模、Hopf 模、相关 Hopf 模、Long 模、Yetter-Drinfel'd 模和 Doi-Hopf 模等. 尤其是在 1998 年, 英国数学物理学家 Brzeziński 和 Majid 在研究非交换几何对称性时, 引进了缠绕 (entwining) 结构 [39], 并在其后的研究中发现缠绕结构上的缠绕模统一了几乎所有的 Hopf 型模. 2000 年, 日本代数学家 Takeuchi 指出缠绕模就是某种余环结构, 这些结构为余环提供了大量的例子, 由此余环成为国际数学物理方法与代数方向研究的热点之一.

本书第一作者从 2000 年开始, 每年都到国外从事相关领域的合作研究工作, 与国际同行在 Galois 余环理论方面取得了丰硕的成果. 在近二十年来 Hopf 代数与量子群及其相关的环论的研究基础上, 在余环扩张、Galois 下降理论、缠绕结构、Morita 理论、群余环理论和在物理学量子杨 -Baxter 方程的应用方面取得了一些国际领先的研究成果.

本书的目的是介绍国际前沿学科的研究动向: 各种 Hopf 代数与量子群研究的新方法 —— 余环理论, 读者可以从中领略到这一理论具有概括性强、处理问题简明和涉及面广的特点. 本书的取材具有很深的数学物理背景, 建立在作者近十几年来与国外同行专家合作研究的成果之上. 在写作方面, 本书尽量做到自成体系, 当然也假定读者已经熟悉 Hopf 代数的基本知识.

本书第 1 章由陈建龙执笔, 后 5 章由王栓宏执笔. 书中如有不足甚至错误之处, 恳请读者批评指正.

在完成这本书稿时, 第一作者首先要感谢导师许永华教授, 本书所涉及的工作是在他的指导下开始进行并取得成果的. 还要感谢与比利时 VUB 合作者 Caenepeel 教授、Vercruysse 和 Janssen 博士的讨论, 在访问美国印地安那大学期间与 Turaev 教授以及在比利时鲁汶天主教大学做博士后期间与 Van Daele 教授的讨论. 作者也借此机会感谢博士生陈菊珍、沈炳良、刘玲、郭巧玲、朱海星、马天水的认真阅读和打印工作, 尤其感谢刘玲、马天水和朱海星博士对全书的统一校对.

本书得到了国家自然科学基金项目: “Galois 群余环、等变 KO 理论和扭结量子不变量 (No. 10871042)” 和 “Faith 猜测与余环的同调理论 (No. 10571026)” 以及东南大学出版基金 (2008 年度) 的资助.

作　者

2009 年 6 月于南京

# 目　录

# 第 1 章　余环和余模

本书关于环、代数及其模上的基本知识, 可参见文献 [4, 8, 21–24, 66, 93, 209, 221], 以后章节不再提及.

## 1.1　余环的基本概念与例子

本节主要给出余环的基本概念和例子. 设 $A$ 为一个有单位元 $1_A$ 的环, 用 ${}_A\mathcal{M}_A$ 表示 $(A,A)$ 双模范畴. 我们知道 $({}_A\mathcal{M}_A, \otimes_A, A)$ 为一个张量范畴, 或称幺半 (monoidal) 范畴 [156].

**定义 1.1.1**　一个 $A$ **余环** (coring) 是范畴 $({}_A\mathcal{M}_A, \otimes_A, A)$ 中的一个余代数 (coalgebra). 具体地说, 一个 $A$ 余环 $\mathcal{C}$ 是一个 $(A,A)$ 双模且带有 $(A,A)$ 双模映射 $\Delta_\mathcal{C}: \mathcal{C} \to \mathcal{C} \otimes_A \mathcal{C}$, $\varepsilon_\mathcal{C}: \mathcal{C} \to A$, 使下面条件成立:

$$(\Delta_\mathcal{C} \otimes_A id_\mathcal{C}) \circ \Delta_\mathcal{C} = (id_\mathcal{C} \otimes_A \Delta_\mathcal{C}) \circ \Delta_\mathcal{C}, \tag{1.1}$$

$$(\varepsilon_\mathcal{C} \otimes_A id_\mathcal{C}) \circ \Delta_\mathcal{C} = id_\mathcal{C} = (id_\mathcal{C} \otimes_A \varepsilon_\mathcal{C}) \circ \Delta_\mathcal{C}, \tag{1.2}$$

这里, $id_\mathcal{C}$ 表示 $\mathcal{C}$ 上的恒等映射 [32,34,41]. $\Delta_\mathcal{C}$ 称为**余乘或余积** (comultiplication), $\varepsilon_\mathcal{C}$ 称为**余单位**(counit). 本书将采用简化的 Sweedler-Heyneman 记号 [1,213], 即对任意 $c \in \mathcal{C}$,

$$\Delta_\mathcal{C}(c) = c_{(1)} \otimes_A c_{(2)} \text{ 或 } \Delta_\mathcal{C}(c) = \sum c_1 \otimes c_2.$$

如果存在一个元素 $g \in \mathcal{C}$ 使得 $\Delta_\mathcal{C}(g) = g \otimes_A g$ 且 $\varepsilon_\mathcal{C}(g) = 1_A$, 则称 $g$ 为 $A$ 余环的一个**群像元素**(group-like)[33]. 所有群像元素集合记为 $G(\mathcal{C})$.

**例 1.1.2**　一个环 $A$ 是一个 $A$ 余环, 带有自然同构 $\Delta_A : A \xrightarrow{\simeq} A \otimes_A A$ 与恒等映射 $\varepsilon_A = id : A \to A$.

**例 1.1.3**　设 $\{G, \leqslant\}$ 为预序集 (即满足反身性和传递性), 且 $G$ 为局部有限, 即若 $x \leqslant y$, 则只有有限多个 $z$ 使 $x \leqslant z \leqslant y$. 对任意环 $A$, 令 $\mathcal{C} = A^{(\leqslant)}$(因为 $\leqslant \subseteq G \times G$) 为自由左 $A$ 模具有基 $\leqslant$, 且 $\mathcal{C}$ 可以被看成 $(A,A)$ 双模:

$$a\left(\sum a_\lambda(g_\lambda, h_\lambda)\right) = \sum a a_\lambda(g_\lambda, h_\lambda),$$
$$\left(\sum a_\lambda(g_\lambda, h_\lambda)\right) b = \sum a_\lambda b(g_\lambda, h_\lambda),$$

对任意 $(g_\lambda, h_\lambda) \in \leqslant$, $a_\lambda, a, b \in A$.

定义下面余乘与余单位映射 (它们都是 $(A,A)$ 双模映射):

$$\Delta_{\mathcal{C}}:\mathcal{C}\to\mathcal{C}\otimes_A\mathcal{C},\quad (g,h)\mapsto\sum_{g\leqslant f\leqslant h}(g,f)\otimes(f,h),$$
$$\varepsilon_{\mathcal{C}}:\mathcal{C}\to A,\quad (g,h)\mapsto\delta_{g,h},\quad \forall (g,h)\in\leqslant,$$

这里 $\delta_{g,h}$ 为 Kronecker 符号. 则 $\leqslant$ 的传递性可推出 $\Delta_{\mathcal{C}}$ 为余结合的, $\leqslant$ 的自反性可推出 $\varepsilon_{\mathcal{C}}$ 为余单位. 因此 $\mathcal{C}$ 为 $A$ 余环. 注意, $\mathcal{C}$ 是由 $A$ 生成的 $A$ 双模.

**例 1.1.4**　在例 1.1.3 中, 令 $\leqslant=\{(g,g)\mid g\in G\}$, 则有集合上的群像余环. 对任意集合 $G$, 则 $\mathcal{C}=A^{(G)}$ 为 $A$ 余环, 结构映射定义成下面的群像元素:

$$\Delta_{\mathcal{C}}:\mathcal{C}\to\mathcal{C}\otimes_A\mathcal{C},\quad g\mapsto g\otimes g,$$
$$\varepsilon_{\mathcal{C}}:\mathcal{C}\to A,\quad g\mapsto 1_A,\quad \forall g\in G.$$

**例 1.1.5**　设 $A,B$ 为环. $P$ 为 $(B,A)$ 双模且作为右 $A$ 模为有限生成投射的. 令 $\{p_i\}_{i=1,\cdots,n}, p_i\in P$ 和 $\{\pi_i\}_{i=1,\cdots,n}, \pi_i\in P^*=\mathrm{Hom}_A(P,A)$ 为 $P_A$ 的对偶基. 则存在一个 $(B,B)$ 双模同构

$$P\otimes_B P^*\to\mathrm{End}_A(P),\quad p\otimes f\mapsto[q\mapsto pf(q)],$$

于是 $P^*\otimes_B P$ 可以构成一个 $A$ 余环, 其 $(A,A)$ 双模结构是常规的定义. 余乘和余单位定义如下:

$$\underline{\Delta}:P^*\otimes_B P\to(P^*\otimes_B P)\otimes_A(P^*\otimes_B P),$$
$$f\otimes p\mapsto\sum_i f\otimes p_i\otimes\pi_i\otimes p,$$
$$\underline{\varepsilon}:P^*\otimes_B P\to A,\quad f\otimes p\mapsto f(p).$$

作为一个特殊情况, 考虑 $(A,A)$ 双模 $P=A^n$, 对 $n\in\mathbb{N}$. 则 $P^*\otimes_A P\cong M_n(A)$(作为环). 这就得到矩阵余环 (见例 1.1.6), 而这也可以由例 1.1.3 结构导出.

**例 1.1.6**[46,84]　设 $\{e_{ij}\}_{1\leqslant i,j\leqslant n}$ 为矩阵 $M_n(A)$ 的标准 $A$ 基. 定义

$$\underline{\Delta}:M_n(A)\to M_n(A)\otimes_A M_n(A),$$
$$e_{ij}\mapsto\sum_k e_{ik}\otimes e_{kj},$$
$$\underline{\varepsilon}:M_n(A)\to A,\quad e_{ij}\mapsto\delta_{ij}.$$

称这个 $A$ 余环为$A$ **上的** $(n,n)$ **矩阵余环或余矩阵余环** (comatrix), 记为 $M_n^{\mathcal{C}}(A)$.

**定义 1.1.7**[37,51]　设 $A$ 和 $D$ 分别为某个域 $k$ 上的结合代数和余结合余代数. 称一个 $A$ 余环 $\mathcal{C}$ 为**通过** $A$ **与** $D$ **可分**(factorizes through $A$ and $D$), 如果 $\mathcal{C}=A\otimes D$ 且下面条件成立:

$$a(b \otimes d) = ab \otimes d, \tag{1.3}$$

$$\Delta_{\mathcal{C}}(a \otimes d) = (a \otimes d_{(1)}) \otimes_A (1 \otimes d_{(2)}), \tag{1.4}$$

$$\varepsilon_{\mathcal{C}}(a \otimes d) = \varepsilon_D(d)a, \tag{1.5}$$

对任意的 $a, b \in A, d \in D$.

**例 1.1.8** 设 $\varphi : B \to A$ 为任意环扩张. 那么 $\mathcal{C} = A \otimes_B A$ 可以构成一个 $A$ 余环, 余积和余单位分别定义为

$$\Delta_{\mathcal{C}} : A \otimes_B A \to (A \otimes_B A) \otimes_A (A \otimes_B A) \cong A \otimes_B \otimes A \otimes_B A,$$

$$a \otimes_B b \mapsto (a \otimes_B 1) \otimes_A (1 \otimes_B b) = a \otimes_B 1 \otimes_B b,$$

$$\varepsilon_{\mathcal{C}} : A \otimes_B A \to A, \quad a \otimes_B b \mapsto ab.$$

**例 1.1.9** 设 $G$ 为有限群带有单位元 $e$, $A$ 为 (左)$G$ 模代数. 令 $\mathcal{C} = \bigoplus_{\sigma \in G} A\nu_\sigma$ 为左自由 $A$ 模, 其自由基的指标集合为 $G$, 则 $\mathcal{C}$ 构成右 $A$ 模, 模结构为 $\nu_\sigma a = \sigma(a)\nu_\sigma$. 进一步, $\mathcal{C}$ 构成一个 $\mathcal{C}$ 为 $A$ 余环, 其中, $\mathcal{C}$ 上的余积为

$$\Delta_{\mathcal{C}}(a\nu_\sigma) = \sum_{\tau \in G} a\nu_\tau \otimes_A \nu_{\tau^{-1}\sigma};$$

$\mathcal{C}$ 上余单位为

$$\varepsilon_{\mathcal{C}} : \mathcal{C} \longrightarrow A, A\nu_\sigma \longmapsto \begin{cases} 0, & \sigma \neq e, \\ A, & \sigma = e. \end{cases}$$

**例 1.1.10** 设 $G$ 为任意群, $A$ 为 $G$ 分次代数, 令 $\mathcal{C} = \bigoplus_{\sigma \in G} A\mu_\sigma$ 为左自由 $A$ 模, 则 $\mathcal{C}$ 构成 $A$ 余环, 其中, 右 $A$ 模结构为 $\mu_\sigma a = \sum_{\tau \in G} a_\tau \mu_{\sigma\tau}$; 余积和余单位分别为 $\Delta_{\mathcal{C}}(\mu_\sigma a) = \mu_\sigma \otimes_A \mu_\sigma$ 和 $\varepsilon_{\mathcal{C}}(\mu_\sigma) = 1$.

**例 1.1.11**[109,168,213] 设 $H$ 为一个域 $k$ 上的双代数, $A$ 为右 $H$ 余模代数. 令 $\mathcal{C} = A \otimes H$, 则 $\mathcal{C}$ 具有 $(A, A)$ 双模结构: $a'(b \otimes h)a = a'ba_{(0)} \otimes ha_{(1)}$, 对任意 $a, a', b \in A, h \in H$, 这里, $\rho_A : A \longrightarrow A \otimes_k H$ 表示 $A$ 的右 $H$ 余模代数结构, 采用简化的 Sweedler-Heyneman 记号为 $\rho_A(a) = a_{(0)} \otimes a_{(1)}$, 对任意 $a \in A$.

注意到 $(A \otimes H) \otimes_A (A \otimes H) \cong A \otimes H \otimes H$, 则 $\mathcal{C}$ 为 $A$ 余环, 带有余积和余单位 $\Delta_{\mathcal{C}} = I_A \otimes \Delta_H; \varepsilon_{\mathcal{C}} = I_A \otimes \varepsilon_H$.

## 1.2 余模的基本概念与例子

本节主要介绍余环上的余模的概念和性质 [32,34,41,106,107], 并讨论其简单的性质. 始终假设 $\mathcal{C}$ 为一个 $A$ 余环.

**定义 1.2.1** 设 $M$ 是右 $A$ 模. 称 $M$ 为一个右 $\mathcal{C}$ **余模** (comodule), 如果存在一个 $A$ 线性映射 $\rho^M : M \longrightarrow M \otimes_A \mathcal{C}$ 使得下面条件成立:

$$(I_M \otimes \Delta_{\mathcal{C}}) \circ \rho^M = (\rho^M \otimes I_{\mathcal{C}}) \circ \rho^M \quad 和 \quad (I_M \otimes \varepsilon) \circ \rho^M = I_M.$$

对任意 $m \in M$, 记 $\rho^M(m) = m_{\underline{0}} \otimes m_{\underline{1}}$. 则上面的条件可分别表示为

$$\rho^M(m_{\underline{0}}) \otimes m_{\underline{1}} = m_{\underline{0}} \otimes \underline{\Delta}(m_{\underline{1}}) = m_{\underline{0}} \otimes m_{\underline{1}} \otimes m_{\underline{2}} \quad 和 \quad m = m_{\underline{0}} \otimes \underline{\varepsilon}(m_{\underline{1}}),$$

且分别称为**余结合性**(coassociativity) 和**余单位性条件**(counity).

**定义 1.2.2**　设 $M, N$ 为右 $\mathcal{C}$ 余模. 一个右 $\mathcal{C}$ **余模同态**(comodule map) 是一个 $A$ 线性映射 $f: M \longrightarrow N$, 且满足下面条件:

$$\rho^N \circ f = (f \otimes I_{\mathcal{C}}) \circ \rho^M,$$

即对任意 $m \in M$, 有 $f(m)_{\underline{0}} \otimes f(m)_{\underline{1}} = f(m_{\underline{0}}) \otimes m_{\underline{1}}$.

也称余模同态为 $\mathcal{C}$ **余线性的**(colinear). 从余模 $M$ 到 $N$ 的 $\mathcal{C}$ 余模态同态 $\mathrm{Hom}^{\mathcal{C}}(M, N)$ 是一个 Abel 群, 由定义知, 它被下面右 $k$ 模范畴 $\mathcal{M}_k$(即域 $k$ 上的向量空间范畴) 中的正合列决定:

$$0 \to \mathrm{Hom}^{\mathcal{C}}(M, N) \to \mathrm{Hom}_A(M, N) \xrightarrow{\gamma} \mathrm{Hom}_A(M, N \otimes_A \mathcal{C}),$$

其中 $\gamma(f) = \rho^N \circ f - (f \otimes I_{\mathcal{C}}) \circ \rho^M$.

右 $\mathcal{C}$ 余模和余模同态范畴记为 $\mathcal{M}^{\mathcal{C}}$. 由于 $\mathrm{Hom}^{\mathcal{C}}(M, N)$ 是一个 Abel 群, 所以 $\mathcal{M}^{\mathcal{C}}$ 是一个预加法范畴.

相似地, 可以定义左 $\mathcal{C}$ 余模和左 $\mathcal{C}$ 余模同态. 左 $\mathcal{C}$ 余模范畴记为 ${}^{\mathcal{C}}\mathcal{M}$. 令 $M$ 是一个左 $\mathcal{C}$ 余模, 记左 $\mathcal{C}$ 余作用 $M_\rho$ 为: 对任意的 $m \in M$,

$${}^M\rho(m) = m_{\underline{(-1)}} \otimes m_{\underline{0}}.$$

**定义 1.2.3**　设 $M$ 是一个 $(A, A)$ 双模, 并且 $M$ 是一个右 $\mathcal{C}$ 余模带有右余作用 $\rho^M: M \longrightarrow M \otimes_A \mathcal{C}$ 和一个左 $\mathcal{C}$ 余模带有左余作用 ${}^M\rho: M \longrightarrow \mathcal{C} \otimes_A M$. 称 $M$ 为一个 $(\mathcal{C}, \mathcal{C})$ **双余模** (bicomodule), 如果它满足相容条件:

$$(I_{\mathcal{C}} \otimes \rho^M) \circ {}^M\rho = ({}^M\rho \otimes I_{\mathcal{C}}) \circ \rho^M.$$

一个既是左余线性又是右余线性的映射 $f: M \longrightarrow N$ 称为双余模映射. $(\mathcal{C}, \mathcal{C})$ 双余模范畴记为 ${}^{\mathcal{C}}\mathcal{M}^{\mathcal{C}}$.

**定义 1.2.4**　设 $M$ 是右 $\mathcal{C}$ 余模. 一个 $A$ 子模 $K \subseteq M$ 称为 $M$ 的一个 $\mathcal{C}$ **子余模** (subcomodule), 如果 $K$ 有右余模结构并且嵌入映射是余模同态. 一个 $\mathcal{C}$ 纯 $A$ 子模 $K \subset M$ 是 $M$ 的子模, 如果 $\rho^K(K) \subset K \otimes_A \mathcal{C} \subset N \otimes_A \mathcal{C}$. 注意, 一个余模同态 $f: M \longrightarrow N$ 在 $\mathcal{M}_A$ 中的核 $K$ 不一定是 $M$ 的一个子余模, 除非它是 $\mathcal{C}$ 纯 $A$ 子模.

**例 1.2.5**　把 $A$ 看作平凡 $A$ 余环 (见例 1.1.2). 令 $M$ 为右 $A$ 模. 由标准同构 $M \otimes_A A \cong M$, $M$ 上的右 $A$ 余作用等同于 $M$ 上的右 $A$ 模自同态. 任何这样的自同态 $\rho^M \in \mathrm{End}_A(M)$ 是余结合的, 而余单位性需要 $\rho^M = I_M$. 因此, 右 $A$ 余模范

畴 $\mathcal{M}^A$ 等同于右 $A$ 模范畴 $\mathcal{M}_A$. 相似地, 左 $A$ 余模范畴 ${}^A\mathcal{M}$ 等同于左 $A$ 模范畴 ${}_A\mathcal{M}$, $(A,A)$ 双余模范畴即 ${}_A\mathcal{M}_A$.

下面性质可参见文献 [14, 18, 41]

**性质 1.2.6** 假设 $\mathcal{C}$ 作为左 $A$ 模是平坦的. 那么

(1) 任何 $N \in \mathcal{M}^{\mathcal{C}}$ 是单的当且仅当 $N$ 有非平凡子余模.

(2) 对 $N \in \mathcal{M}^{\mathcal{C}}$, 下述结论等价:

(a) $N$ 是半单的 (在 $\mathcal{M}^{\mathcal{C}}$ 中).

(b) $N$ 的子余模都是直和项.

(c) $N$ 是单子余模的和.

(d) $N$ 是单子余模的直和.

## 1.3 $\mathcal{C}$ 余模和 $\mathcal{C}^*$ 模

设$(\mathcal{C},\Delta,\varepsilon)$为一个$A$ 余环. 本节主要讨论 $\mathcal{C}$ 余模和 $\mathcal{C}^*$ 模之间的关系 [4,41,84,85,274].

设 $\mathcal{C}^* = \mathrm{Hom}_A(\mathcal{C},A)$, ${}^*\mathcal{C} = {}_A\mathrm{Hom}(\mathcal{C},A)$, ${}^*\mathcal{C}^* = {}_A\mathrm{Hom}_A(\mathcal{C},A) = {}^*\mathcal{C}\cap\mathcal{C}^*$. 用 $Z(R)$ 表示任意一个环 $R$ 的中心. 一个 $A$ 模 $N$ 称为 $M$ **生成的**, 如果存在一个满同态: $M^I \longrightarrow N$ 对某个集合 $I$; 一个 $A$ 模 $N$ 称为 $M$ **子生成的**, 如果它同构于 $M$ 生成模的一个子模. 用 $\sigma[M]$ 表示范畴 ${}_A\mathcal{M}$ 的全子范畴, 其对象都是所有 $M$ 的子生成模. 范畴及函子基础知识可参见文献 [56, 110, 183, 196, 202].

**命题 1.3.1** (1) $\mathcal{C}^*$ 是一个具有单位 $\varepsilon$ 的结合环, 其乘积定义为

$$f *^r g(c) = g(f(c_{(1)})c_{(2)}),$$

对任意 $f,g\in\mathcal{C}^*, c\in\mathcal{C}$, 且存在一个环反同态: $i_R: A \longrightarrow \mathcal{C}^*, a\mapsto \varepsilon(a\cdot)$.

(2) ${}^*\mathcal{C}$ 是一个具有单位 $\varepsilon$ 的结合环, 其乘积定义为

$$f *^l g(c) = f(c_{(1)}g(c_{(2)})),$$

对任意 $f,g\in\mathcal{C}^*, c\in\mathcal{C}$, 且存在一个环反同态: $i_L: A \longrightarrow {}^*\mathcal{C}, a\mapsto \varepsilon(\cdot a)$.

(3) ${}^*\mathcal{C}^*$ 是一个具有单位 $\varepsilon$ 的结合环, 其乘积定义为

$$f * g(c) = f(c_{(1)}g(c_{(2)}),$$

对任意 $f,g\in\mathcal{C}^*, c\in\mathcal{C}$.

证明可参见文献 [41].

**命题 1.3.2** 任何 $M \in \mathcal{M}^{\mathcal{C}}$ 是一个左 ${}^*\mathcal{C}$ 模, 其中模作用为

$$\rightharpoonup: {}^*\mathcal{C}\otimes_R M \longrightarrow M, \quad f\otimes m\mapsto (I_M\otimes f)\circ\rho^M(m).$$

任何 $\mathcal{M}^{\mathcal{C}}$ 中态射 $h: M\longrightarrow N$ 是左 ${}^*\mathcal{C}$ 模态射, 因此

$$\mathrm{Hom}^{\mathcal{C}}(M,N) \subset {}_{^*\mathcal{C}}\mathrm{Hom}(M,N),$$

并且有忠实函子 $\mathcal{M}^{\mathcal{C}} \longrightarrow \sigma[{}_{^*\mathcal{C}}\mathcal{C}] \subset {}_{^*\mathcal{C}}\mathcal{M}$.

**证明**　由左 $^*\mathcal{C}$ 模的定义, 对 $f, g \in {}^*\mathcal{C}$ 和 $m \in M$, 作用 $f \rightharpoonup (g \rightharpoonup m)$ 和 $(f *^l g) \rightharpoonup m$ 分别是下图上行映射的合成与下行映射的合成:

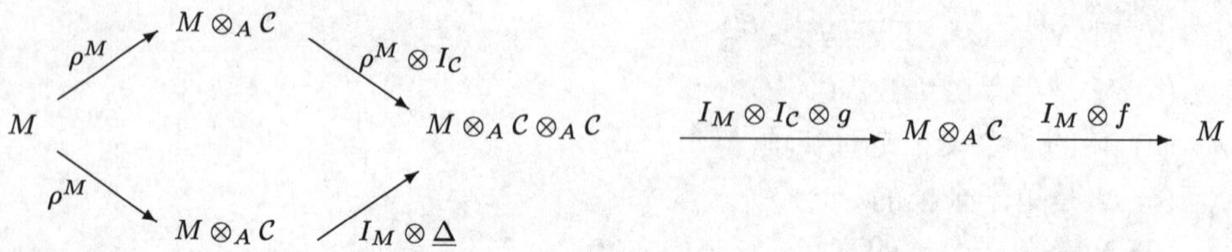

$$\begin{array}{ccccc} & & M\otimes_A\mathcal{C} & & \\ & \overset{\rho^M}{\nearrow} & & \overset{\rho^M\otimes I_{\mathcal{C}}}{\searrow} & \\ M & & & & M\otimes_A\mathcal{C}\otimes_A\mathcal{C} \xrightarrow{I_M\otimes I_{\mathcal{C}}\otimes g} M\otimes_A\mathcal{C} \xrightarrow{I_M\otimes f} M \\ & \underset{\rho^M}{\searrow} & & \underset{I_M\otimes\underline{\Delta}}{\nearrow} & \\ & & M\otimes_A\mathcal{C} & & \end{array}$$

显然, 对任意的 $m \in M$, $\underline{\varepsilon} \rightharpoonup m = m$, 因此 $M$ 是一个左 $^*\mathcal{C}$ 模. 剩余部分易证. □

为确保 $\mathcal{M}^{\mathcal{C}}$ 是 ${}_{^*\mathcal{C}}\mathcal{M}$ 的满子范畴, 需要如下定义:

**定义 1.3.3**　一个 $A$ 余环 $\mathcal{C}$ 称为满足左 $\alpha$ **条件**, 如果对任意 $N \in \mathcal{M}_A$, 映射

$$\alpha_N : N \otimes_A \mathcal{C} \longrightarrow \mathrm{Hom}_A({}^*\mathcal{C}, N), \quad n \otimes c \mapsto [f \mapsto nf(c)]$$

是内射的.

**性质 1.3.4**　下面的叙述等价:

(1) $\mathcal{C}$ 满足左 $\alpha$ 条件.

(2) 对于 $N \in \mathcal{M}_A$ 和 $u \in N \otimes_A \mathcal{C}$, 对所有的 $f \in {}^*\mathcal{C}$, $(I_N \otimes f)(u) = 0$ 蕴含着 $u = 0$.

(3) $\mathcal{C}$ 作为左 $A$ 模是局部投射的.

**注 1.3.5**　左 $\alpha$ 条件保证 $\mathcal{C}$ 作为左 $A$ 模是平坦的并且由 $A$ 余生成. 对称地, 可以定义右 $\alpha$ **条件**, 并且也有相应的结论.

下面命题 1.3.6–1.3.18 的证明参见文献 [41, 213].

**命题 1.3.6**　对 $\mathcal{C}$, 下述结论等价:

(1) $\mathcal{M}^{\mathcal{C}} = \sigma[{}_{^*\mathcal{C}}\mathcal{C}]$.

(2) $\mathcal{M}^{\mathcal{C}}$ 是 ${}_{^*\mathcal{C}}\mathcal{M}$ 的满子范畴.

(3) 对所有的 $M, N \in \mathcal{M}^{\mathcal{C}}$, $\mathrm{Hom}^{\mathcal{C}}(M,N) = {}_{^*\mathcal{C}}\mathrm{Hom}(M,N)$.

(4) $\mathcal{C}$ 满足左 $\alpha$ 条件.

(5) 对 $n \in N$, 每一个 $\mathcal{C}^n$ 左 $^*\mathcal{C}$ 子模是 $\mathcal{C}^n$ 的子余模.

如果这些条件成立, 则嵌入函子 $\mathcal{M}^{\mathcal{C}} \longrightarrow {}_{^*\mathcal{C}}\mathcal{M}$ 有右伴随, 并且对任意一族 $A$ 模 $\{M_\lambda\}_\Lambda$,

$$\left(\prod_\Lambda M_\lambda\right) \otimes_A \mathcal{C} \cong \prod_\Lambda^{\mathcal{C}} (M_\lambda \otimes_A \mathcal{C}) \subset \prod_\Lambda (M_\lambda \otimes_A \mathcal{C}),$$

其中 $\prod^{\mathcal{C}}$ 表示 $\mathcal{M}^{\mathcal{C}}$ 中的积.

**命题 1.3.7** 假设 $\mathcal{C}$ 满足左 $\alpha$ 条件. 对 $\mathcal{M}_A$ 中的一个对象 $M$, 考虑任意 $A$ 线性映射 $\rho: M \longrightarrow M \otimes_A \mathcal{C}$. 定义 $M$ 上的一个左 ${}^*\mathcal{C}$ 作用

$$\rightharpoonup: {}^*\mathcal{C} \otimes_R M \longrightarrow M, \quad f \otimes m \mapsto (I_M \otimes f) \circ \rho(m).$$

则下述结论等价:

(1) $\rho$ 是余结合和余单位的 (见定义 1.2.1).

(2) $(M, \rightharpoonup)$ 是一个 (单位) ${}^*\mathcal{C}$ 模.

**命题 1.3.8** (1) 任何 $M \in {}^{\mathcal{C}}\mathcal{M}$ 是一个右 $\mathcal{C}^*$ 模, 其中模作用为

$$\leftharpoonup: M \otimes_R \mathcal{C}^* \longrightarrow M, \quad m \otimes f \mapsto (f \otimes I_M) \circ {}^M\rho(m).$$

(2) 任何 ${}^{\mathcal{C}}\mathcal{M}$ 中态射 $h: M \longrightarrow N$ 是右 $\mathcal{C}^*$ 模态射, 因此

$${}^{\mathcal{C}}\mathrm{Hom}(M, N) \subset \mathrm{Hom}_{\mathcal{C}^*}(M, N),$$

并且有忠实函子 ${}^{\mathcal{C}}\mathcal{M} \longrightarrow \sigma[\mathcal{C}_{\mathcal{C}^*}]$.

(3) $\mathcal{C}$ 满足右 $\alpha$ 条件当且仅当 ${}^{\mathcal{C}}\mathcal{M} = \sigma[\mathcal{C}_{\mathcal{C}^*}]$.

**命题 1.3.9** (1) $\mathcal{M}^{\mathcal{C}} = {}_{^*\mathcal{C}}\mathcal{M}$.

(2) 函子 $- \otimes_A \mathcal{C}: \mathcal{M}_A \longrightarrow {}_{^*\mathcal{C}}\mathcal{M}$ 有左伴随.

(3) ${}_A\mathcal{C}$ 是有限生成投射的.

(4) ${}_A\mathcal{C}$ 是局部投射的并且作为右 $\mathcal{C}^*$ 模 $\mathcal{C}$ 是有限生成的.

对 $R$ 代数 $A, B$, 令 $P \in {}_B\mathcal{M}_A$, $P_A$ 是有限生成投射的且有对偶基 $\{p_i\}_{i=1,\cdots,n}$, $p_i \in P$ 和 $\{\pi_i\}_{i=1,\cdots,n}, \pi_i \in P^* = \mathrm{Hom}(P, A)$. 考虑 $P^* \otimes_B P$ 为 $A$ 余环, 有同构 ${}^*(P^* \otimes_B P) \cong {}_B\mathrm{End}(P)$. 直接可以验证 $P$ 是右 $P^* \otimes_B P$ 余模, 余模映射为

$$\rho^P: P \longrightarrow P \otimes_A \otimes P^* \otimes_B P, \quad p \mapsto \sum_i p_i \otimes \pi_i \otimes p,$$

并且作为右余模 $P$ 生成 $P^* \otimes_B P$. 因此, $P$ 是右 ${}_B\mathrm{End}(P)$ 模并且有忠实函子 $\mathcal{M}^{P^* \otimes_B P} \longrightarrow \sigma[P_{{}_B\mathrm{End}(P)}]$.

**命题 1.3.10** (1) 如果 ${}_BP$ 是平坦的, 那么 $\mathcal{M}^{P^* \otimes_B P}$ 是一个 Abel 范畴.

(2) 如果 ${}_BP$ 是局部投射的, 那么 $\mathcal{M}^{P^* \otimes_B P} = \sigma[P_{{}_B\mathrm{End}(P)}]$.

(3) 如果 ${}_BP$ 是有限生成投射的, 那么 $\mathcal{M}^{P^* \otimes_B P} = \mathcal{M}_{{}_B\mathrm{End}(P)}$.

**命题 1.3.11** 假设 $\mathcal{C}$ 满足左 $\alpha$ 条件. 则对 $Q \in \mathcal{M}^{\mathcal{C}}$, 下述结论等价:

(1) $Q$ 在 $\mathcal{M}^{\mathcal{C}}$ 中是内射的.

(2) 函子 $\mathrm{Hom}^{\mathcal{C}}(-, Q): \mathcal{M}^{\mathcal{C}} \longrightarrow \mathcal{M}_R$ 是正合函子.

(3) $Q$ 作为左 $\mathcal{C}^*$ 模是 $\mathcal{C}$ 内射的.

(4) 对每一个 (有限生成) 子余模 $N \subset \mathcal{C}$, $Q$ 是 $N$ 内射的.

(5) 每一个 $\mathcal{M}^{\mathcal{C}}$ 中正合列 $0 \to Q \to N \to L \to 0$ 可裂.

**命题 1.3.12**　假设 $\mathcal{C}$ 满足左 $\alpha$ 条件. 则对 $P \in \mathcal{M}^{\mathcal{C}}$, 下述结论等价:
(1) $P$ 在 $\mathcal{M}^{\mathcal{C}}$ 中是投射的.
(2) 函子 $\mathrm{Hom}^{\mathcal{C}}(P,-):\mathcal{M}^{\mathcal{C}} \longrightarrow \mathcal{M}_R$ 是正合函子.
(3) 对任何指标集 $\Lambda$, $P$ 是 $\mathcal{C}^{\Lambda}$ 投射的.
(4) 每一个 $\mathcal{M}^{\mathcal{C}}$ 中正合列 $0 \to K \to N \to P \to 0$ 可裂.
如果 $P$ 在 ${}_{^*\mathcal{C}}\mathcal{M}$ (或 $\mathcal{M}_A$) 中有限生成, 那么 (1) ~ (4) 等价于
(5) $P$ 作为 ${}^*\mathcal{C}$ 模是 $\mathcal{C}$ 投射的.
(6) 每一个 $\mathcal{M}^{\mathcal{C}}$ 中使得 $K' \subset \mathcal{C}$ 的正合列 $0 \to K' \to N \to P \to 0$ 可裂.

**命题 1.3.13**　$\mathcal{C}$ 可以构成一个 $({}^*\mathcal{C},\mathcal{C}^*)$ 双模, 其左右模作用分别为

$$\rightharpoonup: {}^*\mathcal{C}\otimes_R \mathcal{C} \longrightarrow \mathcal{C}, \quad f\otimes c \mapsto f \rightharpoonup c = (I_{\mathcal{C}} \otimes f)\circ \underline{\Delta}(c) = \sum c_{\underline{1}} f(c_{\underline{2}})$$

和

$$\leftharpoonup: \mathcal{C}\otimes_R \mathcal{C}^* \longrightarrow \mathcal{C}, \quad c\otimes g \mapsto c \leftharpoonup g = (g \otimes I_{\mathcal{C}})\circ \underline{\Delta}(c) = \sum g(c_{\underline{1}}) c_{\underline{2}}.$$

(1) 对任意的 $f \in {}^*\mathcal{C}, g\in \mathcal{C}^*$ 和 $c \in \mathcal{C}$, 有

$$(f \rightharpoonup c) \leftharpoonup g = f \rightharpoonup (c \leftharpoonup g) \text{ 和 } g(f \rightharpoonup c) = f(c \leftharpoonup g).$$

(2) $\mathcal{C}$ 作为左 ${}^*\mathcal{C}$ 和 $\mathcal{C}^*$ 模是忠实的.

(3) 如果作为左 $A$ 模 $\mathcal{C}$ 是由 $A$ 余生成的, 那么对所有的 $f \in Z({}^*\mathcal{C}), c\in\mathcal{C}$, 有 $f \rightharpoonup c = c \leftharpoonup f$ 和 $Z({}^*\mathcal{C}) \subset Z(\mathcal{C}^*)$.

(4) 如果作为 $(A,A)$ 双模 $\mathcal{C}$ 是由 $A$ 余生成的, 那么对所有的 $f\in Z({}^*\mathcal{C}^*), c\in\mathcal{C}$, 有 $f \rightharpoonup c = c \leftharpoonup f$ 和 $Z({}^*\mathcal{C}) = Z({}^*\mathcal{C}^*) = Z(\mathcal{C}^*)$.

(5) 如果 $\mathcal{C}$ 满足左右 $\alpha$ 条件, 那么 $\mathcal{C}$ 是平衡 $({}^*\mathcal{C},\mathcal{C}^*)$ 双模, 即

$${}_{^*\mathcal{C}}\mathrm{End}(\mathcal{C}) = \mathrm{End}^{\mathcal{C}}(\mathcal{C}) \cong \mathcal{C}^*, \quad \mathrm{End}_{^*\mathcal{C}}(\mathcal{C}) = {}^{\mathcal{C}}\mathrm{End}(\mathcal{C}) \cong {}^*\mathcal{C}$$

和

$${}_{^*\mathcal{C}}\mathrm{End}_{\mathcal{C}^*}(\mathcal{C}) = {}^{\mathcal{C}}\mathrm{End}^{\mathcal{C}}(\mathcal{C}) \cong Z(\mathcal{C}^*) = Z({}^*\mathcal{C}).$$

这种情况下, 一个左右纯 $(A,A)$ 子双模 $D\subset\mathcal{C}$ 是一个**子余环** (subcoring) 当且仅当 $D$ 是一个 $({}^*\mathcal{C},\mathcal{C}^*)$ 子双模.

**注 1.3.14**　假设作为左 $A$ 模 $\mathcal{C}$ 是由 $A$ 余生成的. 那么对任意幂等元 $e \in Z({}^*\mathcal{C})$, $e \rightharpoonup \mathcal{C}$ 是一个 $A$ 余环, 并且映射 $e \rightharpoonup: \mathcal{C} \longrightarrow e \rightharpoonup \mathcal{C}$ 和嵌入映射 $e \rightharpoonup \mathcal{C} \longrightarrow \mathcal{C}$ 都是余环态射.

**定理 1.3.15**　(1) 假设 $\mathcal{C}$ 满足左 $\alpha$ 条件, $M \in \mathcal{M}^{\mathcal{C}}$. 那么 $M$ 的每一个有限子集包含在 $M$ 的一个子余模中, 该子余模作为右 $A$ 模是有限生成的. 特别地, 极小 ${}^*\mathcal{C}$ 子模作为右 $A$ 模是有限生成的.

(2) 假设 $\mathcal{C}$ 满足左右 $\alpha$ 条件. 那么 $\mathcal{C}$ 的每一个有限子集包含在一个 $({}^*\mathcal{C},\mathcal{C}^*)$ 子双模中, 该子双模作为 $(A,A)$ 双模是有限生成的. 特别地, 极小 $({}^*\mathcal{C},\mathcal{C}^*)$ 子双模作为 $(A,A)$ 双模是有限生成的.

**命题 1.3.16** 下述结论等价:

(1) $\mathcal{C}$ 是半单的右 $\mathcal{C}$ 余模.

(2) ${}_A\mathcal{C}$ 是平坦的并且 $\mathcal{C}$ 的每一个右子余模是直和项.

(3) ${}_A\mathcal{C}$ 是平坦的并且 $\mathcal{C}$ 单右余模的 (直) 和.

(4) ${}_A\mathcal{C}$ 是平坦的并且 $\mathcal{M}^{\mathcal{C}}$ 中每一个余模都是半单的.

(5) ${}_A\mathcal{C}$ 是平坦的并且 $\mathcal{M}^{\mathcal{C}}$ 中每一个短正合列可裂.

(6) ${}_A\mathcal{C}$ 是平坦的并且 $\mathcal{M}^{\mathcal{C}}$ 中每一个余模都是投射的.

(7) ${}_A\mathcal{C}$ 是投射的并且 $\mathcal{C}$ 是半单左 ${}^*\mathcal{C}$ 模.

(8) $\mathcal{M}^{\mathcal{C}}$ 中每一个余模是 $(\mathcal{C})$ 内射的.

(9) $\mathcal{C}$ 是单余环的直和即是右 (左) 半单的.

(10) $\mathcal{C}_A$ 是投射的并且 $\mathcal{C}$ 是半单右 $\mathcal{C}^*$ 模.

(11) $\mathcal{C}$ 是半单左 $\mathcal{C}$ 余模.

**命题 1.3.17** 下述结论等价:

(1) $\mathcal{C}$ 是单余环即是右半单的.

(2) 在 ${}_A\mathcal{M}$ 中 $\mathcal{C}$ 是投射的并且是带有一个极小右 $\mathcal{C}^*$ 子模的单 $({}^*\mathcal{C},\mathcal{C}^*)$ 双模.

(3) ${}_A\mathcal{C}$ 是右半单的并且所有单余模同构

(4) $\mathcal{C}$ 是单余环即是左半单的.

(5) 有一个 Galois 余模使得 $\mathrm{End}^{\mathcal{C}}(M)$ 是一个可除代数.

(6) 有一个可除 $R$ 代数 $T$ 和一个 $(T,A)$ 双模 $P$ 使得 $P_A$ 是有限生成的并且作为余环 $P^*\otimes_T P\cong\mathcal{C}$.

**命题 1.3.18** 假设 $\mathcal{C}$ 满足左 $\alpha$ 条件.

(1) 如果 $A$ 是右 Noether 的, 那么 $\mathcal{C}$ 是局部 Noether 右余模并且 $\mathcal{M}^{\mathcal{C}}$ 中内射元的直和是内射元.

(2) 如果 $A$ 是左完备的 (perfect), 那么 $\mathcal{M}^{\mathcal{C}}$ 中每一个模在有限生成子余模上满足降链条件.

(3) 如果 $A$ 是右 Artin 的, 那么 $\mathcal{M}^{\mathcal{C}}$ 中的每一个有限生成模有有限长.

**命题 1.3.19** (1) 对任意的 $M\in\mathcal{M}^{\mathcal{C}}$, $R$ 模同构

$$\varphi:\mathrm{Hom}^{\mathcal{C}}(M,\mathcal{C})\longrightarrow\mathrm{Hom}_A(M,A)=M^*$$

在 $M^*$ 上诱导出一个右 $\mathcal{C}^*$ 模结构,

$$M^*\otimes_R\mathcal{C}^*\longrightarrow M^*,\quad g\otimes f\mapsto[m\mapsto\sum f(g(m_{\underline{0}})m_{\underline{1}})].$$

所以 $\varphi$ 是 $\mathcal{M}_{\mathcal{C}^*}$ 的态射. 如果 ${}_A\mathcal{C}$ 是平坦的, 那么反变函子

$$\mathrm{Hom}^{\mathcal{C}}(-,\mathcal{C}) \cong \mathrm{Hom}_A(-,A) : \mathcal{M}^{\mathcal{C}} \longrightarrow \mathcal{M}_{\mathcal{C}^*}$$

是左正合的.

(2) 如果 ${}_A\mathcal{C}$ 是平坦的, 那么共变函子

$$\mathrm{Hom}^{\mathcal{C}}(\mathcal{C},-) : \mathcal{M}^{\mathcal{C}} \longrightarrow {}_{\mathcal{C}^*}\mathcal{M}$$

是左正合的.

**证明** 我们只注意到 $f \in \mathcal{C}^*$ 在 $g \in M^*$ 上的右作用: 对任意的 $m \in M$, 有

$$\begin{aligned} g \cdot f(m) &= \varphi(\varphi^{-1}(g)(m) \leftharpoonup f) = \sum \varphi(g(m_{\underline{0}})m_{\underline{1}} \leftharpoonup f) \\ &= \sum f(g(m_{\underline{0}})m_{\underline{1}})\underline{\varepsilon}(m_{\underline{2}}) \\ &= \sum f(g(m_{\underline{0}})m_{\underline{1}}). \end{aligned}$$

□

**定理 1.3.20** 设 $M \in \mathcal{M}^{\mathcal{C}}$, 并且 $M_A$ 是有限生成投射的, 或者假设 $\mathcal{C}_A$ 是平坦的和 $M_A$ 是有限表示的 (finitely presented).

(1) $M^* = \mathrm{Hom}_A(M,A)$ 是左 $\mathcal{C}$ 余模, 其结构映射为

$$\bar{\rho} : M^* \longrightarrow \mathrm{Hom}_A(M,\mathcal{C}) \cong \mathcal{C} \otimes_A M^*, \quad g \mapsto (g \otimes I_{\mathcal{C}}) \circ \rho^M.$$

$M^*$ 上的右 $\mathcal{C}^*$ 模结构为

$$M^* \otimes_R \mathcal{C}^* \longrightarrow M^*, \quad g \otimes f \mapsto [m \mapsto \sum f(g(m_{\underline{0}})m_{\underline{1}})].$$

(2) 假设 ${}_A\mathcal{C}$ 是平坦的. 如果 $M$ 作为右 $\mathcal{C}$ 余模是内射的并且被包含在一个自由 $A$ 模, 那么 $M^*$ 在 $\mathcal{M}_{\mathcal{C}^*}$ 中是投射的.

**证明** (1) $\bar{\rho}$ 的余结合性是显然的. 设 $\beta : A^n \longrightarrow M$ 是 $\mathcal{M}_A$ 中的满态射. 考虑下面交换图:

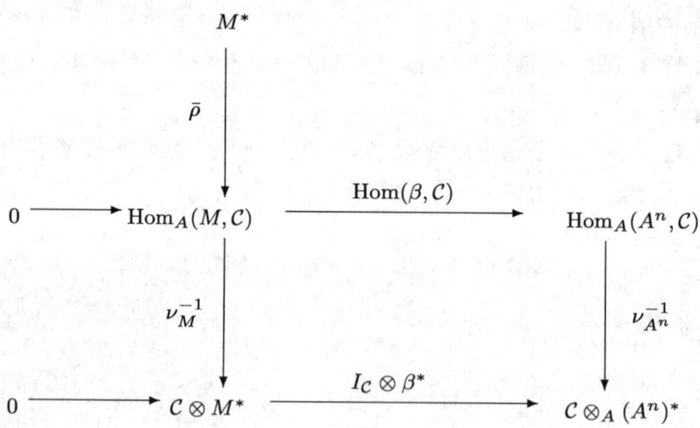

其中, 对于 $A^n$ 的对偶基 $\{e_i, e^i | i=1,2,\cdots,n\}$,

$$\nu_{A^n}^{-1}: \mathrm{Hom}_A(A^n, \mathcal{C}) \longrightarrow \mathcal{C} \otimes_A (A^n)^*, \quad \varphi \mapsto \sum_i \varphi(e_i)e^i.$$

对于 $g \in M^*$, 有

$$\nu_M^{-1}((g \otimes I_{\mathcal{C}}) \circ \rho^M) = \nu_{A^n}^{-1}((g \otimes I_{\mathcal{C}}) \circ \rho^M \circ \beta) = \sum_i (g \otimes I_{\mathcal{C}}) \circ \rho^M \circ \beta(e_i) \otimes e^i.$$

$\mathcal{C}^*$ 在左 $\mathcal{C}$ 余模 $M^*$ 上的标准右作用由下面两个映射复合而成: $M^* \longrightarrow \mathcal{C} \otimes_A M^*$ 和

$$\mathcal{C} \otimes_A M^* \otimes_R \mathcal{C}^* \longrightarrow M^*, \quad c \otimes g \otimes f \mapsto f(c)g.$$

因此有

$$g \otimes f \mapsto \sum_i f((g \otimes I_{\mathcal{C}}) \circ \rho^M \circ \beta(e_i)) \otimes e^i.$$

对于 $m \in M$ 和 $a \in A^n$ 且满足 $\beta(a) = m$, 右手边映射 $a$ 到

$$\sum_i f((g \otimes I_{\mathcal{C}}) \circ \rho^M \circ \beta(e_i)) \otimes e^i(a) = f((g \otimes I_{\mathcal{C}}) \circ \rho^M \circ \beta(a)) = \sum f(g(m_{\underline{0}})m_{\underline{1}}).$$

(2) $\mathcal{M}_A$ 中的一个单态射 $M \longrightarrow A^n$ 诱导出 $\mathcal{M}^{\mathcal{C}}$ 中的单态射

$$M \longrightarrow M \otimes_A \mathcal{C} \longrightarrow A\mathcal{C} \cong \mathcal{C}^n,$$

又假设知该单态射可裂. 因此有下面交换图

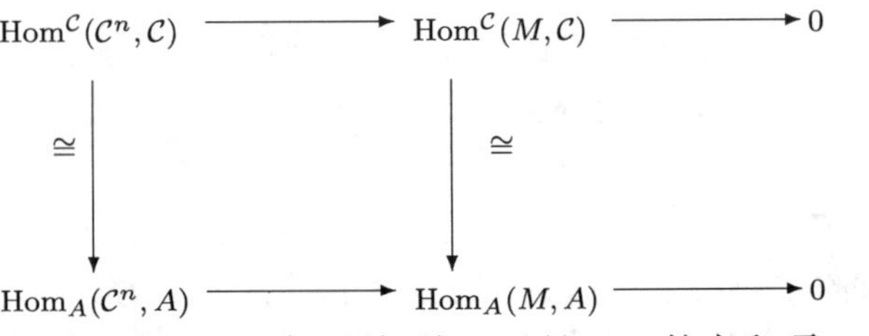


其中上行 (所以下行) 在 $\mathcal{M}_{\mathcal{C}^*}$ 中可裂, 故 $M^*$ 是 $\mathcal{C}^{*n}$ 的直和项. □

## 1.4 有理函子

上节给出了 $A$ 余环 $\mathcal{C}$ 上的余模和它的对偶环 $\mathcal{C}^*$ 上的模之间的关系, 本节主要应用这个关系导出与 $^*\mathcal{C}$ 模的性质对应的余模的性质. 我们知道, 每一个右 $\mathcal{C}$ 余模都是左 $^*\mathcal{C}$ 模, 但并不是每一个左 $^*\mathcal{C}$ 模都是右 $\mathcal{C}$ 余模, 本节研究一个函子, 通过这个函子, 可以在左 $^*\mathcal{C}$ 模上定义右 $^*\mathcal{C}$ 余作用, 对于域上的余代数来说, 这个函子就是我们熟悉的有理函子 [96,102,272].

**定义 1.4.1**　对于任意的左 $^*\mathcal{C}$ 模 $M$, 它的**有理子模** (rational submodule) 定义为

$$\mathrm{Rat}^{\mathcal{C}}(M) = \sum\{\mathrm{Im}f \mid f \in {}_{^*\mathcal{C}}\mathrm{Hom}(U, M), U \in \mathcal{M}^{\mathcal{C}}\},$$

这里, $\mathcal{M}^{\mathcal{C}}$ 表示右 $\mathcal{C}$ 余模范畴, 那么 $\mathrm{Rat}^{\mathcal{C}}(M)$ 是由 $\mathcal{C}$ 子生成的 $M$ 的极大子模, 因而, 它是一个右 $\mathcal{C}$ 余模 [41].

由单位函子诱导的子函子 $\mathrm{Rat}^{\mathcal{C}}$ 叫做**有理函子** (rational functor), 即

$$\begin{aligned}\mathrm{Rat}^{\mathcal{C}}(M): \quad & {}_{^*\mathcal{C}}\mathcal{M} \to \mathcal{M}^{\mathcal{C}}, \quad M \mapsto \mathrm{Rat}^{\mathcal{C}}(M), \\ & f: M \to N \mapsto f|_{\mathrm{Rat}^{\mathcal{C}}(M)} \to \mathrm{Rat}^{\mathcal{C}}(N).\end{aligned}$$

$\mathrm{Rat}^{\mathcal{C}}(M) = M$, 对于 $M \in {}_{^*\mathcal{C}}\mathcal{M}$ 当且仅当 $M \in \mathcal{M}^{\mathcal{C}}$. $\mathrm{Rat}^{\mathcal{C}}(M) = M$ 中的等式对于所有的左 $^*\mathcal{C}$ 模 $M$ 满足当且仅当 $\mathcal{C}$ 是有限生成的左 $A$ 模.

设 $M$ 是一个左 $^*\mathcal{C}$ 模. 任意的 $m \in M$ 叫做有理元, 如果存在元素 $\sum_i m_i \otimes c_i \in M \otimes_R \mathcal{C}$, 使得

$$fm = \sum_i m_i f(c_i), \quad \text{对于所有的 } f \in {}^*\mathcal{C}.$$

下面命题及性质的证明均类似于 Hopf 代数中相应性质的证明, 略去.

**命题 1.4.2**　设 $M$ 是一个左 $^*\mathcal{C}$ 模.

(1) 一个元素 $m \in M$ 是有理元当且仅当 $^*\mathcal{C}m$ 是右 $\mathcal{C}$ 余模, 并且 $fm = f \rightharpoonup m$, 对于所有的 $f \in {}^*\mathcal{C}$.

(2) $\mathrm{Rat}^{\mathcal{C}}(M) = \{m \in M \mid m\text{是有理元}\}$.

有理子模 $\mathrm{Rat}^{\mathcal{C}}(^*\mathcal{C})$ 是在 $^*\mathcal{C}$ 中的双边理想, 叫做左**迹理想** (trace ideal). 显然, $\mathrm{Rat}^{\mathcal{C}}(^*\mathcal{C}) = {}^*\mathcal{C}$ 当且仅当 ${}_A\mathcal{C}$ 是有限生产的左 $A$ 模.

**性质 1.4.3**　设 $T = \mathrm{Rat}^{\mathcal{C}}(^*\mathcal{C})$.

(1) 如果 $f \in {}^*\mathcal{C}$, 假定 $f \rightharpoonup \mathcal{C}$ 是有限生产的左 $A$ 模, 那么 $f \in T$.

(2) 对于任意的 $f \in T$, 右余模 $^*\mathcal{C} *^l f$ 是有限生成的 $A$ 模.

**性质 1.4.4**　对于 $\mathcal{C}$, 下列条件等价:

(1) $\mathcal{M}^{\mathcal{C}}$ 在 ${}_{^*\mathcal{C}}\mathcal{M}$ 中扩张封闭.

(2) 对于任意的 $X \in {}_{^*\mathcal{C}}\mathcal{M}$, $\mathrm{Rat}^{\mathcal{C}}(X/\mathrm{Rat}^{\mathcal{C}}(X)) = 0$.

(3) 存在一个 $^*\mathcal{C}$ 内射模 $Q \in {}^*\mathcal{C}\mathcal{M}$, 使得

$$\mathcal{M}^{\mathcal{C}} = \{N \in {}_{^*\mathcal{C}}\mathcal{M} \mid {}_{^*\mathcal{C}}\mathrm{Hom}(N, Q) = 0\}.$$

**命题 1.4.5**　对于 $\mathcal{C}$, 下列条件等价:

(1) $\mathcal{M}^{\mathcal{C}}$ 在 ${}_{^*\mathcal{C}}\mathcal{M}$ 中基本扩张封闭.

(2) $\mathcal{M}^{\mathcal{C}}$ 在 ${}_{^*\mathcal{C}}\mathcal{M}$ 中内射包封闭.

(3) 每一个 $\mathcal{M}^{\mathcal{C}}$ 中的内射模是 $^*\mathcal{C}$ 内射的.

(4) 对于每一个内射的 $^*\mathcal{C}$ 模 $Q$, $\mathrm{Rat}^{\mathcal{C}}(Q)$ 是 $Q$ 的直和项.

(5) 对于每一个内射的 $^*\mathcal{C}$ 模 $Q$, $\mathrm{Rat}^{\mathcal{C}}(Q)$ 是 $^*\mathcal{C}$ 内射的.

如果 $\mathcal{M}^{\mathcal{C}}$ 是基本扩张封闭的, 那么 $\mathrm{Rat}^{\mathcal{C}}$ 是可裂的.

**性质 1.4.6** 对于一个右 $A$ 子模 $U \subset {}^*\mathcal{C}$, 下列条件等价:

(1) $U$ 在 $^*\mathcal{C}$ 中稠密 (在 $A^{\mathcal{C}}$ 的有限拓扑中).

(2) $U$ 是 $^*\mathcal{C}$ 中 $\mathcal{C}$ 稠密子集 (在 $\mathrm{End}_R(\mathcal{C})$ 的有限拓扑中).

如果 $_A\mathcal{C}$ 是由 $A$ 余生成的, 那么 (1), (2) 意味着:

(3) $\mathrm{Ke}\,U = \{x \in \mathcal{C} \mid u(x) = 0, \text{对于任意的 } u \in U\} = 0$.

如果 $A$ 是 $\mathcal{M}_A$ 和 $_A\mathcal{M}$ 中的余生成子, 那么 (3) $\Longrightarrow$ (2).

**命题 1.4.7** 对于一个子环 $T \subset {}^*\mathcal{C}$, 下列条件等价:

(1) $T$ 在 $^*\mathcal{C}$ 中稠密且 $\mathcal{C}$ 满足左 $\alpha$ 条件.

(2) $\mathcal{M}^{\mathcal{C}} = \sigma[{}_T\mathcal{C}]$.

如果 $T$ 是 $^*\mathcal{C}$ 中的理想, 那么 (1) 和 (2) 等价于:

(3) $\mathcal{C}$ 是一个 $s$ 单位的 $T$ 模且 $\mathcal{C}$ 满足 $\alpha$ 条件.

**定理 1.4.8** 设 $T = \mathrm{Rat}^{\mathcal{C}}({}^*\mathcal{C})$. 下列条件等价:

(1) 函子 $\mathrm{Rat}^{\mathcal{C}} : {}_{^*\mathcal{C}}\mathcal{M} \to \mathcal{M}^{\mathcal{C}}$ 是正合的.

(2) 范畴 $\mathcal{M}^{\mathcal{C}}$ 在 $_{^*\mathcal{C}}\mathcal{M}$ 中基本扩张封闭, 且无扭类 $\{X \in {}_{^*\mathcal{C}}\mathcal{M} \mid \mathrm{Rat}^{\mathcal{C}}(X) = 0\}$ 对商模封闭.

(3) 对于每一个 $N \in \mathcal{M}^{\mathcal{C}} (N \subset \mathcal{C})$, $TN = N$.

(4) 对于每一个 $N \in \mathcal{M}^{\mathcal{C}}$, 标准映射 $T \otimes_{^*\mathcal{C}} N \to N$ 是同构.

(5) $\mathcal{C}$ 是一个 $s$ 单位的左 $T$ 模.

(6) $T^2 = T$ 且 $T$ 是 $\mathcal{M}^{\mathcal{C}}$ 的一个生成子.

(7) $T\mathcal{C} = \mathcal{C}$ 且 $^*\mathcal{C}/T$ 是平坦的右 $^*\mathcal{C}$ 模.

(8) $T$ 是 $^*\mathcal{C}$ 的一个 $\mathcal{C}$ 稠密子环.

**命题 1.4.9** 设 $\mathcal{C}$ 满足左右 $\alpha$ 条件, 令 $T = \mathrm{Rat}^{\mathcal{C}}({}^*\mathcal{C})$. 如果 $\mathcal{C}$ 是有限生成的右 $^*\mathcal{C}$ 模 (左 $^*\mathcal{C}$ 模), 那么存在 $T$ 中的一组正交幂等元 $\{e_\lambda\}_\Lambda$ 使得

$$\mathcal{C} = \bigoplus_{\Lambda} e_\lambda \rightharpoonup \mathcal{C}.$$

此时, $T$ 在 $^*\mathcal{C}$ 中是 $\mathcal{C}$ 稠密的.

**性质 1.4.10** 设 $\mathcal{C}$ 满足左右 $\alpha$ 条件, 令 $T = \mathrm{Rat}^{\mathcal{C}}({}^*\mathcal{C})$. 如果 $\mathcal{C}$ 是 $({}^*\mathcal{C}, \mathcal{C}^*)$ 双模的一个直和, 且是有限生成的左 $A$ 模, 那么

$$\mathcal{C} = \bigoplus_{\Lambda} e_\lambda \rightharpoonup \mathcal{C},$$

这里, $\{e_\lambda\}_\Lambda$ 是 $T$ 中的一组正交中心幂等元.

有关有理模更多的性质见文献 [2, 163, 207].

## 1.5 余张量积

在这一节, 我们将余代数上余模的余张量积 [78] 推广到余环上余模的余张量积, 研究关于余环的余张量积的对应性质, 例如张量和余张量的关系、余平坦、纯度等. 结果是余张量积可以用来描述余环上的余模范畴的等价关系 [106,109], 因此, 我们致力于余环的 Morita-Takeuchi 理论 [74,217]. 研究方法类似于余代数, 但是, 明显地失去了某些左–右对称性质. 在本节中用 $\mathcal{C}$ 表示 $\mathcal{R}$ 代数上的余环.

**定义 1.5.1** 对 $M \in \mathcal{M}^{\mathcal{C}}$ 和 $N \in \mathcal{M}^{\mathcal{C}}$, **余张量积** (cotensor product) $M\Box_{\mathcal{C}}N$ 定义为 $\mathcal{M}^{\mathcal{R}}$ 上的等化子,

$$M\Box_{\mathcal{C}}N \longrightarrow M\Box_A N \underset{I_M\otimes {}^N\rho}{\overset{\varrho^M\otimes I_N}{\rightrightarrows}} M\otimes_A \mathcal{C}\otimes_R N,$$

或等价地定义为下面的 $R$ 模正合列:

$$0\longrightarrow M\Box_{\mathcal{C}}N \longrightarrow M\Box_A N \xrightarrow{w_{M,N}} M\otimes_A \mathcal{C}\otimes_A N,$$

其中 $w_{M,N} = \varrho^M\otimes I_N - I_M\otimes N_\rho$. 它可以用拉回 (pullback) 图来表示:

$$\begin{array}{ccc}
M\Box_{\mathcal{C}}N & \longrightarrow & M\otimes_A N \\
\downarrow & & \downarrow{\scriptstyle \varrho^M\otimes I_N} \\
M\otimes_A N & \xrightarrow{I_M\otimes N_\rho} & M\otimes_A\mathcal{C}\otimes_A N
\end{array}$$

特别地, 对余模 $\mathcal{C}$, 存在 $A$ 模同构

$$M\Box_{\mathcal{C}}\mathcal{C} = \varrho^M(M)\simeq M,\quad \mathcal{C}\Box_{\mathcal{C}}N = {}^N\varrho(N)\simeq N.$$

**定义 1.5.2** 考虑 $\mathcal{M}^{\mathcal{C}}$ 中的态射 $f: M\longrightarrow M'$ 和 ${}^{\mathcal{C}}\mathcal{M}$ 中的态射 $g: N\longrightarrow N'$. 存在唯一的 $R$ 线性映射

$$f\Box g: M\Box_{\mathcal{C}}N\longrightarrow M'\Box_{\mathcal{C}}N',$$

使下图可交换

$$\begin{array}{ccccccc}
0\longrightarrow & M\Box_{\mathcal{C}}N & \longrightarrow & M\otimes_A N & \xrightarrow{\omega_{M,N}} & M\otimes_A\mathcal{C}\otimes_A N \\
& \downarrow{\scriptstyle f\Box g} & & \downarrow{\scriptstyle f\otimes g} & & \downarrow{\scriptstyle f\otimes I_{\mathcal{C}}\otimes g} \\
0\longrightarrow & M'\Box_{\mathcal{C}}N' & \longrightarrow & M'\otimes_A N' & \xrightarrow{\omega_{M',N'}} & M'\otimes_A\mathcal{C}\otimes_A N'
\end{array}$$

对于余代数, 余环上的余张量积诱导了余模范畴和 $\mathcal{M}_R$ 之间的函子. 因此, 可以得到对任意的 $M\in\mathcal{M}^{\mathcal{C}}$, 可诱导一个余不变函子

$$\begin{aligned} M\square_{\mathcal{C}}-: \quad & {}^{\mathcal{C}}\mathcal{M}\to\mathcal{M}_R,\\ & N\mapsto M\square_{\mathcal{C}}N,\\ & f:N\to N'\mapsto I_M\square f: M\square_{\mathcal{C}}N\to M\square_{\mathcal{C}}N'. \end{aligned}$$

**命题 1.5.3** (1) 设 ${}_A\mathcal{C}$ 是平坦的, $0\longrightarrow N'\longrightarrow N\longrightarrow N''$ 是 ${}^{\mathcal{C}}\mathcal{M}$ 中的正合列, 并且假设

(a) $M$ 作为 $A$ 模是平坦的, 或

(b) 此列是 $M$ 纯的 (在 ${}_A\mathcal{M}$ 中), 或

(c) 此列是 $(\mathcal{C},A)$ 正合的.

则与 $M$ 余张量得到 $R$ 模正合列

$$0\to M\square_{\mathcal{C}}N'\xrightarrow{I_M\square f}M\square_{\mathcal{C}}N\xrightarrow{I_M\square g}M\square_{\mathcal{C}}N''.$$

(2) 余张量函子 $M\square_{\mathcal{C}}-:{}^{\mathcal{C}}\mathcal{M}\to\mathcal{M}_R$ 是左 $(\mathcal{C},A)$ 正合的, 并且如果 $M$ 作为 $A$ 模是平坦的, 那么这个余张量函子是左正合的.

(3) 对任何 ${}^{\mathcal{C}}\mathcal{M}$ 中的有向族 $\{N_\lambda\}_\Lambda$,

$$\varinjlim(M\square_{\mathcal{C}}N_\lambda)\cong M\square_{\mathcal{C}}\varinjlim N_\lambda.$$

对于余代数, 张量和余张量积之间的结合性是非常重要的, 余代数基本知识见文献 [5, 9, 58, 100, 105, 109, 142, 208]. 这里要区别左右 $A$ 模的性质.

**命题 1.5.4** 设 $A,S,T$ 是 $R$ 代数.

(1) 设 $M\in{}_S\mathcal{M}^{\mathcal{C}}$, 即 $M$ 是 $(S,A)$ 双模, 余作用 $\varrho^M:M\to M\otimes_A\mathcal{C}$ 是 $S$ 线性的. 设 $N\in{}^{\mathcal{C}}\mathcal{M}$. 对任意的 $W\in\mathcal{M}_S$, $W\otimes_S M$ 有典则的右 $\mathcal{C}$ 余模结构, 且存在典则 $R$ 线性映射

$$\tau_W:W\otimes_S(M\square_{\mathcal{C}}N)\to(W\otimes_S M)\square_{\mathcal{C}}N.$$

下列结论等价:

(a) $w_{M,N}:M\otimes_A N\to M\otimes_A\mathcal{C}\otimes_A N$ 在 ${}_S\mathcal{M}$ 中是 $W$ 纯的.

(b) $\tau_W$ 是同构.

(2) 设 $M\in\mathcal{M}^{\mathcal{C}}$ 并且 $N\in{}^{\mathcal{C}}\mathcal{M}_T$, 即 $N$ 是 $(A,T)$ 双模且左余作用 ${}^N\varrho:N\to\mathcal{C}\otimes_A N$ 是右 $T$ 线性的. 对任意的 $V\in{}_T\mathcal{M}$, 存在一个典则的 $R$ 线性映射

$$\tau'_v:(M\square_{\mathcal{C}}N)\otimes_{\mathcal{C}}T\to M\square_{\mathcal{C}}(N\otimes_{\mathcal{C}}T).$$

下列结论等价:

(a) $w_{M,N}: M\otimes_A N \to M\otimes_A \mathcal{C}\otimes_A N$ 在 $\mathcal{M}_T$ 中是 $V$ 纯的.

(b) $\tau'_V$ 是同构.

**命题 1.5.5**　设 $A,S,T$ 是 $R$ 代数.

(1) 设 $M\in\mathcal{M}^{\mathcal{C}}$, $N\in{}^{\mathcal{C}}\mathcal{M}_T$. 若函子 $M\Box_{\mathcal{C}}-$ 是右正合的, 则 $w_{M,N}$ 是 $\mathcal{M}_T$ 中的纯态射.

(2) 设 $M\in{}_S\mathcal{M}^{\mathcal{C}}$, $N\in{}^{\mathcal{C}}\mathcal{M}$. 若函子 $-_{\mathcal{C}}\Box N$ 是右正合的, 则 $w_{M,N}$ 是 ${}_S\mathcal{M}$ 中的纯态射.

(3) 设 $M\in{}_S\mathcal{M}^{\mathcal{C}}$ 是 $(C,A)$ 内射的, $N\in{}^{\mathcal{C}}\mathcal{M}_T$. 则正合列

$$0\longrightarrow M\Box_{\mathcal{C}}N\longrightarrow M\Box_A N\overset{w_{M,N}}{\longrightarrow} M\otimes_A\mathcal{C}\otimes_A N$$

是在 $\mathcal{M}_T$ 中可裂的 (因此是纯的).

(4) 设 $N\in{}^{\mathcal{C}}\mathcal{M}$ 是 $(C,A)$ 内射的, $M\in{}_S\mathcal{M}^{\mathcal{C}}$. 则正合列

$$0\longrightarrow M\Box_{\mathcal{C}}N\longrightarrow M\Box_A N\overset{w_{M,N}}{\longrightarrow} M\otimes_A\mathcal{C}\otimes_A N$$

是在 ${}_S\mathcal{M}$ 中可裂的 (因此是纯的).

**定义 1.5.6**　设 ${}_A\mathcal{C}$ 是平坦的. 一个余模 $M\in\mathcal{M}^{\mathcal{C}}$ 称为**余平坦的** (coflat), 如果函子 $M\Box_{\mathcal{C}}-:{}^{\mathcal{C}}\mathcal{M}\to\mathcal{M}_R$ 是正合的. 容易看出, 对任意的余平坦模 $M\in\mathcal{M}^{\mathcal{C}}$, $M$ 作为 $A$ 模是平坦的, 并且余平坦 $\mathcal{C}$ 余模的定向和与定向极限仍然是余平坦的.

$M$ 称为**忠实余平坦的**, 如果函子 $M\Box_{\mathcal{C}}-:{}^{\mathcal{C}}\mathcal{M}\to\mathcal{M}_R$ 是正合且是忠实的. 忠实等价于要求标准映射

$${}^{\mathcal{C}}\mathrm{Hom}(L,N)\to\mathrm{Hom}_R(M\Box_{\mathcal{C}}L, M\Box_{\mathcal{C}}N)$$

对任意的 $L,N\in^{\mathcal{C}}\mathcal{M}$ 是内射的.

**命题 1.5.7**　设 $\mathcal{C}$ 是 $A$ 余环, 且 ${}_A\mathcal{C}$ 平坦. 则对 $M\in\mathcal{M}^{\mathcal{C}}$, 下列条件等价:

(1) $M$ 是忠实余平坦的.

(2) $M\Box_{\mathcal{C}}-:{}^{\mathcal{C}}\mathcal{M}\to\mathcal{M}_R$ 是正合的, 且反映 (reflect) 正合列 (0 态射).

(3) $M$ 是余平坦的, 且对任意的非零 $N\in^{\mathcal{C}}\mathcal{M}$, $M\Box_{\mathcal{C}}N\neq 0$.

**命题 1.5.8**　设 $\mathcal{C}_A$ 是平坦的, $M,L\in M^{\mathcal{C}}$ 使得 $M_A$ 是平坦的且 $L_A$ 是有限表示的. 则存在函子同构 (在 $L$ 处自然)

$$M\Box_{\mathcal{C}}L^*\overset{\cong}{\to}\mathrm{Hom}^{\mathcal{C}}(L,M).$$

**命题 1.5.9**　对余环 $\mathcal{C}$, 设 $M\in\mathcal{M}^{\mathcal{C}}$ 并且假设 $M,\mathcal{C}$ 作为右 $A$ 模是平坦的.

(1) 设 $0\to L_1\to L_2\to L_3\to 0$ 是 $\mathcal{M}^{\mathcal{C}}$ 中的正合列, 其中每一个 $L_i$ 在 $\mathcal{M}_A$ 是有限出现的. 如果 $A$ 是右内射的, 或者正合列是 $(\mathcal{C},A)$ 正合的, 则存在交换图

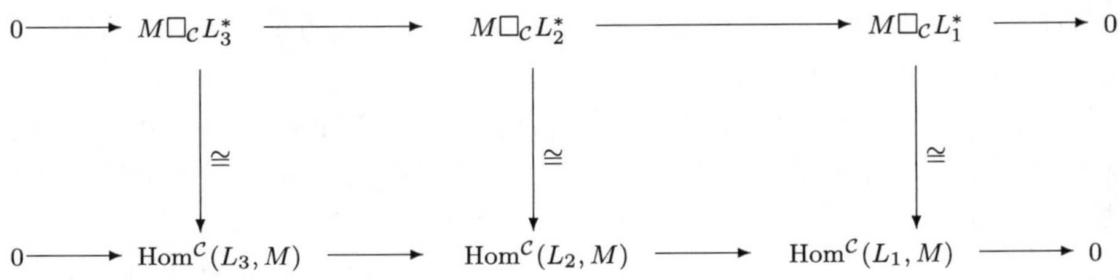

所以上行是正合的当且仅当下行是正合的.

(2) 设 $A$ 是 $QF$ 环. 则

(a) $M$ 是余平坦的当且仅当 $M$ 是 $\mathcal{C}$ 内射的.

(b) $M$ 是忠实余平坦的当且仅当 $M$ 是 $\mathcal{M}^{\mathcal{C}}$ 中的内射余生成子.

## 1.6 双 余 模

类似于余代数, 已知两个余环, 我们可以研究它们的双余模, 即一个余环的左余模同时又是另一余环的右余模. 然而在余环的情况下, 通过考虑在不同代数上的余环, 可以更加自由地讨论它们的结构性质.

设 $A, B$ 是 $R$ 代数, $\mathcal{C}$ 是 $A$ 余环, $\mathcal{D}$ 是 $B$ 余环.

**定义 1.6.1** 一个 $(B, A)$ 双模称为 $(\mathcal{C}, \mathcal{D})$ **双余模** (bicomodule), 如果 $M$ 是右 $\mathcal{C}$ 余模和左 $\mathcal{D}$ 余模且有余作用

$$\varrho^M : M \to M \otimes_A \mathcal{C}, \quad {}^M\varrho : M \to \mathcal{D} \otimes_B M$$

使得下图交换:

$$\begin{array}{ccc} M & \xrightarrow{\varrho^M} & M \otimes_A \mathcal{C} \\ \downarrow{\scriptstyle M_\varrho} & & \downarrow{\scriptstyle M_\rho \otimes I_{\mathcal{C}}} \\ \mathcal{D} \otimes_B M & \xrightarrow{I_{\mathcal{D}} \otimes \varrho^M} & \mathcal{D} \otimes_B M \otimes_A \mathcal{C} \end{array}$$

即 $\varrho^M$ 是左 $\mathcal{D}$ 余模态射, 或等价地, ${}^M\varrho$ 是右 $\mathcal{C}$ 余模态射.

两个 $(\mathcal{C}, \mathcal{D})$ 双余模之间的态射 $f : M \to N$ 是左 $\mathcal{D}$ 余线性和右 $\mathcal{C}$ 余线性的 $R$ 线性态射. $(\mathcal{C}, \mathcal{D})$ 双余模范畴记为 ${}^{\mathcal{D}}\mathcal{M}^{\mathcal{C}}$.

对于 $R$ 代数 $S$, 用 ${}_S\mathcal{M}^{\mathcal{C}}$ 来表示范畴, 它的对象是右 $\mathcal{C}$ 余模, 且是余作用是 $(S, A)$ 双模映射的 $(S, A)$ 双模. 态射是左 $S$ 线性右 $\mathcal{C}$ 余线性映射. 类似地, 范畴 ${}^{\mathcal{D}}\mathcal{M}_S$ 由左 $\mathcal{D}$ 余模, 并且其余作用是 $(S, A)$ 双模映射的 $(B, S)$ 双模构成. 态射是右 $S$ 线性左 $\mathcal{D}$ 余线性映射.

关于双模, 有下面的结论:

对任意的 $M \in^{\mathcal{D}} \mathcal{M}_S$ 和 $N \in_S \mathcal{M}^{\mathcal{C}}$, $M \otimes_S N$ 是 $(\mathcal{D},\mathcal{C})$ 双模, 其左余作用为 ${}^M\varrho \otimes I_N$, 右余作用为 $I_M \otimes \varrho^N$.

依次令 $S = A$ 和 $S = B$, 可以得到对任意的 $M \in^{\mathcal{D}} \mathcal{M}_A$ 和 $N \in_B \mathcal{M}^{\mathcal{C}}$, $M \otimes_A \mathcal{C}$ 和 $\mathcal{D} \otimes_B N$ 是 $(\mathcal{D},\mathcal{C})$ 双模. 这里, $(\mathcal{D},\mathcal{C})$ 双模之间的态射可以看成下面的正合列 (两个等价) 定义:

$$0 \longrightarrow {}^{\mathcal{D}}\mathrm{Hom}^{\mathcal{C}}(L, M) \xrightarrow{i} {}_B\mathrm{Hom}^{\mathcal{C}}(L, M) \xrightarrow{\gamma_L} {}_B\mathrm{Hom}^{\mathcal{C}}(L, \mathcal{D} \otimes_B M),$$

这里, $\gamma_L(f) = {}^M\varrho \circ f - (I_{\mathcal{D}} \otimes f) \circ {}^L\varrho$, 或者

$$0 \longrightarrow {}^{\mathcal{D}}\mathrm{Hom}^{\mathcal{C}}(L, M) \xrightarrow{i} {}_B\mathrm{Hom}_A(L, M) \xrightarrow{\gamma_R} {}_{\mathcal{D}}\mathrm{Hom}^{\mathcal{C}}(L, M \otimes_A \mathcal{C}),$$

这里, $\gamma_R(g) = \varrho^M \circ g - (g \otimes I_{\mathcal{C}}) \circ \varrho^L$.

我们知道右 $\mathcal{C}$ 余模是左 ${}^*\mathcal{C} = {}_A\mathrm{Hom}(\mathcal{C}, A)$ 模, 左 $\mathcal{D}$ 余模是右 $\mathcal{D}^* = \mathrm{Hom}_B(\mathcal{D}, B)$ 模. 因此, 任意的 $(\mathcal{D},\mathcal{D})$ 双模 $M$ 是左 ${}^*\mathcal{C}$ 模右 $\mathcal{D}^*$ 模, 且双模的相容条件表明 $M$ 事实上是 $({}^*\mathcal{C}, \mathcal{D}^*)$ 双模. 因此有一个忠实函子 ${}^{\mathcal{D}}\mathcal{M}^{\mathcal{C}} \to {}_{^*\mathcal{C}}\mathcal{M}_{\mathcal{D}^*}$.

一般地, 对 $M \in \mathcal{M}^{\mathcal{C}}$ 和 $N \in^{\mathcal{C}} \mathcal{M}$, $M \Box_{\mathcal{C}} N$ 仅仅是 $R$ 模. 如果 $M$ 是 $(\mathcal{D},\mathcal{C})$ 双模, 映射

$$w_{M,N} : \varrho^M \otimes I_N - I_M \otimes^N \varrho : M \otimes_A N \to M \otimes_A \mathcal{C} \otimes_A N$$

明显是左 $\mathcal{D}$ 余模态射, 因此它的核 $M \Box_{\mathcal{C}} N$ 是 $M \otimes_A N$ 的 $\mathcal{D}$ 子模, 如果 $w_{M,N}$ 是 ${}_B\mathcal{M}$ 中的 $\mathcal{D}$ 纯态射. 这说明:

**命题 1.6.2** 设 $M$ 是 $(\mathcal{D},\mathcal{C})$ 双模, $L \in \mathcal{M}^{\mathcal{D}}$, $N \in^{\mathcal{C}} \mathcal{M}$.

(1) $M \Box_{\mathcal{C}} N$ 是左 $\mathcal{D}$ 余模, 如果 $w_{M,N}$ 是 ${}_B\mathcal{M}$ 中的 $\mathcal{D}$ 纯态射.

(2) $L \Box_{\mathcal{C}} M$ 是右 $\mathcal{C}$ 余模, 如果 $w_{L,M}$ 是 $\mathcal{M}_A$ 中的 $\mathcal{C}$ 纯态射.

(3) 如果 $N$ 对于 $B'$ 余环 $\mathcal{D}'$ 是 $(\mathcal{C},\mathcal{D}')$ 双模, 那么 $M \Box_{\mathcal{C}} N$ 是 $(\mathcal{D},\mathcal{D}')$ 双模, 若 $w_{M,N}$ 是 ${}_B\mathcal{M}$ 中的 $\mathcal{D}$ 纯态射, 则也是 $\mathcal{M}_{B'}$ 中的 $\mathcal{D}'$ 纯态射.

注意, 当 ${}_A\mathcal{C}, \mathcal{D}_B, {}_{B'}\mathcal{D}'$ 是平坦模时, 这些条件均满足. 因为 $\mathcal{C}$ 是 $(\mathcal{C}, A)$ 内射的, 纯的条件对 $(\mathcal{C},\mathcal{C})$ 双模 $\mathcal{C}$ 总是成立, 这就得到了下面的推论.

**推论 1.6.3** 对任意的 $M \in \mathcal{M}^{\mathcal{C}}$ 和 $N \in^{\mathcal{C}} \mathcal{M}$, 存在 $\mathcal{C}$ 余模同构

$$M \simeq M \Box_{\mathcal{C}} \mathcal{C}, \quad N \simeq \mathcal{C} \Box_{\mathcal{C}} N.$$

**定理 1.6.4** 考虑 $M \in^{\mathcal{D}} \mathcal{M}^{\mathcal{C}}$, $M \in \mathcal{M}^{\mathcal{D}}$ 和 $M \in^{\mathcal{C}} \mathcal{M}$, 使得标准映射产生同构

$$(L \Box_{\mathcal{D}} M) \otimes_A N' \simeq L \Box_{\mathcal{D}} (M \otimes_A N'), \quad N' = N, \mathcal{C}, \mathcal{C} \otimes_A N$$

$$L' \otimes_B (M \Box_{\mathcal{C}} N) \simeq (L' \otimes_B M) \Box_{\mathcal{C}} N, \quad L' = L, \mathcal{D}, L \otimes_B \mathcal{D}$$

则 $L \Box_{\mathcal{D}} M \in \mathcal{M}^{\mathcal{C}}$ 且

$$(L \Box_{\mathcal{D}} M) \Box_{\mathcal{C}} N \simeq L \Box_{\mathcal{D}} (M \Box_{\mathcal{C}} N).$$

**证明** 由推论 1.6.3, 需要表明 $L\Box_{\mathcal{D}}M$ 和 $M\Box_{\mathcal{C}}N$ 是余模. 在下面的交换图中

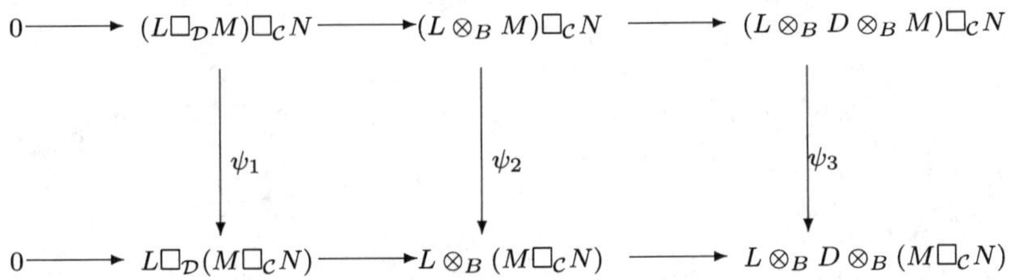


上一行是正合的, 因为 $w_{L,M}$ 是 $N, \mathcal{C}$ 和 $\mathcal{C}\otimes_A N$ 纯的 (见命题 1.5.4), 由余张量积的定义下一行是正合的. $w_{M,N}$ 是 $L$ 和 $L\otimes_B \mathcal{D}$ 纯的, 说明 $\psi_2, \psi_3$ 是同构, 因此 $\psi_1$ 是同构. □

**命题 1.6.5** 在定理 1.6.4 的构造过程中, 标准映射是同构, 如果

(1) $L_B, \mathcal{D}_B, {}_AN$ 和 ${}_A\mathcal{C}$ 是平坦模, 或

(2) $L$ 是在 $\mathcal{M}^{\mathcal{D}}$ 中余平坦的, 且 $\mathcal{D}_B$ 是平坦的, 或

(3) $N$ 是在 ${}^{\mathcal{C}}\mathcal{M}$ 中余平坦的, 且 ${}_A\mathcal{C}$ 是平坦的, 或

(4) $L$ 是 $(\mathcal{D},\mathcal{B})$ 内射的, 且 $N$ 是 $(\mathcal{C},\mathcal{A})$ 内射的.

**命题 1.6.6** 设 ${}_A\mathcal{C}, \mathcal{D}_B$ 是平坦的, $L\in\mathcal{M}^{\mathcal{D}}$, $M$ 是 $(\mathcal{D},\mathcal{C})$ 双模. 如果 $L$ 是 $\mathcal{D}$ 余平坦的, $M$ 是 $\mathcal{C}$ 余平坦的, 则 $L\Box_{\mathcal{D}}M$ 是余平坦的右 $\mathcal{C}$ 余模.

**证明** 根据平坦的条件, $L\Box_{\mathcal{D}}M$ 是右 $\mathcal{C}$ 余模, 对任意的 $K\in^{\mathcal{C}}\mathcal{M}$, $M\Box_{\mathcal{C}}K$ 是左 $\mathcal{D}$ 余模 (见命题 1.6.2). 根据定理 1.6.4, 容易得证. □

对 $(\mathcal{D},\mathcal{C})$ 双模, 可以研究它们与范畴 ${}_B\mathcal{M}^{\mathcal{C}}$ 和 ${}^{\mathcal{D}}\mathcal{M}_A$ 相关的性质, 这对余环的上同调很重要. 尤其, $(\mathcal{D},\mathcal{C})$ 双模 $M$ 称为 $(\mathcal{B},\mathcal{C})$ **相关内射双模**(或 $(\mathcal{D},\mathcal{A})$ 相关内射双模), 如果对任意的在 ${}_B\mathcal{M}^{\mathcal{C}}$ (或 ${}^{\mathcal{D}}\mathcal{M}_A$) 中是余保核收缩的 (coretraction) $(\mathcal{D},\mathcal{C})$ 双模映射 $i: N\to L$, 任意 ${}^{\mathcal{D}}\mathcal{M}^{\mathcal{C}}$ 中的图

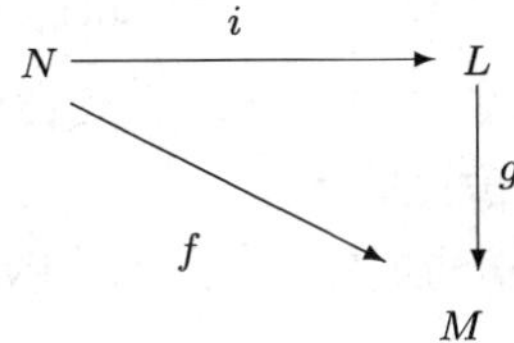


可以用某个 ${}^{\mathcal{D}}\mathcal{M}^{\mathcal{C}}$ 中 $g: L\to M$ 使得图交换.

**命题 1.6.7** 取任意的 $M, L\in^{\mathcal{D}}\mathcal{M}^{\mathcal{C}}$, 且设 $S=^{\mathcal{D}}\mathrm{End}^{\mathcal{C}}(L)$.

(1) 下面条件等价:

(a) $M$ 是 $(B,\mathcal{C})$ 相关内射双余模.

(b) 任意在 ${}_B\mathcal{M}^{\mathcal{C}}$ 中是余保核收缩, 在 ${}^{\mathcal{D}}\mathcal{M}^{\mathcal{C}}$ 中的态射 $i: M\to L$ 在 ${}^{\mathcal{D}}\mathcal{M}^{\mathcal{C}}$ 中

仍然是余保核收缩的.

(c) ${}^M\varrho: M \to \mathcal{D} \otimes_B M$ 在 ${}^{\mathcal{D}}\mathcal{M}^{\mathcal{C}}$ 中是余保核收缩. 如果这个条件成立, 那么标准序列

$$0 \longrightarrow {}^{\mathcal{D}}\mathrm{Hom}^{\mathcal{C}}(L, M) \xrightarrow{i} {}_B\mathrm{Hom}^{\mathcal{C}}(L, M) \xrightarrow{\gamma_L} {}_B\mathrm{Hom}^{\mathcal{C}}(L, \mathcal{D} \otimes_B M)$$

在 $\mathcal{M}_S$ 中可裂.

(2) 下面条件等价:

(a) $M$ 是 $(\mathcal{D}, A)$ 相关内射双余模.

(b) 任意在 ${}^{\mathcal{D}}\mathcal{M}_A$ 中是余保核收缩, 在 ${}^{\mathcal{D}}\mathcal{M}^{\mathcal{C}}$ 中的态射 $i: M \to L$ 在 ${}^{\mathcal{D}}\mathcal{M}^{\mathcal{C}}$ 中仍然是余保核收缩的.

(c) $\varrho^M: M \to M \otimes_A \mathcal{D}$ 在 ${}^{\mathcal{D}}\mathcal{M}^{\mathcal{C}}$ 中是余保核收缩. 如果这个条件成立, 那么标准序列

$$0 \longrightarrow {}^{\mathcal{D}}\mathrm{Hom}^{\mathcal{C}}(L, M) \xrightarrow{i} {}^{\mathcal{D}}\mathrm{Hom}_A(L, M) \xrightarrow{\gamma_R} {}^{\mathcal{D}}\mathrm{Hom}_A(L, M \otimes_A \mathcal{C})$$

在 $\mathcal{M}_S$ 中可裂.

(3) 对任意的 $X \in_B \mathcal{M}^{\mathcal{C}}$ 和 $Y \in^{\mathcal{D}} \mathcal{M}_A$, $\mathcal{D} \otimes_B X$ 是 $(B, \mathcal{C})$ 相关内射双模, 且 $Y \otimes_A \mathcal{C}$ 是 $(\mathcal{D}, A)$ 相关内射双模.

在这一节余下的部分中, 令 $\mathcal{C}, \mathcal{D}$ 都是 $A$ 余环. 取任意的 $M \in^{\mathcal{D}} \mathcal{M}^{\mathcal{C}}$, $N \in \mathcal{M}^{\mathcal{C}}$, 并且考虑 $R$ 模 $\mathrm{Hom}^{\mathcal{C}}(N, M)$. 当 $M$ 是有限 $A$ 表示, 存在 Hom 余张量关系 $M \square_{\mathcal{C}} N^* \simeq \mathrm{Hom}^{\mathcal{C}}(N, M)$(见命题 1.5.8), 且如果 $\mathcal{D}_A$ 是平坦的, 那么左边是左 $\mathcal{D}$ 余模.

对 $A$ 余模 $\mathcal{C}, \mathcal{D}$, 令 $\mathcal{C}_A$ 是平坦的, $M \in {}^{\mathcal{D}}\mathcal{M}^{\mathcal{C}}$ 和 $N \in \mathcal{M}^{\mathcal{C}}$ 使得 $M_A$ 是平坦的, $N_A$ 是有限表示的.

如果 $M$ 是 $(\mathcal{C}, A)$ 内射的, 或 $M$ 在 $\mathcal{M}^{\mathcal{C}}$ 中是余平坦的, 或 $\mathcal{D}_A$ 是平坦的, 那么在 ${}^{\mathcal{D}}\mathcal{M}$ 中,

$$M \square_{\mathcal{C}} N^* \simeq \mathrm{Hom}^{\mathcal{C}}(N, M).$$

一类特殊的双余模来自于余环态射. 首先考虑某些代数 $A$ 上的余环的情形. 一般的情况是不同代数上的余环的情形.

设 $\gamma: \mathcal{C} \to \mathcal{D}$ 是 $A$ 余环态射, 即存在下面的交换图:

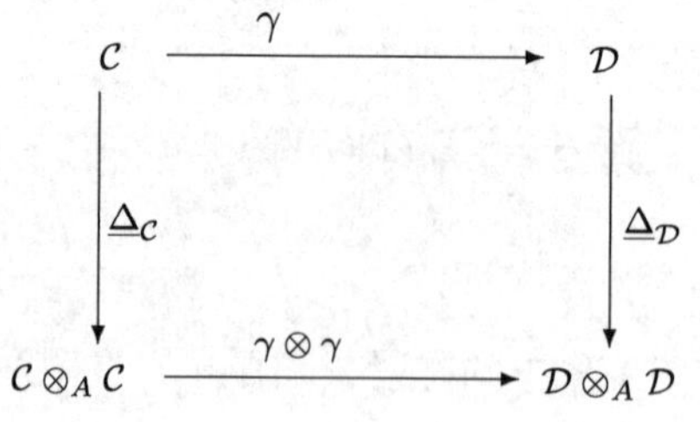


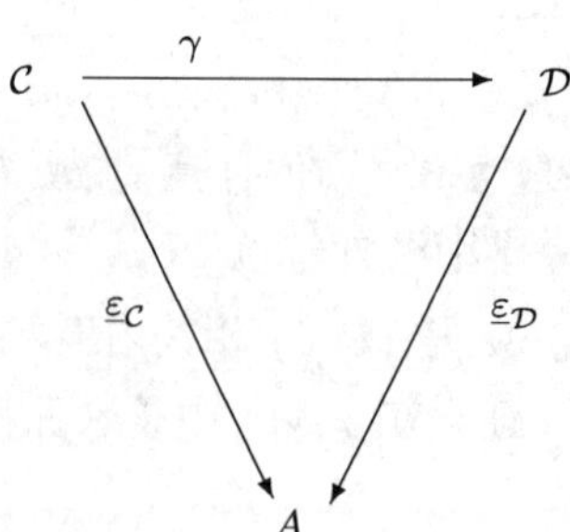

每一个右 $\mathcal{C}$ 余模 $N$ 是一个右 $\mathcal{D}$ 余模, 根据

$$\varrho_\gamma^N = (I_N \otimes \gamma) \circ \varrho^N : N \to N \otimes_A \mathcal{C} \to N \otimes_A \mathcal{D},$$

且右 $\mathcal{C}$ 余模态射 $f : N \to M$ 是诱导的 $\mathcal{D}$ 余模态射. 根据对称性, 每一个左 $\mathcal{C}$ 余模有一个左 $\mathcal{D}$ 余模结构, $\mathcal{C}$ 本身是左和右 $\mathcal{D}$ 余模, $\gamma$ 是左和右 $\mathcal{D}$ 余模态射.

类似于余代数, 可以得到 $\mathcal{D}$ 余线性映射的合成

$$N \xrightarrow{\varrho^N} N\Box_{\mathcal{D}}\mathcal{C} \xrightarrow{I_N\Box\gamma} N\Box_{\mathcal{D}}\mathcal{D} \cong N$$

是单位映射, 因此 $N$ 作为 $\mathcal{D}$ 余模是 $N\Box_{\mathcal{D}}\mathcal{C}$ 的直和项.

余环态射诱导出余模范畴之间的函子.

设 $\gamma : \mathcal{C} \to \mathcal{D}$ 是 $A$ 余环态射, **余限制函子** (corestriction functor) 定义为

$$()_\gamma : \mathcal{M}^{\mathcal{C}} \to \mathcal{M}^{\mathcal{D}}, (M, \varrho^M) \mapsto (M, (I_M \otimes \gamma) \circ \varrho^M)$$

(通常记 $(M)_\gamma = M$). 考虑 $\mathcal{C}$ 作为 $(\mathcal{C}, \mathcal{D})$ 双模, 对任意的 $M \in \mathcal{M}^{\mathcal{C}}$, $M\Box_{\mathcal{C}}\mathcal{C}$ 是右 $\mathcal{D}$ 余模 (见推论 1.6.3) 且余限制函子同构于 $-\Box_{\mathcal{C}}\mathcal{C} : \mathcal{C} \to \mathcal{D}$. 因此, 它是左正合的, 如果 ${}_A\mathcal{C}$ 是平坦的.

对称地, $\mathcal{C}$ 是 $(\mathcal{D}, \mathcal{C})$ 双模, 且对任意的 $N \in \mathcal{M}^{\mathcal{D}}$, 可以构造 $N\Box_{\mathcal{D}}\mathcal{C}$. 这是右 $\mathcal{C}$ 余模, 如果某些纯的条件成立. 在此情况下存在**余诱导函子** (coinduction functor)

$$-\Box_{\mathcal{D}}\mathcal{C} : \mathcal{M}^{\mathcal{D}} \to \mathcal{M}^{\mathcal{C}}, \quad N \mapsto N\Box_{\mathcal{D}}\mathcal{C},$$

其中 $N\Box_{\mathcal{D}}\mathcal{C}$ 称为是由 $N$ **诱导**的. 此函子是右正合的, 如果 $\mathcal{C}$ 作为左 $\mathcal{D}$ 余模是余平坦的.

需要的纯的条件是满足的, 例如, 如果 ${}_A\mathcal{C}$ 是平坦的.

**命题 1.6.8** 设 $\gamma : \mathcal{C} \to \mathcal{D}$ 是 $A$ 余环态射, 且 ${}_A\mathcal{C}$ 是平坦的. 则对所有的 $N \in \mathcal{M}^{\mathcal{C}}$ 和 $L \in^{\mathcal{D}} \mathcal{M}$, 映射

$$\mathrm{Hom}^{\mathcal{C}}(N, L\Box_{\mathcal{D}}\mathcal{C}) \to \mathrm{Hom}^{\mathcal{D}}(N, L), \quad f \mapsto (I_L\Box\gamma) \circ f$$

是函子 $R$ 模同构, 其逆为 $g \mapsto (g \otimes I_{\mathcal{C}}) \circ \varrho^N$.

给定一个 $A$ 余环态射 $\gamma : \mathcal{C} \to \mathcal{D}$, $\mathcal{M}^{\mathcal{C}}$ 中的短正合列称为 $(\mathcal{C}, \mathcal{D})$ 正合的, 如果它在 $\mathcal{M}^{\mathcal{D}}$ 中是可裂的 (splitting). 右 $\mathcal{C}$ 余模 $N$ 称为 $(\mathcal{C}, \mathcal{D})$ 内射的 (或 $(\mathcal{C}, \mathcal{D})$ 投射的), 如果 $\mathrm{Hom}^{\mathcal{C}}(-, N)$(或 $\mathrm{Hom}^{\mathcal{C}}(N, -)$) 关于 $(\mathcal{C}, \mathcal{D})$ 正合列是正合的.

注意到 $\underline{\varepsilon} : \mathcal{C} \to A$ 是 $A$ 余环态射, 如果将 $A$ 看成平凡的 $A$ 余环. 因为右 $A$ 余模范畴同构于 $\mathcal{M}_A$, 上述定义产生了 $(\mathcal{C}, A)$ 正合列和 $(\mathcal{C}, A)$ 内射余模. 利用 Hom 余张量关系中的同构 (命题 1.6.8) 可以推广它们的性质.

**命题 1.6.9** 设 ${}_A\mathcal{C}$ 是平坦的, $N\in\mathcal{M}^{\mathcal{C}}$, 且 $\gamma:\mathcal{C}\to\mathcal{D}$ 是 $A$ 余环态射.

(1) 若 $N$ 在 $\mathcal{M}^{\mathcal{D}}$ 中内射, 则 $N\Box_{\mathcal{D}}\mathcal{C}$ 在 $\mathcal{M}^{\mathcal{C}}$ 中内射.

(2) 下列条件等价:

(a) $N$ 是 $(\mathcal{C},\mathcal{D})$ 内射的.

(b) 每一个 $\mathcal{M}^{\mathcal{C}}$ 中的 $(\mathcal{C},\mathcal{D})$ 正合列可裂.

(c) 映射 $N\xrightarrow{\varrho^N}N\Box_{\mathcal{D}}\mathcal{C}$ 在 $\mathcal{M}^{\mathcal{C}}$ 中可裂.

(3) 若 $N$ 在 $\mathcal{M}^{\mathcal{D}}$ 中内射, 且是 $(\mathcal{C},\mathcal{D})$ 内射的, 则 $N$ 在 $\mathcal{M}^{\mathcal{C}}$ 中是内射的.

## 1.7 余模范畴

1.2 节给出了余环上余模的定义和性质, 本节主要研究余模范畴 [94,95,106,107].

对任意的 $\mathcal{M}^{\mathcal{C}}$ 的态射 $f:M\longrightarrow N$, 在 $\mathcal{M}_A$ 中的商模 $N/\mathrm{Im}f$ 有余模结构使得投射 $g:N\longrightarrow N/\mathrm{Im}f$ 是 $f$ 在 $\mathcal{M}^{\mathcal{C}}$ 的余核. 这说明 $\mathcal{M}^{\mathcal{C}}$ 有余核.

如果 $f:M\longrightarrow N$ 作为右 $A$ 态射是 $\mathcal{C}$ 纯的 (pure), 则一个相似的构造可以得到 $\mathcal{M}^{\mathcal{C}}$ 中的核. 这说明 $\mathcal{M}^{\mathcal{C}}$ 当 $\mathcal{C}$ 是平坦左 $A$ 模时是 Abel 范畴.

令 $\{M_\lambda\}_\Lambda$ 是一族 $\mathcal{C}$ 余模. 对于 $M=\bigoplus_\Lambda M_\lambda\in\mathcal{M}_A$, 标准映射

$$\rho_\lambda^M:M_\lambda\longrightarrow M_\lambda\otimes_A\mathcal{C}\subset M\otimes_A\mathcal{C}$$

将产生唯一右 $A$ 模态射 $\rho^M:M\longrightarrow M\otimes_A\mathcal{C}$ 使得 $M$ 是右 $\mathcal{C}$ 余模并且嵌入映射 $M_\lambda\longrightarrow M$ 是 $\mathcal{C}$ 余模态射. 则 $M$ 是 $\{M_\lambda\}_\Lambda$ 在 $\mathcal{M}^{\mathcal{C}}$ 中的余积.

**命题 1.7.1** 设 $M\in\mathcal{M}^{\mathcal{C}}$, $f:X\longrightarrow X'\in\mathcal{M}_A$. 则有

(1) $X\otimes_A\mathcal{C}$ 是右 $\mathcal{C}$ 余模, 余作用为

$$I_X\otimes\underline{\Delta}:X\otimes_A\mathcal{C}\longrightarrow X\otimes_A\mathcal{C}\otimes_A\mathcal{C},$$

并且映射 $f\otimes I_{\mathcal{C}}:X\otimes_A\mathcal{C}\longrightarrow X'\otimes_A\mathcal{C}$ 是 $\mathcal{C}$ 态射.

(2) 对指标集 $\Lambda$, $A^{(\Lambda)}\otimes_A\mathcal{C}\cong\mathcal{C}^{(\Lambda)}$, 并且有 $\mathcal{C}$ 余模态射

$$\mathcal{C}^{(\Lambda')}\longrightarrow M\otimes_A\mathcal{C},\quad \text{对某个 } \Lambda'.$$

(3) 映射 $M\longrightarrow M\otimes_A\mathcal{C}$ 是余模态射, 因此 $M$ 是一个 $\mathcal{C}$ 生成余模的子余模.

(4) 设 $B$ 是 $R$ 代数并且 $M$ 是 $(B,A)$ 双模, $\rho^M$ 是 $(B,A)$ 线性. 那么对任意的 $Y\in\mathcal{M}_B$, 右 $A$ 模 $Y\otimes_B M$ 是一个右 $\mathcal{C}$ 余模, 其余作用为

$$I_Y\otimes\rho^M:Y\otimes_B M\longrightarrow Y\otimes_B M\otimes_A\mathcal{C}.$$

**命题 1.7.2** 设 $A,B$ 是 $R$ 代数, $M,N\in\mathcal{M}^{\mathcal{C}}$, $X\in\mathcal{M}_A$.

(1) $R$ 线性映射

$$\varphi: \mathrm{Hom}^{\mathcal{C}}(M, X \otimes_A \mathcal{C}) \longrightarrow \mathrm{Hom}_A(M, X), \quad f \mapsto (I_X \otimes \underline{\varepsilon}) \circ f$$

为双射, 其逆映射为 $h \mapsto (h \otimes I_{\mathcal{C}}) \circ \rho^M$.

(2) 假设 $M$ 是 $(B, A)$ 双模, $\rho^M$ 是 $B$ 线性的, 通过 $(hb)(m) = h(bm)$ 把 $\mathrm{Hom}^{\mathcal{C}}(M, N)$ 看作右 $B$ 模. 则对任意的 $Y \in \mathcal{M}_B$, $R$ 线性映射

$$\psi: \mathrm{Hom}^{\mathcal{C}}(Y \otimes_B M, N) \longrightarrow \mathrm{Hom}_B(Y, \mathrm{Hom}^{\mathcal{C}}(M, N)), \quad g \mapsto [y \mapsto g(y \otimes -)]$$

为双射, 其逆映射为 $h \mapsto [y \otimes m \mapsto h(y)(m)]$.

**证明** (1) 显然.

(2) 由关于模的 Hom 张量关系知, 有 $R$ 模同构

$$\psi: \mathrm{Hom}_A(Y \otimes_B M, N) \longrightarrow \mathrm{Hom}_B(Y, \mathrm{Hom}_A(M, N)), \quad g \mapsto [y \mapsto g(y \otimes -)].$$

对任意的 $y \in Y$, 下面交换图

$$\begin{array}{ccccccc} M & \xrightarrow{y \otimes -} & Y \otimes_B M & \quad & m & \longrightarrow & y \otimes m \\ \downarrow{\scriptstyle \rho^M} & & \downarrow{\scriptstyle I_Y \otimes \rho^M} & & \downarrow & & \downarrow \\ M \otimes_A \mathcal{C} & \xrightarrow{(y \otimes -) \otimes I_{\mathcal{C}}} & Y \otimes_B \mathcal{C} \otimes_A \mathcal{C} & & \rho^M(m) & \longrightarrow & y \otimes \rho^M(m) \end{array}$$

蕴含着映射 $y \otimes -$ 是 $\mathcal{C}$ 余模态射. 因此, 对 $g \in \mathrm{Hom}^{\mathcal{C}}(Y \otimes_B M, N)$, 映射合成 $g(y \otimes -)$ 也是 $\mathcal{C}$ 余模态射.

另一方面, 对任意的 $h \in \mathrm{Hom}_B(Y, \mathrm{Hom}^{\mathcal{C}}(M, N))$, 有下面交换图

$$\begin{array}{ccccccc} Y \otimes_B M & \longrightarrow & N & \quad & y \otimes m & \longrightarrow & h(y)(m) \\ \downarrow{\scriptstyle I_Y \otimes \rho^M} & & \downarrow{\scriptstyle \rho^N} & & \downarrow & & \downarrow \\ Y \otimes_B M \otimes_A \mathcal{C} & \longrightarrow & N \otimes_A \mathcal{C} & & y \otimes \rho^M(m) & \longrightarrow & (h(y) \otimes I_{\mathcal{C}}) \circ \rho^M(m) \end{array}$$

这表明 $\psi^{-1}(h) \in \mathrm{Hom}^{\mathcal{C}}(M, N)$, 并且蕴含着 $\psi$ 诱导出我们需要的 $\mathrm{Hom}^{\mathcal{C}}(Y \otimes_B M, N)$ 到 $\mathrm{Hom}_B(Y, \mathrm{Hom}^{\mathcal{C}}(M, N))$ 的双射. □

相似地, 可以得到左 $\mathcal{C}$ 余模的 Hom 张量关系.

**命题 1.7.3** (1) 映射 $\varphi:\ \mathrm{End}^{\mathcal{C}}(\mathcal{C}) \longrightarrow \mathcal{C}^*, f \mapsto \underline{\varepsilon} \circ f$ 为代数反同构, 其逆映射为 $h \mapsto (h \otimes I_{\mathcal{C}}) \circ \underline{\Delta}$.

(2) 映射 $\varphi' :\ {}^{\mathcal{C}}\mathrm{End}(\mathcal{C}) \longrightarrow {}^*\mathcal{C}, f \mapsto \underline{\varepsilon} \circ f$ 为代数反同构, 其逆映射为 $h \mapsto (I_{\mathcal{C}} \otimes h) \circ \underline{\Delta}$.

**证明** 仅证明 (1), 相似地可以证 (2).

映射的定义及双射性由命题 1.7.2 可得. 设 $f, g \in \mathrm{End}^{\mathcal{C}}(\mathcal{C})$. 由 $(f \otimes I_{\mathcal{C}}) \circ \underline{\Delta} = \underline{\Delta} \circ f$, 对任意的 $c \in \mathcal{C}$, 考虑卷积

$$\begin{aligned}(\underline{\varepsilon} \circ f) *^r (\underline{\varepsilon} \circ g)(c) &= \sum \underline{\varepsilon} \circ g(\underline{\varepsilon} \circ f(c_1)c_2) \\ &= \underline{\varepsilon} \circ g[(\underline{\varepsilon} \otimes I_{\mathcal{C}}) \circ (f \otimes I_{\mathcal{C}}) \circ \underline{\Delta}(c)] \\ &= \underline{\varepsilon} \circ g[(\underline{\varepsilon} \otimes I_{\mathcal{C}}) \circ \underline{\Delta} \circ f(c)] \\ &= \underline{\varepsilon} \circ (g \circ f)(c).\end{aligned}$$

显然, $\mathrm{End}^{\mathcal{C}}(\mathcal{C})$ 的单位元映到 $\mathcal{C}^*$ 的单位元, 这说明 $\varphi$ 是代数反同构. □

**命题 1.7.4** (1) 范畴 $\mathcal{M}^{\mathcal{C}}$ 有直和和余核并且 $\mathcal{C}$ 有子生成子. 如果 $\mathcal{C}$ 是平坦左 $A$ 模, 则范畴 $\mathcal{M}^{\mathcal{C}}$ 有核.

(2) 函子 $-\otimes_A \mathcal{C} : \mathcal{M}_A \longrightarrow \mathcal{M}^{\mathcal{C}}$ 是遗忘函子 $(-)_A : \mathcal{M}^{\mathcal{C}} \longrightarrow \mathcal{M}_A$ 的右伴随函子.

(3) 对任意 $\mathcal{M}_A$ 中的单态射 $f : K \longrightarrow L$,

$$f \otimes I_{\mathcal{C}} : K \otimes_A \mathcal{C} \longrightarrow L \otimes_A \mathcal{C}$$

是 $\mathcal{M}^{\mathcal{C}}$ 中的单态射.

(4) 对任意的右 $A$ 模族 $\{M_\lambda\}_\Lambda$, $(\prod_\Lambda M_\lambda) \otimes_A \mathcal{C}$ 是 $M_\lambda \otimes_A \mathcal{C}$ 在 $\mathcal{M}^{\mathcal{C}}$ 中的积.

**命题 1.7.5** 下面结论等价:

(1) $\mathcal{C}$ 作为左 $A$ 模是平坦的.

(2) $\mathcal{M}^{\mathcal{C}}$ 中的每一个单态射是内射的.

(3) $\mathcal{M}^{\mathcal{C}}$ 中的每一个单态射 $U \longrightarrow \mathcal{C}$ 是内射的.

(4) 遗忘函子 $(-)_A : \mathcal{M}^{\mathcal{C}} \longrightarrow \mathcal{M}_A$ 保持单态射.

如果这些条件成立, 则 $\mathcal{M}^{\mathcal{C}}$ 是 Grothendieck 范畴.

如果函子 $-\otimes_A \mathcal{C} : \mathcal{M}_A \longrightarrow \mathcal{M}^{\mathcal{C}}$ 是遗忘函子 $(-)_A : \mathcal{M}^{\mathcal{C}} \longrightarrow \mathcal{M}_A$ 的左伴随函子, 那么作为左 $A$ 模 $\mathcal{C}$ 是有限生成的和投射的.

**命题 1.7.6** 假设余环 $\mathcal{C}$ 作为左 $A$ 模是平坦的, 令 $M \in \mathcal{M}^{\mathcal{C}}$. 则 $M$ 的每一个有限子集包含在 $M$ 的子余模中, 且该子余模包含在一个有限生成 $A$ 子模中.

**命题 1.7.7** 设 ${}_A\mathcal{C}$ 是平坦的且 $M \in \mathcal{M}^{\mathcal{C}}$. 则

(1) $\mathrm{Hom}^{\mathcal{C}}(-, M) : \mathcal{M}^{\mathcal{C}} \longrightarrow \mathcal{M}_R$ 是左正合函子.

(2) $\mathrm{Hom}^{\mathcal{C}}(M, -) : \mathcal{M}^{\mathcal{C}} \longrightarrow \mathcal{M}_R$ 是左正合函子.

**命题 1.7.8** (1) 对任意的 $M \in \mathcal{M}^{\mathcal{C}}$, 下面结论等价:

(a) $M$ 是 $(\mathcal{C}, A)$ 内射的.

(b) $\mathcal{M}_A$ 中任何余收缩 $\mathcal{C}$ 余模映射 $i : M \longrightarrow L$ 在 $\mathcal{M}^{\mathcal{C}}$ 中也是余收缩的.

(c) $\rho^M : M \longrightarrow M \otimes_A \mathcal{C}$ 在 $\mathcal{M}^{\mathcal{C}}$ 中是余收缩的.

(2) 对任意的 $X \in \mathcal{M}_A$, $X \otimes_A \mathcal{C}$ 是 $(\mathcal{C}, A)$ 内射的.

(3) $M \in \mathcal{M}^{\mathcal{C}}$ 是 $(\mathcal{C}, A)$ 内射的, 则对任意的 $L \in \mathcal{M}^{\mathcal{C}}$, 标准序列

$$0 \to \mathrm{Hom}m^{\mathcal{C}}(L, M) \xrightarrow{i} \mathrm{Hom}_A(L, M) \xrightarrow{\gamma} \mathrm{Hom}_A(L, M \otimes_A \mathcal{C})$$

在 $\mathcal{M}_B$ 中可裂, 其中 $B = \mathrm{End}^{\mathcal{C}}$, $\gamma(f) = \rho^M \circ f - (f \otimes I_{\mathcal{C}}) \circ \rho^L$.

**命题 1.7.9** 假设 ${}_A\mathcal{C}$ 是平坦的.

(1) 如果 $X$ 在 $\mathcal{M}_A$ 中是内射的, 那么 $X \otimes_A \mathcal{C}$ 在 $\mathcal{M}^{\mathcal{C}}$ 中是内射的.

(2) 如果 $M$ 在 $\mathcal{M}_A$ 中是 $(\mathcal{C}, A)$ 内射的, 并且是内射的, 那么 $M$ 在 $\mathcal{M}^{\mathcal{C}}$ 中是内射的.

(3) 如果 $A$ 在 $\mathcal{M}_A$ 中是内射的, 那么 $\mathcal{C}$ 在 $\mathcal{M}^{\mathcal{C}}$ 中是内射的.

**命题 1.7.10** 考虑任意的 $P \in \mathcal{M}^{\mathcal{C}}$,

(1) 如果 $P$ 在 $\mathcal{M}^{\mathcal{C}}$ 中是投射的, 那么 $P$ 在 $\mathcal{M}_A$ 中是投射的.

(2) 假设 ${}_A\mathcal{C}$ 是平坦的, 则下述条件等价:

(a) $P$ 在 $\mathcal{M}^{\mathcal{C}}$ 中是投射的.

(b) $\mathrm{Hom}^{\mathcal{C}}(P, -) : \mathcal{M}^{\mathcal{C}} \longrightarrow \mathcal{M}_R$ 是正合函子.

关于相应模的结论见 [266−277].

## 1.8 余环范畴

为了处理某些根系上不同环上的余环, 下面研究不同环上的余环之间的关系, 或者余环的动态性质, 比如基本环的变化等, 这就需要引进余环范畴. 本节除了引进余环范畴, 还引进了余环表示范畴. 这样的范畴是用任意的余环对定义的, 对象是这些范畴之间的态射. 这样定义的范畴, 事实上是余环概念的内在特性. 我们也研究导出函子和余导出函子, 从而推导出一般 Hom 张量关系和与一对余环态射相关的代数. 特别地, 给出了一个余环的对偶环的解释 [41]. 这种余环范畴也为前面章节所讨论的余环特性的统一化提供了一个很好的准备工作.

**定义 1.8.1** **余环范畴**(category of corings) $\boldsymbol{Crg}$ 中的对象可理解成配对 $(\mathcal{C}, A)$ 形式的余环, 这里 $A$ 是一个 $R$ 代数, $\mathcal{C}$ 是一个 $A$ 余环. 余环 $(\mathcal{C}, A)$ 和 $(\mathcal{D}, B)$ 之间的态射是满足下列条件的一对映射 $(\gamma : \alpha) : (\mathcal{C}, A) \longrightarrow (\mathcal{D}, B)$:

(1) $\alpha : A \longrightarrow B$ 是一个代数映射. 因此可以把 $\mathcal{D}$ 看作一个由 $\alpha$ 诱导出的 $(A, A)$ 双模. 显然, 对所有的 $a, a' \in A$ 及 $d \in \mathcal{D}$, 有 $ada' = \alpha(a)d\alpha(a')$.

(2) $\gamma : \mathcal{C} \longrightarrow \mathcal{D}$ 是一个 $(A, A)$ 双模映射, 使得

$$\chi \circ (\gamma \otimes_A \gamma) \circ \underline{\Delta}_{\mathcal{C}} = \underline{\Delta}_{\mathcal{D}} \circ \gamma, \quad \underline{\varepsilon}_{\mathcal{D}} \circ \gamma = \alpha \circ \underline{\varepsilon}_{\mathcal{C}},$$

这里 $\chi:\mathcal{D}\otimes_A\mathcal{D}\longrightarrow\mathcal{D}\otimes_B\mathcal{D}$ 是由 $\alpha$ 诱导出的 $(A,A)$ 双模的标准态射. 等价地, 需要诱导映射

$$I_B\otimes\gamma\otimes I_B:B\otimes_A\mathcal{C}\otimes_A B\longrightarrow\mathcal{D}$$

是一个 $B$ 余环的态射, 这里 $B\otimes_A\mathcal{C}\otimes_A B$ 是 $\mathcal{C}$ 的基本环扩张.

因为任意的代数 $A$ 可以看作一个平凡的 $A$ 余环, 所以范畴 $\boldsymbol{Crg}$ 包含 $R$ 代数的范畴.

**例 1.8.2** $A$ 余环之间的任意态射都是范畴 $\boldsymbol{Crg}$ 中的一个态射 (带有 $\alpha=I_A$). 特别地是恒等映射 $(I_{\mathcal{C}}:I_A):(\mathcal{C},A)\longrightarrow(\mathcal{C},A)$ 和遗忘或余单位映射 $(\underline{\varepsilon}:I_A):(\mathcal{C},A)\longrightarrow(A,A)$. 后一种情况, $A$ 可以看作一个平凡的 $A$ 余环. 这就说明余单位态射满足定义 1.8.1 中的条件, 因为 $\underline{\varepsilon}$ 是 $\mathcal{C}$ 中的余单位, 所以对所有的 $c\in\mathcal{C}$, 有 $\sum\underline{\varepsilon}(c_{\underline{1}})\otimes\underline{\varepsilon}(c_{\underline{2}})=\underline{\varepsilon}(c)$.

**定义 1.8.3** 对任意的余环对 $(\mathcal{C},A)$ 和 $(\mathcal{D},B)$, 可以得到一个余环 $(\mathcal{D},B)$ 中的余环 $(\mathcal{C},A)$ 的**表示范畴** $\mathbf{Rep}(\mathcal{C}:A\mid\mathcal{D}:B)$. 范畴 $\mathbf{Rep}(\mathcal{C}:A\mid\mathcal{D}:B)$ 的对象是余环态射 $(\gamma:\alpha):(\mathcal{C},A)\longrightarrow(\mathcal{D},B)$. 对范畴 $\mathbf{Rep}(\mathcal{C}:A\mid\mathcal{D}:B)$ 中的任意对对象 $(\gamma_1,\alpha_1)$ 和 $(\gamma_2,\alpha_2)$, 态射是一个 $R$ 模映射 $f:\mathcal{C}\longrightarrow B$, 使得对所有的 $c\in\mathcal{C}$ 和 $a\in A$,

$$f(ca)=f(c)\alpha_2(a),\quad f(ac)=\alpha_1(a)f(c),\quad \sum f(c_{\underline{1}})\gamma_2(c_{\underline{2}})=\sum\gamma_1(c_{\underline{1}})f(c_{\underline{2}}).$$

态射 $f:(\gamma_1,\alpha_1)\longrightarrow(\gamma_2,\alpha_2)$ 和 $g:(\gamma_2,\alpha_2)\longrightarrow(\gamma_3,\alpha_3)$ 的复合是由卷积定义的, 即对所有的 $c\in\mathcal{C}$, $f*g(c)=\sum f(c_{\underline{1}})g(c_{\underline{2}})$. $f*g$ 是良定义, 因为对所有的 $a\in A$ 和 $c,c'\in\mathcal{C}$, 有

$$f(ca)g(c')=f(c)\alpha_2(a)g(c')=f(c)g(ac').$$

易证 $f*g$ 是范畴 $\mathbf{Rep}(\mathcal{C}:A\mid\mathcal{D}:B)$ 中的态射 $(\gamma_1,\alpha_1)\longrightarrow(\gamma_3,\alpha_3)$. 事实上, 取任意的 $c\in\mathcal{C}$ 和 $a\in A$, 有

$$\begin{aligned}
(f*g)(ca)&=\sum f(c_{\underline{1}})g(c_{\underline{2}}a)=\sum f(c_{\underline{1}})g(c_{\underline{2}})\alpha_3(a)=\sum(f*g)(c)\alpha_3(a),\\
(f*g)(ac)&=\sum f(ac_{\underline{1}})g(c_{\underline{2}})=\sum\alpha_1(a)f(c_{\underline{1}})g(c_{\underline{2}})=\sum\alpha_1(a)(f*g)(c),\\
\sum(f*g)(c_{\underline{1}})\gamma_3(c_{\underline{2}})&=\sum f(c_{\underline{1}})g(c_{\underline{2}})\gamma_3(c_{\underline{3}})=\sum f(c_{\underline{1}})\gamma_2(c_{\underline{2}})g(c_{\underline{3}})\\
&=\sum\gamma_1(c_{\underline{1}})f(c_{\underline{2}})g(c_{\underline{3}})=\sum\gamma_1(c_{\underline{1}})(f*g)(c_{\underline{2}}),
\end{aligned}$$

这里用到了范畴 $\mathcal{C}$ 中的态射定义和余积的 $A$ 线性.

**定义 1.8.4** 取任意的 $(\mathcal{C}:A),(\mathcal{D}:B)\in\boldsymbol{Crg}$. 给定范畴 $\boldsymbol{Crg}$ 中的一个态射 $(\gamma:\alpha):(\mathcal{C},A)\longrightarrow(\mathcal{D},B)$, 定义一个**导出函子** (induction functor)

$$F:\mathcal{M}^{\mathcal{C}}\longrightarrow\mathcal{M}^{\mathcal{D}},\quad M\mapsto M\otimes_A B,\quad f\mapsto f\otimes I_B.$$

这里 $F(M)$ 是一个右 $B$ 模, 即 $(m\otimes b)b'=m\otimes bb'$, 对所有的 $m\in M$ 和 $b,b'\in B$. 右 $\mathcal{D}$ 余作用为

$$\varrho^{F(M)}:M\otimes_A B\longrightarrow M\otimes_A B\otimes_B\mathcal{D}\simeq M\otimes_A\mathcal{D},\quad m\otimes b\mapsto\sum m_{\underline{0}}\otimes\gamma(m_{\underline{1}})b,$$

这里 $\sum m_{\underline{0}}\otimes m_{\underline{1}}=\varrho^M(m)$.

显然, $\varrho^{F(M)}$ 是一个右 $B$ 模映射. 它是一个余作用, 因为 $\varrho^M$ 是一个余作用, 而且 $\gamma$ 带有的余积可交换, 有

$$\begin{aligned}(\varrho^{F(M)}\otimes_B I_{\mathcal{D}})\circ\varrho^{F(M)}(m\otimes_A b)&=\sum\varrho^{F(M)}(m_{\underline{0}}\otimes_A 1_B)\otimes_B\gamma(m_{\underline{1}})b\\&=\sum m_{\underline{0}}\otimes_A\gamma(m_{\underline{1}})\otimes_B\gamma(m_{\underline{2}})b\\&=\sum m_{\underline{0}}\otimes_A\gamma(m_{\underline{1}})_{\underline{1}}\otimes_B\gamma(m_{\underline{1}})_{\underline{2}}b\\&=(I_{\mathcal{D}}\otimes_B\underline{\Delta}_{\mathcal{D}})\circ\varrho^{F(M)}(m\otimes_A b).\end{aligned}$$

导出函子伴随着 $(\mathcal{C},A)$ 的恒等态射 $(I_{\mathcal{C}}:I_A):(\mathcal{C},A)\longrightarrow(\mathcal{C},A)$, 这就说明它是范畴 $\mathcal{M}^{\mathcal{C}}$ 中的恒等函子. 此外, 遗忘函子 $\mathcal{M}^{\mathcal{C}}\longrightarrow\mathcal{M}_A$ 可以视为一个导出函子, 伴随着余单位态射 $(\varepsilon_{\mathcal{C}}:I_A):(\mathcal{C},A)\longrightarrow(A,A)$.

因此, 对任意的余环态射 $(\gamma:\alpha):(\mathcal{C},A)\longrightarrow(\mathcal{D},B)$, 可以得到一个余模范畴之间的函子 $\mathcal{M}^{\mathcal{C}}\longrightarrow\mathcal{M}^{\mathcal{D}}$. 它可以视为函子的一个复合

$$-\Box_{\mathcal{C}}(\mathcal{C}\otimes_A B):\mathcal{M}^{\mathcal{C}}\longrightarrow\mathcal{M}^{B\mathcal{C}B},\quad ()_{\tilde{\gamma}}:\mathcal{M}^{B\mathcal{C}B}\longrightarrow\mathcal{M}^{\mathcal{D}},$$

这里第一个函子是由基本环扩张 $\alpha:A\longrightarrow B$ 诱导出的 [41,23.9], 第二个是由 $B$ 余环态射 $\tilde{\gamma}:B\mathcal{C}B\longrightarrow\mathcal{D}$ 导出的余限制函子. 在特殊情况下, 也能构造出一个反方向的函子 $\mathcal{M}^{\mathcal{D}}\longrightarrow\mathcal{M}^{\mathcal{C}}$.

**定理 1.8.5** 给定范畴 $\boldsymbol{Crg}$ 中的一个态射 $(\gamma:\alpha):(\mathcal{C},A)\longrightarrow(\mathcal{D},B)$, 设 $F=-\otimes_A B:\mathcal{M}^{\mathcal{C}}\longrightarrow\mathcal{M}^{\mathcal{D}}$ 是一个对应导出函子. 那么代数 $\mathcal{U}(\alpha,\gamma)$ 与自然变换 $F\longrightarrow F$ (关于映射合成) 的 $R$ 代数 $\mathrm{Nat}(F,F)$ 同构.

**证明** 给定一个自然变换 $\phi:F\longrightarrow F$, $\mathcal{M}^{\mathcal{D}}$ 中的对应态射 $\phi_M:M\otimes_A B\longrightarrow M\otimes_A B$ 为右 $B$ 线性, 因此, 它可以由态射 $\tilde{\phi}_M:M\longrightarrow M\otimes_A B$, $\tilde{\phi}_M(m)=\phi_M(m\otimes 1_B)$ 定义, 且 $\phi_M(m\otimes b)=\tilde{\phi}_M(m)b$. $\tilde{\phi}_M$ 的定义预示着对任意自然的自同态 $\phi':F\longrightarrow F$, 都有对应态射 $\phi'_M:M\otimes_A B\longrightarrow M\otimes_A B$, $(\phi\circ\phi')_M=\phi_M\circ\tilde{\phi}'_M$. 取任意的右 $A$ 模 $M$, 对任意的 $m\in M$, 考虑一个 $\mathcal{C}$ 余模映射 $f_m:\mathcal{C}\longrightarrow M\otimes_A\mathcal{C}$, $c\mapsto m\otimes c$.

$\phi$ 的自然性预示着

$$(f_m\otimes I_B)\circ\phi_{\mathcal{C}}=\phi_{M\otimes_A\mathcal{C}}\circ(f_m\otimes I_B).$$

这等价于 $\tilde{\phi}$ 的下面性质:

$$\tilde{\phi}_{M\otimes_A\mathcal{C}}(m\otimes c)=m\otimes\tilde{\phi}_{\mathcal{C}}(c), \tag{$*$}$$

对任意的 $m\in M$ 和 $c\in\mathcal{C}$. 另一方面, 对任意的 $M\in\mathcal{M}^{\mathcal{C}}$, 取 $f=\varrho^M: M\longrightarrow M\otimes_A\mathcal{C}$. 这是范畴 $\mathcal{M}^{\mathcal{C}}$ 中的一个态射, 因此 $\phi$ 的自然性预示着 $(\varrho^M\otimes I_B)\circ\phi_M=\phi_{M\otimes_A\mathcal{C}}\circ(\varrho^M\otimes I_B)$, 或者对 $\phi$ 等价于

$$\tilde{\phi}_{M\otimes_A\mathcal{C}}\circ\varrho^M=(\varrho^M\otimes I_B)\circ\tilde{\phi}_M. \tag{$**$}$$

在等式 $(*)$ 中取 $M=A$, 可以立即推出 $\tilde{\phi}_{\mathcal{C}}$ 是左 $A$ 线性, 因此它是 $(A,A)$ 双线性. 所以可以定义一个 $(A,A)$ 双模映射, $a_\phi:\mathcal{C}\longrightarrow B$, $a_\phi=(\underline{\varepsilon}_{\mathcal{C}}\otimes I_B)\circ\tilde{\phi}_{\mathcal{C}}$. 对任意的 $M\in\mathcal{M}^{\mathcal{C}}$, 综合等式 $(*)$ 和 $(**)$, 根据 $a_\phi$ 可以得到一个对于 $\tilde{\phi}_M$ 的显式. 更精确地, 等式 $(*)$ 和 $(**)$ 预示着对所有的 $m\in M$, $\sum m_{\underline{0}}\otimes\tilde{\phi}_{\mathcal{C}}(m_{\underline{1}})=(\varrho^M\otimes I_B)\circ\tilde{\phi}_M(m)$. 因此, 应用 $I_M\otimes\underline{\varepsilon}_{\mathcal{C}}\otimes I_B$, 可以得到 $\tilde{\phi}_M(m)=\sum m_{\underline{0}}\otimes a_\phi(m_{\underline{1}})$.

因为对任意 $M\in\mathcal{M}^{\mathcal{C}}$, $\phi_M$ 是范畴 $\mathcal{M}^{\mathcal{D}}$ 中的一个态射, 容易得到 $\sum\tilde{\phi}_M(m_{\underline{0}})\otimes_B\gamma(m_{\underline{1}})=\sum\tilde{\phi}_M(m)_{\underline{0}}\otimes_B\tilde{\phi}_M(m)_{\underline{1}}$. 因此, 根据映射 $a_\phi$, 得到

$$\sum m_{\underline{0}}\otimes a_\phi(m_{\underline{1}})\gamma(m_{\underline{2}})=\sum m_{\underline{0}}\otimes\gamma(m_{\underline{1}})a_\phi(m_{\underline{2}}).$$

特别地, 如果取 $M=\mathcal{C}$, 并且应用 $\underline{\varepsilon}_{\mathcal{C}}\otimes I_{\mathcal{D}}$, 得到 $\sum a_\phi(c_{\underline{1}})\gamma(c_{\underline{2}})=\sum\gamma(c_{\underline{1}})a_\phi(c_{\underline{2}})$, 即 $a_\phi\in\mathcal{U}(\alpha,\gamma)$. 所以, 赋值映射 $\phi\longrightarrow a_\phi$ 定义了一个 $R$ 线性映射 $\mathrm{Nat}(F,F)\longrightarrow\mathcal{U}(\alpha,\gamma)$. 为了证明这是一个代数映射, 取任意的 $\phi,\phi'\in\mathrm{Nat}(F,F)$, $c\in\mathcal{C}$,

$$\begin{aligned}a_{\phi\circ\phi'}(c)&=(\underline{\varepsilon}_{\mathcal{C}}\otimes I_B)\circ(\phi\circ\phi')_{\mathcal{C}}(c)=(\underline{\varepsilon}_{\mathcal{C}}\otimes I_B)(\phi_{\mathcal{C}}(\tilde{\phi}'_{\mathcal{C}}(c)))\\&=\sum(\underline{\varepsilon}_{\mathcal{C}}\otimes I_B)(\phi_{\mathcal{C}}(c_{\underline{1}}\otimes a_{\phi'}(c_{\underline{2}})))\\&=\sum(\underline{\varepsilon}_{\mathcal{C}}\otimes I_B)(\phi_{\mathcal{C}}(c_{\underline{1}})a_{\phi'}(c_{\underline{2}}))=\sum a_\phi(c_{\underline{1}})a_{\phi'}(c_{\underline{2}}).\end{aligned}$$

相反, 取任意的 $a\in\mathcal{U}(\alpha,\gamma)$, 且对任意的 $M\in\mathcal{M}^{\mathcal{C}}$, 定义一个右 $B$ 双模映射

$$\phi_{a,M}:M\otimes_A B\longrightarrow M\otimes_A B,\quad m\otimes b\mapsto\sum m_{\underline{0}}\otimes a(m_{\underline{1}})b.$$

由 $a\in\mathcal{U}(\alpha,\gamma)$ 易知, $\phi_{a,M}$ 是一个右 $(D)$ 余模映射. 下面取范畴 $\mathcal{M}^{\mathcal{C}}$ 中任意的态射 $f:M\longrightarrow N$, 对任意的 $m\in M$ 和 $b\in B$, 有 $F(f)\circ\phi_{a,M}(m\otimes b)=\sum f(m_{\underline{0}})\otimes a(m_{\underline{1}})b$, 同时

$$\phi_{a,N}\circ F(f)(m\otimes b)=\sum f(m)_{\underline{0}}\otimes a(f(m)_{\underline{1}})b=\sum f(m_{\underline{0}})\otimes a(m_{\underline{1}})b.$$

因此, 可以推导出赋值映射 $a\longrightarrow\phi_a$ 定义的一个映射 $\mathcal{U}(\alpha,\gamma)\longrightarrow\mathrm{Nat}(F,F)$. 下面只需证明这个映射是前面构造的代数映射 $\mathrm{Nat}(F,F)\longrightarrow\mathcal{U}(\alpha,\gamma)$, $\phi\longrightarrow a_\phi$ 的逆即可.

首先, 取任意的 $M \in \mathcal{M}^{\mathcal{C}}$, $m \in M$ 和 $b \in B$,

$$\phi_{a_\phi,M}(m \otimes b) = \sum m_{\underline{0}} \otimes a_\phi(m_{\underline{1}})b = \tilde{\phi}_M(m)b = \phi_M(m \otimes b).$$

其次, 对任意的 $c \in \mathcal{C}$,

$$a_{\phi_a}(c) = (\underline{\varepsilon}_{\mathcal{C}} \otimes I_B) \circ \tilde{\phi}_{a,\mathcal{C}}(c) = \sum \underline{\varepsilon}_{\mathcal{C}}(c_{\underline{1}}) \otimes a(c_{\underline{2}}) = a(c),$$

证毕. □

**命题 1.8.6** 假设 $(\gamma : \alpha) : (\mathcal{C}, A) \longrightarrow (\mathcal{D}, B)$ 构成一个余环的纯态射, 而且设 $G$ 是一个相关余导出函子. 那么存在一个 $R$ 代数同构

$$\mathrm{Nat}(G, G) \simeq \mathcal{U}(\alpha, \gamma)^{op}.$$

**证明** 由定理 1.8.5 可立即得到此结论, 因为一个函子的自同态环与它的左或者右伴随函子的反自同态环是同构的. 显然, 给出所需要的同构 $\mathrm{Nat}(G, G) \simeq \mathcal{U}(\alpha, \gamma)^{op}$ 如下:

$$\mathrm{Nat}(G, G) \longrightarrow \mathcal{U}(\alpha, \gamma)^{op}, \quad \phi \mapsto (\underline{\varepsilon}_{\mathcal{D}} \otimes \underline{\varepsilon}_{\mathcal{C}}) \circ \tilde{\phi}_{\mathcal{D}} \circ (\gamma \otimes I_{\mathcal{C}}) \circ \underline{\Delta}_{\mathcal{C}},$$

这里 $\tilde{\phi}_{\mathcal{D}}$ 定义如同定理 1.8.5 的证明. 反过来, 给定 $a \in \mathcal{U}(\alpha, \gamma)^{op}$, 可以通过

$$\phi_{a,N} : G(N) \longrightarrow G(N), \quad \sum_i n^i \otimes c^i \mapsto \sum_i n^i a(c^i_{\underline{1}}) \otimes c^i_{\underline{2}}, \quad \text{对所有的} N \in \mathcal{M}^{\mathcal{D}}$$

定义一个自然的自同态 $\phi_a$. □

考虑余环的余单位态射 $(\underline{\varepsilon} : I_A) : (\mathcal{C}, A) \longrightarrow (A, A)$. 那么

$$\begin{aligned}\mathcal{U}(I_A, \underline{\varepsilon}) &= \left\{ a \in {}_A\mathrm{Hom}_A(\mathcal{C}, A) \mid \forall c \in \mathcal{C}, \sum a(c_{\underline{1}})\underline{\varepsilon}(c_{\underline{2}}) = \sum \underline{\varepsilon}(c_{\underline{1}})a(c_{\underline{2}}) \right\} \\ &= {}_A\mathrm{Hom}_A(\mathcal{C}, A) = {}^*\mathcal{C}^*.\end{aligned}$$

因为这种情况下 $F$ 是遗忘函子 $\mathcal{M}^{\mathcal{C}} \longrightarrow \mathcal{M}_A$, 所以得到了对偶代数 ${}^*\mathcal{C}^*$ 作为遗忘函子 $\mathcal{M}^{\mathcal{C}} \longrightarrow \mathcal{M}_A$ 的一个自同态环的解释. 这可与左对偶环 ${}^*\mathcal{C}$ 作为遗忘函子 $\mathcal{M}^{\mathcal{C}} \longrightarrow \mathcal{M}_R$ 的一个自同态环的解释作比较.

根据余环中的余环表示范畴 $\mathbf{Rep}(\mathcal{C} : A \mid \mathcal{D} : B)$ 可以知道, 范畴 $\mathcal{M}^{\mathcal{C}}$ 和 $\mathcal{M}^{\mathcal{D}}$ 之间的一般导出函子和余导出函子的自同态环都有一个自然解释.

# 第 2 章　Sweedler 余环及环的扩张

Sweedler 余环也称标准余环, 是研究余环的 Galois 理论的基本概念. 它涉及下降 (descent) 理论、余可分性、余可裂性及其 Frobenius 扩张. 本章主要讨论余环的 Amitsur 复形与联络、Cartier 与 Hochschild 上同调等结构性质.

## 2.1　Sweedler 余环与下降理论

本节简单讨论模的下降问题 [43,98,99,136].

**定义 2.1.1**　设 $B \to A$ 为 $R$ 代数扩张. 那么定义 $A$ 余环 $\mathcal{C} = A \otimes_B A$ 带有余积

$$\underline{\Delta} : \mathcal{C} \to \mathcal{C} \otimes_A \mathcal{C} \simeq A \otimes_B A \otimes_B A, \quad a \otimes a' \mapsto a \otimes 1_A \otimes a'$$

和余单位 $\underline{\varepsilon}(a \otimes a') = aa'$. $\mathcal{C}$ 称为由环 (代数) 扩张 $B \to A$ 定义的 **Sweedler 余环或标准余环**(canonical coring).

**定义 2.1.2**　设 $B \to A$ 为 $R$ 代数扩张且 $\mathcal{C} = A \otimes_B A$ 为上述定义中的 Sweedler $A$ 余环. 定义范畴 $\mathcal{M}^{\mathcal{C}}$, 其对象为一对元素 $(M, f)$, 这里 $M$ 为右 $A$ 模且 $f : M \to M \otimes_B A$ 为右 $A$ 模态射, 记 $f(m) = \sum m_i \otimes a_i$, 对任意 $m \in M$, 下面式子成立:

$$\sum_i f(m_i) \otimes a_i = \sum_i m_i \otimes 1_A \otimes a_i, \tag{2.1}$$

$$\sum_i m_i a_i = m. \tag{2.2}$$

**定义 2.1.3**　左对偶 ${}^*\mathcal{C} = {}_A\mathrm{Hom}(A \otimes_B A, A) \simeq {}_B\mathrm{End}(A)$, 这里自同态环的代数结构为映射的合成.

右对偶 $\mathcal{C}^* = \mathrm{Hom}_B(A \otimes_B A, A) \simeq \mathrm{End}_B(A)$ 是反代数同构, 因此 $\mathcal{C}^* \simeq \mathrm{End}_B(A)^{op}$. 最后, 对偶 ${}^*\mathcal{C}^* = {}_A\mathrm{Hom}_A(A \otimes_B A, A) \simeq A^B = \{a \in A \mid 对任意\ b \in B,\ ab = ba\}$.

**定义 2.1.4**　给定代数扩张 $B \to A$, 元素对 $(M, f)$ 组成的一个范畴, 这里 $M$ 为右 $A$ 模且 $f : M \to M \otimes_B A$ 满足等式 (2.1) 和 (2.2), 这个范畴被称为与非交换的代数扩张 $B \to A$ 有关的 (右) **下降数据**组成的范畴 [41]. 此范畴记为 $\mathbf{Desc}(A/B)$. $\mathbf{Desc}(A/B)$ 中的态射 $(M, f) \to (M', f')$ 是右 $A$ 模映射, 满足 $f' \circ \phi = (\phi \otimes I_A) \circ f$.

回顾下降理论的问题:

(1) **模的下降问题**. 设 $B \to A$ 为代数扩张, 已知一个右 $A$ 模 $M$, 是否有一个右 $B$ 模 $N$ 使得 $M \simeq N \otimes_B A$?

(2) $A$ **型分类问题**. 给定右 $B$ 模 $N$, 分类所有右 $B$ 模 $M$ 使得作为右 $A$ 模 $N \otimes_B A \simeq M \otimes_B A$.

**命题 2.1.5** 设 $B \to A$ 为代数扩张. 那么与此非交换的代数扩张相关的下降数据组成的范畴与 Sweedler 余环 $\mathcal{C} = A \otimes_B A$ 上的右余模范畴同构.

在上述的范畴同构下, 导出函子 $- \otimes_A \mathcal{C} : \mathcal{M}_A \to \mathcal{M}^{\mathcal{C}}$ 成为如下形式的函子 $- \otimes_B A : \mathcal{M}_A \to \mathbf{Desc}(A/B)$. 一个 $A$ 模 $M$ 做成下降数据为 $(M \otimes_B A, f)$, 这里

$$f : M \otimes_B A \to M \otimes_B A \otimes_B A, \quad m \otimes a \mapsto m \otimes 1_A \otimes a.$$

余环理论为研究非交换环的下降理论提供了一个自然的框架.

**命题 2.1.6** 设 $i : B \to A$ 为代数嵌入, 令 $\mathcal{C} = A \otimes_B A$ 为 Sweedler 余环. 将 $B$ 与 $B$ 的象 $i(B)$ 等同. $A$ 的子代数 $B$ 能够看成平凡的 $B$ 余环 (余积为标准同构 $B \to B \otimes_B B$, 余单位为恒等映射 $B \to B$). 定义 $\gamma : B \to A \otimes_B A$, $b \mapsto 1_A \otimes b = b \otimes 1_A$ 为 $(B, B)$ 双线性映射. 那么 $(\gamma : I_B) : (B : B) \to (A \otimes_B A : A)$ 为余环之间的纯同态, 即为内自同态.

**证明** 很显然, $I_B$ 是代数映射, 且由定义可得 $\gamma$ 为 $(B, B)$ 双模映射. 下面对任意 $b \in B$, 验证

$$\begin{aligned}\chi \circ (\gamma \otimes_B \gamma) \circ \underline{\Delta}_B(b) &= \chi(\gamma(1_B) \otimes \gamma(b)) = \chi(1_A \otimes 1_A \otimes 1_A \otimes b) \\ &= 1_A \otimes 1_A \otimes b = \underline{\Delta}_{A \otimes_B A}(1_A \otimes b) = \underline{\Delta}_{A \otimes_B A}(\gamma(b)),\end{aligned}$$

从而证得 $(\gamma : I_B)$ 为余环之间的同态. 因为 $B$ 作为左 $B$ 模是平坦的, 所以这是纯同态. □

下面两个命题的证明直接应用前面知识得到, 省略不写.

**命题 2.1.7** 设 $C$ 为 $R$ 代数. 由 Sweedler 余环 $\mathcal{C} = A \otimes_B A (i : B \to A$ 为代数嵌入) 上的所有表示组成的范畴 $\mathbf{Rep}(A \otimes_B A : A \mid C : C)$ 的对象为 $R$ 代数映射 $\alpha : A \to C$, 态射由下式给出

$$\mathrm{Mor}_{\mathbf{Rep}(A \otimes_B A : A \mid C : C)}(\alpha_1, \alpha_2) = {}_{\alpha_1}C^B_{\alpha_2} \equiv \{c \in C \mid \forall b \in B, \alpha_1(i(b))c = c\alpha_2(i(b))\}. \quad (2.3)$$

**命题 2.1.8** 设 $C$ 为 $R$ 余代数和 Sweedler 余环 $\mathcal{C} = A \otimes_B A$. 范畴 $\mathbf{Rep}(C : R \mid A \otimes_B : A)$ 的对象为 $R$ 线性映射 $\gamma : C \to A \otimes_B A$, $\gamma(c) = \gamma(c)^{\bar{1}} \otimes \gamma(c)^{\bar{2}}$ 满足

(1) $\gamma(c)^{\bar{1}} \gamma(c)^{\bar{2}} = \varepsilon(c) 1_A$.

(2) $\gamma(c_1)^{\bar{1}} \otimes \gamma(c_1)^{\bar{2}} \gamma(c_2)^{\bar{1}} \otimes \gamma(c_2)^{\bar{2}} = \gamma(c)^{\bar{1}} \otimes 1_A \otimes \gamma(c)^{\bar{2}}$.

态射 $\gamma_1 \to \gamma_2$ 为 $R$ 线性映射 $f : C \to A$ 使得对任意 $c \in C$, 有 $\gamma_1(c_1) f(c_2) = f(c_1) \gamma_2(c_2)$.

## 2.2 余可分和余可裂余环

设 $A$ 为环, $\mathcal{C}$ 为 $A$ 余环. 类似于余代数理论, 称 $\mathcal{M}_A$ 中单态射 $i: N \to L$ 为余收缩 (coretraction) 或断面 (section), 如果存在 $\mathcal{M}_A$ 中的态射 $\rho: L \to N$ 使 $\rho \circ i = id_N$. 一个对象 $M \in \mathcal{M}^{\mathcal{C}}$ 称为是相关内射或 $(\mathcal{C}, A)$ 内射的, 如果对 $\mathcal{M}^{\mathcal{C}}$ 中的每个态射 $i: N \to L$, 其作为右 $A$ 模映射为余收缩的, 且对于 $\mathcal{M}^{\mathcal{C}}$ 中每个态射 $f: N \to M$, 存在一个 $\mathcal{M}^{\mathcal{C}}$ 中的态射 $g: L \to M$, 使得 $g \circ i = f$.

对于 ${}^{\mathcal{C}}\mathcal{M}$ 中对象, 可以类似定义.

一个 $A$ 余环 $\mathcal{C}$ 称为左**半单的**, 或左 $(\mathcal{C}, A)$ **相关半单的**, 如果每个左 $\mathcal{C}$ 余模为 $(A,\mathcal{C})$ 内射的. 右情况类似可以定义. 进一步, 作为双 $(\mathcal{C},\mathcal{C})$ 余模, $\mathcal{C}$ 称为是**相关半单的**, 如果在 ${}^{\mathcal{C}}\mathcal{M}^{\mathcal{C}}$ 中每个对象为相关内射的. 因为 ${}^{\mathcal{C}}\mathcal{M}^{\mathcal{C}} \cong \mathcal{M}^{\mathcal{C}^{Cop}\otimes_A \mathcal{C}}$, 所以相关半单的意味着为 $\mathcal{C}^{Cop} \otimes_A \mathcal{C}$ 右相关半单余环 [68,85].

设 $F: \mathcal{C} \to \mathcal{D}$ 和 $G: \mathcal{D} \to \mathcal{E}$ 为两个共变函子, 则

(1) 如果 $F, G$ 为可分的, 那么 $GF: \mathcal{C} \to \mathcal{E}$ 也为可分的.

(2) 如果 $GF$ 为可分的, 那么 $F$ 为可分的.

**定义 2.2.1**[37,96] 一个 $A$ 余环 $\mathcal{C}$ 称为是**余可分的** (coseparable), 如果结构映射 $\underline{\Delta}: \mathcal{C} \to \mathcal{C} \otimes_A \mathcal{C}$ 作为 $(\mathcal{C},\mathcal{C})$ 双余模映射为可裂的, 即存在一个 $(A, A)$ 双模映射 $\pi: \mathcal{C} \otimes_A \mathcal{C} \to \mathcal{C}$ 使得 $(id_{\mathcal{C}} \otimes \pi) \circ (\underline{\Delta} \otimes id_{\mathcal{C}}) = \underline{\Delta} \circ \pi = (\pi \otimes id_{\mathcal{C}}) \circ (id_{\mathcal{C}} \otimes \underline{\Delta})$ 和 $\underline{\Delta} \circ \pi = id_{\mathcal{C}}$.

这个概念为左–右对称概念, 是代数的可分扩张概念对偶 [42,186].

**命题 2.2.2** 设 $\mathcal{C}$ 为 $A$ 余环, 则下面叙述等价:

(1) $\mathcal{C}$ 是余可分的.

(2) 存在 $(A, A)$ 线性映射 $\delta: \mathcal{C} \otimes_A \mathcal{C} \to A$ 使得

$$\delta \circ \underline{\Delta} = \underline{\varepsilon} \quad 和 \quad (I_{\mathcal{C}} \otimes \delta) \circ (\underline{\Delta} \otimes I_{\mathcal{C}}) = (I_{\delta \otimes \mathcal{C}}) \circ (I_{\mathcal{C}} \otimes \underline{\Delta}).$$

(3) 遗忘函子 $(-)_A: \mathcal{M}^{\mathcal{C}} \to \mathcal{M}_A$ 是可分的.

(4) 遗忘函子 ${}_A(-): {}^{\mathcal{C}}\mathcal{M} \to {}_A\mathcal{M}$ 是可分的.

(5) 遗忘函子 ${}_A(-)_A: {}^{\mathcal{C}}\mathcal{M}^{\mathcal{C}} \to {}_A\mathcal{M}_A$ 是可分的.

(6) $\mathcal{C}$ 作为 $(\mathcal{C},\mathcal{C})$ 双余模是 $(A, A)$ 相关半单的, 即 ${}^{\mathcal{C}}\mathcal{M}^{\mathcal{C}}$ 中的单态射作为 $(A, A)$ 态射是可裂的, 那么在 ${}^{\mathcal{C}}\mathcal{M}^{\mathcal{C}}$ 中也是可裂的.

(7) $\mathcal{C}$ 作为 $(\mathcal{C},\mathcal{C})$ 双余模是 $(A, A)$ 相关内射的.

(8) $\mathcal{C}$ 作为 $(\mathcal{C},\mathcal{C})$ 双余模是 $(A,\mathcal{C})$ 相关内射的.

(9) $\mathcal{C}$ 作为 $(\mathcal{C},\mathcal{C})$ 双余模是 $(\mathcal{C}, A)$ 相关内射的.

如果这些条件成立, 则 $\mathcal{C}$ 为左和右 $(\mathcal{C}, A)$ 半单的, 即 ${}^{\mathcal{C}}\mathcal{M}$ 与 $\mathcal{M}^{\mathcal{C}}$ 中所有余模为 $(\mathcal{C}, A)$ 内射的.

**证明** (1)⇒(2) 设 $\pi : \mathcal{C}\otimes_A \mathcal{C} \to \mathcal{C}$ 为 ${}^{\mathcal{C}}\mathcal{M}^{\mathcal{C}}$ 中态射且 $\pi\circ\underline{\Delta} = id_{\mathcal{C}}$, 定义 $\delta = \underline{\varepsilon}\circ\pi : \mathcal{C}\otimes_A C \to A$, 那么 $\delta\circ\underline{\Delta} = \underline{\varepsilon}\circ\pi\circ\underline{\Delta} = \underline{\varepsilon}$, 而且

$$\begin{aligned}(id_{\mathcal{C}}\otimes\delta)\circ(\underline{\Delta}\otimes id_{\mathcal{C}}) &= (id_{\mathcal{C}}\otimes\underline{\varepsilon})\circ(id_{\mathcal{C}}\otimes\pi)\circ(\underline{\Delta}\otimes id_{\mathcal{C}}) = (id_{\mathcal{C}}\otimes\underline{\varepsilon})\circ\underline{\Delta}\circ\pi\\ &= \pi = (\underline{\varepsilon}\otimes id_{\mathcal{C}})\circ(\pi\otimes id_{\mathcal{C}})\circ(id_{\mathcal{C}}\otimes\underline{\Delta}) = (\delta\otimes id_{\mathcal{C}})\circ(id_{\mathcal{C}}\otimes\underline{\Delta}).\end{aligned}$$

(2)⇒(3) 设 $\delta : \mathcal{C}\otimes_A\mathcal{C}\to A$ 为 $(A,A)$ 线性映射且满足 (2) 中条件, $\forall N\in\mathcal{M}^{\mathcal{C}}$, 定义线性映射:

$$\upsilon_N : N\otimes_A\mathcal{C} \stackrel{\rho^N\otimes id_{\mathcal{C}}}{\longrightarrow} N\otimes_A\mathcal{C}\otimes_A\mathcal{C} \stackrel{id_N\otimes\delta}{\longrightarrow} N,\quad n\otimes_A c\longmapsto \sum n_0\delta(n_{(1)}\otimes_A c).$$

由于 $\delta$ 的性质, 可证 $\upsilon_N$ 为右 $\mathcal{C}$ 余模映射：对 $\forall n\in N, c\in\mathcal{C}$,

$$\begin{aligned}\sum\upsilon_N(n\otimes c_1)\otimes c_2 &= \sum n_0\otimes\delta(n_{(1)}\otimes c_1)\cdot c_2\\ &= \sum n_0\otimes n_{(1)}\cdot\delta(n_{(2)}\otimes c)\\ &= \sum\upsilon_N(n\otimes c)_0\otimes\upsilon_N(n\otimes c)_{(1)}.\end{aligned}$$

又注意到 $\upsilon_N$ 为 $\rho^N$ 的收缩 (retraction). 事实上,

$$\begin{aligned}\upsilon_N\circ\rho^N &= (id_N\otimes\delta)\circ(\rho^N\otimes id_{\mathcal{C}})\circ\rho^N\\ &= (id_N\otimes\delta)\circ(id_N\otimes\underline{\Delta})\circ\rho^N = (id_N\otimes\underline{\varepsilon})\circ\rho^N = id_N.\end{aligned}$$

现在定义一个函子态射 $\Phi : \mathrm{Hom}_A((-)_A,(-)_A)\to\mathrm{Hom}^{\mathcal{C}}(-,-)$：对 $M,N\in\mathcal{M}^{\mathcal{C}}$ 和 $A$ 线性映射 $f: M\to N$, 则映射

$$\Phi(f) : M\stackrel{\rho^M}{\longrightarrow} M\otimes_A\mathcal{C}\stackrel{f\otimes id_{\mathcal{C}}}{\longrightarrow} N\otimes_A\mathcal{C}\stackrel{\upsilon_N}{\longrightarrow} N$$

将 $M\otimes_A\mathcal{C}$ 与 $N\otimes_A\mathcal{C}$ 作为右 $\mathcal{C}$ 余模, 其结构为 $id_M\otimes\underline{\Delta}_{\mathcal{C}}$ 与 $id_N\otimes\underline{\Delta}_{\mathcal{C}}$. 所以 $f\otimes id_{\mathcal{C}}$ 为右 $\mathcal{C}$ 余线性, 而 $\Phi(f)$ 为右 $\mathcal{C}$ 余线性映射的合成. 进一步, 若 $f$ 为右 $\mathcal{C}$ 余模映射, 即 $(f\otimes id_{\mathcal{C}})\otimes\rho^M = \rho^N\otimes f$, 而且 $\upsilon_N$ 为 $\rho^N$ 的收回, 于是 $\Phi(f) = f$.

(3)⇒(1) 假设 $(-)_A$ 为可分的, 那么存在一个函子态射 $\upsilon_{\mathcal{C}} : \mathcal{C}\otimes_A\mathcal{C}\to\mathcal{C}$ 在 $\mathcal{M}^{\mathcal{C}}$ 中. 因为 $(-)_A$ 与 $-\otimes_A\mathcal{C}$ 保持余极限, 而且 $\mathcal{C}\otimes_A\mathcal{C}$ 也为左 $\mathcal{C}$ 余模, 因此 $\upsilon_{\mathcal{C}}$ 也为左 $\mathcal{C}$ 余线性的, 所以 $\upsilon_{\mathcal{C}}$ 为 $(\mathcal{C},\mathcal{C})$ 双余模映射是 $\underline{\Delta}_{\mathcal{C}}$ 的可裂映射, 于是 $\mathcal{C}$ 为余可分的.

(1)⇔(4) 因条件 (1) 为对称, 故类似 (1)⇔(3) 可证.

(1)⇒(5) 遗忘函子 ${}_A(-)_A : {}^{\mathcal{C}}\mathcal{M}^{\mathcal{C}}\to{}_A\mathcal{M}_A$ 为遗忘函子 ${}_A(-)$ 和 $A(-)_A$ 的合成, 所以是可分的.

(5)⇒(4) 因为左与右遗忘函子合成为可分的, 所以每个可分.

(5)⇒(6) 对 $N\in{}^{\mathcal{C}}\mathcal{M}^{\mathcal{C}}$, 考虑映射 $N\stackrel{{}^N\rho}{\longrightarrow}\mathcal{C}\otimes_A N\stackrel{id_{\mathcal{C}}\otimes\rho^N}{\longrightarrow}\mathcal{C}\otimes_A N\otimes_A\mathcal{C}$. 由 $v$ 的余可分性, $id_{\mathcal{C}}\otimes\rho^N$ 与 ${}^N\rho$ 在 ${}^{\mathcal{C}}\mathcal{M}^{\mathcal{C}}$ 中态射可裂.

(7)⇒(1) $\underline{\Delta}:\mathcal{C}\to\mathcal{C}\otimes_A\mathcal{C}$ 为 $A$ 可裂的, 所以在 ${}^{\mathcal{C}}\mathcal{M}^{\mathcal{C}}$ 中可裂. 又 (7) 可推出 (8) 与 (9), 同时, 因为 $\Delta$ 是左 $A$ 模和右 $\mathcal{C}$ 余模映射时 $\underline{\varepsilon}\otimes id_{\mathcal{C}}$ 可裂, 是右 $A$ 模和左 $\mathcal{C}$ 余模映射时 $id_{\mathcal{C}}\otimes\underline{\varepsilon}$ 可裂. 其余见文献 [41, 26.1] □

**定义 2.2.3** 任意满足命题 2.2.2(2) 的映射 $\delta:\mathcal{C}\otimes_A\mathcal{C}\to A$ 称为**余积分**(cointegral). 注意, 一个余可裂映射 $\pi$ 与相应的余积分之间的关系式为 $\delta=\underline{\varepsilon}\circ\pi$ 和

$$\pi(c\otimes c')=\sum\delta(c\otimes c'_1)c'_2=\sum c_1\delta(c_2\otimes c'),$$

对任意 $c,c'\in\mathcal{C}$.

**注 2.2.4** 命题 2.2.2 的最后论述包含着 $\mathcal{C}$ 的相关半单性可以看成对余环的 Maschke 型定理.

类似于余代数 [78], 有下面命题成立:

**命题 2.2.5** 设 $\mathcal{C}$ 是 $A$ 余环且 $\mathcal{D}$ 是 $B$ 余环, 如果 $\mathcal{C}$ 是余可分余环, 那么

(1) 对任意 $M\in{}^{\mathcal{D}}\mathcal{M}^{\mathcal{C}}$ 和 $N\in{}^{\mathcal{C}}\mathcal{M}$, $M\square_{\mathcal{C}}N$ 是左 $\mathcal{D}$ 余模.

(2) 对任意 $M\in\mathcal{M}^{\mathcal{C}}$ 和 $N\in{}^{\mathcal{C}}\mathcal{M}^{\mathcal{D}}$, $M\square_{\mathcal{C}}N$ 是右 $\mathcal{D}$ 余模.

(3) 对任意 $M\in{}^{\mathcal{D}}\mathcal{M}^{\mathcal{C}}$ 和 $N\in{}^{\mathcal{C}}\mathcal{M}^{\mathcal{D}'}$, $M\square_{\mathcal{C}}N$ 是 $(\mathcal{D},\mathcal{D}')$ 双余模.

**命题 2.2.6** 设 $\mathcal{C}$ 为 $A$ 余环, $B={}^*\mathcal{C}^{op}$, $i_L:A\to B, a\mapsto\varepsilon(a)$ 为代数映射. 如果作为左 $A$ 模 $\mathcal{C}$ 由 $A$ 余生成的, 且扩张 $i_L:A\to B$ 为可分的, 那么 $\mathcal{C}$ 为余可分余环.

**证明** 设 $e=\sum_i f_i\otimes g_i\in(B\otimes_A B)^B$ 为可分幂等元, $e$ 为 $B$ 中心可推出: $\forall\, c,c'\in\mathcal{C}, f\in{}^*\mathcal{C}$,

$$\sum_i g_i(cf_i(c'_1f(c'_2)))=\sum_i f(c_1g_i(c_2f_i(c'))). \qquad (*)$$

同时, $e$ 的正则性意味着 $\sum_i g_i(c_1f(c_2))=\varepsilon(c)$. 定义一个左 $A$ 线性映射 $\delta:\mathcal{C}\otimes_A\mathcal{C}\to A$, $c\otimes c'\mapsto\sum_i g_i(cf_i(c'))$. 对 $a\in A$, 令 $f=i_L(a)$ 在 $(*)$ 中, 则 $\delta$ 也为右 $A$ 线性.

对 $\forall\, c,c'\in C, f\in{}^*C$, 由 $(*)$ 与 $\delta$ 的 $(A,A)$ 双线性, 可得

$$\begin{aligned}\sum f(c_1\delta(c_2\otimes c'))&=\sum_i f(c_1g_i(c_2f_i(c')))=\sum_i g_i(cf_i(c'_1f(c'_2)))\\&=\sum\delta(c\otimes c'_1f(c'_2))=\sum f(\delta(c\otimes c'_1)c'_2).\end{aligned}$$

由于 ${}_A\mathcal{C}$ 由 $A$ 余生成, 则 $\sum c_1\delta(c_2\otimes c')=\sum\delta(c\otimes c'_1)c'_2$. 另一方面, $e$ 的单位性意味着 $\delta\otimes\underline{\Delta}=\underline{\varepsilon}$, 因此 $\delta$ 为余积分, 从而 $\mathcal{C}$ 为余可分 $A$ 余环. 证毕. □

**定义 2.2.7** 设 $A$ 是有单位 $1_A$ 的 $R$ 代数带, $B$ 是可以没有单位的 $R$ 代数. 称 $B$ 为**可分 $A$ 环**, 如果

(1) $B$ 是 $(A,A)$ 双模.

(2) 积映射 $\mu: B\otimes_R B\to B$ 是 $A$ 平衡的 $(A,A)$ 双模映射, 即对任意 $a\in A$ 和 $b,b'\in B$, 有 $\mu(ab\otimes b')=a\mu(b\otimes b')$, $\mu(b\otimes b'a)=\mu(b\otimes b')a$ 和 $\mu(ba\otimes b')=\mu(b\otimes ab')$ 成立.

(3) 诱导的 $(B,B)$ 双模映射 $\mu_{B/A}: B\otimes_A B\to B, b\otimes b'\mapsto bb'$ 有一个截面或余收缩, 即存在 $(B,B)$ 双模映射 $\tau: B\to B\otimes_A B$, 使得 $\mu_{B/A}\circ\tau=id_B$.

**定理 2.2.8** 如果 $\mathcal{C}$ 是余可分的 $A$ 余环, 那么 $\mathcal{C}$ 是可分的 $A$ 环.

**证明** 设 $\pi:\mathcal{C}\otimes_A\mathcal{C}\to\mathcal{C}$ 是余积 $\underline{\Delta}_{\mathcal{C}}$ 的双余模收缩且 $\delta=\underline{\varepsilon}\circ\pi$ 为相应的余积分. 下证 $\mathcal{C}$ 是没有单位的 $R$ 代数, 其积为 $cc'=\pi(c\otimes c')$. 积的具体表达式为 $cc'=\sum\delta(c\otimes c'_{\underline{1}})c'_{\underline{2}}=\sum c_{\underline{1}}\delta(c_{\underline{2}}\otimes c')$, 对任意 $c,c',c''\in\mathcal{C}$, 利用 $\delta$ 和 $\underline{\Delta}$ 的左 $A$ 线性计算

$$(cc')c''=\sum(\delta(c\otimes c'_{\underline{1}})c'_{\underline{2}})c''=\sum\delta(c\otimes c'_{\underline{1}})\delta(c'_{\underline{2}}\otimes c''_{\underline{1}})c''_{\underline{2}}.$$

另一方面, 由 $\pi$ 的余线性、$\delta$ 的右 $A$ 线性及 $\underline{\Delta}$ 的左 $A$ 线性可得

$$\begin{aligned}c(c'c'')&=\sum c(\delta(c'\otimes c''_{\underline{1}})c''_{\underline{2}})=\sum\delta(c\otimes\delta(c'\otimes c''_{\underline{1}})c''_{\underline{2}})c''_{\underline{3}}\\&=\sum\delta(c\otimes c'_{\underline{1}}\delta(c'_{\underline{2}}\otimes c''_{\underline{1}}))c''_{\underline{2}}=\sum\delta(c\otimes c'_{\underline{1}})\delta(c'_{\underline{2}}\otimes c''_{\underline{1}})c''_{\underline{2}}.\end{aligned}$$

这就很简洁地证明了 $\mathcal{C}$ 是结合的. 很显然, 这个积是 $(A,A)$ 双线性也是 $A$ 平衡的, 而且诱导的映射 $\mu_{\mathcal{C}/A}$ 实际上就是 $\pi$. 现在证明 $\underline{\Delta}$ 是 $(\mathcal{C},\mathcal{C})$ 双模映射, 由 $\pi$ 的右余线性得

$$c\underline{\Delta}(c')=\sum cc'_{\underline{1}}\otimes c'_{\underline{2}}=\sum\pi(c\otimes c'_{\underline{1}})\otimes c'_{\underline{2}}=\underline{\Delta}\circ\pi(c\otimes c')=\underline{\Delta}(cc'),$$

类似可证右 $\mathcal{C}$ 线性. 最后, 由 $\pi$ 是 $\underline{\Delta}$ 的收缩可知 $\pi$ 是 $\underline{\Delta}$ 的可裂映射. 证得 $\mathcal{C}$ 是可分 $A$ 环. □

下面是定理 2.2.8 的部分逆命题.

**命题 2.2.9** 设 $B$ 为可分 $A$ 环, 那么 $(B,B)$ 双模映射 $\Delta: B\to B\otimes_A B$ 的可裂积 $\mu_{B/A}$ 为余结合的.

**证明** 因为 $\Delta$ 称为 $(B,B)$ 双模映射, 则对 $\forall b\in B$, 记 $(\Delta\otimes id_B)\circ\Delta(b)=\sum b_{11}\otimes b_{12}\otimes b_2$, $(id_B\otimes\Delta)\circ\Delta(b)=\sum b_1\otimes b_{21}\otimes b_{22}$. 可得

$$\begin{aligned}\Delta(b)&=(\Delta\circ\mu_{B/A}\circ\Delta)(b)=(id_B\otimes\mu_{B/A})\circ(\Delta\otimes id_B)\circ\Delta(b)\\&=\sum b_{11}\otimes\mu_{B/A}(b_{12}\otimes b_2)=(\mu_{B/A}\otimes id_B)\circ(id_B\otimes\Delta)\circ\Delta(b)\\&=\sum\mu_{B/A}(b_1\otimes b_{21})\otimes b_{22}.\end{aligned}$$

于是有

$$(id_B\otimes\Delta)\circ\Delta(b)=\sum b_{11}\otimes(\Delta\otimes\mu_{B/A})(b_{12}\otimes b_2)$$

$$\begin{aligned}
&=\sum b_{11}\otimes((\mu_{B/A}\otimes id_B)\circ(id_B\otimes\Delta))(b_{12}\otimes b_2)\\
&=\sum b_{11}\otimes\mu_{B/A}(b_{12}\otimes b_{21})\otimes b_{22}\\
&=\sum((id_B\otimes\mu_{B/A})\circ(\Delta\otimes id_B))(b_1\otimes b_{21})\otimes b_{22}\\
&=\sum(\Delta\otimes\mu_{B/A})(b_1\otimes b_{21})\otimes b_{22}\\
&=(\Delta\otimes id_B)\circ\Delta(b),
\end{aligned}$$

即 $(\Delta\otimes id_B)\circ\Delta=(id_B\otimes\Delta)\circ\Delta$. □

由命题 2.2.9 可知, 可分 $A$ 环 $B$ 也可以看成一个 $A$ 余环, 但没有余单位 (即 $B$ 为非单位余环). 而命题 2.2.9 的证明中 $\mu_{B/A}$ 为 $(B,B)$ 双模映射. 由于 $\mu_{B/A}$ 为 $\Delta$ 的收缩, 故可以说一个可分 $A$ 环是一个余可分非单位 $A$ 余环.

结合一个代数映射 $B\to A$ 的 Sweedler 余环余可分性相关的一个问题是: 什么时候这个映射定义了一个可裂扩张. 一个代数扩张 $B\to A$ 称为一个可裂扩张, 如果存在一个 $(B,B)$ 双模映射 $E:A\to B$ 使得 $E(1_A)=1_B$.

**定理 2.2.10** 设 $\phi:B\to A$ 是代数映射, $\mathcal{C}=A\otimes_B A$ 是 Sweedler 余环. 如果 $\phi$ 是可裂扩张, 那么 $\mathcal{C}$ 是余可分余环. 反之, 如果 $\mathcal{C}$ 是余可分余环而且 ${}_BA$ 与 $A_B$ 之一是忠实平坦的, 那么 $\phi$ 是可裂扩张.

**证明** 对于 Sweedler 余环 $\mathcal{C}=A\otimes_B A$ 而言, 余积分 $\delta\in{}_A\mathrm{Hom}_A(A\otimes_B A\otimes_B A, A)$ 简化为

$$\delta(a\otimes 1_A\otimes a')=aa' \quad 和 \quad a\otimes\delta(1_A\otimes a'\otimes a'')=\delta(a\otimes a'\otimes 1_A)\otimes a'',$$

对任意 $a,a',a''\in A$. 因为 ${}_A\mathrm{Hom}_A(A\otimes_B A\otimes_B A,A)\simeq{}_B\mathrm{Hom}_B(A,A)$, 所以映射 $\delta$ 与映射 $E\in{}_B\mathrm{End}_B(A,A)$ 是一一对应的, $\delta(a\otimes a'\otimes a'')=aE(a')a''$. 上面关于 $\delta$ 的第一个条件与 $E$ 是标准化的等价, 即 $E(1_A)=1_A$, 第二个条件等价于 $\forall a\in A$, $1_A\otimes_B E(a)=E(a)\otimes_B 1_A$. 因此, 如果 $\phi$ 是可裂的, 那么这样的 $E$ 由可裂扩张的定义知存在. 反之, 如果 $\mathcal{C}$ 是余可分余环, 而且 ${}_BA$ 与 $A_B$ 之一是忠实平坦的, 那么 $\phi$ 是单射, 而且等式 $1_A\otimes_B E(a)=E(a)\otimes_B 1_A$ 蕴含着 $E(a)\in B$, 这里将 $B$ 与 $B$ 在 $A$ 中的象等同. □

作为命题 2.2.2 的推广, 有

**定义 2.2.11** 已知一个 $A$ 余环态射 $\gamma:\mathcal{C}\to\mathcal{D}$, $\mathcal{C}$ 称为$\mathcal{D}$ **余可分的** (coseparable), 如果 $\underline{\Delta}_{\mathcal{C}}:\mathcal{C}\to\mathcal{C}\Box_{\mathcal{D}}\mathcal{C}$ 作为 $(\mathcal{C},\mathcal{C})$ 双余模映射为可裂的, 即存在映射 $\pi:\mathcal{C}\Box_{\mathcal{D}}\mathcal{C}\to\mathcal{C}$ 满足下列条件:

$$(I_{\mathcal{C}}\Box_{\mathcal{D}}\pi)\circ(\underline{\Delta}_{\mathcal{C}}\Box_{\mathcal{D}}I_{\mathcal{C}})=\underline{\Delta}_{\mathcal{C}}\circ\pi=(\pi\Box_{\mathcal{D}}I_{\mathcal{C}})\circ(I_{\mathcal{C}}\Box_{\mathcal{D}}\underline{\Delta}_{\mathcal{C}}) \quad 和 \quad \pi\circ\underline{\Delta}_{\mathcal{C}}=I_{\mathcal{C}}.$$

于是有

**命题 2.2.12** 设 $\gamma:\mathcal{C}\to\mathcal{D}$ 为 $A$ 余环同态. 那么下面的叙述等价:

(1) $\mathcal{C}$ 为 $\mathcal{D}$ 余可分的.

(2) 存在 $(\mathcal{D},\mathcal{D})$ 双余线性映射 $\delta:\mathcal{C}\Box_{\mathcal{D}}\mathcal{C}\to\mathcal{D}$ 满足

$$\delta\circ\underline{\Delta}_{\mathcal{C}}=\gamma \quad 和 \quad (I_{\mathcal{C}}\Box_{\mathcal{D}}\delta)\circ(\underline{\Delta}_{\mathcal{C}}\Box_{\mathcal{D}}I_{\mathcal{C}})=(\delta\Box_{\mathcal{D}}I_{\mathcal{C}})\circ(I_{\mathcal{C}}\Box_{\mathcal{D}}\underline{\Delta}_{\mathcal{C}}).$$

如果 $\mathcal{C}$ 满足左与右 $\alpha$ 条件, 则 (1) 与 (2) 也等价于下列叙述:

(3) 余限制函子 $(-)_\gamma:\mathcal{M}^{\mathcal{C}}\to\mathcal{M}^{\mathcal{D}}$ 为可分的, 这里

$$(M,\rho^M)\mapsto(M,(id_M\otimes\gamma)\circ\rho^M).$$

(4) 余限制函子 ${}_\gamma(-):{}^{\mathcal{C}}\mathcal{M}\to{}^{\mathcal{D}}\mathcal{M}$ 为可分的.

(5) 余限制函子 ${}_\gamma(-)_\gamma:{}^{\mathcal{C}}\mathcal{M}^{\mathcal{C}}\to{}^{\mathcal{D}}\mathcal{M}^{\mathcal{D}}$ 为可分的.

(6) $\mathcal{C}$ 为 $\mathcal{D}$ 相关半单的 $(\mathcal{C},\mathcal{C})$ 双余模.

(7) $\mathcal{C}$ 为 $\mathcal{D}$ 相关内射的 $(\mathcal{C},\mathcal{C})$ 双余模.

若这些条件满足, 则所有 ${}^{\mathcal{C}}\mathcal{M}$ 与 $\mathcal{M}^{\mathcal{C}}$ 中余模 $N$ 为 $(\mathcal{C},\mathcal{D})$ 内射的, 即 $\mathrm{Hom}^{\mathcal{C}}(-,N)$ 和 ${}^{\mathcal{C}}\mathrm{Hom}(-,N)$ 关于 $(\mathcal{C},\mathcal{D})$ 正合序列是正合的.

**命题 2.2.13** 对余环 $\mathcal{C}$, 下述结论等价:

(1) $-\otimes_A\mathcal{C}:\mathcal{M}_A\to\mathcal{M}^{\mathcal{C}}$ 是可分函子.

(2) $\mathcal{C}\otimes_A-:{}_A\mathcal{M}\to{}^{\mathcal{C}}\mathcal{M}$ 是可分函子.

(3) $\mathcal{C}\otimes_A-\otimes_A\mathcal{C}:{}_A\mathcal{M}_A\to{}^{\mathcal{C}}\mathcal{M}^{\mathcal{C}}$ 是可分函子.

(4) 存在不变量 $e\in\mathcal{C}^A$ 使得 $\underline{\varepsilon}(e)=1_A$.

**定义 2.2.14** 上述命题中的条件 (4) 可以简单描述为余单位映射有一个 $(A,A)$ 双模截面. 若一个余环满足命题 2.2.13 中的任一个条件, 则称为**余可裂余环**. 相应的不变量 $e\in\mathcal{C}^A$ 称为 $\mathcal{C}$ 的**正规积分** (normalized integral).

**命题 2.2.15** 设 $\mathcal{C}$ 是余可裂 $A$ 余环, $B=({}^*\mathcal{C})^{op}$ 是左对偶反环. 则代数扩张 $i_L:A\to B, a\mapsto\underline{\varepsilon}(-a)$ 是可裂扩张.

**证明** 设 $e$ 是 $\mathcal{C}$ 的正规积分, 考虑 $R$ 线性映射 $E:B\to A, b\mapsto b(e)$. 由 $e$ 的正规性可得 $E(1_B)=E(\underline{\varepsilon})=\underline{\varepsilon}(e)=1_A$. 进一步, 对任意 $a\in A$ 和 $b\in B$, 运用 $B=({}^*\mathcal{C})^{op}$ 的定义、余单位的性质及 $e$ 是不变量的事实来计算

$$\begin{aligned}E(ab)&=(i_L(a)b)(e)=\sum b(e_{\underline{1}}i_L(a)(e_{\underline{2}}))\\&=\sum b(e_{\underline{1}}\underline{\varepsilon}(e_{\underline{2}})a)=b(ea)=b(ae)\\&=ab(e)=aE(b),\end{aligned}$$

证得 $E$ 是左 $A$ 线性, 类似可证 $E$ 是右 $A$ 线性, 从而是可裂扩张. □

**命题 2.2.16** 设 $B\to A$ 是代数扩张且 $\mathcal{C}$ 是 Sweedler 余环. 那么扩张 $B\to A$ 是可裂的当且仅当 $\mathcal{C}$ 是余可裂余环.

**证明**　称一个扩张是可裂的, 如果存在不变量 $e \in (A \otimes_B A)^A$, 使得 $\mu_{A/B}(e) = 1_A$, 这里 $\mu_{A/B} : A \otimes_B A \to A$ 为积. 由命题 2.2.13 中关于余可裂余环的刻画立即可以得证. □

## 2.3 Frobenius 扩张

**定义 2.3.1**[6,34,47,51,120,125,283]　一个环扩张 $A \to B$ 称为 **Frobenius 扩张**当且仅当 $B$ 作为 $(A, B)$ 双模是有限生成投射右 $A$ 模, 且 $B \simeq \mathrm{Hom}_A(B, A)$. 等价地, $B$ 作为 $(B, A)$ 双模是有限生成投射左 $A$ 模, 且 $B \simeq {}_A\mathrm{Hom}(B, A)$. ${}_A\mathrm{Hom}(B, A)$ 的 $(B, A)$ 双模结构为 $(afb)(b') = af(bb')$, 对 $a \in A, b, b' \in B, f \in {}_A\mathrm{Hom}(B, A)$. $A \to B$ 为 Frobenius 扩张等价于存在 $(A, A)$ 双模映射 $E : B \to A$ 和元素 $\beta = \sum_i b_i \otimes b^i \in B \otimes_A B$, 使得对所有 $b \in B$,

$$\sum_i E(bb_i)b^i = \sum_i b_i E(b^i b) = b.$$

$E$ 称为一个 **Frobenius 同态**且 $\beta$ 为 **Frobenius 元**. 易知 Frobenius 元 $\beta$ 是不变量, 即 $\beta \in (B \otimes_A B)^B = \{m \in B \otimes_A B | \forall\, b \in B, bm = mb\}$.

**命题 2.3.2**　一个环扩张 $A \to B$ 为 Frobenius 扩张当且仅当 $B$ 是一个 $A$ 余环使得其余乘为 $(B, B)$ 双模映射.

**证明**　假设 $A \to B$ 为 Frobenius 扩张带有 Frobenius 同态 $E$ 和 Frobenius 元 $\beta = \sum_i b_i \otimes b^i$. 定义 $\underline{\varepsilon} = E$、一个 $(A, A)$ 双模映射和

$$\underline{\Delta} : B \to B \otimes_A B, \quad b \mapsto b\beta = \beta b,$$

显然, 它是 $(B, B)$ 双模映射, 从而也是 $(A, A)$ 双模映射. 需验证 $\underline{\Delta}$ 的余结合性和 $\underline{\varepsilon}$ 的余单位性. 对任意 $b \in B$,

$$\begin{aligned}(\underline{\Delta} \otimes I_B) \circ \underline{\Delta}(b) &= \sum_i \underline{\Delta}(b_i) \otimes b^i b = \sum_{i,j} b_j \otimes b^j b_i \otimes b^i b \\ &= \sum_j b_j \otimes \underline{\Delta}(b^j b) = (I_B \otimes \underline{\Delta}) \circ \underline{\Delta}(b), \\ (\underline{\varepsilon} \otimes I_B) \circ \underline{\Delta}(b) &= \sum_i E(bb_i)b^i = b.\end{aligned}$$

类似地, 可证第二个余单位性质. 这样就证明了关于 $A \to B$ 上的一个 Frobenius 元和 Frobenius 同态可构造出 $B$ 上的一个 $A$ 余环结构.

反之, 假设 $B$ 是一个 $A$ 余环带有 $(B,B)$ 双模余乘. 定义 $\beta=\underline{\Delta}(1_B)=\sum_i b_i\otimes b^i$ 和 $E=\underline{\varepsilon}$. 因为 $\underline{\Delta}$ 是 $(B,B)$ 双模映射, 可得对任意 $b\in B$,

$$\sum b_{\underline{1}}\otimes b_{\underline{2}}=\underline{\Delta}(b)=\underline{\Delta}(b1_B)=b\underline{\Delta}(1_B)=\sum_i bb_i\otimes b^i,$$

且类似可得 $\sum b_{\underline{1}}\otimes b_{\underline{2}}=\sum_i b_i\otimes b^ib$. 现由 $\underline{\varepsilon}$ 的余单位性, 有

$$\sum_i E(bb_i)b^i=\sum\underline{\varepsilon}(b_{\underline{1}})b_{\underline{2}}=b=\sum\underline{\varepsilon}(b_{\underline{2}})b_{\underline{1}}=\sum_i b_iE(b^ib).\qquad\square$$

注意到命题 2.3.2 事实上建立起了 $A\to B$ 上的 Frobenius 结构 (即 Frobenius 元和同态) 和 $B$ 上的带有 $(B,B)$ 双模余积的 $A$ 余环结构之间的一一对应关系.

**命题 2.3.3** 设 $A\to B$ 为一个环扩张带有 Frobenius 元与同态 $\beta$ 和 $E$. 则 $\beta$ 可看成一个命题 2.3.2 证明过程中定义的 $(B,B)$ 双模映射 $\underline{\Delta}$, 由此 $\beta\in {}_B\mathrm{Hom}_B(B,B\otimes_A B)$. 那么定义 2.3.1 中 $\beta$ 和 $E$ 的定义可由以下交换图陈述:

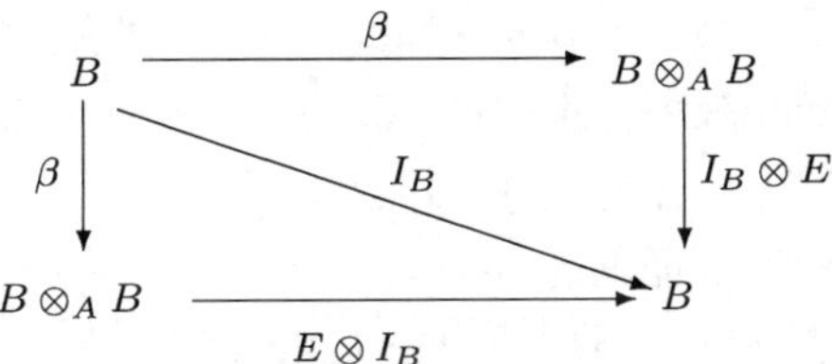


**定义 2.3.4** 一个 $A$ 余环 $\mathcal{C}$ 称为 **Frobenius 余环**, 如果存在一个 $(A,A)$ 双模映射 $\eta:A\to\mathcal{C}$ 和 $(\mathcal{C},\mathcal{C})$ 双余模映射 $\pi:\mathcal{C}\otimes_A\mathcal{C}\to\mathcal{C}$ 使得下面交换图成立:

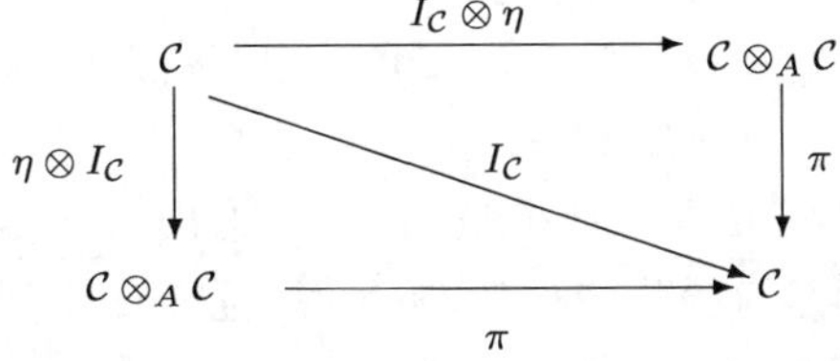


**定义 2.3.5** 由性质 ${}_A\mathrm{Hom}_A(A,\mathcal{C})\simeq\mathcal{C}^A$, 一个 $A$ 余环 $\mathcal{C}$ 为 Frobenius 的当且仅当存在 $e\in\mathcal{C}^A$ 和 $(\mathcal{C},\mathcal{C})$ 双余模映射 $\pi:\mathcal{C}\otimes_A\mathcal{C}\to\mathcal{C}$, 使得对 $c\in\mathcal{C},\pi(c\otimes e)=\pi(e\otimes c)=c$. 这样一对 $(\pi,e)$ 称为 $\mathcal{C}$ 的 **Frobenius 系统**. 进一步, 类似命题 2.2.2 的讨论, 一个 $(\mathcal{C},\mathcal{C})$ 双余模映射 $\pi:\mathcal{C}\otimes_A\mathcal{C}\to\mathcal{C}$ 可看成某个 $(A,A)$ 双模映射 $\delta:\mathcal{C}\otimes_A\mathcal{C}\to A$ 通过 $\pi\mapsto\delta=\underline{\varepsilon}\circ\pi$ 和 $\delta\mapsto\pi=(\delta\otimes I_{\mathcal{C}})\circ(I_{\mathcal{C}}\otimes\underline{\Delta})=(I_{\mathcal{C}}\otimes\delta)\circ(\underline{\Delta}\otimes I_{\mathcal{C}})$ 得到. 由这些性质可知, $\mathcal{C}$ 为 Frobenius 的当且仅当存在 $e\in\mathcal{C}^A$ 和 $(A,A)$ 双模映射 $\delta:\mathcal{C}\otimes_A\mathcal{C}\to A$, 使得对 $c,c'\in\mathcal{C}$,

$$\sum c_{\underline{1}}\delta(c_{\underline{2}}\otimes c')=\sum\delta(c\otimes c'_{\underline{1}})c'_{\underline{2}},\quad \delta(c\otimes e)=\delta(e\otimes c)=\underline{\varepsilon}(c).$$

以下两个结论解释了 Frobenius 余环和 Frobenius 扩张的直接关系, 可作为定义 2.3.4 提出的一个动机.

**定理 2.3.6** 设 $A \to B$ 为 Frobenius 扩张带有 Frobenius 元 $\beta$ 和 Frobenius 同态 $E$. 则 $B$ 为一个 Frobenius $A$ 余环带有余积 $\beta$ (看成一个 $(B,B)$ 双模映射 $B \to B\otimes_A B$)、余单位 $E$ 和 Frobenius 系统 $(\pi, 1_B)$, 这里 $\pi: B\otimes_A B \to B, b\otimes_A b' \mapsto bb'$.

**证明** 由命题 2.3.2, $B$ 是一个 $A$ 余环带有特定的余积和余单位. $B$ 是一个 Frobenius 余环的事实可由直接计算得到. 只需证明如果 $\beta = \sum_i b_i \otimes b^i$, 那么 $\pi$ 就是一个双余模映射, 意味着对所有 $b, b' \in B$,

$$\sum_i bb_i \otimes \pi(b^i \otimes b') = \sum_i \pi(b\otimes b')b_i \otimes b^i = \sum_i \pi(b\otimes b_i)\otimes b^i b'.$$

这由 $\pi$(作为积) 的定义和 Frobenius 元 $\beta$ 是 $B$ 中心的事实可得. □

特别地, 定理 2.3.6 蕴含了一个平凡 $A$ 余环是 Frobenius 余环.

**命题 2.3.7** 设 $\mathcal{C} = A\otimes_B A$ 是结合扩张 $B \to A$ 的 Sweedler 余环. 如果 $B \to A$ 为 Frobenius 扩张, 那么 $\mathcal{C}$ 是 Frobenius 余环. 反之, 如果 $A$ 是一个忠实平坦左或右 $B$ 模且 $\mathcal{C}$ 是 Frobenius 余环, 那么 $B \to A$ 为 Frobenius 扩张.

**定理 2.3.8** 设 $\mathcal{C}$ 是 $A$ 余环. 则下列叙述等价:

(1) $\mathcal{C} = A\otimes_B A$ 是 Frobenius 余环.

(2) 忘却函子 $(-)_A : M^{\mathcal{C}} \to M_A$ 是 Frobenius 函子.

(3) 忘却函子 ${}_A(-) : {}^{\mathcal{C}}M \to {}_AM$ 是 Frobenius 函子.

**命题 2.3.9** 如果 $\mathcal{C}$ 是 Frobenius $A$ 余环, 那么 $\mathcal{C}$ 作为左和右 $A$ 模是有限生成投射的.

**命题 2.3.10** 设 $\mathcal{C}$ 是 $A$ 余环且 $S = ({}^*\mathcal{C})^{op}$. 则下列叙述等价:

(1) 忘却函子 $(-)_A : M^{\mathcal{C}} \to M_A$ 是 Frobenius 函子.

(2) $\mathcal{C}$ 是有限生成投射左 $A$ 模且环扩张 $A \to S$ 是 Frobenius 的.

(3) $\mathcal{C}$ 作为 $(A, S)$ 双模是有限生成投射左 $A$ 模, 且 $\mathcal{C} \simeq S$, 其中 $\mathcal{C}$ 是右 $S$ 模经由 $cs = \sum c_{\underline{1}} s(c_{\underline{2}})$, 对所有 $c \in \mathcal{C}, s \in S$.

(4) $\mathcal{C}$ 是有限生成投射左 $A$ 模且存在 $e \in \mathcal{C}^A$ 使得映射 $\phi_l : S \to \mathcal{C}, s \mapsto \sum e_{\underline{1}} s(e_{\underline{2}})$ 为双射.

**命题 2.3.11** 设 $\mathcal{C}$ 是 Frobenius $A$ 余环带有 Frobenius 系统 $(\pi, e)$. 则

(1) $\mathcal{C}$ 是一个代数带有乘法 $cc' = \pi(c\otimes c')$ 和单位 $1_{\mathcal{C}} = e$.

(2) 扩张 $\iota_{\mathcal{C}} : A \to \mathcal{C}, a \mapsto ae = ea$ 是 Frobenius 的带有 Frobenius 元 $\underline{\Delta}(e)$ 和 Frobenius 同态 $E = \underline{\varepsilon}$.

以下是关于命题 2.3.10 的左的情形.

**命题 2.3.12** 设 $\mathcal{C}$ 是 $A$ 余环且 $T = \mathcal{C}^*$. 则下列叙述等价:

(1) 忘却函子 $(-)_A : {}^{\mathcal{C}}\mathcal{M} \to {}_A\mathcal{M}$ 是 Frobenius 函子.

(2) $\mathcal{C}$ 是有限生成投射右 $A$ 模且环扩张 $A^{op} \to T$ 是 Frobenius 的.

(3) $\mathcal{C}$ 作为 $(A^{op}, T)$ 双模是有限生成投射右 $A$ 模, 且 $\mathcal{C} \simeq T$, 其中 $\mathcal{C}$ 是右 $T$ 模经由 $ct = \sum t(c_{\underline{1}})c_{\underline{2}}$, 对所有 $c \in \mathcal{C}, t \in T$.

(4) $\mathcal{C}_A$ 是有限生成投射右 $A$ 模且存在 $e \in \mathcal{C}^A$ 使得映射 $\phi_r : T \to \mathcal{C}, t \mapsto \sum t(e_{\underline{1}})e_{\underline{2}}$ 为双射.

**命题 2.3.13** 设 $\mathcal{C}$ 是 $A$ 余环, $S = ({}^*\mathcal{C})^{op}$ 且 $T = \mathcal{C}^*$. 则下列叙述等价:

(1) $\mathcal{C}$ 是 Frobenius 余环.

(2) $\mathcal{C}$ 是有限生成投射左 $A$ 模且环扩张 $A \to S$ 是 Frobenius 的.

(3) $\mathcal{C}$ 是有限生成投射右 $A$ 模且环扩张 $A^{op} \to T$ 是 Frobenius 的.

**定义 2.3.14** 一个 $A$ 余环 $\mathcal{C}$ 称为左**余 Frobenius 余环**, 如果 $\mathcal{C} \to {}^*\mathcal{C}$ 作为左 ${}^*\mathcal{C}$ 模映射是单的. 一个 $A$ 余环 $\mathcal{C}$ 称为右**余 Frobenius 余环**, 如果 $\mathcal{C} \to \mathcal{C}^*$ 作为右 $\mathcal{C}^*$ 模映射是单的.

由命题 2.3.10 和命题 2.3.12, 一个 Frobenius $A$ 余环 $\mathcal{C}$ 作为左 ${}^*\mathcal{C}$ 模映射同构于 ${}^*\mathcal{C}$ 通过映射 $\phi_l$, 且作为右 $\mathcal{C}^*$ 模映射同构于 $\mathcal{C}^*$ 通过映射 $\phi_r$. 因此, 特别地, 一个 Frobenius 余环是左和右余 Frobenius 的.

**定义 2.3.15** 定义范畴 $\mathbf{Frob}(A)$ 为所有 $R$ 代数 $A$ 上的 Frobenius 扩张, 其对象为五元组 $(M, \mu_{M/A}, \iota_M, E_M, \beta_M)$, 这里 $(M, \mu_{M/A}, \iota_M)$ 为带有单位的 $A$ 环, 即 $M$ 是一个 $R$ 代数带有乘法 $\mu_{M/A} : M \otimes_A M \to M, \iota_M : A \to M$ 是代数映射, 且 $E_M, \beta_M$ 为此扩张的 Frobenius 映射和 Frobenius 元. 这样 $\mathbf{Frob}(A)$ 的对象为 $A$ 上的 Frobenius 扩张, 其态射

$$f : (M, \mu_{M/A}, \iota_M, E_M, \beta_M) \to (N, \mu_{N/A}, \iota_N, E_N, \beta_N)$$

定义为 $R$ 线性映射 $f : M \to N$, 满足以下条件:

(1) $f$ 是一个 $A$ 环同态, 即 $f \circ \iota_M = \iota_N$ 且 $f \circ \mu_{M/A} = \mu_{N/A} \circ (f \otimes f)$.

(2) $E_M = E_N \circ f$.

(3) $(f \otimes f)(\beta_M) = \beta_N$.

类似地, 可以定义由所有 Frobenius $A$ 余环所组成的范畴 $\mathbf{FrobCor}(A)$. 其对象为五元组 $(\mathcal{C}, \underline{\Delta}_{\mathcal{C}}, \underline{\varepsilon}_{\mathcal{C}}, \pi_{\mathcal{C}}, e_{\mathcal{C}})$, 这里 $(\mathcal{C}, \underline{\Delta}_{\mathcal{C}}, \underline{\varepsilon}_{\mathcal{C}})$ 是 $A$ 余环带有 Frobenius 系统 $(\pi_{\mathcal{C}}, e_{\mathcal{C}})$. 态射为

$$f : (\mathcal{C}, \underline{\Delta}_{\mathcal{C}}, \underline{\varepsilon}_{\mathcal{C}}, \pi_{\mathcal{C}}, e_{\mathcal{C}}) \to (\mathcal{D}, \underline{\Delta}_{\mathcal{D}}, \underline{\varepsilon}_{\mathcal{D}}, \pi_{\mathcal{D}}, e_{\mathcal{D}}),$$

是 $A$ 余环态射 $f : \mathcal{C} \to \mathcal{D}$, 满足

(1) $e_{\mathcal{D}} = f(e_{\mathcal{C}})$.

(2) $\pi_{\mathcal{D}} \circ (f \otimes f) = f \circ \pi_{\mathcal{C}}$.

**定理 2.3.16** 函子 $F:\mathbf{FrobCor}(A)\to\mathbf{Frob}(A)$ 通过

$$(\mathcal{C},\underline{\Delta},\underline{\varepsilon},\pi,e)\mapsto(\mathcal{C},\pi,\iota_{\mathcal{C}},\underline{\varepsilon},\underline{\Delta}(e)),\quad f\mapsto f$$

是范畴间的同构. 这里 $\iota_{\mathcal{C}}$ 为 $(A,A)$ 双模映射, 是由 $e$ 诱导的 (见命题 2.3.13(2)). $F$ 的逆为

$$F^{-1}:(M,\mu_{M/A},\iota_M,E_M,\beta_M)\mapsto(M,\beta_M,E_M,\mu_{M/A},\iota_M(1_A)=1_M).$$

## 2.4 带有群像元素的余环

本节中 $\mathcal{C}$ 总是 $A$ 余环.

**定义 2.4.1**[33] 元素 $g\in C$ 称为**半群像元** (semi-grouplike), 如果 $\underline{\Delta}(g)=g\otimes g$. $g$ 称为**群像元**, 如果 $\underline{\Delta}(g)=g\otimes g$, 且 $\underline{\varepsilon}(g)=1_A$.

**命题 2.4.2** $\mathcal{C}$ 有群像元当且仅当 $A$ 是左或右 $\mathcal{C}$ 余模.

**引理 2.4.3** 如果 $\mathcal{C}$ 有群像元, 那么 $Ke(\underline{\varepsilon})$ 是 $\mathcal{C}$ 的一个余理想 (coideal).

给定一个群像元 $c\in\mathcal{C}$ 和 $M\in M^{\mathcal{C}}$, 定义 $M$ 的 $g$ **余不变量** ($g$-coinvariants) 作为 $R$ 子模

$$M_g^{co\mathcal{C}}=\{m\in M|\rho^M(m)=m\otimes g\}=Ke(\rho^M-(-\otimes g)).$$

**命题 2.4.4** 有 $R$ 模同构

$$\theta_M:\mathrm{Hom}^{\mathcal{C}}(A_g,M)\to M_g^{co\mathcal{C}},\quad f\mapsto f(1_A).$$

类似地, 任意 $N\in{}^{\mathcal{C}}M$ 的 $g$ 余不变量定义为

$${}^{co\mathcal{C}}{}_gN=\{n\in N|{}^N\rho(n)=g\otimes n\}=Ke({}^N\rho-(g\otimes -)),$$

且有 $R$ 模同构

$${}_N\theta:{}^{\mathcal{C}}\mathrm{Hom}({}_gA,N)\to{}^{co\mathcal{C}}{}_gN,\quad h\mapsto h(1_A).$$

**命题 2.4.5** 设 $g$ 是 $\mathcal{C}$ 中的群像元, 且设 $B=\{b\in A|bg=gb\}$.

(1) $A_g^{co\mathcal{C}}={}^{co\mathcal{C}}{}_gA$ 是 $A$ 的子代数且等于 $B$.

(2) 对任意 $M\in\mathcal{M}^{\mathcal{C}}$, $M_g^{co\mathcal{C}}$ 为 $M$ 的右 $B$ 子模, 且对任意 $N\in{}^{\mathcal{C}}\mathcal{M}$, ${}^{co\mathcal{C}}{}_gN$ 为 $N$ 的左 $B$ 子模.

(3) 对任意 $X\in\mathcal{M}_A$ 和 $Y\in{}_A\mathcal{M}$,

$$(X\otimes_A\mathcal{C})_g^{co\mathcal{C}}\simeq X,\ \text{在 } M_B \text{ 中};\quad {}^{co\mathcal{C}}{}_g(\mathcal{C}\otimes_A Y)\simeq Y,\ \text{在 } {}_BM \text{ 中}.$$

(4) 特别地, 作为 $(A,B)$ 双模, $\mathcal{C}_g^{co\mathcal{C}}\simeq A$; 作为 $(B,A)$ 双模, ${}^{co\mathcal{C}}{}_g\mathcal{C}\simeq A$.

设 $g$ 是 $\mathcal{C}$ 中的群像元, 且设 $B=A_g^{co\mathcal{C}}$. 给定任意右 $B$ 模 $M$, 张量积 $M\otimes_B A$ 是一个右 $\mathcal{C}$ 余模通过以下余作用

$$\rho^{M\otimes_B A}: M\otimes_B A\to M\otimes_B A\otimes_A \mathcal{C}\simeq M\otimes_B \mathcal{C},\quad m\otimes a\mapsto m\otimes ga.$$

如果 $f:M\to N$ 是 $\mathcal{M}_B$ 中的态射, 那么 $f\otimes I_A: M\otimes_B A\to N\otimes_B A$ 为 $\mathcal{M}^{\mathcal{C}}$ 中的态射. 因为对任意 $a\in A$ 和 $m\in M$,

$$\begin{aligned}\rho^{N\otimes_B A}(f(m)\otimes a)=f(m)\otimes ga&=(f\otimes I_{\mathcal{C}})(m\otimes ga)\\&=(f\otimes I_{\mathcal{C}})\circ\rho^{M\otimes_B A}(m\otimes a).\end{aligned}$$

故 $M\mapsto M\otimes_B A$ 和 $f\mapsto f\otimes id_A$ 定义了一个函子 $-\otimes_B A:\mathcal{M}_B\to\mathcal{M}^{\mathcal{C}}$, 称为诱导函子.

**命题 2.4.6** 设 $g$ 是 $\mathcal{C}$ 中的群像元, 且设 $B=A_g^{co\mathcal{C}}$. 则有伴随函子对

$$-\otimes_B A:\mathcal{M}_B\to\mathcal{M}^{\mathcal{C}},\quad \mathrm{Hom}^{\mathcal{C}}(A_g,-):\mathcal{M}^{\mathcal{C}}\to\mathcal{M}_B.$$

由命题 2.4.4 中的同构 $\theta_M$, Hom 函子同构于 $g$ 余不变量函子,

$$G_g:\mathcal{M}^{\mathcal{C}}\to\mathcal{M}_B,\quad M\mapsto M_g^{co\mathcal{C}}.$$

对 $N\in\mathcal{M}_B$, 伴随单位由

$$\eta_N: N\to(N\otimes_B A)_g^{co\mathcal{C}},\quad n\mapsto n\otimes 1_A$$

给出, 且对 $M\in\mathcal{M}^{\mathcal{C}}$, 余单位为

$$\psi_M: M_g^{co\mathcal{C}}\otimes_B A\to M,\quad m\otimes a\mapsto ma.$$

**证明** 注意 $\varrho^{\mathcal{C}}:A\to\mathcal{C}$ 是 $(B,A)$ 线性的. 所以由 Hom 张量关系易得 $M\in\mathcal{M}^{\mathcal{C}}$ 和 $N\in\mathcal{M}_B$, 还有函数同构

$$\mathrm{Hom}^{\mathcal{C}}(N\otimes_B A,M)\simeq\mathrm{Hom}_B(N,\mathrm{Hom}^{\mathcal{C}}(A_g,M))\simeq\mathrm{Hom}_B(N,M_g^{co\mathcal{C}}).$$

这就证明了函子的伴随性. 剩下结论的证明显然. □

**命题 2.4.7** 设 $g$ 是 $\mathcal{C}$ 中的群像元, 且设 $B=A_g^{co\mathcal{C}}$. 那么对任意右 $B$ 模 $N$, 有一个左 $A$ 模同构

$$\mathrm{Hom}^{\mathcal{C}}(N\otimes_B A,\mathcal{C})\simeq\mathrm{Hom}_B(N,A).$$

**命题 2.4.8** 设 $g$ 是 $\mathcal{C}$ 中的群像元, 且设 $B=A_g^{co\mathcal{C}}$ 带有嵌入映射 $\alpha:B\to A$. 定义 $(B,B)$ 双模映射 $\gamma:B\to\mathcal{C}$, $b\mapsto gb=bg$, 而且 $B$ 为平凡的 $B$ 余环. 那么 $(\gamma:\alpha):(B:B)\to(\mathcal{C}:B)$ 是余环间的纯态射, 称为 $g$ 嵌入态射. 相应的导出函子形式为 $F:\mathcal{M}_B\to\mathcal{M}^{\mathcal{C}}$, $M\mapsto M\otimes_B A$, 相应的余导出函子 $G:\mathcal{M}^{\mathcal{C}}\to\mathcal{M}_B$ 是 $g$ 余不变量函子 $N\mapsto N_g^{co\mathcal{C}}$.

**命题 2.4.9** $g$ 是 $\mathcal{C}$ 中的群像元. 那么

(1) ${}^*\mathcal{C}$ 是有扩张模 $A$ 的左扩张环带. ${}^*\mathcal{C}$ 在 $A$ 上的左作用定义为 $\xi a = \xi(ga)$, 对所有 $a \in A, \xi \in {}^*\mathcal{C}$.

(2) $\mathcal{C}^*$ 是带有扩张模 $A$ 的右扩张环. $\mathcal{C}^*$ 在 $A$ 上的右作用定义为 $\xi a = \xi(ag)$, 对所有 $a \in A, \xi \in \mathcal{C}^*$.

**命题 2.4.10** 设 $g$ 是 $\mathcal{C}$ 中的群像元, 且设 $B = A_g^{co\mathcal{C}}$. 那么短正合列

$$o \longrightarrow \mathrm{Ker}\underline{\varepsilon} \xrightarrow{i} \mathcal{C} \xrightarrow{\underline{\varepsilon}} A \longrightarrow 0,$$

这里 $i$ 表示标准嵌入, 是可裂–正合的 $(A,B)$ 双模和 $(B,A)$ 双模序列.

**命题 2.4.11** 设 $g$ 是 $\mathcal{C}$ 中的群像元, 且设 $B = A_g^{co\mathcal{C}}$. 那么

(1) 作为 $(B,A)$ 双模 $\mathcal{C} \simeq A \oplus \mathrm{Ker}\underline{\varepsilon}$, 同构映射为

$$u_R : \mathcal{C} \to A \oplus \mathrm{Ker}\underline{\varepsilon}, \quad c \mapsto (\underline{\varepsilon}(c), g\underline{\varepsilon}(c) - c).$$

(2) 作为 $(A,B)$ 双模 $\mathcal{C} \simeq A \oplus \mathrm{Ker}\underline{\varepsilon}$, 同构映射为

$$u_L : \mathcal{C} \to A \oplus \mathrm{Ker}\underline{\varepsilon}, \quad c \mapsto (\underline{\varepsilon}(c), c - \underline{\varepsilon}(c)g).$$

**命题 2.4.12** 设 $g$ 是 $\mathcal{C}$ 中的群像元, 那么

(1) $\mathcal{C}$ 是结合 $R$ 代数带有单位 $g$ 和乘法

$$c \bullet c' = \underline{\varepsilon}(c)c' + c\underline{\varepsilon}(c') - \underline{\varepsilon}(c)g\underline{\varepsilon}(c').$$

(2) 余单位映射 $\underline{\varepsilon} : \mathcal{C} \to A$ 是代数映射.

(3) $R$ 线性映射 $i_L, i_R : A \to \mathcal{C}$ 定义为 $i_L : a \mapsto ag$, $i_R : a \mapsto ga$ 是 $\underline{\varepsilon}$ 的代数可裂. 对任意 $a \in A$ 和 $c \in \mathcal{C}$, 有

$$ac = i_L(a) \bullet c, \quad ca = c \bullet i_R(a).$$

**定义 2.4.13** 设 $g$ 是 $\mathcal{C}$ 中的群像元, 且设 $B = A_g^{co\mathcal{C}}$. 一对元 $(\mathcal{C}, g)$ 称为 **Galois 余环**, 如果 $A_g$ (等价的 ${}_gA$) 是 Galois 余模, 也就是, 如果标准映射

$$\varphi_{\mathcal{C}} : \mathrm{Hom}^{\mathcal{C}}(A_g, \mathcal{C}) \otimes_B A_g \to \mathcal{C}, \quad f \otimes a \mapsto f(a)$$

是右 $\mathcal{C}$ 余模同构.

**定理 2.4.14** 设 $g$ 是 $\mathcal{C}$ 中的群像元, 且设 $B = A_g^{co\mathcal{C}}$. 那么下述结论等价:

(1) $(\mathcal{C}, g)$ 是 Galois 余环.

(2) 对任意 $(\mathcal{C}, A)$ 内射余模 $N \in \mathcal{M}^{\mathcal{C}}$, 赋值映射

$$\varphi_N : \mathrm{Hom}^{\mathcal{C}}(A_g, N) \otimes_B A_g \to N, \quad f \otimes a \mapsto f(a)$$

是右 $\mathcal{C}$ 余模同构.

(3) 定义如下的 $(A, A)$ 双模映射

$$\mathrm{Can}_A : A \otimes_B A \to \mathcal{C}, \quad a \otimes a' \mapsto aga'$$

是 $A$ 余环同构.

映射 $\mathrm{Can}_A$ 称为 **Galois 同构**.

**定理 2.4.15** 设 $g$ 是 $\mathcal{C}$ 中的群像元, $B = A_g^{co\mathcal{C}}$, 且设 $G_g : \mathcal{M}^{\mathcal{C}} \to \mathcal{M}_B$, $M \mapsto M_g^{co\mathcal{C}}$ 为 $g$ 余不变量函子.

(1) 下列叙述等价:

(a) $(\mathcal{C}, g)$ 是 Galois 余环且 $A$ 是平坦的左 $B$ 模.

(b) ${}_A\mathcal{C}$ 是平坦的且 $A_g$ 是 $\mathcal{M}^{\mathcal{C}}$ 的生成子.

(2) 下列叙述等价:

(a) $(\mathcal{C}, g)$ 是 Galois 余环且 ${}_BA$ 是忠实平坦的.

(b) ${}_A\mathcal{C}$ 是平坦的且 $A_g$ 是 $\mathcal{M}^{\mathcal{C}}$ 的投射生成子.

(c) ${}_A\mathcal{C}$ 是平坦的且 $\mathrm{Hom}^{\mathcal{C}}(A_g, -) : \mathcal{M}^{\mathcal{C}} \to \mathcal{M}_B$ 是等价函子带有逆 $- \otimes_B A : \mathcal{M}_B \to \mathcal{M}^{\mathcal{C}}$.

**引理 2.4.16** 设 $A$ 为可除环且 $g$ 是 $\mathcal{C}$ 中的群像元. 假定作为 $(A, A)$ 双模 $\mathcal{C}$ 是由 $g$ 生成的. 那么 $(\mathcal{C}, g)$ 是 Galois 余环.

**命题 2.4.17** 设 $g \in \mathcal{C}$ 是群像元, 那么下面叙述等价:

(1) $\mathcal{C}$ 是单的和左半单余环.

(2) $(\mathcal{C}, g)$ 是 Galois 余环且 $\mathrm{End}^{\mathcal{C}}(A_g)$ 是单的和左半单的.

(3) $\mathrm{Can}_A : A \otimes_B A \to \mathcal{C}$ 是同构且 $B$ 是 $A$ 的单和左半单子环.

(4) ${}_A\mathcal{C}$ 是平坦的, $A_g$ 是 $\mathcal{M}^{\mathcal{C}}$ 的投射生成子, 且 $\mathrm{End}^{\mathcal{C}}(A_g)$ 是单的和左半单的.

(5) $\mathcal{C}_A$ 是平坦的, ${}_gA$ 是 ${}^{\mathcal{C}}\mathcal{M}$ 的投射生成子, 且 $\mathrm{End}^{\mathcal{C}}({}_gA)$ 是单的和左半单的.

## 2.5 Amitsur 复形与联络

本节主要讨论带有群像元素的余环与非交换微分几何 [73] 之间的密切关系. 首先证明任何一个带有群像元素的余环有一个微分分次代数, 这个代数可以看成结合环扩张的 Amitsur 复形 [7] 的推广, 称为余环的 Amitsur 复形, 我们将讨论这个复形何时为零调的.

**定义 2.5.1**[41] 一个**微分分次代数**是一个 $\mathbb{N} \cup \{0\}$ 分次代数 $\Omega = \bigoplus_{n=0}^{\infty} \Omega^n$ 连同一个线性次数 1 的算子 $d : \Omega^0 \longrightarrow \Omega^{0+1}$ 使 $d(1_A) = 0$ 且

(1) $d \circ d = 0$.

(2) $d$ 满足分次 Leibniz 法则, 即对 $\forall \omega'$ 和次数 $n$ 的元素 $\omega$, 有

$$d(\omega\omega') = d(\omega)\omega' + (-1)^n \omega d(\omega').$$

这里条件 (1) 是指 $(\omega, d)$ 为上链复形具有上边界算子 $d$, 而 (2) 是指 $d$ 为 $\omega$ 中的分子导子.

**命题 2.5.2**　设 $g \in \mathcal{C}$ 为半群像元素, 即 $\Delta(g) = g \otimes g$. 考虑张量代数 $\Omega(\mathcal{C}) = \bigoplus_{n=0}^{\infty} \Omega^n(\mathcal{C})$, 这里 $\Omega^0 = A$, $\Omega^n(\mathcal{C}) = \underbrace{\mathcal{C} \otimes_A \mathcal{C} \otimes_A \cdots \otimes_A \mathcal{C}}_{n}$. 定义一个次数为 1 的线性映射 $d : \Omega(\mathcal{C}) \longrightarrow \Omega(\mathcal{C})$ 为 $d(a) = ga - ag$, 对 $\forall\, a \in A$,

$$\begin{aligned} d(c^1 \otimes c^2 \otimes \cdots \otimes c^n) =& g \otimes c^1 \otimes c^2 \otimes \cdots \otimes c^n + (-1)^{n+1} c^1 \otimes c^2 \otimes \cdots \otimes c^n \otimes g \\ &+ \sum_{i=1}^{n} (-1)^i c^1 \otimes \cdots \otimes c^{i-1} \otimes \Delta(c^i) \otimes c^{i+1} \otimes \cdots \otimes c^n. \end{aligned}$$

则 $\Omega(\mathcal{C})$ 为一个微分分次代数.

**证明**　设 $d^n = d|_{\Omega^n(\mathcal{C})}$. 因为 $d^0$ 为交换子, 所以满足 Leibniz 法则. 为了证明 $d^1 \circ d^0 = 0$, 对 $\forall\, a \in A$, 有

$$d^1 \circ d^0(a) = d^1(ga - ag) = g \otimes ga - \Delta(ga) + ga \otimes g - g \otimes ag + \Delta(ag) - ag \otimes g = 0.$$

这是因为 $g$ 为半群像元素, 且 $\Delta$ 是 $(A, A)$ 双模映射. 下证 $d^{n+1} \circ d^n = 0$. 对 $\forall\, n$, 简述如下: 在 $d^{n+1} \circ d^n$ 的表达式中, 有下面两组和 $(i \leqslant j)$:

$(-1)^{i+j} \otimes \cdots \otimes \Delta(c^i) \otimes \cdots \otimes \Delta(c^j) \otimes \cdots$ 和 $(-1)^{i+j+1} \otimes \cdots \otimes \Delta(c^i) \otimes \cdots \otimes \Delta(c^j) \otimes \cdots$.

第一组项可以看作 $d^n$ 的表达式中第 $j+1$ 项作用 $d^{n+1}$ 后的第 $i+1$ 项, 第二组项可以看作 $d^n$ 的表达式中作用 $d^{n+1}$ 后的第 $j+2$ 项所得. 显然, 这些项相互抵消. $d^{n+1}$ 后的第 $i+1$ 项 $d^{n+1}$ 后表达式中第 $i+1$ 项与第 $i+2$ 项的和为

$$(-1)^{2i} \otimes \cdots \otimes (\Delta \otimes id_{\mathcal{C}})\Delta(c^i) \otimes \cdots + (-1)^{2i+1} \otimes \cdots \otimes (id_C \otimes \Delta)\Delta(c^i) \otimes \cdots.$$

由于 $\Delta$ 的结合性, 这些项也相互抵消.

最后, 可证 $d$ 满足 Leibniz 法则:

$$\begin{aligned} & d^{m+n}(c^1 \otimes c^2 \otimes \cdots \otimes c^{m+n}) \\ =& g \otimes c^1 \otimes c^2 \otimes \cdots \otimes c^{m+n} + (-1)^{m+n+1} c^1 \otimes c^2 \otimes \cdots \otimes c^{m+n} \otimes g \\ &+ \sum_{i=1}^{m+n} (-1)^i c^1 \otimes \cdots \otimes c^{i-1} \otimes \Delta(c^i) \otimes c^{i+1} \otimes \cdots \otimes c^{m+n} \\ =& g \otimes c^1 \otimes c^2 \otimes \cdots \otimes c^{m+n} + \sum_{i=1}^{m} (-1)^i c^1 \otimes \cdots \otimes c^{i-1} \otimes \Delta(c^i) \otimes c^{i+1} \otimes \cdots \otimes c^{m+n} \\ &+ (-1)^m c^1 \otimes \cdots \otimes c^m \otimes g \otimes c^{m+1} \otimes \cdots \otimes c^{m+n} + (-1)^{m+n+1} c^1 \otimes c^2 \otimes \cdots \otimes c^{m+n} \otimes g \\ &+ \sum_{i=m+1}^{m+n} (-1)^i c^1 \otimes \cdots \otimes c^{i-1} \otimes \Delta(c^i) \otimes c^{i+1} \otimes \cdots \otimes c^{m+n} \end{aligned}$$

$$= d^m(c^1 \otimes \cdots \otimes c^m) \otimes c^{m+1} \otimes \cdots \otimes c^{m+n}$$
$$+ (-1)^m c^1 \otimes \cdots \otimes c^m \otimes d^{m+n}(c^{m+1} \otimes \cdots \otimes c^{m+n}).$$

因此, $\Omega(\mathcal{C})$ 为微分分次代数. □

已知一个代数 $B$, 一个代数 $A$ 称为一个 $B$ 环或 $B$ 上的代数 (具有单位元), 如果存在一个代数映射 $B \longrightarrow A$. 类似地, 称一个微分分次代数 $\Omega$ 为 $B$ 相关微分分次代数或 $B$ 上 $B$ 的微分分次, 如果存在一个代数映射 $B \longrightarrow A = \Omega^0$ 使得 $d$ 为 $(B, B)$ 双模映射且 $d(B) = 0$.

**命题 2.5.3** 设 $\mathcal{C}$ 为 $A$ 余环带有半群像元素 $g$, 而且 $B = \{b \in A \mid bg = gb\}$, 则命题 2.5.2 中所建立的微分分次代数 $\Omega(\mathcal{C})$ 为 $B$ 相关微分分次代数.

**证明** 因为 $g$ 是 $A$ 中的中心化子, 所以 $d(B) = 0$, 以及 $\Delta$ 是 $(B, B)$ 双模映射. □

**注 2.5.4** (1) 取代数扩张 $B \longrightarrow A$, 有 Sweedler 余环 $\mathcal{C} = A \otimes_B A$, 且带有群像元素 $g = 1_A \otimes_B 1_A$. 那么 $\Omega(\mathcal{C}) = A^{\otimes_B n+1}$ 且 $d^n = \sum_{i=0}^m (-1)^i e_i^n : A^{\otimes_B n+1} \longrightarrow A^{\otimes_B n+2}$, 这里

$$e_i^n : a_1 \otimes \cdots \otimes a_{n+1} \mapsto a_1 \otimes \cdots \otimes a_i \otimes 1_A \otimes a_{i+1} \otimes a_{n+1}, \quad i = 0, 1, \cdots, n+1.$$

这就意味着 $\Omega(A \otimes_B A)$ 为一个结合代数扩张 $B \longrightarrow A$ 的一个 Amitsur 复形 [7,10].

(2) 由于 (1) 的启发, 称命题 2.5.2 中的复形为 **Amitsur 复形**.

(3) 忠实平坦下降理论可以叙述为 Amitsur 复形的一个性质. 如果代数扩张 $B \longrightarrow A$ 为忠实平坦的, 则对应的 Amitsur 复形 $\Omega(A/B)$ 为零调的, 即所有上同调群平凡.

**定理 2.5.5** 一个 Galois $A$ 余环 $(\mathcal{C}, g)$ 的 Amitsur 复形是零调的, 如果 $A$ 为它的 $g$ 余不变子环 $B$ 上的一个忠实平坦左模.

**证明** 因为 $_BA$ 忠实平坦且 Amitsur 复形 $(\Omega(\mathcal{C}), d)$ 为一个右 $B$ 模范畴的一个复形, 所以, 只需证明复形 $(\Omega(\mathcal{C}) \otimes_B A, d \otimes id_A)$ 为零调的.

设 $\mathrm{Can}_A : A \otimes_B A \longrightarrow \mathcal{C}$ 为余环的 Galois 同构, 即证 $\mathrm{Can}_A^{-1}(c) = \sum c^1 \otimes c^2$, $\forall c \in C$.

首先, 注意到对 $\forall c \in C$, $c = \sum c^1 g c^2$, 于是

$$(id_{\mathcal{C}} \otimes_A \mathrm{Can}_A) \left( \sum c^1 g \otimes_A 1_A \otimes_B c^2 - \sum c_1 \otimes_A {c^1}_2 \otimes_B {c^2}_2 \right)$$
$$= \sum c^1 g \otimes_A g c^2 - \sum c_1 \otimes_A c_2 = \Delta \left( \sum c^1 g c^2 - c \right) = 0.$$

因为 $\mathrm{Can}_A$ 为双射, 于是对 $\forall c \in \mathcal{C}$, 有

$$\sum c^1 g \otimes_A c^2 = \sum c_1 \mathrm{Can}_A^{-1}(c_2). \tag{2.4}$$

现在, 对 $\forall n=1,2,\cdots$, 考虑线性映射

$$
\begin{aligned}
h^n:\quad & \Omega^n(\mathcal{C})\otimes_B A\longrightarrow \Omega^{n-1}(\mathcal{C})\otimes_B A\\
& c^1\otimes_A\cdots\otimes_A c^n\otimes_B a\mapsto (-1)^n c^1\otimes_A\cdots\otimes_A c^{n-1}\mathrm{Can}_A^{-1}(c^n a).
\end{aligned}
$$

下证 $h=\{h^n\}$ 为 $d\otimes id_A$ 一个收缩同伦 (contracting homotopy), 记 $\otimes_A$ 为 $\otimes$.

$$
\begin{aligned}
& h^{n+1}[d^n(c^1\otimes c^2\otimes\cdots\otimes c^n)\otimes_B a]\\
=&(-1)^{n+1}g\otimes c^1\otimes c^2\otimes\cdots\otimes c^{n-1}\mathrm{Can}_A^{-1}(c^n a)\\
&+\sum_{i=1}^{n-1}(-1)^{n+i+1}c^1\otimes\cdots\otimes c^{i-1}\otimes\Delta(c^i)\otimes c^{i+1}\otimes\cdots\otimes c^{n-1}\mathrm{Can}_A^{-1}(c^n a)\\
&-\sum c^1\otimes c^2\otimes\cdots\otimes c^n_1 g\mathrm{Can}_A^{-1}(c^n_2 a)+c^1\otimes c^2\otimes\cdots\otimes c^n\mathrm{Can}_A^{-1}(ga)\\
=&(-1)^{n+1}g\otimes c^1\otimes c^2\otimes\cdots\otimes c^{n-1}\mathrm{Can}_A^{-1}(c^n a)\\
&+\sum_{i=1}^{n-1}(-1)^{n+i+1}c^1\otimes\cdots\otimes c^{i-1}\otimes\Delta(c^i)\otimes c^{i+1}\otimes\cdots\otimes c^{n-1}\mathrm{Can}_A^{-1}(c^n a)\\
&-\sum c^1\otimes c^2\otimes\cdots\otimes c^{n'}g\otimes_B c^{n''}a+c^1\otimes c^2\otimes\cdots\otimes c^n\otimes_B a.
\end{aligned}
$$

这里用到了 (2.4) 式与 $\mathrm{Can}_A^{-1}(g)=1_A\otimes 1_A$. 另一方面,

$$
\begin{aligned}
& d^{n-1}[h^n(c^1\otimes c^2\otimes\cdots\otimes c^n)\otimes_B a]\\
=&(-1)^n g\otimes c^1\otimes c^2\otimes\cdots\otimes c^{n-1}\mathrm{Can}_A^{-1}(c^n a)\\
&+\sum_{i=1}^{n-1}(-1)^{n+i}c^1\otimes\cdots\otimes c^{i-1}\otimes\Delta(c^i)\otimes c^{i+1}\otimes\cdots\otimes c^{n-1}\mathrm{Can}_A^{-1}(c^n a)\\
&-\sum c^1\otimes c^2\otimes\cdots\otimes c^{n'}g\otimes_B c^{n''}a.
\end{aligned}
$$

所以, $h^{n+1}\circ d^n+d^{n-1}\circ h^n=id_{\Omega^n(\mathcal{C})\otimes_B A}$. 这就意味着 $d\otimes id_A$ 同伦于恒等映射, 所以复形 $(\Omega(\mathcal{C})\otimes_B A, d\otimes id_A)$ 为零调的. 再由 $A$ 为忠实平坦左 $B$ 模可知, 函子为正合的, 因此 Amitsur 复形是零调的. □

**定义 2.5.6**[39,63,64,73,116]　设 $B\longrightarrow A$ 代数扩张, $\Omega$ 为 $B$ 相关微分分次代数且 $A=\Omega^0$. $M$ 为右 $A$ 模. 在 $M$ 中的一个**联络**(connection) 是一个右 $B$ 线性映射 $\triangledown: M\otimes_A\Omega^\bullet\longrightarrow M\otimes_A\Omega^{\bullet+1}$, 使得 $\forall w\in M\otimes_A\Omega^k,\ w'\in\Omega$, 有

$$
\triangledown(ww')=\triangledown(w)w'+(-1)^k w\triangledown(w'). \tag{2.5}
$$

联络 $\triangledown$ 的一个**曲率** (curvature) 为一个右 $B$ 线性映射 $F_\triangledown: M\longrightarrow M\otimes_A\Omega^2$, 若定义为 $\triangledown\circ\triangledown$ 的一个在 $M$ 上的一个限制, 即 $F_\triangledown=\triangledown\circ\triangledown|_M$. 联络称为**平坦的**, 如果它的曲率恒等于 0.

注意到一个联络完全由它在 $M$ 上的限制所决定是很重要的, 事实上, $M\otimes_A\Omega$ 中的任何一个元素是单张量积 $m\otimes w$ 的和, 对 $m\in M, w\in\Omega$, 现在用 Leibniz 法则 (5),$\bigtriangledown$ 在 $m\otimes w$ 上的作用为 $\bigtriangledown(m\otimes w)=\bigtriangledown(m)w+m\otimes d(w)$.

类似地, 也可以定义左联络.

**命题 2.5.7** 设 $\mathcal{C}$ 为 $A$ 余环带有群像元素 $g$, 而且 $B$ 是 $A$ 的 $g$ 余不变子代数. 那么结合的 Amitsur 复形 $(\Omega(\mathcal{C}),d)$ 限制到 $B$ 相关微分分次代数 $(\Omega(\mathcal{C}/B),d)$ 上, 有 $\Omega^0(\mathcal{C}/B)=B$ 且

$$\Omega^n(\mathcal{C}/B)=\underbrace{\mathrm{Ker}\varepsilon\otimes_A\mathrm{Ker}\varepsilon\otimes_A\cdots\otimes_A\mathrm{Ker}\varepsilon}_{n}.$$

称 $\Omega^n(\mathcal{C}/B)$ 为 $A$ 上 $\mathcal{C}$ **赋值微分分次代数**.

**证明** 首先, 对 $\forall a\in A$. 有 $\varepsilon(d(a))=\varepsilon(ga)-\varepsilon(ag)=a-a=0$.

其次, 对 $\forall c^1,\cdots,c^n\in\mathrm{Ker}\varepsilon$, Amitsur 上边界算子 $d^n$ 可等价地写成

$$\begin{aligned}&d^n(c^1\otimes\cdots\otimes c^n)\\=&\sum_i^n(-1)^ic^1\otimes\cdots\otimes c^{i-1}\otimes(c^i{}_1-g\varepsilon(c^i{}_1))\otimes(c^i{}_2-\varepsilon(c^i{}_2)g)\otimes c^{i+1}\otimes\cdots\otimes c^n).\end{aligned}$$

这表明限制到 $(\mathrm{Ker}\varepsilon)^{\otimes_A n}$ 上的 $d$ 的像包含在 $(\mathrm{Ker}\varepsilon)^{\otimes_A n+1}$ 中. □

反过来, 设 $\Omega$ 为微分分次代数, 满足 $\Omega^0=A$ 且 $\Omega^n=\Omega^1\otimes_A\Omega^1\otimes_A\cdots\otimes_A\Omega^1$. 考虑一个左 $A$ 模 $\mathcal{C}=A\oplus\Omega^1$. 令 $g=(1,0),\omega=(0,\omega)$, 使得 $\mathcal{C}$ 由形式元素 $ag+\omega$ 组成. 对 $\forall a\in A,\omega\in\Omega^1$, 易证 $\mathcal{C}$ 被作成一个 $(A,A)$ 双模, 具有右作用

$$(ag+\omega)a'=aa'g+ad(a')+\omega a',\quad\forall a,a'\in A,\omega\in\Omega^1.$$

那么 $\mathcal{C}$ 为一个 $A$ 余环且带有余积与余单位:

$$\begin{aligned}&\Delta(ag)=ag\otimes g,\quad\Delta(\omega)=g\otimes\omega+\omega\otimes g-d(\omega),\\&\varepsilon(ag+\omega)=a,\quad\forall a\in A,\omega\in\Omega^1.\end{aligned}$$

$\Delta$ 的余结合性可由形式 $\sum d(\omega')\otimes\omega''+\omega'\otimes d(\omega'')=0$ 得到. 这里 $d(\omega')=:\sum\omega'\otimes\omega''$, 这是由 Leibniz 法则及 $d$ 的幂零性 (nilpotency) 所得. 显然, $g$ 为群像元素且 $\Omega=\Omega(\mathcal{C}/B)$. 这里 $B=\mathrm{Ker}(d:A\to\Omega')$. 也注意到 $d(a)=ga-ag$, 尤其基于 Dirac 算子或 Fredholm 模的非交换几何的一些微积分导致带有群像元素的余环.

已知一个代数扩张 $B\to A$, 存在一个 $B$ 上由 $B$ 环 $A$ 生成的结合泛微分分次代数, 称为 $B$ 相关的微分形代数 $\Omega_BA$. 设 $A/B$ 表示代数同态 $B\to A$ 的上核作为一个 $(B,B)$ 双模映射, 而且 $\pi:A\to A/B$ 为 $(B,B)$ 双模典则映射. 因此, $A/B$ 为一个 $(B,B)$ 双模, 而且对 $\forall n\in\mathbb{N}\bigcup\{0\}$, 可以考虑 $(A,B)$ 双模

$$\Omega^n{}_B A = A \otimes_B (A/B)^{\otimes_B n} = A \otimes_B A/B \otimes_B A/B \otimes_B A/B \otimes_B \cdots \otimes_B A/B,$$

而且可得到一个直和: $\Omega_B A = \oplus_{n=0}^{\infty} \Omega^n{}_B A$, 它是一个上链复形具有一个上边界的算子,

$$\begin{aligned} d:\quad & \Omega^\bullet{}_B A \to \Omega^{\bullet+1}{}_B A, \\ & a_0 \otimes a_1 \otimes \cdots \otimes a_n \mapsto 1_A \otimes \pi(a_0) \otimes a_1 \otimes \cdots \otimes a_n. \end{aligned}$$

由于作为代数同态, $B \to A$ 为一个保单位元的映射, 使得 $\pi(1_A) = 0$. 所以 $d \circ d = 0$. $(\Omega_B A, d)$ 为一个 $B$ 相关的微分分次代数. $\Omega_B A$ 中的积为

$$(a_0, \cdots, a_n)(a_{n+1}, \cdots, a_m) = \sum_{i=0}^{n} (-1)^{n-i} (a_0, \cdots, a_{i-1}, a_i \cdot a_{i+1}, a_{i+2}, \cdots, a_m).$$

这里将 $(a_0, \cdots, a_n)$ 写为 $a_0 \otimes_B \cdots \otimes_B a_n$, 记号 $a_i \cdot a_{i+1}$ 为一个形式.

表达式: 对 $\forall a'_i \in \pi^{-1}(a_i)$ 和 $a'_{i+1} \in \pi^{-1}(a_{i+1}), i = 1, \cdots, n-1$, 有

$$a_i \cdot a_{i+1} = \begin{cases} a_i a'_{i+1}, & i = 0, \\ \pi(a'_i a'_{i+1}), & 0 < i < n, \\ \pi(a'_i a_{i+1}), & i = n. \end{cases}$$

虽然 $a_i \cdot a_{i+1}$ 依赖于 $a'_i$ 的选取, 但易证上链的积不依赖. 也可以证明上面定义的积为结合的, 且 $d$ 满足分次 Leibniz 法则 [75].

**命题 2.5.8**(泛性质) 已知任意一个微分分次代数 $\Omega = \oplus \Omega^n$ 和任意代数同态 $\mu : A \to \Omega^0$ 使得 $d(\mu(b)) = 0$. 对 $\forall b \in B$, 存在唯一一个微分分次代数同态 $\mu_* : \Omega_B A \to \Omega$ 扩张. 尤其, 这意味着恒等映射 $A \to A$ 扩张到一个 $B$ 相关微分分次环映射: $\Omega_B A \to \Omega(\mathcal{C}/B)$.

**命题 2.5.9** 设 $B \to A$ 为代数扩张. 取 Sweedler 余环 $\mathcal{C} = A \otimes_B A$ 及群像元素 $g = 1_A \otimes 1_A$. 那么 $\mathcal{C}$ 赋值微分形上 $B$ 的微分分次代数同构于 $B$ 相关微分形代数 $\Omega_B A$.

**证明** 首先看 $\mathcal{C} = A \otimes_B A$ 赋值微分形结构. 注意 $\mathcal{C}$ 的余单位为 $\mu_{A/B}$ : $A \otimes_B A \to A$, $a \otimes a' \mapsto aa'$, 有 $\Omega^1(\mathcal{C}/B) = \mathrm{Ker}\varepsilon = \mathrm{Ker}\mu_{A/B}$. 显然, Amitsur 0 微分 $d : a \mapsto 1_A \otimes a - a \otimes 1_A$ 的像满足 $\mathrm{Ker}\mu_{A/B}$ 中. 注意到 $\Omega^n(\mathcal{C}/B) = (\mathrm{Ker}\mu_{A/B})^{\otimes_A B}$. 因此, 如果能够证明 $\mathrm{Ker}\mu_{A/B} \cong A \otimes_B A/B$ 作为 $(A, A)$ 双模, 则将得到所需形式 $\Omega^n(\mathcal{C}/B)$. 事实上, 反复 $n$ 次有

$$\begin{aligned} \Omega^n(\mathcal{C}/B) &= \Omega^{n-1}(\mathcal{C}/B) \otimes_A \mathrm{Ker}\mu_{A/B} \\ &\cong \Omega^{n-1}(\mathcal{C}/B) \otimes_A A \otimes_B A/B \\ &\cong \Omega^{n-1}(\mathcal{C}/B) \otimes_B A/B. \end{aligned}$$

这就推出所需结果.

注意 $\mathrm{Ker}\mu_{A/B} \cong A \otimes_B A/B$ 作为 $(A, B)$ 双模, 同构映射为

$$\theta: \mathrm{Ker}\mu_{A/B} \to A \otimes_B A/B,$$

$$\sum_i a_i \otimes a_i' \mapsto \sum_i a_i \otimes \pi(a_i').$$

其逆为 $\theta^{-1}: a \otimes \pi(a') \mapsto a \otimes a' - a' \otimes 1_A$. 这里 $\theta^{-1}$ 在 $\pi(a')$ 的逆象集合中不依赖于 $a'$ 的选择.

事实上, 如果 $\pi(a') = 0$, 则 $a' = b1_A$, 对 $\forall b \in B$. 因此 $a \otimes a' - aa' \otimes 1_A = a \otimes b1_A - ab \otimes 1_A = 0$. $A \otimes_B A/B$ 上的右 $A$ 模结构可以从 $\Omega_B A$ 中积诱导而来, 即 $(a_0 \otimes \pi(a_1))a = -a_0 a \otimes \pi(a_1) + a_0 \otimes \pi(a_1 a)$, 且为良定义 (即不依赖于 a 的选择). 显然 $\theta$ 与 $\theta^{-1}$ 都为右 $A$ 模映射. $\theta$ 可以提升到所有次数的上链, 从而易检验它提供了一个 $B$ 相关微分分次代数同构, 而且这个同构将所有 Amitsur 算子 ${e_i}^n$, $i > 0$ 映到 0. 所以, 所得的微分 $d$ 有形式 $d: a_0 \otimes a_1 \otimes \cdots \otimes a_n \mapsto 1_a \otimes \pi(a_0) \otimes a_1 \otimes \cdots \otimes a_n$. □

**定理 2.5.10** 设 $\mathcal{C}$ 为 $A$ 余环带有群像元素 $g \in \mathcal{C}$. $B = A_g^{co\mathcal{C}}$ 为 $A_g$ 余不变子环, 即 $B = \{b \in A | bg = gb\}$ 且 $\Omega(\mathcal{C}/B)$ 为 $A$ 上的 $\mathcal{C}$ 赋值微分形代数. 一个右 $A$ 模 $M$ 具有一个 $\Omega(\mathcal{C}/B)$ 赋值联络当且仅当 $id_M \otimes_A \varepsilon$ 为 $\mathcal{M}_A$ 中的一个收缩.

**证明** 已知一个联络 $\nabla: M \to M \otimes_A \Omega^1(\mathcal{C}/B)$. 定义一个映射 $j_\nabla: M \to M \otimes_A \mathcal{C}$, $m \mapsto \nabla(m) + m \otimes g$. 因为 $\mathrm{Im}(\nabla) \subset M \otimes_A \mathrm{Ker}\varepsilon$ 且 $\varepsilon(g) = 1_A$. 所以映射 $j(\nabla)$ 为 $I_M \otimes \varepsilon$ 的一个断面. 进一步, 对 $\forall m \in M$, $a \in A$,

$$\begin{aligned} j(\nabla)(ma) &= \nabla(ma) + ma \otimes g \\ &= \nabla(m)a + m \otimes d(a) + m \otimes ag \\ &= \nabla(m)a + m \otimes ga - m \otimes ag + m \otimes ag \\ &= j(\nabla)(m)a. \end{aligned}$$

这里用到 $\nabla$ 为一个联络得到第二个等式. 因此, $j_\nabla$ 为一个右 $A$ 线性的 $I_M \otimes \varepsilon$ 的断面.

反之, 假设 $j: M \to M \otimes_A \mathcal{C}$ 为 $I_M \otimes \varepsilon$ 的右 $A$ 线性断面, 且定义线性映射

$$\begin{aligned} \nabla_j: M &\to M \otimes_A \Omega^1(\mathcal{C}/B) = M \otimes_A \mathrm{Ker}\varepsilon, \\ m &\mapsto j(m) - m \otimes g. \end{aligned}$$

注意到 $\nabla_j$ 为良定义, 因为由 $j$ 为断面可推出 $\forall m \in M$, $\sum m^i \varepsilon(c^i) = m$, 这里 $\sum m^i \otimes c^i = j(m)$. 因此

$$\nabla_j(m) = \sum_i (m^i \otimes c^i - m^i \varepsilon(c^i) \otimes g) = \sum_i m^i \otimes (c^i - \varepsilon(c^i)g),$$

而且 $c^i-\varepsilon(c^i)\in \mathrm{Ker}\varepsilon$.

最后, $\nabla_j$ 为联络. 因为对 $\forall m\in M,\ a\in A$, 有

$$\begin{aligned}\nabla_j(ma)&=j(ma)-ma\otimes g=j(m)a-m\otimes ag\\&=j(m)a-m\otimes ga+m\otimes ga-m\otimes ag\\&=\nabla_j(m)a+m\otimes d(a).\end{aligned}$$

□

**推论 2.5.11**　假设如定理 2.5.10. 如果一个右 $A$ 模 $M$ 具有一个 $\Omega(\mathcal{C}/B)$ 赋值联络, 那么 $M$ 为右 $A$ 模 $M\otimes_A\mathcal{C}$ 的一个直和项.

**证明**　由定理 2.5.10, 映射 $M\xrightarrow{j_\nabla}M\otimes_A\mathcal{C}$ 为映射 $M\otimes_A\mathcal{C}\xrightarrow{I_M\otimes\varepsilon}M$ 在 $\mathcal{M}_A$ 中可裂. 证毕. □

**命题 2.5.12**　如果 $\mathcal{C}$ 为余可裂 $A$ 余环, 且带有一个群像元素 $g$, $B=A_g^{co\mathcal{C}}$. 则任意一个右 $A$ 模上具有一个 $\Omega(\mathcal{C}/B)$ 赋值联络.

**证明**　如果 $\mathcal{C}$ 为余可裂, 那么余单位 $\varepsilon$ 有一个 $(A,A)$ 双模断面. 因此, 对 $\forall M\in\mathcal{M}_A$, 映射 $id_M\otimes_A\varepsilon$ 有一个右 $A$ 模断面, 且由定理 2.5.10 可知, $M$ 具有一个联络. 详细地, 已知 $e\in\mathcal{C}^A$ 使得 $\varepsilon(e)=1_A$. 联络 $\nabla$ 给出 $\nabla: m\mapsto m\otimes(e-g)$. □

**定理 2.5.13**　设 $\mathcal{C}$ 为 $A$ 余环带有群像元素 $g$, $B=A_g^{co\mathcal{C}}$. 令 $\Omega(\mathcal{C}/B)$ 为 $A$ 上的 $\mathcal{C}$ 赋值微分形代数. 那么一个右 $A$ 模 $M$ 为一个右 $\mathcal{C}$ 余模的充分必要条件是它具有一个平坦联络 $\triangledown: M\to M\otimes_A\Omega(\mathcal{C}/B)$.

**证明**　设 $M\in\mathcal{M}^C$, 定义

$$\begin{aligned}\triangledown:\ &M\to M\otimes_A\Omega^1(\mathcal{C}/B),\\&m\mapsto\rho^M(m)-m\otimes g.\end{aligned}$$

因为 $\rho^M$ 为 $I_M\otimes\varepsilon$ 的右 $A$ 模可裂映射, 所以由定理 2.5.10, $\nabla$ 为联络. 现在计算 $\nabla$ 的曲率 $F_\triangledown$ 如下: 对 $\forall m\in M$,

$$\begin{aligned}F_\triangledown(m)&=\triangledown\left(\sum m_0\otimes m_1-m\otimes g\right),\\&=\sum\triangledown(m_0)\otimes m_1+\sum m_0\otimes dm_1-\triangledown(m)\otimes g+m\otimes dg=0.\end{aligned}$$

这里用到 $\rho^M$ 的余结合性及 $d$ 的定义.

相反地, 设 $M$ 是右 $A$ 模且带有平坦联络 $\triangledown: M\to M\otimes_A\mathrm{Ker}\varepsilon$. 对 $\forall m\in M$, 记 $\triangledown(m)=\sum_i m^i\otimes c^i$. 则 $\triangledown$ 的平坦性意味着 $0=\triangledown\left(\sum_i m^i\otimes c^i\right)=\sum_i\triangledown(m_i)\otimes c^i+\sum m^i\otimes d(c^i)$, 即 $\sum_i m^i\otimes c^i{}_1\otimes c^i{}_2=\sum_{ij}m^{ij}\otimes c^{ij}\otimes c^i+\sum_i m^i\otimes c^i\otimes g$, 其中 $\nabla(m^i)=\sum_{ij}m^{ij}\otimes c^{ij}$. 定义 $R$ 线性映射 $\rho^M: M\to M\otimes_A\mathcal{C},\ m\mapsto\nabla(m)+m\otimes g$, 注意到 $\rho^M$ 和 $j_\triangledown$ 一致, 因此是 $id_M\otimes\varepsilon$ 的右 $A$ 模截面, 即 $(id_M\otimes_A\varepsilon)\rho^M(m)=m$. 下面只要证 $\rho^M$ 是余结合的. 因为 $\rho^M(m)=\sum_i m^i\otimes c^i+m\otimes g$, 所以

$$
\begin{aligned}
(\rho^M \otimes id_{\mathcal{C}})\rho^M(m) &= \sum_i \rho^M(m^i) \otimes c^i + \rho^M(m) \otimes g \\
&= \sum_{ij} m^{ij} \otimes c^{ij} + \sum_i m^i \otimes g \otimes c^i + \sum_i m^i \otimes c^i \otimes g + m \otimes g \otimes g \\
&= \sum_i m^i \otimes c^i{}_1 \otimes c^i{}_2 + m \otimes g \otimes g \\
&= (id_M \otimes \Delta)\rho^M(m).
\end{aligned}
$$

故 $(M, \rho^M)$ 是右 $\mathcal{C}$ 余模. □

## 2.6 Cartier 和 Hochschild 上同调

本节提出余环的两类上同调性质, 我们的主要目标是给出余可分和余可裂余环的上同调解释.

在本节中假设 $A$ 为 $R$ 代数且 $\mathcal{C}$ 为 $R$ 余环.

**命题 2.6.1** 设 $\mathrm{Cob}(\mathcal{C}) = (\mathrm{Cob}(\mathcal{C})^\bullet, \delta)$ 是如下复形 $\mathrm{Cob}(\mathcal{C})^n = \mathcal{C}^{\otimes_A n+2}$,

$$
\delta^n = \sum_{k=0}^{n+1} (-1)^k I_{\mathcal{C}}^{\otimes_A k} \otimes \underline{\Delta} \otimes I_{\mathcal{C}}^{\otimes_A n-k+1} : \mathrm{Cob}(\mathcal{C})^n \to \mathrm{Cob}(\mathcal{C})^{n+1}, \quad n = 0, 1, 2, \cdots.
$$

那么 $\mathrm{Cob}(\mathcal{C})$ 是 $\mathcal{C}$ 在 $(A, A)$ 双模范畴中的一个解, 称为 **余块** (cobar) **复形或** $\mathcal{C}$ **的余块表示**.

**证明** 首先验证 $\mathrm{Cob}(\mathcal{C})$ 是上链复形, 即对任意 $n \in \mathbb{N} \cup \{0\}$, 有 $\delta^{n+1} \circ \delta^n = 0$. 在命题 2.5.2 中取 $g = 0$ 即可证得.

设 $M$ 是 $(A, A)$ 双模. 一个 $(A, A)$ 双模上链复形 $X = (X^\bullet, \delta)$ 称为 $M$ 在 $(A, A)$ 双模范畴中的表示, 是指存在 $(A, A)$ 双模映射 $i : M \to X^0$, 使得下面序列是正合序列:

$$
0 \longrightarrow M \stackrel{i}{\longrightarrow} X^0 \stackrel{\delta^0}{\longrightarrow} X^1 \stackrel{\delta^1}{\longrightarrow} X^2 \stackrel{\delta^2}{\longrightarrow} \cdots.
$$

然后注意一个内射 $\underline{\Delta} : \mathcal{C} \to \mathcal{C} \otimes_A \mathcal{C} = \mathrm{Cob}(\mathcal{C})^0$. 我们将构造 $\mathrm{Cob}(\mathcal{C})$ 的一个收缩同伦, 即 $(A, A)$ 双模映射序列 $(h_n)_{n \in \mathbb{N} \cup \{0\}} : \mathcal{C}^{\otimes_A n+2} \otimes \mathcal{C}^{\otimes_A n+1}$, 带有性质 $h_{n+1} \circ \delta^n + \delta^{n-1} \circ h_n = I_{\mathcal{C}}^{\otimes n+2}$. 令 $h_n = \underline{\varepsilon} \otimes I_{\mathcal{C}}^{\otimes n+1}$, 对任意 $n \in \mathbb{N} \cup \{0\}$, 有

$$
\begin{aligned}
h_{n+1}\delta^n &= \sum_{k=0}^{n+1} (-1)^k (\underline{\varepsilon} \otimes I_{\mathcal{C}}^{\otimes n+1})(I_{\mathcal{C}}^{\otimes k} \otimes \underline{\Delta} \otimes I_{\mathcal{C}}^{\otimes n-k+1}) \\
&= I_{\mathcal{C}}^{\otimes n+2} - \sum_{k=0}^{n} (-1)^k (\underline{\varepsilon} \otimes I_{\mathcal{C}}^{\otimes k} \otimes \underline{\Delta} \otimes I_{\mathcal{C}}^{\otimes n-k+1}) = I_{\mathcal{C}}^{\otimes n+2} - \delta^{n-1} h_n.
\end{aligned}
$$

第一个等式运用了 $\underline{\varepsilon}$ 的余单位性. 进一步有

$$(h_1\delta^0+\underline{\Delta}h_0)=(\underline{\varepsilon}\otimes I_{\mathcal{C}}\otimes I_{\mathcal{C}})(\underline{\Delta}\otimes I_{\mathcal{C}})-(\underline{\varepsilon}\otimes I_{\mathcal{C}}\otimes I_{\mathcal{C}})(I_{\mathcal{C}}\otimes\underline{\Delta})+\underline{\varepsilon}\otimes\underline{\Delta}=I_{\mathcal{C}}\otimes I_{\mathcal{C}},$$

这里再次运用了 $\underline{\varepsilon}$ 的余单位性. 由此式可知 $x\in \mathrm{Ker}\delta^0$, 这说明 $x\in Im\underline{\Delta}$. 结合收缩同伦的存在性, 得到序列

$$0\longrightarrow\mathcal{C}\xrightarrow{\underline{\Delta}}\mathcal{C}\otimes_A\mathcal{C}\xrightarrow{\delta^0}\mathcal{C}^{\otimes_A 3}\xrightarrow{\delta^1}\mathcal{C}^{\otimes_A 4}\xrightarrow{\delta^2}\cdots$$

是正合的. 所以 $\mathrm{Cob}(\mathcal{C})$ 是 $\mathcal{C}$ 的表示. □

**命题 2.6.2** 考虑一个代数扩张 $B\to A$, 设 $\mathcal{C}=A\otimes_B A$ 为 Sweedler $A$ 余环. 那么

$$\mathrm{Cob}(\mathcal{C})=A^{\otimes_B n+3},\quad \delta^n=\sum_{i=0}^{n+1}(-1)^i e_{i+1}^{n+2}: A^{\otimes_B n+3}\to A^{\otimes_B n+4},$$

这里 $e_i^n: a_1\otimes\cdots\otimes a_{n+1}\mapsto a_1\otimes\cdots\otimes a_i\otimes 1_A\otimes a_{i+1}\otimes\cdots\otimes a_{n+1}$, 对任意 $i=0,1,\cdots,n+1$.

事实上, $\mathrm{Cob}(A\otimes_B A)=A\otimes_B\Omega(A\otimes_B A)\otimes_B A$. 所以尽管 Amitsur 复形不是零调的, 但余块复形是零调的.

余块复形 $\mathrm{Cob}(\mathcal{C})$ 也可以看成是 $\mathcal{C}$ 在 $(\mathcal{C},\mathcal{C})$ 双余模范畴中的解. $\mathrm{Cob}(\mathcal{C})^n=\mathcal{C}^{\otimes_A n+2}$ 上的左 $\mathcal{C}$ 余作用定义为 $\underline{\Delta}\otimes I_{\mathcal{C}}^{\otimes n+1}$, 右 $\mathcal{C}$ 余作用定义为 $I_{\mathcal{C}}^{\otimes n+1}\otimes\underline{\Delta}$.

**推论 2.6.3** $\mathrm{Cob}(\mathcal{C})$ 是 $(\mathcal{C},\mathcal{C})$ 双余模范畴中的 $(A,\mathcal{C})$ 相关内射解.

因此, 对任意 $(\mathcal{C},\mathcal{C})$ 双余模 $M$, 考虑一个上链复形

$$C_{C_\alpha}(\mathcal{C},M)=(C_{C_\alpha}(\mathcal{C},M)^\bullet,d)={}^{\mathcal{C}}\mathrm{Hom}^{\mathcal{C}}(M,\mathrm{Cob}(\mathcal{C})).$$

存在一个 $(\mathcal{C},\mathcal{C})$ 双余模之间的 Hom 张量关系

$$\theta: {}^{\mathcal{C}}\mathrm{Hom}^{\mathcal{C}}(M,\mathcal{C}^{\otimes_A n+2})\xrightarrow{\simeq}{}_A\mathrm{Hom}_A(M,\mathcal{C}^{\otimes_A n}),\quad f\mapsto(\underline{\varepsilon}\otimes I_{\mathcal{C}}^{\otimes n}\otimes\underline{\varepsilon})\circ f.$$

带有逆映射 $\theta^{-1}(g)=(I_{\mathcal{C}}\otimes g\otimes I_{\mathcal{C}})\circ({}^M\varrho\otimes I_{\mathcal{C}})\circ\varrho^M$, 这里 ${}^M\varrho$ 和 $\varrho^M$ 分别表示 $M$ 的左和右 $\mathcal{C}$ 余作用. Hom 张量关系可将复形 $C_{C_\alpha}(\mathcal{C},M)$ 表述为

$${}_A\mathrm{Hom}_A(M,A)\xrightarrow{d^0}{}_A\mathrm{Hom}_A(M,\mathcal{C})\xrightarrow{d^1}{}_A\mathrm{Hom}_A(M,\mathcal{C}\otimes_A\mathcal{C})\xrightarrow{d^2}\cdots,$$

这里 $d^n: {}_A\mathrm{Hom}_A(M,\mathcal{C}^{\otimes_A n})\to{}_A\mathrm{Hom}_A(M,\mathcal{C}^{\otimes_A n+1})$ 定义为

$$d^n f=(I_{\mathcal{C}}\otimes f)\circ{}^M\varrho+\sum_{k=1}^{n}(-1)^k(I_{\mathcal{C}}^{\otimes k-1}\otimes\underline{\Delta}\otimes I_{\mathcal{C}}^{\otimes n-k})\circ f+(-1)^{n+1}(f\otimes I_{\mathcal{C}})\circ\varrho^M.$$

复形 $C_{C_\alpha}(\mathcal{C},M)$ 称为值在 $M$ 中的 $\mathcal{C}$ 的 **Cartier 复形**. 它的上同调称为值在 $M$ 中的 $\mathcal{C}$ 的 **Cartier 上同调**, 并记为 $H_{C_\alpha}(\mathcal{C},M)$[57].

**命题 2.6.4** 对 $A$ 余环 $\mathcal{C}$, 下面叙述等价:

(1) $\mathcal{C}$ 是余可分的.

(2) 对任意 $(\mathcal{C},\mathcal{C})$ 双余模 $M$, $H^n_{C_\alpha}(\mathcal{C},M)=0,\ n\geqslant 1$.

(3) 对任意 $(\mathcal{C},\mathcal{C})$ 双余模 $M$, $H^1_{C_\alpha}(\mathcal{C},M)=0$.

**定义 2.6.5**[91] 一个**(右) comp 代数**$(V^\bullet,\diamond,\pi)$ 由 $R$ 模序列 $V^0,V^1,V^2,\cdots$, 一个元素 $\pi\in V^2$ 和 $R$ 线性算子

$$\diamond_i: V^m\otimes_R V^n\to V^{m+n-1},\quad \forall i\geqslant 0$$

组成, 并满足对任意 $f\in V^m, g\in V^n$, $h\in V^p$,

(1) $f\diamond_i g=0$, 如果 $i>m-1$.

(2) $(f\diamond_i g)\diamond_j h=f\diamond_i(g\diamond_{j-1}h)$, 如果 $i\leqslant j<n+i$.

(3) $(f\diamond_i g)\diamond_j h=(f\diamond_j h)\diamond_{i+p-1}g$, 如果 $j<i$.

(4) $\pi\diamond_0\pi=\pi\diamond_1\pi$.

一个 comp 代数 $(V^\bullet,\diamond,\pi)$ 称为**严格的**, 如果存在 (唯一的) 元素 $u\in V^1$ 满足对任意 $f\in V^m$.

(5) $u\diamond_0 f=f\diamond_i u=f$, 对任意 $i<m$.

严格的 comp 代数记为 $(V^\bullet,\diamond,\pi,u)$. 称它为**单位的**, 如果存在 (唯一的) 元素 $1\in V^0$ 使得 $\pi\diamond_0 1=\pi\diamond_1 1=u$. 单位的严格 comp 代数 [92,129−131,135,149,161,219] 记为 $(V^\bullet,\diamond,\pi,u,1)$.

**定义 2.6.6** 一个单位 comp 代数是一个微分分次代数带有导子 $d: V^m\to V^{m+1}$, $df=-[\pi,f]$ 和积 $\cup$. 相应的上同调记为 $H(V)$. 因为 $V$ 是微分分次代数, 所以并积遗传到 $H(V)$ 上. 进一步, 对任意 $\alpha\in H^m(V)$ 和 $\beta\in H^n(V)$, $\alpha\cup\beta=(-1)^{mn}\beta\cup\alpha$.

**定义 2.6.7** $R$ 上的 **Gerstenhaber 代数**是 $R$ 模集合 $H^0,H^1,H^2,\cdots$ 带有分次 $(\deg H^m=m-1)$, 李括号 $[-,-]: H^m\otimes_R H^n\to H^{m+n-1}$, 还有一个结合的单位分次 $(H^m=m)$, 交换积 $\cup: H^m\otimes_R H^n\to H^{m+n}$, 使得对任意 $\alpha\in H^m,\beta\in H^n$ 和 $\gamma\in H$, 有

$$[\alpha,\beta\cup\gamma]=[\alpha,\beta]\cup\gamma+(-1)^{(m-1)n}\beta\cup[\alpha,\gamma].$$

单位 comp 代数的上同调是 Gerstenhaber 代数.

**命题 2.6.8** 复形 $C_{C_\alpha}(\mathcal{C})=C_{C_\alpha}(\mathcal{C},\mathcal{C})$ 称为值在 $\mathcal{C}$ 中的 $\mathcal{C}$ 的 Cartier 复形. 那么 $C_{C_\alpha}(\mathcal{C})$ 是单位 comp 代数带有复合映射

$$\diamond_i: C_{C_\alpha}(\mathcal{C})^m\otimes_R C_{C_\alpha}(\mathcal{C})^n\to C_{C_\alpha}(\mathcal{C})^{m+n-1},\quad f\diamond_i g=(I_{\mathcal{C}}^{\otimes i}\otimes g\otimes I_{\mathcal{C}}^{\otimes m-i+1})\circ f$$

和典型群像元 $\pi=\underline{\Delta}, u=I_{\mathcal{C}}$ 和 $1=\underline{\varepsilon}$. 从而, 值在 $\mathcal{C}$ 中的 $\mathcal{C}$ 的 Cartier 上同调是 Gerstenhaber 代数.

一个余环的 Cartier 上同调是对偶相应的环的 Hochschild 上同调. 对相关的 Hochschild 复形, Amitsur 复形则与环扩张有关. 通过对偶 Amitsur 上链复形得到一种新的余环上同调, 称为 **Hochschild 余环上同调**[113,114].

**命题 2.6.9**　设 $X(\mathcal{C}) = (X(\mathcal{C})_\bullet, \delta)$ 表示如下复形

$$X(\mathcal{C})_n = \mathcal{C}^{\otimes_A n+1}, \quad \delta_n : \mathcal{C}^{\otimes_A n+2} \to \mathcal{C}^{\otimes_A n+1}, \quad \delta_n = \sum_{k=0}^{n+1} (-1)^k I_\mathcal{C}^{\otimes k} \otimes \underline{\varepsilon} \otimes I_\mathcal{C}^{\otimes n-k+1},$$

对任意 $n = 0, 1, 2, \cdots$. 那么 $X(\mathcal{C})$ 是链复形.

**命题 2.6.10**　如果存在元素 $e \in \mathcal{C}$ 满足 $\underline{\varepsilon}(e) = 1_A$, 那么复形 $(X(\mathcal{C}), \delta)$ 是零调的.

**证明**　$(X(\mathcal{C}), \delta)$ 的收缩同伦 $h^\bullet$ 构建为 $h^n : \mathcal{C}^{\otimes_A n+1} \to \mathcal{C}^{\otimes_A n+2}$, $x \mapsto e \otimes x$. 事实上,

$$\begin{aligned}
\delta_n(h^n(c^0 \otimes \cdots \otimes c^n)) &= \sum_{k=0}^{n+1} (-1)^k \underline{\varepsilon}^{k,n+1}(e \otimes c^0 \otimes \cdots \otimes c^n) \\
&= c^o \otimes \cdots \otimes c^n - \sum_{k=0}^{n} (-1)^k e \otimes c^0 \otimes \cdots \otimes c^k \underline{\varepsilon}(c^{k+1}) \otimes \cdots \otimes c^n \\
&= c^o \otimes \cdots \otimes c^n - h^{n-1}(\delta_{n-1}(c^0 \otimes \cdots \otimes c^n)).
\end{aligned}$$

因此, $\delta_n \circ h^n + h^{n-1} \circ \delta_{n-1} = I_\mathcal{C}^{\otimes n+1}$, 对任意 $n = 1, 2, \cdots$, 即 $h^\bullet$ 是收缩同伦, 从而证得 $(X(\mathcal{C})_\bullet, \delta)$ 是零调的. □

**命题 2.6.11**　考虑代数扩张 $B \to A$ 和 Sweedler $A$ 余环 $\mathcal{C} = A \otimes_B A$. 那么复形 $(X(\mathcal{C})_\bullet, \delta)$ 是 $A$ 的 $B$ 相关块表示, 即 $X(\mathcal{C})_n = A^{\otimes_B n+2}$ 和

$$\delta_n(a_0 \otimes a_1 \otimes \cdots \otimes a_{n+1}) = \sum_{k=0}^{n} (-1)^k a_0 \otimes \cdots \otimes a_{k-1} \otimes a_k a_{k+1} \otimes \cdots \otimes a_{n+1},$$

对任意 $a_0 \otimes a_1 \otimes \cdots \otimes a_{n+1} \in A^{\otimes_B n+2}$.

**命题 2.6.12**　如果 $\mathcal{C}$ 作为左或右 $A$ 模是忠实平坦的, 那么相应复形 $(X(\mathcal{C})_\bullet, \delta)$ 是零调的.

**定义 2.6.13**　复形 $(X(\mathcal{C})_\bullet, \delta)$ 是 $(A, A)$ 双模复形, 其中所有 $\delta$ 是 $(A, A)$ 双模映射. 因此, 对任意 $(A, A)$ 双模 $M$, 可以定义一个上链复形 $C_{H_0}(\mathcal{C}, M)$ 通过应用反变 Hom 张量函子到复形 $(X(\mathcal{C})_\bullet, \delta)$. 从而有 $C_{H_0}(\mathcal{C}, M) = (C_{H_0}^\bullet(\mathcal{C}, M), d^\bullet)$, 这里

$$C_{H_0}^m(\mathcal{C}, M) = {}_A\mathrm{Hom}_A(\mathcal{C}^{\otimes_A n+1}, M), \quad d^m(f) = \sum_{k=0}^{n+1} (-1)^k f \circ (I_\mathcal{C}^{\otimes k} \otimes \underline{\varepsilon} \otimes I_\mathcal{C}^{n+1-k}).$$

复形 $C_{H_0}(\mathcal{C}, M)$ 称为值在 $M$ 中的与 $\mathcal{C}$ 相关的 **Hochschild 上链复形**, 它的上同调称为值在 $M$ 中的与 $\mathcal{C}$ 相关的 **Hochschild 上同调**, 此上同调记为 $H_{H_0}(\mathcal{C}, M)$.

**命题 2.6.14**　对任意 $A$ 余环 $\mathcal{C}$, 下列叙述等价:

(1) $\mathcal{C}$ 是余可裂余环.

(2) $\mathcal{C}$ 的余单位是满射, 且对 $n \geqslant 1$, 对任意 $(A, A)$ 双模 $M$, $H_{H_0}^n(\mathcal{C}, M) = 0$.

(3) $\mathcal{C}$ 的余单位是满射, 且对任意 $(A, A)$ 双模 $M$, $H_{H_0}^1(\mathcal{C}, M) = 0$.

## 2.7 双代数胚

**定义 2.7.1**[211] 一个单位 $A$ **环或** $A$ **上的代数**是一对 $(U,i)$, 这里 $U$ 是 $R$ 代数, 且 $i:A\to U$ 是代数映射. 如果 $(U,i)$ 是 $A$ 环, 那么 $U$ 是 $(A,A)$ 双模, 双模结构为 $aua':=i(a)ui(a')$. $A$ 环同态 $f:(U,i)\to(V,j)$ 是 $R$ 代数同态 $f:U\to V$ 满足 $f\circ i=j$. 等价地, $A$ 环同态 $f:(U,i)\to(V,j)$ 是代数同态, 也是左或右 $A$ 模同态. 事实上, 如果 $f$ 是 $A$ 环映射, 那么它是代数和 $A$ 双模同态. 反之, 如果 $f$ 是左 $A$ 线性代数同态, 那么对任意 $a\in A$, 有 $f(i(a))=f(a1_U)=af(1_U)=j(a)$. 右 $A$ 线性情况类似.

**定义 2.7.2** 设 $\bar{A}=A^{op}$ 是 $A$ 的反代数. 对 $a\in A$, $\bar{a}\in\bar{A}$ 是相同的元素 $a$, 但是现在看成是 $\bar{A}$ 中的元素, 即 $a\mapsto\bar{a}$ 是显然的代数反同态. 设 $A^e=A\otimes_R\bar{A}$ 为 $A$ 的包络代数. 注意, 一对 $(H,i)$ 是 $A^e$ 环当且仅当存在代数映射 $s:A\to H$ 和代数反同态 $t:A\to H$, 使得 $s(a)t(b)=t(b)s(a)$, 对任意 $a,b\in A$. 简洁地, $s(a)=i(a\otimes 1)$ 和 $t(a)=i(1\otimes\bar{a})$, 且相反地有 $i(a\otimes\bar{b})=s(a)t(b)$.

在本节中, 表述 "设 $(H,s,t)$ 为一个 $A^e$ 环" 实际上是指一个 $R$ 代数 $H$ 带有定义 2.7.2 描述的代数映射 $s,t:A\to H$. $A$ 称为基代数, $H$ 为全代数, $s$ 是源映射, $t$ 是目标映射.

**定义 2.7.3** 设 $M$ 和 $N$ 为 $(A^e,A^e)$ 双模. 令

$$\int_a {}_{\bar{a}}M\otimes{}_aN:=M\otimes_R N/<\{\bar{a}m\otimes n-m\otimes an\mid\forall a\in A\}>,$$

即 $\int_a {}_{\bar{a}}M\otimes{}_aN:=M\otimes_A N$, 这里 $M$ 的右 $A$ 模作用用 $M$ 的左 $\bar{A}$ 模作用来定义. 令

$$\int^b M_{\bar{b}}\otimes N_b:=\left\{\sum_i m_i\otimes n_i\in M\otimes_R N\mid\forall b\in A,\sum_i m_i\bar{b}\otimes n_i=\sum_i m_i\otimes n_i b\right\}.$$

定义 $R$ 模

$$M\times_A N:=\int^b\int_a {}_{\bar{a}}M_{\bar{b}}\otimes{}_aN_b.$$

实际上

$$M\times_A N:=\left\{\sum_i m_i\otimes n_i\in M\otimes_A N\mid\forall b\in A,\sum_i m_i\bar{b}\otimes n_i=\sum_i m_i\otimes n_i b\right\},$$

这里 $M$ 的右 $A$ 模来源于左 $\bar{A}$ 模作用 [40,216,279]. 算子 $-\times_A-:{}_{A^e}\mathcal{M}_{A^e}\times{}_{A^e}\mathcal{M}_{A^e}\to{}_{A^e}\mathcal{M}_{A^e}$ 是双函子. 这里对任意 $M,N\in{}_{A^e}\mathcal{M}_{A^e}$, 积 $M\times_A N$ 还是属于 ${}_{A^e}\mathcal{M}_{A^e}$, 作用定义为

$$(a'\otimes\bar{a})\left(\sum_i m_i\otimes n_i\right)(b'\otimes\bar{b})=\sum_i a'm_ib'\otimes\bar{a}n_i\bar{b}.$$

**命题 2.7.4**[275] 对任意 $A^e$ 环 $(U,i)$ 和 $(V,j)$, $(A^e,A^e)$ 双模 $U\times_A V$ 还是一个 $A^e$ 环带有代数映射 $A\otimes_R\bar{A}\to U\times_A V, a\otimes\bar{b}\mapsto i(a)\otimes j(\bar{b})$, 结合积

$$\left(\sum_i u^i\otimes v^i\right)\left(\sum_j \tilde{u}^j\otimes\tilde{v}^j\right)=\sum_{i,j}u^i\tilde{u}^j\otimes v^i\tilde{v}^j$$

和单位 $1_U\otimes 1_V$.

**定义 2.7.5** 设 $(\mathcal{H},s,t)$ 为 $A^e$ 环. 这里 $\mathcal{H}$ 作为 $(A,A)$ 双模, 左 $A$ 作用由源映射 $s$ 给出, 右 $A$ 作用由左 $\bar{A}$ 作用用目标映射 $t$ 遗传, 即有

$$ah=s(a)h,\quad ha=t(a)h,\quad 对任意\ a\in A,h\in\mathcal{H}.$$

称 $(\mathcal{H},s,t,\Delta,\varepsilon)$ 是 $A$ **双代数胚**(bialgebroids), 如果

(1) $(\mathcal{H},\Delta,\varepsilon)$ 是 $A$ 余环.

(2) $\mathrm{Im}(\Delta)\subseteq\mathcal{H}\otimes_A\mathcal{H}$ 和 $\Delta$ 的余限制 $\Delta:\mathcal{H}\to\mathcal{H}\otimes_A\mathcal{H}$ 是代数映射.

(3) $\varepsilon(1_{\mathcal{H}})=1_A$, 且对任意 $g,h\in\mathcal{H}$,

$$\varepsilon(gh)=\varepsilon(gs(\varepsilon(h)))=\varepsilon(gt(\varepsilon(h))).$$

$A$ 双代数胚 $\mathcal{H}$ 的**对极** (antipode) 是代数反同态 $\tau:\mathcal{H}\to\mathcal{H}$ 满足

(1) $\tau\circ t=s$.

(2) $\mu_{\mathcal{H}}\circ(\tau\otimes I_{\mathcal{H}})\circ\Delta=t\circ\varepsilon\circ\tau$.

(3) 自然投射 $\mathcal{H}\otimes_R\mathcal{H}\to\mathcal{H}\otimes_A\mathcal{H}$ 存在一个断面 $\gamma:\mathcal{H}\otimes_A\mathcal{H}\to\mathcal{H}\otimes_R\mathcal{H}$ 使得 $\mu_{\mathcal{H}}\circ(I_{\mathcal{H}}\otimes\tau)\circ\gamma\circ\Delta=s\circ\varepsilon$.

带有对极的 $A$ 双代数胚称为 **Hopf 代数胚**(Hopf algebroids)[121,152,197].

**命题 2.7.6** 设 $A$ 为 $R$ 代数且 $B$ 为 $R$ 双代数并带有余积 $\Delta$ 和余单位 $\varepsilon$. 那么 $\mathcal{H}=A\otimes_R B\otimes_R\bar{A}$ 是 $A$ 双代数胚带有自然的张量积代数结构和下面结构映射:

(1) 源映射 $s:a\mapsto a\otimes 1_B\otimes 1_A$.

(2) 目标映射 $t:a\mapsto 1_A\otimes 1_B\otimes\bar{a}$.

(3) 余乘 $\underline{\Delta}:a\otimes b\otimes\bar{a}'\mapsto\sum a\otimes b_1\otimes 1_A\otimes 1_A\otimes b_2\otimes\bar{a}'$.

(4) 余单位 $\underline{\varepsilon}:a\otimes b\otimes\bar{a}'\mapsto\varepsilon(b)aa'$. 进一步, 如果 $B$ 是带有对极 $S$ 的 Hopf 代数, 那么 $\mathcal{H}$ 是 Hopf 代数胚, 对极定义如下:

$$\tau:a\otimes b\otimes\bar{a}'\mapsto a'\otimes S(b)\otimes\bar{a}.$$

特别地, $A^e$ 是 $A$ 上的 Hopf 代数胚.

**命题 2.7.7** 对一个 $R$ 代数 $A$, $\mathrm{End}_R(A)$ 可以做成 $(A,A)$ 双模, 模结构为

$$(af)(b)=af(b),\quad (fa)(b)=f(b)a,$$

对任意 $a,b\in A$ 和 $f\in \mathrm{End}_R(A)$. 设 $(\mathcal{H},s,t)$ 为 $A^e$ 环, $(A,A)$ 双模结构见命题 2.7.5. 假定

(1) $\Delta:\mathcal{H}\to\mathcal{H}\otimes_A\mathcal{H}$ 是余结合的 $(A,A)$ 双模映射.

(2) $\mathrm{Im}(\Delta)\subseteq\mathcal{H}\otimes_A\mathcal{H}$ 和 $\Delta$ 的余限制 $\Delta:\mathcal{H}\to\mathcal{H}\times_A\mathcal{H}$ 是代数映射.

那么 $\mathcal{H}$ 是 $A$ 双代数胚当且仅当存在一个代数和 $(A,A)$ 双模态射 $\nu:\mathcal{H}\to\mathrm{End}_R(A)$ 满足

(1) $\sum s(h_1\rhd a)h_2=hs(a)$.

(2) $\sum t(h_2\rhd a)h_1=ht(a)$.

这里 $h\rhd:=\nu(h)(a)$, 对任意 $a\in A$ 和 $h\in\mathcal{H}$.

映射 $\nu$ 称为双代数胚 $\mathcal{H}$ 的**锚**(anchor).

**定义 2.7.8** 一个代数扩张 $B\to D$ 称为 **II 型扩张**是指

(1) $(B,D)$ 双模 $D\otimes_B D$ 是 $\bigoplus^n D$ 的直和项, 对某个 $n$.

(2) $(D,B)$ 双模 $D\otimes_B D$ 是 $\bigoplus^l D$ 的直和项, 对某个 $l$.

等价地, II 型扩张 $B\to D$ 是指存在 $b_i,c_j\in(D\otimes_B D)^B$ 和 $\beta_i,\gamma_j\in{}_B\mathrm{Hom}_B(D,B)$, 这里 $i,j$ 是属于有限指标集, 满足对任意 $d\in D$, 有

$$\sum_i b_i\beta_i(d)=d\otimes 1,\quad \sum_j \gamma_j(d)c_j=1\otimes d.$$

$\{b_i,\beta_i\}$ 是扩张 $B\to D$ 的左 II 型 $(D_2)$ 拟基, 而 $(c_j,\gamma_j)$ 是扩张 $B\to D$ 的右 II 型拟基 [111,121].

**定理 2.7.9** $B\to D$ 称为 II 型代数扩张, 定义 $A=D^B=\{a\in D\mid \forall b\in B, ab=ba\}$ 和 $\mathcal{H}={}_B\mathrm{End}_B(D)$ 作为代数结构是映射合成. 那么 $\mathcal{H}$ 在下列结构下是 $A$ 双代数胚:

(1) 源映射 $s:a\mapsto[d\mapsto ad]$.

(2) 目标映射 $t:a\mapsto[d\mapsto da]$.

(3) 余乘 $\Delta:h\mapsto\sum_j\gamma_j\otimes c_j^1h(c_j^2-)$, 这里, 系统 $\{c_j=\sum c_j^1\otimes c_j^2,\gamma_j\}$ 是右 II 型拟基.

(4) 余单位 $\varepsilon:h\mapsto h(1_D)$.

**证明** 显然, $s$ 是代数同态, 而 $t$ 是代数反同态. 注意, 对任意 $a,a'\in A,h\in\mathcal{H}$ 和 $d\in D$, 有

$$(s(a)\circ t(a')\circ h)(d)=ah(d)a'=(t(a')\circ s(a)\circ h)(d),$$

所以 $\mathcal{H}$ 是 $A^e$ 环, 而且 $\mathcal{H}$ 的由源和目标映射诱导的 $(A,A)$ 双模结构具体为 $aha'=ah(-)a'$. $\Delta$ 明显地是右 $A$ 模映射. 下面利用 II 型拟基 $\{b_i=\sum b_i^1\otimes b_i^2,\beta_i\}$, 得到 $\Delta$ 的另一种表达式:

$$\begin{aligned}\Delta(h) &= \sum_j \gamma_j \otimes c_j^1 h(c_j^2 -) = \sum_{ij} \gamma_j \otimes c_j^1 h(c_j^2 b_i^1) b_i^2 \beta_i(-) \\ &= \sum_{ij} \gamma_j(-) c_j^1 h(c_j^2 b_i^1) b_i^2 \otimes \beta_i \\ &= \sum_i h(-b_i^1) b_i^2 \otimes \beta_i.\end{aligned}$$

由这个表达式立即得到 $\Delta$ 是左 $A$ 模映射. $\Delta$ 的余结合性用由左右拟基表达式给出的 $\Delta$ 直接证明. 这些表达式还表明 $\varepsilon$ 是的 $\Delta$ 余单位, 因此 $\mathcal{H}$ 是 $A$ 余环.

对任意 $a \in A, b \in B$, 有

$$\sum_i \beta_i(ab_i^1)b_i^2 = \sum_i \beta_i(abb_i^1)b_i^2 = \sum_i b\beta_i(ab_i^1)b_i^2,$$

所以 $\sum_i \beta_i(ab_i^1)b_i^2 \in A$. 通过观察很容易验证, 对任意 $h \in \mathcal{H}$ 和 $a \in A$, 有

$$\begin{aligned}\Delta(h) \circ (t(a) \otimes I_{\mathcal{H}}) &= \sum_i h(-ab_i^1) b_i^2 \otimes \beta_i \\ &= \sum_{ij} h(-b_j^1) b_j^2 \beta_j(ab_i^1) b_i^2 \otimes \beta_i \\ &= \sum_i h(-b_i^1) b_i^2 \otimes \beta_i(a-) = \Delta(h) \circ (I_{\mathcal{H}} \otimes s(a)),\end{aligned}$$

即 $\Delta(h) \in \mathcal{H} \times_A \mathcal{H}$. 通过类似的论断 (运用由左右拟基表达式给出的 $\Delta$) 能够证得 $\Delta$ 是乘法的. 显然有 $\Delta(1) = 1 \otimes 1$ 和 $\varepsilon(1) = 1$.

最后证明对 $h, h' \in \mathcal{H}$,

$$\varepsilon(h \circ s(\varepsilon(h'))) = h(h'(1)) = \varepsilon(hh')$$

对目标映射 $t$ 类似成立. 所以 $\mathcal{H}$ 是 $A$ 双代数胚. □

**定义 2.7.10** 给定一个 $A$ 双代数胚 $(\mathcal{H}, s, t, \Delta, \varepsilon)$, 左 $\mathcal{H}$ **双代数胚模** 是左 $\mathcal{H}$ 模和左 $\mathcal{H}$ 余模带有余作用 ${}^M\varrho : M \to \mathcal{H} \otimes_A M$ 满足

$${}^M\varrho(hm) = \sum h_1 m_{(-1)} \otimes h_2 m_0,$$

对任意 $m \in M$ 和 $h \in \mathcal{H}$. 这里 $M$ 通过 $\mathcal{H}$ 的源和目标映射做成 $(A, A)$ 双模, 即 $ama' = s(a)t'(a)m$. 两个 $\mathcal{H}$ 双代数胚模之间的态射为左 $\mathcal{H}$ 模和左 $\mathcal{H}$ 余模映射. 左 $\mathcal{H}$ 双代数胚模组成的范畴记为 ${}^{\mathcal{H}}_{\mathcal{H}}\mathcal{M}$.

**命题 2.7.11** 对 $A$ 双代数胚 $(\mathcal{H}, s, t, \Delta, \varepsilon)$, 设 $N \in {}_{\mathcal{H}}\mathcal{M}$,

(1) 左 $\mathcal{H}$ 模 $\mathcal{H} \otimes_A^b N$ 是一个左 $\mathcal{H}$ 双代数胚模带有标准的余模结构

$$\Delta \otimes I_N : \mathcal{H} \otimes_A^b N \to \mathcal{H} \otimes_A (\mathcal{H} \otimes_A^b N), \quad h \otimes n \mapsto \Delta(h) \otimes n.$$

(2) 对任意 ${}_{\mathcal{H}}\mathcal{M}$ 中的映射 $f: N \to N'$, 映射 $I_{\mathcal{H}} \otimes f: \mathcal{H} \otimes_A^b N \to \mathcal{H} \otimes_A^b N'$ 是 $\mathcal{H}$ 双代数胚模同态.

(3) 存在双代数胚模同态

$$\gamma_N: \mathcal{H} \otimes_A N \to \mathcal{H} \otimes_A^b N, \quad h \otimes n \mapsto (1_{\mathcal{H}} \otimes n)\Delta(b).$$

**命题 2.7.12** 设 $A$ 双代数胚 $(\mathcal{H}, s, t, \Delta, \varepsilon)$,

(1) 如果 $\mathcal{C} = \mathcal{H} \otimes_A^b \mathcal{H}$ 有 $(\mathcal{H}, \mathcal{H})$ 双模: 左作用为对角作用, 右作用为 $(h \otimes h')h'' = h \otimes h'h''$. 那么 $\mathcal{C}$ 是 $\mathcal{H}$ 余环其余积为

$$\Delta_{\mathcal{C}}: \mathcal{H} \otimes_A^b \mathcal{H} \to \mathcal{H} \otimes_A^b \mathcal{H} \otimes_{\mathcal{H}} \mathcal{H} \otimes_A^b \mathcal{H} \simeq \mathcal{H} \otimes_A^b \mathcal{H} \otimes_A^b \mathcal{H}, \quad \Delta_{\mathcal{C}} = \Delta_{\mathcal{H}} \otimes I_{\mathcal{H}},$$

余单位为 $\varepsilon_{\mathcal{C}} = \varepsilon_{\mathcal{H}} \otimes I_{\mathcal{H}}$.

(2) 范畴 ${}_{\mathcal{H}}^{\mathcal{H}}\mathcal{M}$ 与左 $\mathcal{C}$ 余模范畴 ${}^{\mathcal{C}}\mathcal{M}$ 同构.

**命题 2.7.13** 设 $A$ 双代数胚 $(\mathcal{H}, s, t, \Delta, \varepsilon)$, 那么

(1) 左 $\mathcal{H}$ 双代数胚模 $\mathcal{H} \otimes_A^b \mathcal{H}$ 是 ${}_{\mathcal{H}}^{\mathcal{H}}\mathcal{M}$ 的子生成子.

(2) 对任意 $M \in {}_{\mathcal{H}}^{\mathcal{H}}\mathcal{M}, N \in {}_{\mathcal{H}}\mathcal{M}$,

$${}_{\mathcal{H}}^{\mathcal{H}}\mathrm{Hom}(M, \mathcal{H} \otimes_A^b N) \to {}_{\mathcal{H}}\mathrm{Hom}(M, N), \quad f \mapsto (\varepsilon \otimes I_N) \circ f$$

是 $A$ 模同构, 其逆映射为 $g \mapsto (I_{\mathcal{H}} \otimes g) \circ {}^M\varrho$.

(3) 如果 $\mathcal{H}$ 是平坦的左 $A$ 模, 那么

(a) ${}_{\mathcal{H}}^{\mathcal{H}}\mathcal{M}$ 是 Grothendieck 范畴.

(b) 对任意 $M \in {}_{\mathcal{H}}^{\mathcal{H}}\mathcal{M}$, 函子 ${}_{\mathcal{H}}^{\mathcal{H}}\mathrm{Hom}(M, -): {}_{\mathcal{H}}^{\mathcal{H}}\mathcal{M} \to {}_A\mathcal{M}$ 左正合.

(c) 对任意 $N \in {}_{\mathcal{H}}^{\mathcal{H}}\mathcal{M}$, 函子 ${}_{\mathcal{H}}^{\mathcal{H}}\mathrm{Hom}(-, N): {}_{\mathcal{H}}^{\mathcal{H}}\mathcal{M} \to {}_A\mathcal{M}$ 左正合.

# 第 3 章　余环和缠绕结构

本章介绍并分析一类新的余环的例子, 即与缠绕结构 (entwining structure) 相关的余环. 缠绕结构可以看成双代数的推广, 在很多应用里, 尤其是数学物理与非交换几何, 缠绕结构看成是非交换流形的一个对称. 从 Hopf 代数的角度看, 缠绕结构的引入统一了近三十年研究的各种 Hopf 模范畴. 一旦这些模用相应余环的语言来描述, 它们的各种性质可以从更本质的水平来理解. 本章引入缠绕结构的概念, 给出一些例子并研究相应余环及余模的性质, 前几章讨论的余环和余模的一般理论可以被具体阐述.

在这一章, $R$ 是一个交换环, $A$ 是一个 $R$ 代数, $C$ 是一个 $R$ 余代数. $C$ 和其他余代数 (双代数与 Hopf 代数) 的余积记为 $\Delta$, 余单位记为 $\varepsilon$. 代数 $A$ 的积记为 $\mu$, 单位映射 $\iota: R \longrightarrow A$. 若不引起混淆, 把元素 $1_A = \iota(1_R)$ 写为 1.

## 3.1　缠 绕 结 构

引入缠绕结构最初是为了研究经典基本丛 (classical principal bundles) 的非交换几何对称性质. 但缠绕结构已揭示了一个远超出最初目的的深刻代数意义 [39]. 这一节定义缠绕结构与缠绕模, 证明一个重要的定理, 并用这个定理构造余环等. 我们也研究这样余环的对偶, 将证明它是一个 $\psi$ 扭曲的卷积代数且具有一些性质. 后者包括余积分 (余可分)、Amitsur 复形以及由相应余环的 Cartier 上同调得到的 $\psi$ 等价上同调.

**定义 3.1.1**[41]　一个 $R$ 上的右右**缠绕结构**是一个三元组 $(A, C)_\psi$, 包含一个 $R$ 代数 $A$、一个 $R$ 余代数 $C$, 以及一个 $R$ 模映射 $\psi: C \otimes_R A \longrightarrow A \otimes_R C$, 且满足下列条件:

(1) $\psi \circ (I_C \otimes \mu) = (\mu \otimes I_C) \circ (I_A \otimes \psi) \circ (\psi \otimes I_A)$.

(2) $(I_A \otimes \Delta) \circ \psi = (\psi \otimes I_C) \circ (I_C \otimes \psi) \circ (\Delta \otimes I_A)$.

(3) $\psi \circ (I_C \otimes \iota) = \iota \otimes I_C$.

(4) $(I_A \otimes \varepsilon) \circ \psi = \varepsilon \otimes I_A$.

映射 $\psi$ 称为**缠绕映射**, 而 $C$ 和 $A$ 可以说成被 $\psi$ 扭曲见 [4].

**蝴蝶结图**(bow-tie diagram)　上述定义中的条件可以写成下面这个蝴蝶结图的交换:

**$\alpha$ 记号** 为了标注映射 $\psi$ 在元素上的作用, 采用下列 $\alpha$ 记号:

$$\psi(c\otimes a)=\sum_{\alpha}a_{\alpha}\otimes c^{\alpha},\quad (I_A\otimes\psi)\circ(\psi\otimes I_A)(c\otimes a\otimes a')=\sum_{\alpha,\beta}a_{\alpha}\otimes a'_{\beta}\otimes c^{\alpha\beta},$$

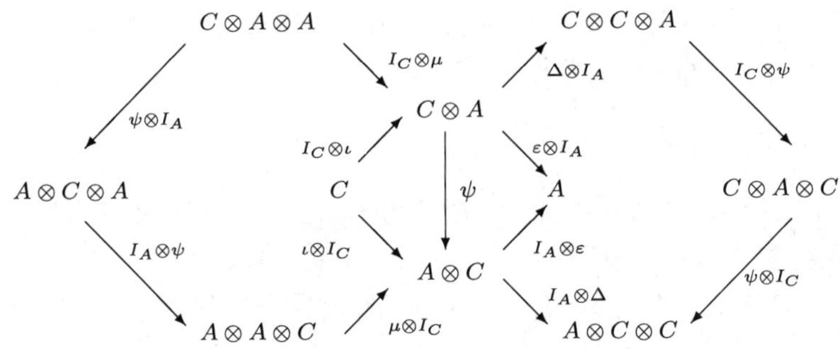


对所有的 $a,a'\in A, c\in C$. 在计算时, 此记号很有用. 建议读者证明上述的蝴蝶结图等价于下列方程:

左五边形: $\sum_{\alpha}(aa')_{\alpha}\otimes c^{\alpha}=\sum_{\alpha,\beta}a_{\alpha}a'_{\beta}\otimes c^{\alpha\beta}$;

左三角形: $\sum_{\alpha}1_{\alpha}\otimes c^{\alpha}=1\otimes c$;

右五边形: $\sum_{\alpha}a_{\alpha}\otimes c^{\alpha}{}_{\underline{1}}\otimes c^{\alpha}{}_{\underline{2}}=\sum_{\alpha,\beta}a_{\beta\alpha}\otimes c_{\underline{1}}{}^{\alpha}\otimes c_{\underline{2}}{}^{\beta}$;

右三角形: $\sum_{\alpha}a_{\alpha}\varepsilon(c^{\alpha})=a\varepsilon(c)$.

类似地, 可以用 $(A,C^{cop}),(A^{op},C),(A^{op},C^{cop})$ 分别取代定义中的 $(A,C)$ 来定义相应的右左、左右、左左缠绕结构.

**定义 3.1.2** 设 $(A,C)_{\psi}$ 是一个右右缠绕结构. 一个右右 $(A,C)_{\psi}$ **模** 是一个 $A$ 模带有 $\omega_M$, 同时也是 $C$ 余模带有一个余乘 $\varrho^M$, 满足下列交换图:

$$\begin{array}{ccccc}
M\otimes_R A & \xrightarrow{\rho_M\otimes I_A} & M\otimes_R C\otimes_R A & \xrightarrow{I_M\otimes\psi} & M\otimes_R A\otimes_R C\\
\Big\downarrow{\scriptstyle \omega_M} & & & & \Big\downarrow{\scriptstyle \omega^M\otimes I_C}\\
M & & \xrightarrow{\qquad\varrho^M\qquad} & & M\otimes_R C
\end{array}$$

记右右 $(A,C)_{\psi}$ 模范畴为 ${}^{C}_{A}\mathcal{M}(\psi)$, 它的态射是右 $A$ 模映射, 也是右 $C$ 余模映射. 缠绕结构的一个重要的性质是自对偶的, 即上述的蝴蝶结图是在翻转箭头 ($A$ 与 $C$ 互换, 乘与余乘互换, 单位与余单位互换) 情况下也是蝴蝶结交换图, 同样地, 缠绕模也是自对偶的 [28]. 下面来看与缠绕结构相应的余环.

**定理 3.1.3** 把 $A\otimes_R C$ 看作左 $A$ 模带上平凡的左乘 $a(a'\otimes c)=aa'\otimes c$, 这里 $a,a'\in A, c\in C$, 则

(1) 对于一个缠绕结构 $(A,C)_\psi$, $\mathcal{C}=A\otimes_R C$ 是一个双 $A$ 模带上右乘 $(a'\otimes c)a=a'\psi(c\otimes a)$, 而且是一个 $A$ 余环带上余积与余单位

$$\underline{\Delta}:=I_A\otimes\Delta:\mathcal{C}\longrightarrow A\otimes_R C\otimes_R C\simeq\mathcal{C}\otimes_A\mathcal{C},\quad \underline{\varepsilon}:=I_A\otimes\varepsilon:\mathcal{C}\longrightarrow A.$$

(2) 若 $\mathcal{C}=A\otimes_R C$ 是一个 $A$ 余环带上余积与余单位 $\underline{\Delta}=I_A\otimes\Delta$ 和 $\underline{\varepsilon}=I_A\otimes\varepsilon$, 则 $(A,C)_\psi$ 是一个缠绕结构, 这里, $\psi$ 定义如下:

$$\psi:C\otimes_R A\longrightarrow A\otimes_R C,\quad c\otimes a\longmapsto(1\otimes c)a.$$

(3) 若 $\mathcal{C}=A\otimes_R C$ 是一个如 (1) 中的相应 $(A,C)_\psi$ 的 $A$ 余环, 则 $(A,C)_\psi$ 缠绕模范畴同构于右的 $\mathcal{C}$ 余模范畴.

**证明** (1) 显然, $A\otimes_R C$ 是一个左 $A$ 模, 下面证它也是右 $A$ 模. 对于任意 $a,a',a''\in A,c\in C$, 有 $(a\otimes c)1=\sum_\alpha a1_\alpha\otimes c^\alpha=a\otimes c$ 以及

$$(a\otimes c)(a'a'')=\sum_\alpha a(a'a'')_\alpha\otimes c^\alpha=\sum_{\alpha,\beta}aa'_\alpha a''_\beta\otimes c^{\alpha\beta}=\sum_\alpha(aa'_\alpha\otimes c^\alpha)a''=((a\otimes c)a')a''.$$

因而, $\mathcal{C}$ 是一双 $A$ 模. 下面证 $\underline{\varepsilon}$ 和 $\underline{\Delta}$ 是双 $A$ 模映射. 容易看出它们都是左 $A$ 模映射, 取 $a,a'\in A,c\in C$, 有

$$\underline{\varepsilon}((a\otimes c)a')=\sum_\alpha\underline{\varepsilon}(aa'_\alpha\otimes c^\alpha)=aa'\varepsilon(c)=\underline{\varepsilon}(a\otimes c)a'.$$

以及

$$\begin{aligned}\underline{\Delta}((a\otimes c)a')&=\sum_\alpha aa'_\alpha\otimes c^\alpha{}_{\underline{1}}\otimes c^\alpha{}_{\underline{2}}=\sum_{\alpha,\beta}aa'_{\alpha\beta}\otimes c_{\underline{1}}{}^\beta\otimes c_{\underline{2}}{}^\alpha\\&=\sum_\alpha(a\otimes c_{\underline{1}})a'_\alpha\otimes c_{\underline{2}}{}^\alpha=(a\otimes c_{\underline{1}})\otimes_A(1\otimes c_{\underline{2}})a'=\underline{\Delta}(a\otimes c)a'.\end{aligned}$$

所以 $\underline{\varepsilon}$ 和 $\underline{\Delta}$ 是双 $A$ 模映射. $\Delta$ 的余结合性可以给出 $\underline{\Delta}$ 余结合性, $\varepsilon$ 余单位性也可以给出 $\underline{\varepsilon}$ 的余单位性.

(2) 设 $\mathcal{C}=A\otimes_R C$ 是假设给定的余环, 记 $\psi(c\otimes a)=(1\otimes c)a=\sum_\alpha a_\alpha\otimes c^\alpha$. 因 $\psi$ 是由右作用来定义的, 可得 $\psi(c\otimes 1)=1\otimes c$, 即左三角形成立. 对于左五边形, 有

$$\psi(c\otimes aa')=((1\otimes c)a)a'=\sum_\alpha(a_\alpha\otimes c^\alpha)a'=\sum_\alpha a_\alpha(1\otimes c^\alpha)a'=\sum_{\alpha,\beta}a_\alpha a'_\beta\otimes c^{\alpha\beta}.$$

进一步, $\underline{\varepsilon}$ 是右 $A$ 线性, 对右三角形,

$$\sum_\alpha a_\alpha\varepsilon(c^\alpha)=\sum_\alpha\underline{\varepsilon}(a_\alpha\otimes c^\alpha)=\underline{\varepsilon}((1\otimes c)a)=\underline{\varepsilon}(1\otimes c)a=a\varepsilon(c).$$

最后, 由 $\underline{\Delta}$ 是右 $A$ 线性,

$$\begin{aligned}\sum_{\alpha,\beta} a_{\beta\alpha}\otimes c_{\underline{1}}{}^{\alpha}\otimes c_{\underline{2}}{}^{\beta} &= \sum_{\alpha}(1\otimes c_{\underline{1}})a_{\alpha}\otimes c_{\underline{2}}{}^{\alpha} = \sum_{\alpha}(1\otimes c_{\underline{1}})\otimes_A a_{\alpha}\otimes c_{\underline{2}}{}^{\alpha}\\ &= \sum_{\alpha}(1\otimes c_{\underline{1}})\otimes_A(1\otimes c_{\underline{2}})a = \underline{\Delta}(1\otimes c)a = \underline{\Delta}((1\otimes c)a)\\ &= \sum_{\alpha}\underline{\Delta}(a_{\alpha}\otimes c^{\alpha}) = \sum_{\alpha} a_{\alpha}\otimes c^{\alpha}{}_{\underline{1}}\otimes c^{\alpha}{}_{\underline{2}}.\end{aligned}$$

于是证明了右五边形. 故 $\psi$ 是缠绕映射.

(3) 这里主要证明: 若 $M$ 是一个右 $A$ 模, 则 $M\otimes_R C$ 是一个右 $A$ 模带上一个乘 $(m\otimes c)a=\sum_{\alpha} ma_{\alpha}\otimes c^{\alpha}$. $M$ 是一个右 $(A,C)_{\psi}$ 缠绕模等价于 $\varrho^M$ 是一个右 $A$ 模映射. 由标准等式

$$M\otimes_R C\simeq M\otimes_A A\otimes_R C=M\otimes_A \mathcal{C},$$

可以把一个右 $\mathcal{C}$ 余作用看成一个右 $A$ 模映射 $M\longrightarrow M\otimes_A\mathcal{C}$. 反过来, 一个右 $\mathcal{C}$ 余作用可以看成一个右 $A$ 模映射 $\varrho^M: M\longrightarrow M\otimes_R C$, 因而, 也就给出一个 $(A,C)_{\psi}$ 缠绕模的右 $\mathcal{C}$ 余模. □

上述定理中的范畴同构可以让我们从余环余模的一般理论得到缠绕模的各种性质, 比如下面这个关于缠绕模的导出函子定理:

**推论 3.1.4** 设 $(A,C)_{\psi}$ 是一个缠绕结构. 对任意右 $A$ 模 $M$, $-\otimes_R C: M\longmapsto M\otimes_R C$ 定义了一个共变函子 $-\otimes_R C:\mathcal{M}_A\longmapsto\mathcal{M}_A^C(\psi)$, 而且这个函子是忘却函子 $\mathcal{M}_A^C(\psi)\longmapsto\mathcal{M}_A$ 的右伴随.

**证明** 用等式 $-\otimes_A\mathcal{C}=-\otimes_A A\otimes_R C\simeq -\otimes_R C$ 直接得到. □

下面来看忘却作用函子:

**定理 3.1.5** 设 $\mathcal{C}=A\otimes_R C$ 是相应 $(A,C)_{\psi}$ 的 $A$ 余环. 设 $\alpha: R\longrightarrow A$ 是单位映射 $\alpha=\iota$ 和 $R$ 线性映射 $\gamma: C\longrightarrow \mathcal{C}$ 定义如下: $\gamma: c\longmapsto 1\otimes c$. 则

(1) $(\gamma:\alpha):(C:R)\longrightarrow(\mathcal{C}:A)$ 是纯余环同态.

(2) 对任意 $M\in\mathcal{M}^C$, $M\otimes_R A$ 是一个 $(A,C)_{\psi}$ 缠绕模带有平凡的右 $A$ 乘和余作用

$$\varrho^{M\otimes_R A}: M\otimes_R A\longrightarrow M\otimes_R A\otimes_R C,\quad m\otimes a\longmapsto\sum m_{\underline{0}}\otimes\psi(m_{\underline{1}}\otimes a).$$

(3) 函子 $-\otimes_R A:\mathcal{M}^C\longrightarrow\mathcal{M}_A^C(\psi)$ 是忘却函子 $(-)^C:\mathcal{M}_A^C(\psi)\longrightarrow\mathcal{M}^C$ 的左伴随.

**证明** (1) 按照定义, $\alpha=\iota$ 是代数同态, $\gamma$ 是 $R$ 模映射. 设 $\chi:\mathcal{C}\otimes_R\mathcal{C}\longrightarrow\mathcal{C}\otimes_A\mathcal{C}$ 是典则投射. 那么对于所有的 $c\in C$, 有

$$\chi(\gamma\otimes_R\gamma)\Delta(c)=\sigma(1\otimes_R c_{\underline{1}})\otimes_A(1\otimes_R c_{\underline{2}})=\sigma 1\otimes_R c_{\underline{1}}\otimes_R c_{\underline{2}}=\underline{\Delta}(1\otimes c)$$

和 $\underline{\varepsilon} \circ \gamma(c) = \iota\varepsilon(c) = \alpha \circ \varepsilon(c)$. 这就证明了 $(\gamma : \alpha)$ 是余环同态.

取一个右 $\mathcal{C}$ 余模 $M$. 对模 $G(M)$, 有

$$G(M) = M\Box_{\mathcal{C}}(A \otimes_R C) = M\Box_{\mathcal{C}}\mathcal{C} = Im(\varrho^M),$$

这里 $\varrho^M : M \longrightarrow M \otimes_R C$ 是余作用. 为了证 $(\gamma : \alpha) : (C : R) \longrightarrow (\mathcal{C} : A)$ 是纯余环同态, 需要证明 $\mathrm{Im}(\varrho^M) \otimes_R C$ 等于 $t_M \otimes I_C = \varrho^M \otimes I_C \otimes I_C$ 和 $b_M \otimes I_C = I_M \otimes \Delta \otimes I_C$ 映射的等化子 (见 1.8 节). $\varrho^M$ 的余结合性易推出 $\mathrm{Im}(\varrho^M) \otimes_R C$ 在等化子中. 反过来, 若 $\sum_i m^i \otimes c^i \otimes \widetilde{c}^i \in M \otimes_R C \otimes_R C$ 在等化子中, 则

$$\sum_i m^i_{\underline{0}} \otimes m^i_{\underline{1}} \otimes c^i \otimes \widetilde{c}^i = \sum_i m^i \otimes c^i{}_{\underline{1}} \otimes c^i{}_{\underline{2}} \otimes c^i \otimes \widetilde{c}^i.$$

用 $I_M \otimes I_C \otimes \varepsilon \otimes I_C$ 可得

$$\sigma_i m^i_{\underline{0}} \otimes m^i_{\underline{1}}\varepsilon(c^i) \otimes \widetilde{c}^i = \sigma_i m^i \otimes c^i \otimes \widetilde{c}^i,$$

这就证明了 $\sigma_i m^i \otimes c^i \otimes \widetilde{c}^i \in \mathrm{Im}(\varrho^M)$.

(2) 直接检验由余环 $(\gamma : \alpha)$ 诱导出函子 $F$ 作为 $- \otimes_R A$.

(3) 在 $\mathcal{M}^C$ 中, $\mathrm{Im}(\varrho^M) \simeq M$, 为此 $G(M) = M$, 且 $G = (-)^C$. 因此, $(-)^C$ 有左伴随 $- \otimes_R A$. □

**定理 3.1.6**　设 $(A, C)_\psi$ 是一个缠绕结构, 且 $\mathcal{C} = A \otimes_R C$ 是相应 $(A, C)_\psi$ 的 $A$ 余环. 则 $R$ 代数 ${}^*\mathcal{C}$ 反同构于 $\psi$ 扭曲卷积代数 $\mathrm{Hom}_\psi(C, A)$. 后者作为 $R$ 模同构于 $\mathrm{Hom}_R(C, A)$, 乘法定义如下:

$$(f *_\psi f')(c) = \sum_\alpha f(c_{\underline{2}})_\alpha f'(c_{\underline{1}}{}^\alpha),$$

对所有 $f, f' \in \mathrm{Hom}_R(C, A)$ 和单位 $\iota \circ \varepsilon$.

**证明**　存在一个 $R$ 模标准同构

$${}^*\mathcal{C} = {}_A\mathrm{Hom}(A \otimes_R C, A) \longrightarrow \mathrm{Hom}_R(C, A), \quad \xi \longmapsto [c \longmapsto \xi(1 \otimes c)],$$

带有逆 $f \longmapsto [a \otimes c \longmapsto af(c)]$. 用这个同构, 对所有 $\xi, \xi' \in {}^*\mathcal{C}$ 定义 $f, f' \in \mathrm{Hom}_R(C, A)$ 通过

$$\xi(a \otimes c) = af(c), \quad \xi'(a \otimes c) = af'(c),$$

对所有 $a \in A, c \in C$. 计算

$$\begin{aligned}(\xi *^l \xi')(a \otimes c) &= \sum \xi((a \otimes c_{\underline{1}})\xi'(1 \otimes c_{\underline{2}})) = \sum \xi((a \otimes c_{\underline{1}})f'(c_{\underline{2}})) \\ &= \sum_\alpha \xi(af'(c_{\underline{2}})_\alpha \otimes c_{\underline{1}}{}^\alpha) = \sum_\alpha f'(c_{\underline{2}})_\alpha f(c_{\underline{1}}{}^\alpha).\end{aligned}$$

进一步, $\underline{\varepsilon}(1\otimes c)=1\varepsilon(c)$. 这个 $R$ 模同构可以扩展到相应代数的反同构. □

下面来看 $\psi$ 扭曲卷积代数 (convolulion algebra) $\mathrm{Hom}_\psi(C,A)$ 的模 [112,274]. 下面结果易得:

**定理 3.1.7** 设 $(A,C)_\psi$ 是一个缠绕结构和 $\mathcal{C}=A\otimes_R C$ 是相应 $(A,C)_\psi$ 的 $A$ 余环. 则

(1) 若 $C$ 是一个局部投射 $R$ 模, 那么范畴 $\mathcal{M}_A^C(\psi)$ 同构于由 $A\otimes_R C$ 子生成右 $\mathrm{Hom}_\psi(C,A)$ 模范畴 $\sigma[(A\otimes_R C)_{\mathrm{Hom}_\psi(C,A)}]$.

(2) $C$ 是一个有限生成投射 $R$ 模, 那么范畴 $\mathcal{M}_A^C(\psi)$ 同构于右 $\mathrm{Hom}_\psi(C,A)$ 模范畴 $\mathcal{M}_{\mathrm{Hom}_\psi(C,A)}$.

再看扭曲卷积代数的范畴阐述, 即作为自同态环的扭曲卷积代数:

**定理 3.1.8** 设 $(A,C)_\psi$ 是一个缠绕结构和 $F=(-)_R:\mathcal{M}_A^C\longrightarrow\mathcal{M}_R$ 忘却函子. 则对 $F$ 的自同态 $\mathrm{Nat}(F,F)$, 定义乘法 $\phi\phi'=\phi'\circ\phi$, 它形成 $R$ 代数, 且同构于 $\psi$ 扭曲卷积代数 $\mathrm{Hom}_\psi(C,A)$.

**证明** 从上面结果直接可证. □

在本节的剩下部分, 假设 $(A,C)_\psi$ 是一个缠绕结构, 相应的 $R$ 余环 $\mathcal{C}=A\otimes_R C$.

**命题 3.1.9** $\mathcal{C}$ 是一个余可分的 $A$ 余环当且仅当存在一个 $R$ 线性映射 $\theta: C\otimes_R C\to A$, 满足下面等式:

$$\mu\circ(\theta\otimes I_A)=\mu\circ(I_A\otimes\theta)\circ(\psi\otimes I_C)\circ(I_C\otimes\psi),$$
$$\theta\circ\Delta=\iota\circ\varepsilon,$$
$$(\theta\otimes I_C)\circ(I_C\otimes\Delta)=\psi\circ(I_C\otimes\theta)\circ(\Delta\otimes I_C),$$

这里 $\mu$ 是 $A$ 上的乘法. 这样的 $\theta$ 称为在 $(A,C)_\psi$ 中**标准化的积分映射**.

**证明** 在这种情况下, $\mathcal{C}\otimes_A\mathcal{C}\simeq A\otimes_R C\otimes_R C$. 用 $R$ 模自然同构, ${}_A\mathrm{Hom}(A\otimes_R C\otimes_R C,A)\simeq\mathrm{Hom}_R(C\otimes_R C,A)$, 把余积分 $\delta$, 特别是左 $A$ 模映射, 与映射 $\theta: C\otimes_R C\longrightarrow A$ 等同看待. 因而, $\theta(c\otimes c')=\delta(1\otimes c\otimes c')$. 回顾右乘 $(a\otimes c)a'=a\psi(c\otimes a')$, 相应的余乘余单位分别为 $I_A\otimes\Delta$ 和 $I_A\otimes\varepsilon$. 鉴于这些定义, $\delta$ 是右 $A$ 模映射就等价于第一个等式成立, 余积分 $\delta$ 的条件就等价于第二、三个等式成立. □

下面是缠绕模上的 Maschke 定理:

**定理 3.1.10** 忘却函子 $(-)_A:\mathcal{M}_A^C(\psi)\to\mathcal{M}_A$ 是可分的当且仅当 $(A,C)_\psi$ 中存在 $(A,C)_\psi$ 中标准化的积分映射. 在这种情况下, 对任意 $(A,C)_\psi$ 缠绕模单态射, 如果作为右 $A$ 模是可分的, 则作为 $(A,C)_\psi$ 缠绕模态射也可裂.

**证明** 用命题 2.2.2、定理 3.1.3 和定理 3.1.9 易证. □

**定义 3.1.11**[29,32] $\mathcal{C}$ 是一个余可裂的当且仅当存在一个元素 $e=\sum_i a_i\otimes c_i\in A\otimes_R C$ 满足 $\sum_i a_i\varepsilon(c_i)=1$ 和 $\sum_i aa_i\otimes c_i=\sum_i a_i\psi(c_i\otimes a)$, 对所有的 $a\in A$. 这样的元素 $e$ 称为缠绕结构 $(A,C)_\psi$ 中一个**标准化的积分**.

**定理 3.1.12** 如果存在缠绕结构 $(A,C)_\psi$ 中标准化的积分映射, 那么

$$i_L : A \longrightarrow \mathrm{Hom}_\psi(C,A), \quad a \longmapsto [c \longmapsto \varepsilon(c)a]$$

是可裂扩张.

**证明** 用命题 2.2.14、定理 3.1.6 和定义 3.1.11 易证. □

下面这个结果是来刻画群像元素的:

**定理 3.1.13** $\mathcal{C}$ 有群像元素当且仅当 $A$ 是一个 $(A,C)_\psi$ 缠绕模. 群像元素是 $g=\varrho^A(1)$, 这里 $\varrho^A$ 在 $A$ 上的右余作用.

**证明** 注意到在 $(A,C)_\psi$ 缠绕模和 $\mathcal{C}$ 余模之间有一个一一对应, 易证. □

**定理 3.1.14** 设 $g=\varrho^A(1)=\sum 1_{\underline{0}}\otimes 1_{\underline{1}}$ 是 $\mathcal{C}$ 中一个群像元素, 则

$$A_g^{coC}=\left\{b\in A|\varrho^A(b)=\sum b1_{\underline{0}}\otimes 1_{\underline{1}}\right\}=\{b\in A|\varrho^A(ba)=b\varrho^A(a),\forall a\in A\}.$$

对 $M\in\mathcal{M}_A^C$, 这些 $g$ 余不变量简记为 $M^{coC}$, 相应的函子 $\mathcal{M}_A^C\longrightarrow\mathcal{M}_{A^{coC}}$ 记为 $(-)^{coC}$.

**证明** 第一部分就是 $g$ 余不变量的定义. 下证第二部分, 假定 $b\in A$, 而且满足 $\varrho^A(ba)=b\varrho^A(a),\forall a\in A$, 那么, 特别地取 $a=1$, $\varrho^A(b)=bg$, 即 $b\in A_g^{coC}$. 反过来, 若 $b\in A_g^{coC}$, 由于 $A$ 是一个 $(A,C)_\psi$ 缠绕模, 对所有 $a\in A$,

$$\varrho^A(ba)=\sum b_{\underline{0}}\psi(b_{\underline{1}}\otimes a)=\sum b1_{\underline{0}}\psi(1_{\underline{1}}\otimes a)=b\varrho^A(1a)=b\varrho^A(a).$$ □

**定理 3.1.15** 设 $A$ 是一个 $(A,C)_\psi$ 缠绕模, 则 $A\otimes_R C$ 是一个 $R$ 代数, 单位是 $\varrho^A(1)=\sum 1_{\underline{0}}\otimes 1_{\underline{1}}$, 乘法如下:

$$(a\otimes c)(a'\otimes c')=\varepsilon(c)aa'\otimes c'+\varepsilon(c')a\psi(c\otimes a')-\sum\varepsilon(c)\varepsilon(c')aa'_0\otimes a'_1.$$

**证明** 这是命题 2.4.12 的特殊情况. 乘法公式中的前两项直接由 $A\otimes_R C$ 上模的定义给出. 注意到 $g=\sum 1_{\underline{0}}\otimes 1_{\underline{1}}$, 且 $A$ 是一个 $(A,C)_\psi$ 缠绕模. 对所有的 $a\in A$, 有

$$\varrho^A(a)=\varrho^A(1a)=\sum_\alpha 1_{\underline{0}}a_\alpha\otimes 1_{\underline{1}}^\alpha=\sum_\alpha(1_{\underline{0}}\otimes 1_{\underline{1}})a,$$

这就证明了最后一项. □

**定理 3.1.16** 设 $A$ 是一个 $(A,C)_\psi$ 缠绕模, 则 $\mathcal{C}$ 的 Amitsur 复行有下面具体的形式: $n$ 上链是 $\Omega^n(\mathcal{C})=A\otimes_R C^{\otimes R^n}$, 余边界是

$$\begin{aligned}a^m(a\otimes c_1\otimes\cdots\otimes c_n)=&\sum a_{\underline{0}}\otimes a_{\underline{1}}\otimes c_1\otimes\cdots\otimes c_n\\&+\sum_{i=1}^n(-1)^i a\otimes c_1\otimes\cdots\otimes\Delta(c_i)\otimes\cdots\otimes c_n\\&+(-1)^{n+1}\sum_{\alpha_1,\cdots,\alpha_n}a1_{\underline{0}_{\alpha_n\cdots\alpha_1}}\otimes c_1^{\alpha_1}\otimes\cdots\otimes c_n^{\alpha_n}\otimes 1_{\underline{1}}.\end{aligned}$$

注意, 在 $\Omega(\mathcal{C})$ 上的乘法为

$$(a\otimes c_1\otimes\cdots\otimes c_m)(a'\otimes c_{m+1}\otimes\cdots\otimes c_{m+n})$$
$$=\sum_{\alpha_1,\cdots,\alpha_n} aa'_{\alpha_n\cdots\alpha_1}\otimes c_1^{\alpha_1}\otimes\cdots\otimes c_m^{\alpha_m}\otimes c_{m+1}\otimes\cdots\otimes c_{m+n}.$$

**证明** 仅仅需要说明最后一项, 计算如下:

$$\sum(a\otimes_R c_1)\otimes_A(1\otimes_R c_2)\otimes_A\cdots\otimes_A(1\otimes_R c_n)\otimes_A(1_{\underline{0}}\otimes_R 1_{\underline{1}})$$
$$=\sum_{\alpha_n}(a\otimes_R c_1)\otimes_A(1\otimes_R c_2)\otimes_A\cdots\otimes_A 1_{\underline{0}_{\alpha_n}}\otimes_R c_n^{\alpha_n}\otimes_R 1_{\underline{1}})$$
$$=\sum_{\alpha_{n-1},\alpha_n}(a\otimes_R c_1)\otimes_A(1\otimes_R c_2)\otimes_A\cdots\otimes_A 1_{\underline{0}_{\alpha_n\alpha_{n-1}}}\otimes_R c_{n-1}^{\alpha_{n-1}}\otimes_R c_n^{\alpha_n}\otimes_R 1_{\underline{1}}$$
$$=\sum_{\alpha_1,\cdots,\alpha_n} a1_{\underline{0}_{\alpha_n\cdots\alpha_1}}\otimes c_1^{\alpha_1}\otimes\cdots\otimes c_n^{\alpha_n}\otimes 1_{\underline{1}}.$$ □

因而, 缠绕模的各种性质可以从相应余环的余模得到, 这就对缠绕模理论进行了很有意义的简化. 另一方面, 缠绕模的具体性质或许可以引出余环理论的新的结果. 简而言之, 两者相互影响. 下面两个例子阐述余模可以产生非平凡的缠绕模以及这种方式的缠绕模可以产生非平凡的余环上的余模.

**定理 3.1.17** $M=A\otimes_R C^{\otimes_R n}$ 是一个 $(A,C)_\psi$ 缠绕模带有余作用 $\varrho^M=I_A\otimes I_C^{\otimes n-1}\otimes\Delta$ 以及右乘 $(a'\otimes c_1\otimes\cdots\otimes c_n)a=\sum_{\alpha_1,\cdots,\alpha_n}a'a_{\alpha_n\cdots\alpha_1}\otimes c_1^{\alpha_1}\otimes\cdots\otimes c_n^{\alpha_n}$.

**证明** 在 $\varrho^M=I_{\mathcal{C}}^{\otimes_A n-1}\otimes_A\Delta_{\mathcal{C}}$ 下, $M=\mathcal{C}^{\otimes_A n}$ 是一个余模, 用自然等式

$$\mathcal{C}^{\otimes_A n}=A\otimes_R C\otimes_A A\otimes C\otimes_A\cdots\otimes_A A\otimes_R C\simeq A\otimes_R C^{\otimes_R n}$$

可以得到 $A\otimes_R C^{\otimes_R n}$ 上的 $(A,C)_\psi$ 缠绕结构. □

**定理 3.1.18** $M=C\otimes_R A^{\otimes_R n}$ 是一个右 $\mathcal{C}$ 余模带有右 $A$ 作用 $\varrho_M=I_C\otimes I_A^{\otimes n-1}\otimes\mu$ 以及右 $\mathcal{C}$ 余作用

$$\varrho_M: C\otimes_R A^{\otimes_R n}\longrightarrow C\otimes_R A^{\otimes_R n}\otimes_A\mathcal{C}\simeq C\otimes_R A^{\otimes_R n}\otimes C,$$
$$c\otimes a^1\otimes\cdots\otimes a^n\longmapsto\sum_{\alpha_1,\cdots,\alpha_n}c_{\underline{1}}\otimes a^1_{\alpha_1}\otimes\cdots\otimes a^n_{\alpha_n}\otimes c_{\underline{2}}^{\alpha_1\cdots\alpha_n}.$$

**证明** 这是一个关于缠绕结构的与缠绕模概念的自对偶的练习. 由定理 3.1.3 知, $A\otimes_R C^{\otimes_R n}$ 是一个 $(A,C)_\psi$ 缠绕模. 由对偶, $C\otimes_R A^{\otimes_R n}$ 也是一个 $(A,C)_\psi$ 缠绕模带上上述结构. 容易看出, 若把定理 3.1.17 中的右乘写成映射链的形式, 然后颠倒合成的顺序写成对偶需要的形式, 则可以得到

$$(I_C\otimes I_A^{\otimes n-1}\otimes\psi)\circ(I_C\otimes I_A^{\otimes n-2}\otimes\psi\otimes I_A)\circ\cdots\circ(I_C\otimes\psi\otimes I_A^{\otimes n-1})\circ(\Delta\otimes I_A^{\otimes n}),$$

这确实是余作用. 由定理 3.1.3 可知, $C\otimes_R A^{\otimes_R n}$ 是一个右 $\mathcal{C}$ 余模. □

**定理 3.1.19** 设 $A$ 是一个 $(A,C)_\psi$ 缠绕模, 则 $A\otimes_R C^{\otimes_R n}(n=1,2,\cdots)$ 有一个平坦联络:

$$\nabla(a\otimes c_1\otimes\cdots\otimes c_n)=a\otimes c_1\otimes\cdots\otimes\Delta(c_n)-\sum_{\alpha_1,\cdots,\alpha_n}a1_{\underline{0}_{\alpha_n\cdots\alpha_1}}\otimes c_1^{\alpha_1}\otimes\cdots\otimes c_n^{\alpha_n}\otimes 1_{\underline{1}}.$$

**证明** 直接由 $A\otimes_R C^{\otimes_R n}$ 是一个 $(A,C)_\psi$ 缠绕模 (或者等价地, $A$ 是一个 $(A,C)_\psi$ 缠绕模) 得到. □

**定理 3.1.20** 设 $A$ 是一个 $(A,C)_\psi$ 缠绕模, 则 $C\otimes_R A^{\otimes_R n}$ 有一个平坦联络:

$$\begin{aligned}\nabla(c\otimes a^1\otimes\cdots\otimes a^n)=&\sum_{\alpha_1,\cdots,\alpha_n}c_{\underline{1}}\otimes a^1_{\alpha_1}\otimes\cdots\otimes a^n_{\alpha_n}\otimes c_{\underline{2}}^{\alpha_1\cdots\alpha_n}\\&-\sum c\otimes a^1\otimes\cdots\otimes a^n1_{\underline{0}}\otimes 1_{\underline{1}}.\end{aligned}$$

**证明** 直接由 $C\otimes_R A^{\otimes_R n}$ 是一个右 $\mathcal{C}$ 余模 (或者等价地, $A$ 是一个 $(A,C)_\psi$ 缠绕模) 得到. □

下面看缠绕结构的 $\psi$ 等价上同调.

$(A,C)_\psi$ 缠绕结构的 $\psi$ 等价上同调 $H_{\psi-e}(C)$ 定义为赋值于 $\mathcal{C}$ 的余环 $\mathcal{C}=A\otimes_R C$ 的 Cartier 上同调, 即 $H^n_{\psi-e}(C)=H^n_{Ca}(A\otimes_R C)$. 把双 $A$ 模态射等同于 $R$ 模态射的 $R$ 子模, 因而, 就可以得到下面的 $n$ 上链:

$$C^n_{\psi-e}(C)=\left\{f\in\mathrm{Hom}_R(C,A\otimes_R C^{\otimes_R n})|\ \forall a\in A,c\in C,\sum_\alpha a_\alpha f(c^\alpha)=f(c)a\right\},$$

这里, $R$ 模 $A\otimes_R C^{\otimes_R n}$ 上的右 $A$ 作用是定理 3.1.17 给出. 由命题 2.6.7 可得, $C^n_{\psi-e}(C)$ 是一合成代数, 因而 $H^n_{\psi-e}(C)$ 是一个 Grestenhaber 代数, 合成如下:

$$f\diamond_i g=\begin{cases}(\mu_i\otimes I_C^{\otimes m+n-i-1})\circ(I_A\otimes I_C^{\otimes i}\otimes g\otimes I_C^{\otimes m-i-1})\circ f, & \text{如果 } 0\leqslant i<m,\\ 0, & \text{其他},\end{cases}$$

这里 $\mu_i: A\otimes_R C^{\otimes_R i}\otimes_R A\longrightarrow A\otimes_R C^{\otimes_R i}$ 代表定理 3.1.17 中的右乘, 可区分元素为 $\pi: c\longmapsto 1\otimes\Delta(c)$ 和 $1=\varepsilon$. □

最初, 缠绕结构的 $\psi$ 等价上同调引入时与余环无关 [28,30,31,41], 但作为余环的上同调的实现带来了很有意义的简化.

## 3.2 Hopf 型 模

这一节考虑从 Hopf 型模得到的缠绕结构与缠绕模的例子.

**命题 3.2.1** 设 $B$ 是一个 $R$ 代数, 又是一个 $R$ 余代数, 考虑线 $R$ 性映射:

$$\psi: B \otimes_R B \longrightarrow B \otimes_R B, \quad b' \otimes b \longmapsto \sum b_{\underline{1}} \otimes b' b_{\underline{2}}.$$

(1) $\psi$ 扭曲了 $B$ 和 $B$ 的充要条件是 $B$ 是一个双代数. 这个缠绕结构就是双代数缠绕结构.

(2) 一个相应于双代数缠绕的缠绕模是一个右 $B$ 模, 右 $B$ 余模 $M$ 且满足对任意 $m \in M$ 和 $b \in B$,

$$\varrho^M(mb) = \sum m_{\underline{0}} b_{\underline{1}} \otimes m_{\underline{1}} b_{\underline{2}},$$

即缠绕模范畴 $\mathcal{M}_B^B$ 就是 Hopf 模范畴.

(3) 设 $B$ 是一个 $R$ 双代数, 则 $\mathcal{C} = B \otimes_R B$ 是一个 $B$ 余环带有余积 $\underline{\Delta} = I_B \otimes \Delta$, 余单位 $\underline{\varepsilon} = I_B \otimes \varepsilon$. 双 $B$ 模结构:

$$b(b' \otimes b'')c = \sum bb'c_{\underline{1}} \otimes b''c_{\underline{2}},$$

对 $b, b', b'', c \in B$, 即作为右 $B$ 模, $\mathcal{C} = B \otimes_R^b B$.

**证明** 假如 $(B, B)_\psi$ 是一个缠绕结构. 需要证明 $\Delta$ 和 $\varepsilon$ 是代数同态. 用左五边形等式作用 $1_B \otimes b \otimes b'$, $\Delta$ 是可乘的, 对所有的 $b, b' \in B$. 用左三角形等式作用于 $1 \otimes 1$, 得到 $\Delta(1_B) = 1_B \otimes 1_B$, 即证得 $\Delta$ 是代数同态. 类似地, $\varepsilon$ 是代数同态.

反过来, 若 $B$ 是双代数, 那么 $B$ 是右 $B$ 模代数, 上面的缠绕结构是下面命题 3.2.2 和命题 3.2.4 的特例. 剩下的部分易证. □

上面这个例子从某种意义上说明了缠绕结构是双代数的推广.

**命题 3.2.2** 设 $B$ 是一个 $R$ 双代数, $A$ 是右 $B$ 余模代数, 即 $A$ 是 $R$ 代数, 也是右 $B$ 余模, 其余作用 $\varrho^A: A \longrightarrow A \otimes_R B$ 是代数同态 ($A \otimes_R B$ 看成一般的张量代数). 定义 $R$ 线性映射

$$\psi: B \otimes_R A \longrightarrow A \otimes_R B, \quad b \otimes a \longmapsto \sum a_{\underline{0}} \otimes ba_{\underline{1}},$$

这里 $\sum a_{\underline{0}} \otimes ba_{\underline{1}} = \varrho^A(a)$. 则

(1) $(A, B)_\psi$ 是一个缠绕结构.

(2) $M$ 是一个 $(A, B)_\psi$ 缠绕模的充要条件是 $M$ 是一个右 $A$ 模也是一个右 $B$ 余模, 满足对 $m \in M$ 和 $a \in A$,

$$\varrho^M(ma) = \sum m_{\underline{0}} a_{\underline{1}} \otimes m_{\underline{1}} a_{\underline{2}},$$

即为相关 Hopf 模.

(3) $\mathcal{C} = A \otimes_R B$ 是一个 $A$ 余环带有余积 $\underline{\Delta} = I_A \otimes \Delta$, 余单位 $\underline{\varepsilon} = I_A \otimes \varepsilon$. 双 $A$ 模结构:

$$a''(a \otimes b)a' = \sum a''aa'_{\underline{0}} \otimes ba'_{\underline{1}},$$

对 $a, a', a'' \in A, b \in B$. 注意, $A$ 自己也是 $(A,B)_\psi$ 缠绕结构或者相关 Hopf 模通过乘法与余作用 $\varrho^A$. 相应的群像元素 $\varrho^A(1) = \sum 1_{\underline{0}} \otimes 1_{\underline{1}}$.

**证明**　这是下面命题 3.2.4 的特殊情况. □

类似地, 用模和余模自然的左右对称, 可以得到对应与其他形式的缠绕结构.

**命题 3.2.3**　设 $A$ 是一个 $R$ 双代数, $C$ 是右 $A$ 模余代数, 即 $A$ 是 $R$ 余代数, 也是右 $A$ 模, 其作用 $\varrho_C : C \otimes_R A \longrightarrow C$ 是余代数同态 ($C \otimes_R A$ 看成一般的张量代数). 定义 $R$ 线性映射: $\psi : C \otimes_R A \longrightarrow A \otimes_R C, \quad c \otimes a \longmapsto \sum a_{\underline{1}} \otimes ca_{\underline{2}}$, 则

(1) $(A,C)_\psi$ 是一个缠绕结构.

(2) $M$ 是一个 $(A,C)_\psi$ 缠绕模的充要条件是 $M$ 是一个右 $A$ 模也是一个右 $C$ 余模, 满足对 $m \in M$ 和 $a \in A$,

$$\varrho^M(ma) = \sum m_{\underline{0}} a_{\underline{1}} \otimes m_{\underline{1}} a_{\underline{2}},$$

即为 $[C,A]$-Hopf 模.

(3) $\mathcal{C} = A \otimes_R C$ 是一个 $A$ 余环带有余积 $\underline{\Delta} = I_A \otimes \Delta$, 余单位 $\underline{\varepsilon} = I_A \otimes \varepsilon$. 双 $A$ 模结构:

$$a''(a \otimes c)a' = \sum a'' a a'_{\underline{1}} \otimes c a'_{\underline{2}},$$

对 $a, a', a'' \in A, c \in C$. 注意, $C$ 自己也是 $(A,C)_\psi$ 缠绕结构或者 $[C,A]$-Hopf 模 (通过余乘与 $A$ 作用).

上面两个例子是下面构造的特殊情况.

**命题 3.2.4**　设 $B$ 是一个 $R$ 双代数. 设 $A$ 是右 $B$ 余模代数, $C$ 是右 $B$ 模余代数. 定义 $R$ 线性映射: $\psi : C \otimes_R A \longrightarrow A \otimes_R C, \quad c \otimes a \longmapsto \sum a_{\underline{0}} \otimes ca_{\underline{1}}$, 这里 $\sum a_{\underline{1}} \otimes a_{\underline{2}} = \varrho^A(a) \in A \otimes_R B$. 则

(1) $(A,C)_\psi$ 是一个缠绕结构.

(2) $M$ 是一个 $(A,C)_\psi$ 缠绕模的充要条件是 $M$ 是一个右 $A$ 模, 也是一个右 $C$ 余模, 满足对 $m \in M$ 和 $a \in A$,

$$\varrho^M(ma) = \sum m_{\underline{0}} a_{\underline{0}} \otimes m_{\underline{1}} a_{\underline{1}},$$

即为 Doi-Koppinen 或统一 Hopf 模 [79,132,133,197,247].

(3) $\mathcal{C} = A \otimes_R C$ 是一个 $A$ 余环带有余积 $\underline{\Delta} = I_A \otimes \Delta$, 余单位 $\underline{\varepsilon} = I_A \otimes \varepsilon$. 双 $A$ 模结构:

$$a'(a \otimes c)b = \sum a' a b_{\underline{0}} \otimes c b_{\underline{1}},$$

对 $a, a', b \in A, c \in C$.

(4) $\mathrm{Hom}_R(C, A)$ 是结合代数带上乘法 $*_\psi : (f *_\psi f')(c) = \sum f(c_{\underline{2}})_{\underline{o}} f'(c_{\underline{1}} f(c_{\underline{2}})_{\underline{1}})$, 对于所有的 $c \in C$, 且单位为 $\iota \circ \varepsilon$. 这个代数为 Koppinen 冲积.

**证明** (1) 对左五边形, 对任意的 $a, a' \in A$ 和 $c \in C$, 计算

$$\sum_\alpha (aa')_\alpha \otimes c^\alpha = \sum (aa')_{\underline{0}} \otimes c(aa')_{\underline{1}} = \sum a_{\underline{0}}a'_{\underline{0}} \otimes ca_{\underline{1}}a'_{\underline{1}}$$
$$= \sum_\alpha a_\alpha a'_{\underline{0}} \otimes c^\alpha a'_{\underline{1}} = \sum_{\alpha,\beta} a_\alpha a'_\beta \otimes c^{\alpha\beta},$$

这里用到了 $B$ 在 $A$ 上的余作用是代数同态. 由于 $A$ 是右 $B$ 余模代数, 可知 $\varrho^A(1_A) = 1_A \otimes 1_B$. 于是, $\sum_\alpha 1_\alpha \otimes c^\alpha = \sum 1_{\underline{0}} \otimes_C 1_{\underline{1}} = 1 \otimes c$, 即左三角形. 对右五边形, 用 $C$ 是右 $B$ 模余代数计算如下:

$$\sum_\alpha a_\alpha \otimes c^\alpha{}_{\underline{1}} \otimes c^\alpha{}_{\underline{2}} = \sum a_{\underline{0}} \otimes (ca_{\underline{1}})_{\underline{1}} \otimes (ca_{\underline{1}})_{\underline{2}} = \sum a_{\underline{0}} \otimes c_{\underline{1}}a_{\underline{1}} \otimes c_{\underline{2}}a_{\underline{2}}$$
$$= \sum a_{\underline{00}} \otimes c_{\underline{1}}a_{\underline{01}} \otimes c_{\underline{2}}a_{\underline{1}} = \sum a_{\underline{0}_\alpha} \otimes c_{\underline{1}}^\alpha \otimes c_{\underline{2}}a_{\underline{1}}$$
$$= \sum_{\alpha,\beta} a_{\beta\alpha} \otimes c_{\underline{1}}^\alpha \otimes c_{\underline{2}}^\beta.$$

对所有的 $c \in C, b \in B$, 注意到 $\varepsilon(cb) = \varepsilon(c)\varepsilon(b)$, 对右三角形, 有

$$\sum_\alpha a_\alpha \varepsilon(c^\alpha) = \sum a_{\underline{0}}\varepsilon(ca_{\underline{1}}) = a\varepsilon(c).$$

(2)~(4) 直接由定理 3.1.3 相应余环的结构以及定理 3.1.6 的对偶代数给出. □

一个三元组 $(A, B, C)$ 满足上述定理的条件即是一个右右 Doi-Koppinen 数据或 Doi-Koppinen 结构. 相应的缠绕结构即为相应于 Doi-Koppinen 数据的缠绕结构. 下面这个缠绕结构的例子是来自拟三角 Hopf 代数 (量子群) 的表示 [14,77,83,117,126,128].

**命题 3.2.5** 设 $H$ 是一个 $R$ 上的 Hopf 代数, 考虑 $R$ 线性映射: $\psi : H \otimes_R H \longrightarrow H \otimes_R H$, $h' \otimes h \longmapsto \sum h_{\underline{2}} \otimes (Sh_{\underline{1}})h'h_{\underline{3}}$, 这里 $S$ 是 Hopf 代数的对极. 则

(1) $(H, H)_\psi$ 是一个缠绕结构.

(2) $M$ 是一个 $(H, H)_\psi$ 缠绕模的充要条件是 $M$ 是一个右 $H$ 模, 也是一个右 $H$ 余模, 满足对 $m \in M$ 和 $h \in H$,

$$\varrho^M(mh) = \sum m_{\underline{0}}h_{\underline{2}} \otimes (Sh_{\underline{1}})m_{\underline{1}}h_{\underline{3}},$$

即为 Yetter-Drinfel'd 模 [238,242,244−246].

(3) $\mathcal{C} = H \otimes_R H$ 是一个 $H$ 余环带有余积 $\underline{\Delta} = I_H \otimes \Delta$, 余单位 $\underline{\varepsilon} = I_H \otimes \varepsilon$. 双 $H$ 模结构: $k(h'' \otimes h')h = \sum kh''h_{\underline{2}} \otimes (Sh_{\underline{1}}h')h_{\underline{3}}$, 对 $h, h', h'', k \in H$.

**证明** 这是命题 3.2.4 的特殊情况. 相关的 Doi-Koppinen 数据为 $A = H, B = H^{op} \otimes H, C = A$, 这里 $h \cdot (h' \otimes h'') = h'hh''$, $\varrho^H(h) = h_{\underline{2}} \otimes S(h_{\underline{1}}) \otimes h_{\underline{3}}$. □

**命题 3.2.6**　设 $B$ 是一个 $R$ 双代数. 设 $A$ 是左 $B$ 模代数, 即 $A$ 是 $R$ 代数, 也是左 $B$ 模, 并且满足乘法与单位映射是左 $B$ 模映射, 这里 $B\otimes_R A$ 是一个 $B$ 模带上对角作用, 通过余单位 $R$ 也是一个 $B$ 模, 具体地,

$$b(aa')=\sum(b_{\underline{1}}a)(b_{\underline{2}}a'),\quad b1_A=\varepsilon(b)1_A.$$

对所有的 $a,a'\in A, b\in B$. 对偶地, 设 $C$ 是左 $B$ 余模余代数. 定义 $R$ 线性映射: $\psi: C\otimes_R A\longrightarrow A\otimes_R C$, $c\otimes a\longmapsto c_{\underline{-1}}a\otimes c_{\underline{0}}$, 这里, $\sum c_{\underline{-1}}\otimes c_{\underline{0}}={}^C\varrho(c)\in B\otimes_R C$ 是 $B$ 在 $C$ 上的左余作用. 则

(1) $(A,C)_\psi$ 是一个缠绕结构.

(2) $M$ 是一个 $(A,C)_\psi$ 缠绕模的充要条件是 $M$ 是一个右 $A$ 模, 也是一个右 $C$ 余模, 满足对 $m\in M$ 和 $a\in A$,

$$\varrho^M(ma)=\sum m_{\underline{0}}(m_{\underline{1}_{\underline{-1}}}a)\otimes m_{\underline{1}_{\underline{0}}}.$$

(3) $\mathcal{C}=A\otimes_R C$ 是一个 $A$ 余环带有余积 $\underline{\Delta}=I_A\otimes\Delta$, 余单位 $\underline{\varepsilon}=I_A\otimes\varepsilon$. 双 $A$ 模结构: $a''(a\otimes c)a'=\sum a''ac_{\underline{-1}}a'\otimes c_{\underline{0}}$, 对 $a,a',a''\in A, c\in C$.

直接计算易证.

一个满足上述命题 3.2.6 条件的三元组 $(A,B,C)$ 称为一个**可选择的 Doi-Koppinen 数据**.

关于 Doi-Koppinen 模的进一步研究见文献 [16, 17, 35, 49, 50, 52, 55, 62, 198, 218], 关于 Yetter-Drinfel'd 模的进一步研究见文献 [123, 139, 144, 182, 192, 249, 250, 262, 265, 281, 282].

## 3.3　Galois 型扩张

这一节考虑由余代数的 Galois 扩张给出的缠绕结构的例子.

**定义 3.3.1**[36,38,134,201]　设 $C$ 是 $R$ 余代数, $A$ 是 $R$ 代数, 也是右 $C$ 余模, 其余作用为 $\varrho^A: A\longrightarrow A\otimes_R C$. 设 $B$ 是 $A$ 的余不变子代数, $B:=\{b\in A|\forall a\in A, \varrho^A(ba)=b\varrho^A(a)\}$. 扩张 $B\hookrightarrow A$ 称为**余代数 Galois 扩张**(或 $C$-Galois 扩张), 如果标准左 $A$ 模和右 $C$ 余模映射

$$\mathrm{Can}: A\otimes_B A\longrightarrow A\otimes C,\quad a\otimes a'\longmapsto a\varrho^A(a')$$

是双射. 一个 $C$-Galois 扩张 $B\hookrightarrow A$ 记为 $A(B)^C$.

**定理 3.3.2**　设 $A$ 是 Hopf $R$ 代数带上余乘 $\Delta$、余单位 $\varepsilon$ 和对极 $S$ 且 $A_R$ 平坦. 设 $A_1$ 一个左 $A$ 余理想子代数, 即 $A$ 的子代数满足 $\Delta(A_1)\subset A\otimes_R A_1$. 设 $A_1^+$ 为增广理想, $A_1^+=\mathrm{Ker}\varepsilon\bigcap A_1$. 定义商余代数 $C=A/(A_1^+A)$. 有一个自然的右 $C$ 余作用 $\varrho^A=(I_A\otimes\pi)\circ\Delta$, 这里 $\pi: A\longrightarrow C$ 是标准的余代数满射. 设

$B = A^{coC} = \{b \in A | \forall a \in A, \varrho^A(ba) = b\varrho^A(a)\}$. 则 $B \hookrightarrow A$ 是一个余代数 Galois 扩张, $A(B)^C$. 进一步, $A$ 是忠实平坦的左 $A_1$ 模, 则 $A_1 = B$.

**证明** 首先证明 $C$ 是一个商余代数, 即 $A_1^+ A$ 是 $A$ 中一个余理想. 实际上, 取 $a \in A_1^+$ 和 $a' \in A$, 有

$$\Delta(aa') = \sum (aa')_{\underline{1}} \otimes (aa')_{\underline{2}} = \sum a_{\underline{1}} a'_{\underline{1}} \otimes a_{\underline{2}} a'_{\underline{2}} = \sum a_{\underline{1}} a'_{\underline{1}} \otimes (a_{\underline{2}} - \varepsilon(a_{\underline{2}})) a'_{\underline{2}} + \sum a a'_{\underline{1}} \otimes a'_{\underline{2}}.$$

由于 $A_1$ 一个左 $A$ 余理想子代数, 上面的计算即给出

$$\Delta(A_1^+ A) \subset A_1^+ A \otimes_R A + A \otimes_k A_1^+ A,$$

也就是说 $A_1^+ A$ 是 $A$ 中一个余理想.

需要构造 Can 的逆, 对所有的 $a \in A, c \in C$, 定义

$$\mathrm{Can}^{-1}(a \otimes c) = \sum a S(a'_{\underline{1}}) \otimes a'_{\underline{2}},\ a' \in \pi^{-1}(c).$$

为了证明这个定义是个良好的 (与 $a'$ 选择没有关系), 先注意到 $A_1^+$ 是 $A_1$ 的理想, 这就可以推出 $A_1^+ A$ 是一个左 $A_1$ 模. 因而, 取 $a' \in A_1^+$ 和 $a \in A$, 由 $A_1$ 是 $A$ 的一个左余模子代数, $S$ 是一个反代数同态, 有

$$\begin{aligned}\sum S((a'a)_{\underline{1}}) \otimes (a'a)_{\underline{2}} &= \sum S(a_{\underline{1}}) S(a'_{\underline{1}}) \otimes a'_{\underline{2}} a_{\underline{2}} \\ &= \sum S(a_{\underline{1}}) S(a'_{\underline{1}}) a'_{\underline{2}} \otimes a_{\underline{2}} \\ &= \sum S(a_{\underline{1}}) \varepsilon(a') \otimes a_{\underline{2}} = 0,\end{aligned}$$

第二个等号用了 $A_1$ 一个左 $A$ 余理想子代数. $\pi^{-1}(0)$ 的元素一定是 $a'a$ 形式元的 $R$ 线性组合, 因此 $\mathrm{Can}^{-1}$ 是个良好的. 下证 $\mathrm{Can}^{-1}$ 是 Can 的逆. 一方面, 任意 $a, a' \in A$,

$$\mathrm{Can}^{-1}(\mathrm{Can}(a \otimes a')) = \sum \mathrm{Can}^{-1}(a a'_{\underline{1}} \otimes \pi(a'_{\underline{2}})) = \sum a a'_{\underline{1}} S a'_{\underline{2}} \otimes a'_{\underline{3}} = a \otimes a'.$$

另一方面, 任意 $a \in A$, $c = \pi(a')$,

$$\mathrm{Can}(\mathrm{Can}^{-1}(a \otimes c)) = \sum \mathrm{Can}(a S a'_{\underline{1}} \otimes a'_{\underline{2}}) = \sum a S(a'_{\underline{1}}) a'_{\underline{2}} \otimes \pi(a'_{\underline{3}}) = a \otimes \pi(a') = a \otimes c.$$

显然, $\mathrm{Can}^{-1}$ 是一个左 $A$ 模映射. 事实上, $\mathrm{Can}^{-1}$ 也是一个右 $C$ 余模映射, $c \in C, a \in A, a' \in \pi^{-1}(c)$,

$$\begin{aligned}\sum \mathrm{Can}^{-1}(a \otimes c_{\underline{1}}) \otimes c_{\underline{2}} &= \sum \mathrm{Can}^{-1}(a \otimes \pi(a')_{\underline{1}}) \otimes \pi(a')_{\underline{2}} \\ &= \sum \mathrm{Can}^{-1}(a \otimes \pi(a'_{\underline{1}})) \otimes \pi(a'_{\underline{2}}) \\ &= \sum a S(a'_{\underline{1}}) \otimes a'_{\underline{2}} \otimes \pi(a'_{\underline{3}}) \\ &= (I_A \otimes \varrho^A)(\mathrm{Can}^{-1}(a \otimes c)),\end{aligned}$$

第二个等号用了 $\pi$ 是余代数同态.

我们已经看出 $A_1 \subseteq B$, 如果 $A$ 是忠实平坦的左 $A_1$ 模, 下面通过忠实平坦的下降来证 $A_1 = B$. 注意到 $B = \{b \in A | b_{\underline{1}} \otimes \pi(b_{\underline{2}}) = b \otimes \pi(1)\}$. 事实上, 如 $b \in B$, 在余不变量的定义中 $a = 1$, 即得 $\sum b_{\underline{1}} \otimes \pi(b_{\underline{2}}) = b \otimes \pi(1)$. 反之, 由于 $A_1^+ A$ 是一个右 $A$ 模, $C$ 也是右 $A$ 模. 因而, $\pi$ 是一个右 $A$ 模映射, 即 $\pi(aa') = \pi(a)a'$. 因此, 如果 $b \in A$ 满足 $\sum b_{\underline{1}} \otimes \pi(b_{\underline{2}}) = b \otimes \pi(1)$, 那么对所有 $a \in A$,

$$\begin{aligned} \varrho^A(ba) &= \sum b_{\underline{1}} a_{\underline{1}} \otimes \pi(b_{\underline{2}} a_{\underline{2}}) = \sum b_{\underline{1}} a_{\underline{1}} \otimes \pi(b_{\underline{2}}) a_{\underline{2}} \\ &= \sum b a_{\underline{1}} \otimes \pi(1) a_{\underline{2}} = \sum b a_{\underline{1}} \otimes \pi(a_{\underline{2}}) = b \varrho^A(a), \end{aligned}$$

即 $b$ 在余不变子代数中. 现在有下面交换图:

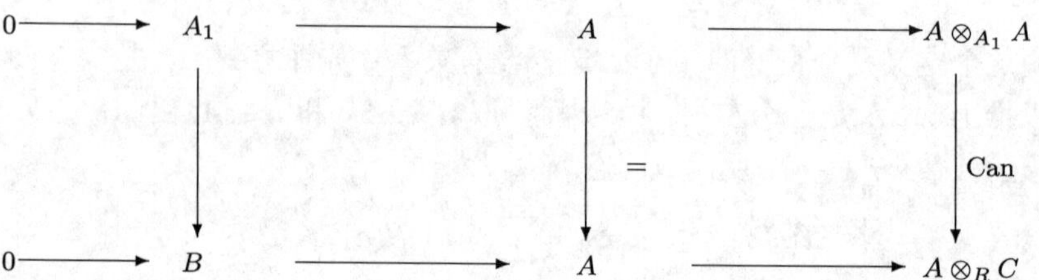


这里上行是显然的嵌入, $a \longmapsto 1 \otimes_{A_1} a - a \otimes_{A_1} 1$, 下行是显然的嵌入 $a \longmapsto \sum a_{\underline{1}} \otimes \pi(a_{\underline{2}}) - a \otimes \pi(1)$. 用忠实平坦下降知, 上行正合, 由于上面关于余不变量的结果, 则下行正合. 故是 Can 是双射. 于是可得 $A_1 = B$. □

考虑一个余代数的 Galois 扩张, 从几何的观点, 映射

$$\tau : C \longrightarrow A \otimes_B A, \quad c \longmapsto \mathrm{Can}^{-1}(1 \otimes c)$$

可被理解为平移函数的推广, 因而, 映射 $\tau$ 被称为 $C$-Galois 扩张的平移映射 [26,172], 采用 Sweedler 记号为

$$\tau(c) = \sum c^{\tilde{1}} \otimes c^{\tilde{2}} \in A \otimes_B A,$$

这里, 求和号应理解为在有限指标集上求和. 为了将来参考, 总结关于 $\tau$ 基本性质如下:

**引理 3.3.3**　设 $B \hookrightarrow A$ 是一个 $C$-Galois 扩张 $A(B)^C$. 对所有的 $a \in A, c \in C$, 相应的平移映射 $\tau$ 有下列性质:

(1) $\sum c^{\tilde{1}} {c^{\tilde{2}}}_{\underline{0}} \otimes {c^{\tilde{2}}}_{\underline{1}} = 1 \otimes c$.

(2) $\sum c^{\tilde{1}} c^{\tilde{2}} = \varepsilon(c) 1$.

(3) $\sum a_{\underline{0}} {a_{\underline{1}}}^{\tilde{1}} \otimes {a_{\underline{1}}}^{\tilde{2}} = 1 \otimes a$.

(4) $\sum c^{\tilde{1}} \otimes {c^{\tilde{2}}}_{\underline{0}} \otimes {c^{\tilde{2}}}_{\underline{1}} = {c_{\underline{1}}}^{\tilde{1}} \otimes {c_{\underline{1}}}^{\tilde{2}} \otimes c_{\underline{2}}$.

(5) $\sum {c_{\underline{1}}}^{\tilde{1}} \otimes {c_{\underline{1}}}^{\tilde{2}} {c_{\underline{2}}}^{\tilde{1}} \otimes {c_{\underline{2}}}^{\tilde{2}} = \sum c^{\tilde{1}} \otimes 1 \otimes c^{\tilde{2}}$.

**证明** (1) 直接由定义可得. 用 $I_A \otimes \varepsilon$ 作用于 (1) 可得 (2). 由 (1) 易得, $\sum \mathrm{Can}(a_{\underline{0}} {a_{\underline{1}}}^{\tilde{1}} \otimes {a_{\underline{1}}}^{\tilde{2}}) = \mathrm{Can}(1 \otimes a)$ 再用 $\mathrm{Can}^{-1}$ 作用两边即得 (3). 再由 (1), 有

$$\begin{aligned}\sum \mathrm{Can}(c^{\tilde{1}} \otimes {c^{\tilde{2}}}_{\underline{0}}) \otimes {c^{\tilde{2}}}_{\underline{1}} &= \sum c^{\tilde{1}} {c^{\tilde{2}}}_{\underline{0}} \otimes {c^{\tilde{2}}}_{\underline{1}} \otimes {c^{\tilde{2}}}_{\underline{2}} = \sum 1 \otimes c_{\underline{1}} \otimes c_{\underline{2}} \\ &= \sum {c_{\underline{1}}}^{\tilde{1}} {{c_{\underline{1}}}^{\tilde{2}}}_{\underline{0}} \otimes {{c_{\underline{1}}}^{\tilde{2}}}_{\underline{1}} \otimes c_{\underline{2}} = \sum \mathrm{Can}({c_{\underline{1}}}^{\tilde{1}} \otimes {c_{\underline{1}}}^{\tilde{2}}) \otimes c_{\underline{2}} \\ &= \sum {c_{\underline{1}}}^{\tilde{1}} \otimes {c_{\underline{1}}}^{\tilde{2}} \otimes c_{\underline{2}},\end{aligned}$$

所以 (4) 成立. 用 $I_A \otimes \mathrm{Can}^{-1}$ 作用于 (4), 再通过 (3) 立刻就得到 (5). □

**命题 3.3.4** 一个余代数扩张 $A(B)^C$ 的平移映射是表示范畴 $\mathbf{Rep}(C : R|A \otimes_B A : A)$ 的一个对象.

**证明** 直接由命题 2.1.8、引理 3.3.3(2) 和引理 3.3.3(5) 可得. □

**命题 3.3.5** 设是一个 $B$ 上的 $C$-Galois 扩张. 则存在唯一的缠绕映射 $\psi : C \otimes_R A \to A \otimes_R C$, 使得 $A \in \mathcal{M}_A^C(\psi)$ 带有结构映射 $\mu$ 和 $\varrho^A$, 此映射称为相应于 $C$-Galois 扩张 $B \hookrightarrow A$ 的标准缠绕映射.

**证明** 假定 $B \hookrightarrow A$ 为 $C$-Galois 扩张, 令 $\tau : C \longrightarrow A \otimes_B A$, $\tau(c) = \sum \mathrm{Can}^{-1}(1 \otimes c)$ 为相应的平移映射, 记 $\tau(c) = \sum c^{\tilde{1}} \otimes c^{\tilde{2}}$, 定义映射 $\psi : C \otimes_R A \longrightarrow A \otimes_R C$:

$$\psi \circ (I_A \otimes \mu) \circ (\tau \otimes I_A), \ \psi : c \otimes a \longmapsto \sum c^{\tilde{1}} (c^{\tilde{2}} a)_{\underline{0}} \otimes (c^{\tilde{2}} a)_{\underline{1}}. \tag{$*$}$$

下面证明 $\psi$ 是缠绕映射, 由平移映射的定义可得

$$\sum c^{\tilde{1}} {c^{\tilde{2}}}_{\underline{0}} \otimes {c^{\tilde{2}}}_{\underline{1}} = 1 \otimes c.$$

因而左三角形交换. 由引理 3.3.3 (2) 可得右三角形交换, 即

$$(I_A \otimes \varepsilon) \circ \psi(c \otimes a) = \sum c^{\tilde{1}} (c^{\tilde{2}} a)_{\underline{0}} \otimes \varepsilon((c^{\tilde{2}} a)_{\underline{1}}) = \sum c^{\tilde{1}} c^{\tilde{2}} a = \varepsilon(c) a.$$

下面来看左五边形, 计算如下:

$$\begin{aligned}&(\mu \otimes I_C) \circ (I_A \otimes \psi) \circ (\psi \otimes I_A)(c \otimes a \otimes a') \\ &= (\mu \otimes I_C) \circ (I_A \otimes \psi) \left( \sum c^{\tilde{1}} (c^{\tilde{2}} a)_{\underline{0}} \otimes (c^{\tilde{2}} a)_{\underline{1}} \otimes a' \right) \\ &= \sum c^{\tilde{1}} (c^{\tilde{2}} a)_{\underline{0}} {(c^{\tilde{2}} a)_{\underline{1}}}^{\tilde{1}} ({(c^{\tilde{2}} a)_{\underline{1}}}^{\tilde{2}} a')_{\underline{0}} \otimes ({(c^{\tilde{2}} a)_{\underline{1}}}^{\tilde{2}} a')_{\underline{1}} \\ &= c^{\tilde{1}} (c^{\tilde{2}} a a')_{\underline{0}} \otimes (c^{\tilde{2}} a a')_{\underline{1}} = \psi \circ (I_C \otimes \mu)(c \otimes a \otimes a'),\end{aligned}$$

这里第三等号用了引理 3.3.3(3). 类似地, 有

$$
\begin{aligned}
&(\psi\otimes I_C)\circ(I_C\otimes\psi)\circ(\Delta\otimes I_A)(c\otimes a)\\
&=(\psi\otimes I_C)\left(\sum c_{\underline{1}}\otimes c_{\underline{2}}{}^{\widetilde{1}}(c_{\underline{2}}{}^{\widetilde{2}}a)_{\underline{0}}\otimes(c^{\widetilde{2}}a)_{\underline{1}}\right)\\
&=\sum c_{\underline{1}}{}^{\widetilde{1}}(c_{\underline{1}}{}^{\widetilde{2}}c_{\underline{2}}{}^{\widetilde{1}}(c_{\underline{2}}{}^{\widetilde{2}}a)_{\underline{0}})_{\underline{0}}\otimes(c_{\underline{1}}{}^{\widetilde{2}}c_{\underline{2}}{}^{\widetilde{1}}(c_{\underline{2}}{}^{\widetilde{2}}a)_{\underline{0}})_{\underline{1}}\otimes(c_{\underline{2}}{}^{\widetilde{2}}a)_{\underline{1}}\\
&=\sum c^{\widetilde{1}}(c^{\widetilde{2}}{}_{\underline{0}}c^{\widetilde{2}}{}_{\underline{1}}{}^{\widetilde{1}}(c^{\widetilde{2}}{}_{\underline{1}}{}^{\widetilde{2}}a)_{\underline{0}})_{\underline{0}}\otimes(c^{\widetilde{2}}{}_{\underline{0}}c^{\widetilde{2}}{}_{\underline{1}}{}^{\widetilde{1}}(c^{\widetilde{2}}{}_{\underline{1}}{}^{\widetilde{2}}a)_{\underline{0}})_{\underline{1}}\otimes(c^{\widetilde{2}}{}_{\underline{1}}{}^{\widetilde{2}}a)_{\underline{1}}\\
&=\sum c^{\widetilde{1}}((c^{\widetilde{2}}a)_{\underline{0}})_{\underline{0}}\otimes((c^{\widetilde{2}}a)_{\underline{0}})_{\underline{1}}\otimes(c^{\widetilde{2}}a)_{\underline{1}}\\
&=\sum c^{\widetilde{1}}(c^{\widetilde{2}}a)_{\underline{0}}\otimes(c^{\widetilde{2}}a)_{\underline{1}}\otimes(c^{\widetilde{2}}a)_{\underline{2}}=(I_A\otimes\Delta)\circ\psi(c\otimes a),
\end{aligned}
$$

这里第三个等号用引理 3.3.3(4), 第四个等号用引理 3.3.3(3), 于是右五边形交换. 因此, $\psi$ 是缠绕映射. 再次用引理 3.3.3(3), 对所有 $a,a'\in A$, 有

$$
\sum a_{\underline{0}}\psi(a_{\underline{1}}\otimes a')=\sum a_{\underline{0}}a_{\underline{1}}{}^{\widetilde{1}}(a_{\underline{1}}{}^{\widetilde{2}}a')_{\underline{0}}\otimes(a_{\underline{1}}{}^{\widetilde{2}}a')_{\underline{0}}=\sum(aa')_{\underline{0}}\otimes(aa')_{\underline{1}}=\varrho^A(aa').
$$

即 $A$ 是一个 $(A,C)_\psi$ 缠绕模. 下面证明唯一性. 若存在的缠绕映射 $\widetilde{\psi}:C\otimes_R A\to A\otimes_R C$ 使得 $A\in\mathcal{M}_A^C(\widetilde{\psi})$ 带有结构映射 $\mu$ 和 $\varrho^A$, 对所有的 $a,a'\in A,c\in C$, 有

$$
\psi(c\otimes a)=\sum c^{\widetilde{1}}(c^{\widetilde{2}}a)_{\underline{0}}\otimes(c^{\widetilde{2}}a)_{\underline{1}}=\sum c^{\widetilde{1}}c^{\widetilde{2}}{}_{\underline{0}}\widetilde{\psi}(c^{\widetilde{2}}{}_{\underline{1}}\otimes a)=\widetilde{\psi}(c\otimes a). \qquad\square
$$

**例 3.3.6**[12,13,80,81,164,173,199,200] 设 $H$ 是一个 Hopf 代数, $B\hookrightarrow A$ 是一个 Hopf-Galois 扩张, 即 $A$ 是一个右 $H$ 余模代数, $B=A^{coH}=\{b\in A|\varrho^A(b)=b\otimes 1_H\}$, 标准映射

$$
\mathrm{Can}:A\otimes_B A\longrightarrow A\otimes_R H,\quad a\otimes a'\longmapsto a\varrho^A(a')
$$

是双射. 与 $B\hookrightarrow A$ 的标准缠绕结构如下:

$$
\psi:H\otimes_R A\longrightarrow A\otimes_R H,\quad h\otimes a\longmapsto\sum a_{\underline{0}}\otimes ha_{\underline{1}}.
$$

而余环 $\mathcal{C}=A\otimes_R H$ 的右余模范畴同构于 $(A,H)$ 相关 Hopf 模范畴.

**例 3.3.7** 设 $A(B)^C$ 相应于 Hopf 代数 $A(A_R$ 平坦) 一个左余理想子代数的余代数 Galois 扩张, 即与定理 3.3.2 一致. 设 $\pi:A\longrightarrow C$ 是标准满射. 这种情形下平移映射为 $\tau(c)=\sum Sa'_{\underline{1}}\otimes a'_{\underline{2}}$, 这里 $a'\in\pi^{-1}(c)$. 因此, 就有标准缠绕结构 $(A,C)_\psi$, 这里

$$
\psi(c\otimes a)=\sum S(a'_{\underline{1}})(a'_{\underline{2}}a)_{\underline{1}}\otimes\pi((a'_{\underline{2}}a)_{\underline{2}})=\sum S(a'_{\underline{1}})a'_{\underline{2}}a_{\underline{1}}\otimes\pi(a'_{\underline{3}}a_{\underline{2}})=\sum a_{\underline{1}}\otimes\pi(a'a_{\underline{2}}).
$$

注意到通过余积, $A$ 也是右 $A$ 余模代数. 进一步, $C$ 是一个右 $A$ 模, 模作用为 $ca=\pi(a'a)$, 这里, $a'\in\pi^{-1}(c)$. 因而, 可以写 $\psi(c\otimes a)=\sum a_{\underline{1}}\otimes ca_{\underline{2}}$. 由于 $\pi$ 是余代

数同态, $C$ 是 $A$ 模余代数. 因此有 Doi-Koppinen 数据 $(A, A, C)$, 上述缠绕结构即是命题 3.2.4 对应的缠绕结构, 而对应余环 $A \otimes_R C$ 的余模即为 Doi-Koppinen 模.

**定理 3.3.8** 设 $B \hookrightarrow A$ 一个余代数 Galois 扩张 $A(B)^C$, $\psi : C \otimes_R A \longrightarrow A \otimes_R C$ 是标准缠绕映射. 把 $A \otimes_B A$ 看作相应于扩张 $B \hookrightarrow A$ 的 Sweedler 余环, 如定理 3.1.3 中把 $A \otimes_R C$ 看作相应于缠绕结构 $(A, C)_\psi$ 的 $A$ 余环. 则标准映射 $\mathrm{Can} : A \otimes_B A \longrightarrow A \otimes_R C$ 是一个 $A$ 余环同构.

**证明** 由定义 3.3.1, 则映射 $\mathrm{Can} : A \otimes_B A \longrightarrow A \otimes_R C$ 是双射, 由上面的构造可知, Can 是左 $A$ 模映射. 下面证 Can 是右 $A$ 模映射. 取 $a, a', a'' \in A$, 注意到 $A$ 是一个 $(A, C)_\psi$ 缠绕结构, 有

$$\mathrm{Can}(a \otimes a'a'') = a\varrho^A(a'a'') = \sum_\alpha aa'_{\underline{0}}a''_\alpha \otimes a'^\alpha_{\underline{1}} = \sum_\alpha (aa'_{\underline{0}} \otimes a'_{\underline{1}})a'' = \mathrm{Can}(a \otimes a')a''.$$

由于 $A$ 是一个 $(A, C)_\psi$ 缠绕模, 则 $\varrho^A(a) = \varrho^A(1a) = \sum_\alpha 1_{\underline{o}}a_\alpha \otimes 1_{\underline{1}}{}^\alpha$. 对所有 $a, a' \in A$, 计算

$$\begin{aligned}
\mathrm{Can}(a \otimes 1) \otimes_A \mathrm{Can}(1 \otimes a') &= \sum (a1_{\underline{o}} \otimes 1_{\underline{1}}) \otimes_A a'_{\underline{0}} \otimes a'_{\underline{1}} \\
&= \sum (a1_{\underline{o}} \otimes 1_{\underline{1}})a'_{\underline{0}} \otimes a'_{\underline{1}} \\
&= \sum_\alpha a1_{\underline{o}}a'_{\underline{0}\alpha} \otimes 1_{\underline{1}}{}^\alpha \otimes a'_{\underline{1}} \\
&= \sum_\alpha aa'_{\underline{0}} \otimes a'_{\underline{1}} \otimes_A 1 \otimes a'_{\underline{2}} \\
&= \underline{\Delta}_{A\otimes C} \circ \mathrm{Can}(a \otimes a').
\end{aligned}$$

最后, $\underline{\varepsilon}_{A\otimes C} \circ \mathrm{Can}(a \otimes a') = \sum aa'_{\underline{0}}\varepsilon(a'_{\underline{1}}) = \underline{\varepsilon}_{A\otimes_B A} \circ \mathrm{Can}(a \otimes a')$. 因此, $\mathrm{Can} : A \otimes_B A \longrightarrow A \otimes_R C$ 是一个 $A$ 余环同态. 由于 $\mathrm{Can} : A \otimes_B A \longrightarrow A \otimes_R C$ 是双射, $\mathrm{Can}^{-1}$ 是余环同态. 证毕. □

**定理 3.3.9** 设 $(A, C)_\psi$ 是一个 $R$ 上的缠绕结构, 设 $\mathcal{C} = A \otimes_R C$ 是对应的余环 (如定理 3.1.3). 则 $\mathcal{C}$ 是一个 Galois $A$ 余环当且仅当 $(A, C)_\psi$ 是一个 $C$-Galois 扩张 $B \hookrightarrow A$ 的标准缠绕结构.

**证明** 若 $\mathcal{C}$ 是对应一个 $C$-Galois 扩张 $B \hookrightarrow A$ 的标准缠绕结构, 则 $A$ 是一个 $(A, C)_\psi$ 缠绕模, 则 $\mathcal{C}$ 有群像元素 $g = \varrho^A(1)$. 作为 $A$ 余环, 有 $A \otimes_B A \simeq A \otimes_R C$. 注意到 $\mathrm{Can}(1 \otimes 1) = \varrho^A(1) = g$, 所以 $(\mathcal{C}, g)$ 是一个 Galois $A$ 余环.

反之, 若 $(\mathcal{C}, g)$ 是一个 Galois $A$ 余环, 则 $A$ 是一个右 $\mathcal{C}$ 余模, 由定理 3.1.3 中的对应, $A$ 是一个 $(A, C)_\psi$ 缠绕模. $\mathcal{C}$ 上相应的群像元素是 $g = \varrho^A(1) = \sum 1_{\underline{0}} \otimes 1_{\underline{1}}$. 进一步, 由 $A \in \mathcal{M}_A^C(\psi)$, $A_g^{coC} = \{b \in A | \varrho^A(b) = \sum b1_{\underline{0}} \otimes 1_{\underline{1}}\} = B$. 同样地, $A$ 余环同构 $\mathrm{Can}_A : A \otimes_B A \longrightarrow A \otimes_R C$, 可以计算 $\mathrm{Can}_A(a \otimes_B a') = a(\sum 1_{\underline{0}} \otimes 1_{\underline{1}})a' =$

$\sum_\alpha a1_{\underline{0}}a'_\alpha \otimes 1_{\underline{1}}{}^\alpha = \sum aa'_{\underline{0}} \otimes a'_{\underline{1}}$. 这就证明了 $B \hookrightarrow A$ 是一个 $C$-Galois 扩张, 由标准缠绕结构的唯一性, $(A,C)_\psi$ 一定是相应于扩张 $B \hookrightarrow A$ 的标准缠绕结构. □

**定理 3.3.10**(余代数 Galois 扩张的结构定理) 对一个 $R$ 上的缠绕结构 $(A,C)_\psi$, 满足 $C$ 作为 $R$ 平坦模, 下面的叙述等价:

(1) $A(B)^C$ 是一个 $C$-Galois 扩张带有标准映射 $\psi$ 且 $A$ 作为左 $B$ 模忠实平坦的.

(2) $A \in \mathcal{M}_A^C(\psi)$ 且导出函子 $-\otimes_B A : \mathcal{M}_A \longrightarrow \mathcal{M}_A^C(\psi)$ 是范畴等价.

证明参见文献 [41].

作为上面定理的特殊情况 [80,81], 有

**定理 3.3.11**(Hopf-Galois 扩张的结构定理) 设 $H$ 是一个 Hopf 代数, $C = H/I$ 是商余代数, 也是右 $H$ 模, $\pi : H \longrightarrow C$ 表示标准满射, $A$ 是一个右 $H$ 余模代数带有余作用 $\varrho : A \longrightarrow A \otimes_R H$, 可以把它看成右 $C$ 余模带有 $\varrho^A = (I_A \otimes \pi) \circ \varrho$. 则 $(A,H,C)$ 是一个 Doi-Koppinen 数据, 记 Doi-Koppinen 模范畴为 $\mathcal{M}_A^C(H)$. 令 $B = b \in A | \varrho^A(b) = b \otimes \pi(1)$. 假定 $C$ 是 $R$ 平坦的. 则下面的叙述等价:

(1) $A$ 是忠实平坦的左 $B$ 模, 也是一个 $B$ 的余代数 Galois 扩张.

(2) 导出函子 $-\otimes_B A : \mathcal{M}_B \longrightarrow \mathcal{M}_A^C(H)$ 是范畴等价.

**定理 3.3.12**[157] 给定 $C$-Galois 扩张 $B \hookrightarrow A$ 带有平移映射 $\tau$, 考虑双 $B$ 模

$$\mathcal{C} = \left\{ \sum_i a^i \otimes \widetilde{a}^i \in A \otimes_R A \,\middle|\, \sum_i a^i_{\underline{0}} \otimes \tau(a^i_{\underline{1}})\widetilde{a}^i = \sum_i a^i \otimes \widetilde{a}^i \otimes_B 1 \right\}.$$

若 $A$ 作为左 $B$ 模是忠实平坦的, 则 $\mathcal{C}$ 是一个 $B$ 余环带有如下结构:

$$\underline{\Delta}\left(\sum_i a^i \otimes \widetilde{a}^i\right) = \sum_i a^i_{\underline{0}} \otimes \tau(a^i_{\underline{1}}) \otimes \widetilde{a}^i, \quad \underline{\varepsilon}\left(\sum_i a^i \otimes \widetilde{a}^i\right) = \sum_i a^i \widetilde{a}^i.$$

这个 $B$ 余环称为 **Ehresmann 余环或 Gauge 余环**, 记为 $\mathcal{E}(A(B)^C)$.

**证明** 显然, $\mathcal{C}$ 是双 $B$ 模. 直接由定义可证得 $\underline{\Delta}, \underline{\varepsilon}$ 是双 $B$ 线性. 首先证明 $\underline{\Delta}$ 是良好的. 设 $\psi$ 是对应于 $A(B)^C$ 的标准映射, 那么任意的双 $B$ 模 $M$, 把 $M \otimes_B A \otimes_R A$ 作为 $(A,C)_\psi$ 缠绕模带有右余作用 $\varrho^{M\otimes_B A\otimes_R A}(m \otimes a \otimes a') = \sum m \otimes a_{\underline{0}} \otimes \psi(a_{\underline{1}} \otimes a')$ 和左 $A$ 作用 $(m \otimes a \otimes a')a'' = m \otimes a \otimes a'a''$. 用 $I_A \otimes \mathrm{Can}$ 作用到的 $\mathcal{C}$ 定义的关系上, 并用 $\psi$ 的定义, 易得

$$\mathcal{C} = (A \otimes_R A)^{coC} = \left\{ \sum_i a^i \otimes \widetilde{a}^i \in A \otimes_R A \,\middle|\, \sum_i a^i_{\underline{0}} \otimes \psi(a^i_{\underline{1}} \otimes \widetilde{a}^i) = \sum_i a^i \otimes \widetilde{a}^i \varrho^A(1) \right\}.$$

由于 $A$ 作为左 $B$ 模是忠实平坦的, 函子 $-\otimes_B A, (-)^{coC}$ 是互逆等价. 特别地, $\mathcal{M}_A^C(\psi)$ 中的态射

$$\theta_M : M \otimes_B A \otimes_R A \longrightarrow (M \otimes_B A \otimes_R A)^{coC} \otimes_B A, \ m \otimes a \otimes a' \longmapsto \sum m \otimes a_{\underline{0}} \otimes \tau(a_{\underline{1}})a'$$

是同构, 其逆为 $\sum_i m^i \otimes a^i \otimes \widetilde{a}^i \otimes a \longmapsto \sum_i m^i \otimes a^i \otimes \widetilde{a}^i a$, 显然, 这是个左 $B$ 模同构. 取 $M = B$, 得到同构 $\mathcal{C} \otimes_B A \simeq A \otimes_R A$. 对所有的 $c \in \mathcal{C}$, 有 $\underline{\Delta}(c) \in \mathcal{C} \otimes_B A \otimes_R A$. 对所有 $c = \sum_i a^i \otimes \widetilde{a}^i$, 有

$$\begin{aligned}&\sum_i a^i{}_{\underline{0}}{}^{\tilde{1}} \otimes a^i{}_{\underline{1}}{}^{\tilde{1}} \otimes a^i{}_{\underline{1}}{}^{\tilde{2}}{}_{\underline{0}} \otimes \psi(a^i{}_{\underline{1}}{}^{\tilde{2}}{}_{\underline{1}} \otimes \widetilde{a}^i)\\ =&\sum_i a^i_{\underline{0}} \otimes \tau(a^i{}_{\underline{1}}) \otimes \psi(a^i_{\underline{2}} \otimes \widetilde{a}^i) = \sum_i a^i{}_{\underline{0}} \otimes \tau(a^i{}_{\underline{1}}) \otimes \widetilde{a}^i \varrho^A(1).\end{aligned}$$

因而, $\underline{\Delta}(c) \in (\mathcal{C} \otimes_B A \otimes_R A)^{coC}$. 现在取 $M = \mathcal{C}$, 并有 $\theta_{\mathcal{C}}$ 和 $\theta_B$, 可得到下面范畴 $\mathcal{M}_A^C(\psi)$ 中的同构:

$$(\mathcal{C} \otimes_B A \otimes_R A)^{coC} \otimes_B A \simeq \mathcal{C} \otimes_B A \otimes_R A \simeq \mathcal{C} \otimes_B \mathcal{C} \otimes_B A.$$

由于 ${}_BA$ 是忠实平坦模, 可以得到 $(\mathcal{C} \otimes_B A \otimes_R A)^{coC} \simeq \mathcal{C} \otimes_B \mathcal{C}$, 即 $\underline{\Delta}(\mathcal{C}) \subseteq \mathcal{C} \otimes_B \mathcal{C}$.

现在证 $\underline{\Delta}$ 是余结合的: 取 $c = \sum_i a^i \otimes \widetilde{a}^i \in \mathcal{C}$, 计算

$$\begin{aligned}(\underline{\Delta} \otimes I_{\mathcal{C}}) \circ \underline{\Delta}(c) &= \sum_i \underline{\Delta}(a^i{}_{\underline{0}} \otimes a^i{}_{\underline{1}}{}^{\tilde{1}}) \otimes a^i{}_{\underline{1}}{}^{\tilde{2}} \otimes \widetilde{a}^i\\ &= \sum_i a^i{}_{\underline{0}} \otimes a^i{}_{\underline{1}}{}^{\tilde{1}} \otimes a^i{}_{\underline{1}}{}^{\tilde{2}} \otimes a^i{}_{\underline{2}}{}^{\tilde{1}} \otimes a^i{}_{\underline{2}}{}^{\tilde{2}} \widetilde{a}^i\\ &= \sum_i a^i{}_{\underline{0}} \otimes \tau(a^i{}_{\underline{1}}) \otimes \tau(a^i{}_{\underline{2}}) \otimes \widetilde{a}^i.\end{aligned}$$

另一方面, 注意到引理 3.3.3, 有

$$\begin{aligned}(I_{\mathcal{C}} \otimes \underline{\Delta}) \circ \underline{\Delta}(c) &= \sum_i a^i{}_{\underline{0}} \otimes a^i{}_{\underline{1}}{}^{\tilde{1}} \otimes \underline{\Delta}(a^i{}_{\underline{1}}{}^{\tilde{2}} \otimes \widetilde{a}^i)\\ &= \sum_i a^i{}_{\underline{0}} \otimes a^i{}_{\underline{1}}{}^{\tilde{1}} \otimes a^i{}_{\underline{1}}{}^{\tilde{2}} \otimes a^i{}_{\underline{2}}{}^{\tilde{1}} \otimes a^i{}_{\underline{2}}{}^{\tilde{2}} \widetilde{a}^i\\ &= \sum_i a^i{}_{\underline{0}} \otimes a^i{}_{\underline{1}}{}^{\tilde{1}} \otimes a^i{}_{\underline{1}}{}^{\tilde{2}}{}_{\underline{0}} \otimes a^i{}_{\underline{1}}{}^{\tilde{2}}{}_{\underline{1}}{}^{\tilde{1}} \otimes a^i{}_{\underline{1}}{}^{\tilde{2}}{}_{\underline{1}}{}^{\tilde{2}} \otimes \widetilde{a}^i\\ &= \sum_i a^i{}_{\underline{0}} \otimes \tau(a^i{}_{\underline{1}}) \otimes \tau(a^i{}_{\underline{2}}) \otimes \widetilde{a}^i.\end{aligned}$$

下面给出余单位性质的证明, 取 $c = \sum_i a^i \otimes \widetilde{a}^i \in \mathcal{C}$,

$$(\underline{\varepsilon} \otimes I_{\mathcal{C}}) \circ \underline{\Delta}(c) = \sum_i a^i{}_{\underline{0}} a^i{}_{\underline{1}}{}^{\tilde{1}} \otimes a^i{}_{\underline{1}}{}^{\tilde{2}} \otimes \widetilde{a}^i = \sum_i a^i \otimes \widetilde{a}^i = c,$$

$$(I_{\mathcal{C}} \otimes \underline{\varepsilon}) \circ \underline{\Delta}(c) = \sum_i a^i{}_{\underline{0}} \otimes a^i{}_{\underline{1}}{}^{\tilde{1}} a^i{}_{\underline{1}}{}^{\tilde{2}} \otimes \widetilde{a}^i = \sum_i a^i \varepsilon(a^i{}_{\underline{1}}) \otimes \widetilde{a}^i = c. \qquad \square$$

在 Hopf-Galois 扩张情形下, 上述的 Ehresmann 余环事实上是一个双代数胚.

**定理 3.3.13** 设 $H$ 是一个 Hopf 代数, $B \hookrightarrow A$ 是一个 Hopf-Galois 扩张. 假定 $A$ 是忠实平坦的左 $B$ 模, $\mathcal{E}(A(B)^H)$ 对应的 Ehresmann 余环. 则 $\mathcal{E}(A(B)^H)$ 是 $A^e$ 的子代数, 且是一个 $B$ 双代数胚带上源映射 $s: a \longmapsto a\otimes 1$ 和 $t: a \longmapsto 1\otimes \overline{a}$ 目标映射.

**证明** 由于 $A\otimes_R A$ 上的右 $H$ 余作用为 $\rho^{A\otimes_R A}(a\otimes a') = \sum a_{\underline{0}}\otimes a'_{\underline{0}}\otimes a_{\underline{1}}a'_{\underline{1}}$. 且由于 $H$ 在 $A$ 上的余作用是代数同态, 易证不变空间 $(A\otimes_R A)^{coH}$ 是 $A^e$ 的子代数. 显然, $s$ 和 $t$ 使 $\mathcal{E}(A(B)^H)$ 成为一个 $A^e$ 环. □

余代数 Galois 扩张可以从对偶的角度研究, 即代数 Galois 余扩张 [185,256], 在这一节的后面的部分, 设 $F$ 是一个域, 所有的代数余代数等均指在域 $F$, 不指出的向量空间的张量积均在域 $F$.

**定理 3.3.14** 设 $A$ 是一个 $F$ 代数, $C$ 是一个 $F$ 余代数, 同时也是右 $A$ 模, 模作用为 $\varrho_C: C\otimes A \longrightarrow C$. 记 $C^* = \mathrm{Hom}_F(C,F)$. 令 $J$ 是 $C$ 的子空间定义如下:

$$J = \mathrm{span}\left\{\sum (ca)_{\underline{1}}\xi((ca)_{\underline{2}}) - \sum c_{\underline{1}}\xi(c_{\underline{2}}a) | a\in A, c\in C, \xi\in C^*\right\}.$$

设 $B = C/J$ 和 $\pi: C \longrightarrow B/J$ 是标准满射. 则

(1) $J$ 是 $C$ 的一个余理想, 因而 $B$ 是一个余代数.

(2) 把 $C$ 作为左 $B$ 余模带有余作用 ${}^C\varrho = (\pi\otimes I_C)\circ\Delta$, 把 $C\otimes A$ 作为左 $C$ 余模通过 ${}^C\varrho\otimes I_A$. 那么 ${}^C\varrho$ 是一左 $C$ 余模映射.

(3) $\mathrm{Im}((I_C\otimes\varrho_C)\circ(\Delta\otimes I_A)) \subseteq C\square_B C$.

**证明** (1) 只要证明 $D := \{\zeta\in C^* | \zeta(J) = 0\}$ 是对偶代数的子代数. 注意到 $\varepsilon\in D$. 进一步

$$D = \left\{(\zeta * \xi)(ca) = \sum \zeta(c_{\underline{1}})\xi(c_{\underline{2}}a), \forall a\in A, c\in C, \xi\in C^*\right\}.$$

若 $\zeta, \zeta'\in D$, 则对所有的 $a\in A, c\in C, \xi\in C^*$,

$$\begin{aligned}((\zeta*\zeta')*\xi)(ca) &= \sum(\zeta*(\zeta'*\xi))(ca) = \sum \zeta(c_{\underline{1}})(\zeta'*\xi)(c_{\underline{2}}a)\\ &= \sum \zeta(c_{\underline{1}})\zeta'(c_{\underline{2}})\xi(c_{\underline{3}}a) = \sum(\zeta*\zeta')(c_{\underline{1}})\xi(c_{\underline{2}}a),\end{aligned}$$

因而 $\zeta*\zeta'\in D$, $D$ 是对偶代数 $C^*$ 的子代数.

(2) 取 $a\in A, c\in C$, 注意到 $\varrho_C$ 是一个左 $B$ 余模同态, 有 $\sum \pi((ca)_{\underline{1}})\otimes (ca)_{\underline{2}} = \sum \pi(c_{\underline{1}})\otimes c_{\underline{2}}a$, 这等价于条件 $\sum \pi((ca)_{\underline{1}})\xi((ca)_{\underline{2}}) = \sum \pi(c_{\underline{1}})\xi(c_{\underline{2}}a), \forall \xi\in C^*$, 于是证明了 (2).

(3) 可以写成 $\sum c_{\underline{1}}\otimes\pi(c_{\underline{2}})\otimes c_{\underline{3}}a = \sum c_{\underline{1}}\otimes\pi((c_{\underline{2}}a)_{\underline{1}})\otimes(c_{\underline{2}}a)_{\underline{2}}$. 由第二部分的左 $B$ 余线性可知这个等式成立. □

**定义 3.3.15**[45,62] 设 $A$ 是一个代数, $C$ 是一个余代数, 也是一右 $A$ 模带有作用 $\varrho_C$, $B=C/J$, 这里 $J$ 是余理想. 称 $C$ 为一个 $B$ 的右**代数 Galois 余扩张**(或 ***A*-Galois 余扩张**) 当且仅当典则左 $C$ 余模右 $A$ 模态射

$$\overline{\mathrm{Can}}=(I_C\otimes\varrho_C)\circ(\Delta\otimes I_A):C\otimes A\longrightarrow C\Box_B C$$

是双射. 一个 $A$-Galois 余扩张 $C\hookrightarrow B$ 记 $C(B)_A$. 显然, 映射 $\overline{\mathrm{Can}}$ 是良好的.

**定理 3.3.16** 设 $C$ 是 $B$ 上的 $A$-Galois 余扩张, 则 $C$ 和 $A$ 之间存在唯一的缠绕映射 $\psi:C\otimes A\longrightarrow A\otimes C$ 满足带有结构映射 $\Delta$ 和 $\varrho_C$, 映射 $\psi$ 称为对应于 $A$-Galois 余扩张 $C\longrightarrow B$ 的标准缠绕映射.

**证明** 具体证明留给读者. 对于一个 $A$-Galois 余扩张 $C\longrightarrow B$, 可以定义一个余平移映射 $\check{\tau}:C\Box_B C\longrightarrow A$, $\check{\tau}=(\varepsilon\otimes I_A)\circ\overline{\mathrm{Can}}^{-1}$. 对偶平移映射引理 3.3.3, 有下面的余平移映射性质:

(1) $\check{\tau}\circ\Delta=\iota\circ\varepsilon$.

(2) $\varrho_C\circ(I_C\otimes\check{\tau})\circ(\Delta\otimes I_C)=\varepsilon\otimes I_C$, 在 $C\Box_B C$ 中.

(3) $\check{\tau}\circ(I_C\otimes\varrho_C)=\mu\circ(\check{\tau}\otimes I_A)$, 在 $C\Box_B C\otimes A$ 中.

这些可以被用来证明如下定义的映射 $\psi:C\otimes A\longrightarrow A\otimes C$,

$$\psi=(\check{\tau}\otimes I_C)\circ(I_C\otimes\Delta)\circ\overline{\mathrm{Can}},\quad \psi(c\otimes a)=\sum\check{\tau}(c_{\underline{1}},(c_{\underline{2}}a)_{\underline{1}})\otimes(c_{\underline{2}}a)_{\underline{2}}$$

是所需的缠绕映射. □

因而给定一个代数 Galois 余扩张 $C(B)_A$, 就有一个相应的 $A$ 余环 $\mathcal{C}=A\otimes C$. 双 $A$ 模结构如下:

$$a(a'\otimes c)a''=\sum aa'\check{\tau}(c_{\underline{1}},(c_{\underline{2}}a'')_{\underline{1}})\otimes(c_{\underline{2}}a'')_{\underline{2}},$$

这里 $\check{\tau}$ 是一个余平移映射. 余积余单位分别为 $I_A\otimes\Delta$ 和 $I_A\otimes\varepsilon$.

**定理 3.3.17** 设 $C$ 是一个 Hopf 代数带上余积 $\Delta$ 余单位 $\varepsilon$ 和反对极 $S$. 设 $A$ 是 $C$ 的一个右余理想子代数, 即 $C$ 的子代数满足 $\Delta(A)\subseteq A\otimes C$. 通过 $C$ 上的乘法, 把 $C$ 看成一个右 $A$ 模, 假定 $A$ 是一个忠实平坦右 $A$ 模. 考虑余理想 $J\subset C$ 以及相应的商余代数 $B=C/J$. 则 $C\hookrightarrow B$ 是一个 $A$-Galois 余扩张, 标准缠绕映射为

$$\psi(c\otimes a)=\sum a_{\underline{1}}\otimes ca_{\underline{2}},\quad \forall a\in A,c\in C,$$

即与命题 3.2.2 构造的缠绕结构一致.

**证明** 首先注意到 $J=CA^+$, 这里 $A^+=A\cap\mathrm{Ker}\varepsilon$ 增广理想. 事实上, 在 $J$ 的定义中, 取 $\xi=\varepsilon$, $C$ 的余乘与余单位是代数同态, 可知 $CA^+\subseteq J$. 反之, $J$ 的

任意元素都是元素 $x$ 的线性组合, 这里 $x=\sum(ca)_{\underline{1}}\xi((ca)_{\underline{2}})-\sum c_{\underline{1}}\xi(c_{\underline{2}}a)$, 对某个 $a\in A, c\in C$ 和 $\xi\in C^*$. 用余单位性, 有

$$x=\sum(ca)_{\underline{1}}\xi((ca)_{\underline{2}})-\sum c_{\underline{1}}\varepsilon((c_{\underline{2}}a)_{\underline{1}})\xi((c_{\underline{2}}a)_{\underline{2}}).$$

由于 $C$ 是一个 Hopf 代数, 则

$$\begin{aligned}x&=\sum c_{\underline{1}}a_{\underline{1}}\xi(c_{\underline{2}}a_{\underline{2}})-\sum c_{\underline{1}}\varepsilon(c_{\underline{2}}a_{\underline{1}})\xi(c_{\underline{3}}a_{\underline{2}})\\&=\sum c_{\underline{1}}a_{\underline{1}}\xi(c_{\underline{2}}a_{\underline{2}})-\sum c_{\underline{1}}\varepsilon(c_{\underline{2}})\varepsilon(a_{\underline{1}})\xi(c_{\underline{3}}a_{\underline{2}})\\&=\sum c_{\underline{1}}(a_{\underline{1}}-\varepsilon(a_{\underline{1}}))\xi(c_{\underline{2}}a_{\underline{1}}).\end{aligned}$$

由 $\Delta(A)\subset A\otimes C$ 可知, $x\in CA^+$. 因此 $B=C/(CA^+)$. 特别地, 标准余代数满射 $\pi:C\longrightarrow B$ 是一个左 $C$ 模映射. 如果 $C$ 是一个忠实平坦右 $A$ 模, 由定理 3.3.2 可得到下面等式:

$$A={}^{coB}C=\left\{a\in C\,\middle|\,\sum\pi(a_{\underline{1}})\otimes a_{\underline{1}}=\pi(1_C)\otimes a\right\}.$$

于是标准映射 $\overline{\mathrm{Can}}:c\otimes a\longmapsto\sum c_{\underline{1}}\otimes c_{\underline{2}}a$ 有逆 $\overline{\mathrm{Can}}^{\,-1}$,

$$\overline{\mathrm{Can}}^{\,-1}:C\square_B C\longrightarrow C\otimes A,\quad \sum_i c^i\otimes\widetilde{c}^i\longmapsto\sum_i c^i{}_{\underline{1}}\otimes S(c^i{}_{\underline{2}})\widetilde{c}^i.$$

下面给出 $\overline{\mathrm{Can}}^{\,-1}$ 是定义良好的, 由于 $\pi$ 是左 $C$ 模映射, 对于所有 $x=\sum_i c^i\otimes\widetilde{c}^i\in C\square_B C$,

$$\begin{aligned}(I_C\otimes\pi I_C)(I_C\otimes\Delta)\overline{\mathrm{Can}}^{\,-1}(x)&=\sum_i c^i{}_{\underline{1}}\otimes\pi((S(c^i{}_{\underline{2}})\widetilde{c}^i)_{\underline{1}})\otimes(S(c^i{}_{\underline{2}})\widetilde{c}^i)_{\underline{2}}\\&=\sum_i c^i{}_{\underline{1}}\otimes\pi(S(c^i{}_{\underline{3}})\widetilde{c}^i{}_{\underline{1}})\otimes S(c^i{}_{\underline{2}})\widetilde{c}^i{}_{\underline{2}}\\&=\sum_i c^i{}_{\underline{1}}\otimes S(c^i{}_{\underline{3}})\pi(\widetilde{c}^i{}_{\underline{1}})\otimes S(c^i{}_{\underline{2}})\widetilde{c}^i{}_{\underline{2}}\\&=\sum_i c^i{}_{\underline{1}}\otimes S(c^i{}_{\underline{3}})\pi(c^i{}_{\underline{4}})\otimes S(c^i{}_{\underline{2}})\widetilde{c}^i\\&=\sum_i c^i_{\underline{1}}\otimes\pi(S(c^i_{\underline{3}})c^i_{\underline{4}})\otimes S(c^i_{\underline{2}})\widetilde{c}^i\\&=\sum_i c^i{}_{\underline{1}}\otimes\pi(1_C)\otimes S(c^i{}_{\underline{2}})\widetilde{c}^i,\end{aligned}$$

这就可以推出 $\overline{\mathrm{Can}}^{\,-1}(C\square_B C)\subseteq C\otimes{}^{coB}C=C\otimes A$. 显然, $\overline{\mathrm{Can}}^{\,-1}$ 是右 $A$ 模同态, 也是左 $C$ 余模同态. 进一步, 对所有的 $a\in A, c\in C$,

$$\overline{\mathrm{Can}}^{\,-1}(\overline{\mathrm{Can}}(c\otimes a))=\overline{\mathrm{Can}}^{\,-1}\left(\sum c_{\underline{1}}\otimes c_{\underline{2}}a\right)=\sum c_{\underline{1}}\otimes S(c_{\underline{2}})c_{\underline{3}}a=c\otimes a.$$

对所有的 $x=\sum_i c^i\otimes\widetilde{c}^i\in C\square_B C$,

$$\overline{\mathrm{Can}}(\overline{\mathrm{Can}}^{\,-1}(x))=\overline{\mathrm{Can}}\left(\sum c^i{}_{\underline{1}}\otimes S(c^i{}_{\underline{2}})\widetilde{c}^i\right)=\sum c^i{}_{\underline{1}}\otimes c^i{}_{\underline{2}}S(c^i{}_{\underline{3}})\widetilde{c}^i=x.$$

因此, $\overline{\mathrm{Can}}^{\,-1}$ 是 $\overline{\mathrm{Can}}$ 是的逆. 注意到, 余平移映射可以写作

$$\check{\tau}\left(\sum_i c^i\otimes\widetilde{c}^i\right)=\sum_i\varepsilon(c^i{}_{\underline{1}})S(S(c^i{}_{\underline{2}})\widetilde{c}^i=\sum_i S(c^i)\widetilde{c}^i.$$

对所有的 $a\in A,c\in C$, 有

$$\psi(c\otimes a)=\sum\check{\tau}(c_{\underline{1}}\otimes c_{\underline{2}}a_{\underline{1}})\otimes c_{\underline{3}}a_{\underline{2}}=\sum S(c_{\underline{1}})c_{\underline{2}}a_{\underline{1}}\otimes c_{\underline{3}}a_{\underline{2}}=\sum a_{\underline{1}}\otimes ca_{\underline{2}}.\quad\square$$

因此, 在一些忠实平坦的假设下, 对于 Hopf 代数的任意左理想子代数, 有余代数 Galois 扩张, 对于右的余理想子代数, 有代数 Galois 余扩张 [27].

## 3.4 冲积结构

设 $A,B$ 为代数, $R:B\otimes A\longrightarrow A\otimes B$ 为线性映射, 记 $R(b\otimes a)=a_R\otimes b_R=a_r\otimes b_r$. 令 $A\sharp_R B=A\otimes B$ 作为向量空间, 仅带有一个新的乘法: $(a\sharp b)(c\sharp d)=ac_R\sharp b_Rd$.

如果 $A\sharp_R B$ 在这个新乘法下构成一个结合代数且具有单位元 $1\sharp 1$, 则称 $A\sharp_R B$ 为**冲**(smash) 积, $(A,B,R)$ 称为一个**冲积结构**或一个**分解结构**(factorization structure)[15,69].

**命题 3.4.1** $(A,B,R)$ 为一个冲积结构 $\Longleftrightarrow\forall a,c\in A,b,d\in B$,

$$R(b\otimes 1_A)=1_A\otimes b,\tag{3.1}$$

$$R(1_B\otimes a)=a\otimes 1_B,\tag{3.2}$$

$$R(bd\otimes a)=a_{Rr}\otimes b_rd_R,\tag{3.3}$$

$$R(b\otimes ac)=a_Rc_r\otimes b_Rr.\tag{3.4}$$

**例 3.4.2** (1) 设 $R=T_{B,A}:B\otimes A\to A\otimes B$ 为扭曲映射, 则 $A\sharp_R B=A\otimes B$ 为普通张量积.

(2) 设群 $G$ 作用在代数 $A$ 上, 即等价于有一个群同态 $\sigma:G\to\mathrm{Aut}(A)$, 记 $\sigma(g)(a)={}^ga$, 定义 $R:kG\otimes A\to A\otimes kG,g\otimes a\to{}^ga\otimes g$, 那么 $A\sharp_R kG=A*_\sigma kG$ 为通常的斜群代数.

(3) 更一般地, 设 $H$ 为 Hopf 代数, $A$ 为左 $H$ 模代数, $B$ 为左 $H$ 余模代数. 令 $R:B\otimes A\to A\otimes B,b\otimes a\to b_{(-1)}\cdot a\otimes b_0$, 那么 $A\sharp_R B=A\sharp B$ 为广义冲积. 当 $B=H$ 时, 即为普通冲积 $A\sharp H$[170,213].

(4) 设 $H$ 是有限维 Hopf 代数, 则 $H^{*cop}$ 也是有限维 Hopf 代数. 考虑一个映射 $R: H\otimes H^{*cop}\to H^{*cop}\otimes H, h\otimes h^*\to <h^*, S^{-1}(h_3)\cdot h_1>\otimes h_2$, 那么 $R$ 称为结合 $H$ 的 Schrödinger 算子, 于是冲积 $H^{*cop}\sharp_R H$ 为 Drinfel'd 偶 $D(H)$.

(5) 设 $(F,G)$ 为群的匹配对, 即 $F,G$ 为群. $F$ 右作用在 $G$ 上, $G$ 左作用在 $F$ 上. $\triangleleft: G\times F\to G, \triangleright: G\times F\to F$ 满足下面条件:

$$s\triangleright xy=(s\triangleright x)((s\triangleleft x)\triangleright y),\quad st\triangleleft x=(s\triangleleft(t\triangleright x))(t\triangleleft x),$$

$\forall s,t\in G, x,y\in F$. 考虑 $R: kG\otimes kF\to kF\otimes kG, g\otimes h\mapsto g\triangleright h\otimes g\triangleleft h$, 那么 $kF\sharp_R kG=k[F\bowtie G]$.

**定理 3.4.3** 设 $A$ 为代数, $C$ 为有限维余代数, 则在 $(A,C,\psi)$ 型左–右缠绕结构与 $(A,C^*,R)$ 型冲积结构之间存在一一对应. 如果 $R$ 对应 $\psi$, 则有下面范畴同构

$${}_A\mathcal{M}^C(\psi)\cong {}_{A\sharp_R C^*}\mathcal{M}.$$

**证明** 设 $C$ 的对偶基为 $\{c_i, c_i^*\mid i=1,\cdots,n\}$. 易得

$$\sum_i \Delta(c_i)\otimes c_i^*=\sum_{i,j} c_i\otimes c_j\otimes c_i^* * c_j^*, \tag{**}$$

对缠绕结构 $(A,C,\psi)$, 定义 $f(\psi)=R: C^*\otimes A\to A\otimes C^*$ 为

$$c^*\otimes a\mapsto \sum_i <c^*, {c_i}^{\psi}> a_\psi\otimes c_i^*=a_R\otimes c^*.$$

易证 $(A,C^*,R)$ 为冲积结构.

例如, 对 (3.3), $\forall c^*, d^*\in C^*, a,b\in A$,

$$\begin{aligned}
a_{Rr}\otimes c_r^* * d_R^* &= \sum_i <c^*, {c_i}^{\psi}>(a_R)_\psi\otimes c_i^* * d_R^*\\
&= \sum_{i,j} <c^*, {c_i}^{\psi}><d^*, {c_j}^{\varphi}> a_{\varphi\psi}\otimes c_i^* * c_j^*\\
&\overset{(**)}{=} \sum_{i,j} <c^*, {c_{i(1)}}^{\psi}><d^*, {c_{i(2)}}^{\varphi}> a_{\varphi\psi}\otimes c_i^*\\
&= \sum_i <c^*, ({c_i}^{\psi})_{(1)}><d^*, ({c_i}^{\psi})_{(2)}> a_\psi\otimes c_i^*\\
&= \sum_i <c^* * d^*, {c_i}^{\psi}> a_\psi\otimes c_i^*\\
&= R(c^* * d^*\otimes a).
\end{aligned}$$

其余条件 (3.1),(3.2),(3.4) 类似可证.

反之, 若 $(A, C^*, R)$ 为冲积结构, 则定义 $g(R)=\phi: A\otimes C\to A\otimes C$ 为

$$a\otimes c\to\sum_i<(c_i^*)_R,c>a_R\otimes c_i=a_\phi\otimes c^\phi,$$

直接可证 $\phi$ 是左右缠绕结构.

例如

$$\begin{aligned}a_{\phi\varphi}\otimes {c_{(1)}}^{\varphi}\otimes {c_{(2)}}^{\phi} &= \sum_{i,j}<(c_i^*)_R,c_{(1)}><(c_j^*)_r,c_{(2)}>a_{rR}\otimes c_i\otimes c_j\\ &= \sum_{i,j}<(c_i^*)_R*(c_j^*)_r,c>a_{rR}\otimes c_i\otimes c_j\\ &= \sum_{i,j}<(c_i^**c_j^*)_R,c>a_R\otimes c_i\otimes c_j\\ &\overset{(**)}{=\!=}\sum_i<(c_i^*)_R,c>a_R\otimes\Delta(c_i)\\ &= a_\phi\otimes\Delta(c^\phi),\end{aligned}$$

又

$$\begin{aligned}(g(f(\phi)))(a\otimes c)&=\sum_i<(c_i^*)_R,c>a_R\otimes c_i\\ &=\sum_{i,j}<c_i^*,c_j^\phi><c_j^*,c>a_\phi\otimes c_i\\ &=\sum_j<c_j^*,c>a_\phi\otimes {c_j}^\phi\\ &=a_\phi\otimes c^\phi\\ &=\phi(a\otimes c),\end{aligned}$$

即 $(g\circ f)(\phi)=\phi$. 类似可证 $(f\circ g)(R)=R$.

现在定义同构函子 $F: {}_A\mathcal{M}(\phi)^C\to {}_{A\sharp_R C^*}\mathcal{M}$ 如下: $\forall M\in {}_A\mathcal{M}(\phi)^C, F(M)=M$. 带有左 $A\sharp_R C^*$ 模作用 $(a\sharp c^*)\cdot m=<c^*,m_{(1)}>a\cdot m_0$. 事实上

$$\begin{aligned}((a\sharp c^*)(b\sharp d^*))\cdot m&=(ab_R\sharp(c_R^**d^*))\cdot m\\ &=\sum_i<c^*,c_i^\phi><c_i^*,m_{(1)}><d^*,m_{(2)}>a\cdot(b_\phi\cdot m_0)\\ &=<c^*,{m_{0(1)}}^\phi><d^*,m_{(1)}>a\cdot(b_\phi\cdot m_{00})\\ &=<c^*,(b\cdot m_0)_{(1)}><d^*,m_{(1)}>a\cdot(b\cdot m_0)_0\\ &=(a\sharp c^*)\cdot(<d^*,m_{(1)}>b\cdot m_0)\\ &=(a\sharp c^*)\cdot((b\sharp d^*)\cdot m).\end{aligned}$$

反之, 对 $M \in {}_{A\sharp_R C^*}\mathcal{M}$, 定义 $G: {}_{A\sharp_R C^*}\mathcal{M} \to {}_A\mathcal{M}(\phi)^C, G(M) = M$, 其中左 $A$ 模作用 $am = (a\sharp\varepsilon_C)\cdot m$, 右 $C$ 余作用为 $\rho^r(m) = \sum_i (1\sharp c_i^*)\cdot m \otimes c_i$. 其余留给读者. □

量子群是一类特殊的冲积结构. 关于量子群的具体理论见文献 [25, 59, 83, 108, 143, 151–159, 180]. 关于 Hopf 代数上各种积的构造见文献 [243, 248, 251–259, 284–286].

## 3.5 双 单 体

**定义 3.5.1**　设 $\mathcal{C}$ 是任意范畴. 考虑三元组 $\mathbf{T} = (T, m, e)$, 这里 $T: \mathcal{C} \to \mathcal{C}$ 是函子, $m: TT \to T$ 和 $e: 1_{\mathcal{C}} \to T$ 都是自然变换 ( $1_{\mathcal{C}}$ 表示从 $\mathcal{C}$ 到 $\mathcal{C}$ 的恒等函子), 满足

$$m \circ Tm = m \circ Tm$$

和

$$m \circ eT = m \circ Te = I_T$$

称三元组 $\mathbf{T} = (T, m, e)$ 是**单体** (monad).

**注 3.5.2**　(1) 设 $\mathcal{C}$ 是向量空间. $A$ 是 $k$ 代数并且考虑三元组 $\mathbf{T} = (-\otimes A, -\otimes m_A, -\otimes e_A)$, 这里 $m_A$ 和 $e_A$ 分别表示 $A$ 的乘法和单位. 那么 $\mathbf{T}$ 是单体. 类似得到 $\mathbf{T} = (A\otimes -, m_A \otimes -, e_A \otimes -)$ 也是单体.

(2) 设 $\mathbf{T} = (T, m_T, e_T)$ 和 $\mathbf{A} = (A, m_A, e_A)$ 是范畴 $\mathcal{C}$ 中的两个单体, 那么称从 $\mathbf{T}$ 到 $\mathbf{A}$ 之间的态射为自然变换 $p: T \to A$, 使得 $m_A \cdot p = pp \cdot m_T$ 和 $p \cdot e_T = e_A$ 成立.

**定义 3.5.3**　设 $\mathcal{C}$ 为任意范畴. 考虑三元组 $\mathbf{G} = (G, \delta, \varepsilon)$, 其中 $G: \mathcal{C} \to \mathcal{C}$ 是函子, $\delta: G \to GG$ 和 $\varepsilon: G \to 1_{\mathcal{C}}$ 都是自然变换 (这里, $1_{\mathcal{C}}$ 为 $\mathcal{C}$ 到 $\mathcal{C}$ 的恒等函子), 使得

$$\delta G \circ \delta = G\delta \circ \delta$$

和

$$\varepsilon G \circ \delta = G\varepsilon \circ \delta$$

成立. 称上述的三元组 $\mathbf{G} = (G, \delta, \varepsilon)$ 为**余单体** (comonad).

**注 3.5.4**　(1) 设 $\mathcal{C}$ 是向量空间. $(C, \delta_C, \varepsilon_C)$ 是 $k$ 余代数且考虑三元组 $\mathbf{C} = (-\otimes C, -\otimes \delta_C, -\otimes \varepsilon_C)$, 那么可得 $\mathbf{C}$ 是余单体. 类似可得 $\mathbf{C} = (C\otimes -, \delta_C \otimes -, \varepsilon_C \otimes -)$ 也是一个余单体.

(2) 设 $\mathbf{G} = (G, \delta_G, \varepsilon_G)$ 和 $\mathbf{C} = (C, \delta_C, \varepsilon_C)$ 都是范畴 $\mathcal{C}$ 中的余单体, 那么 $\mathbf{G}$ 到 $\mathbf{C}$ 的态射是指存在一个自然变换 $q: G \to C$ 满足 $\delta_C \cdot q = qq \cdot \delta_G$ 和 $\varepsilon_C \cdot q = \varepsilon_G$.

**定义 3.5.5**　设 $\mathbf{T} = (T, m, e)$ 和 $\mathbf{G} = (G, \delta, \varepsilon)$ 分别是范畴 $\mathcal{C}$ 上的单体和余单体. 一个自然变换 $\lambda: TG \to GT$ 被称为从单体 $\mathbf{T}$ 到余单体 $\mathbf{G}$ 的分配律或缠绕指

如果有下列等式成立 [165]：

$$\lambda \circ eG = Ge,$$

$$\lambda \circ Te = eT,$$

$$\delta T \circ \lambda = G\lambda \circ \lambda G \circ T\delta,$$

$$mG \circ \lambda = Gm \circ \lambda T \circ T\lambda.$$

**定义 3.5.6** 范畴 $\mathcal{C}$ 中的双单体 $\mathbf{H}$ 是指函子 $H : \mathcal{C} \to \mathcal{C}$, 使得它既有一个单体结构 $\underline{H} = (H, m, e)$, 又有一个余单体结构 $\overline{H} = (H, \delta, \varepsilon)$, 并满足

(1) $\varepsilon : H \to 1_{\mathcal{C}}$ 是从单体 $\underline{H}$ 到恒等单体之间的自然变换.

(2) $e : 1_{\mathcal{C}} \to H$ 是从恒等余单体到余单体 $\overline{H}$ 之间的态射.

(3) 在单体 $\underline{H}$ 和余单体 $\overline{H}$ 之间存在一个混合分配律 $\lambda : HH \to HH$, 并使得

$$Hm \circ \delta \circ m = \lambda H \circ H\delta.$$

**定义 3.5.7** 设 $\mathcal{C}$ 和 $\mathcal{D}$ 都是范畴. 给定 $\mathcal{C}$ 中的一个单体 $\mathbf{T} = (T, m, e)$, 并设 $L : \mathcal{C} \to \mathcal{D}$ 是任意函子, 称 $L$ 是 (右) **T 模**是指存在自然变换 $\alpha_L : LT \to L$ 使得

$$\alpha_L \circ Le = id_L$$

和

$$\alpha_L \circ Lm = \alpha_L \circ \alpha_L T.$$

类似可定义左 $\mathbf{T}$ 模 $L$ 带有模作用 $\beta_L : TL \to L$. $\mathbf{T}$ 上的双模 $L$ 是指 $L$ 既是左 $\mathbf{T}$ 模又是右 $\mathbf{T}$ 模, 并满足 $\beta_L(\alpha_L(LT)T) = \alpha_L(T\beta_L(TL))$.

给定范畴 $\mathcal{C}$ 中的余单体 $\mathbf{G} = (\mathbf{G}, \delta, \varepsilon)$, 一个函子 $K : \mathcal{D} \to \mathcal{C}$ 称为**左 G 余模**指存在自然变换 $\rho_K : K \to GK$ 满足

$$\varepsilon K \circ \rho_K = id_K \quad 和 \quad \delta K \circ \rho_K = \rho_K \circ \rho_K.$$

给定两个 $\mathbf{T}$ 模 $(L, \alpha_L), (L', \alpha_{L'})$, 自然变换 $g : L \to L'$ 称为是 $T$ **线性的**是指

$$\alpha_{L'} \circ gT = g \circ \alpha_L.$$

给定两个 $\mathbf{G}$ 余模 $(K, \rho_K), (K', \rho_{K'})$, 一个自然变换 $f : K \to K'$ 称为 $G$ **余线性的**, 如果满足

$$\rho_{K'} \cdot f = fK \cdot \rho_K. \tag{3.5}$$

对 Hopf 代数感兴趣的读者, 可进一步阅读文献 [58, 71, 72, 76, 82, 137, 138, 150, 166–169, 176, 177, 210, 214, 215, 220, 264].

# 第4章　Galois 下降理论

## 4.1　预 备 知 识

设 $A$ 为环, $\mathcal{C}$ 为 $A$ 余环, $\mathcal{M}^{\mathcal{C}}$ 表示右 $\mathcal{C}$ 余模范畴. $\mathcal{M}^{\mathcal{C}}_{fgp}$ 表示 $\mathcal{M}^{\mathcal{C}}$ 的一个全子范畴, 其对象为有限生成投射右 $A$ 模. 类似地, 有 ${}^{\mathcal{C}}\mathcal{M}$ 与 ${}^{\mathcal{C}}_{fgp}\mathcal{M}$. 设 $\Sigma \in \mathcal{M}_A$, 则 $\Sigma^{\star} \in {}_A\mathcal{M}$, 具有左 $A$ 作用 $(af)(u) = af(u), \forall a \in A, u \in \Sigma$. $\Sigma$ 为有限生成投射右 $A$ 模当且仅当存在唯一 $e = \sum_i e_i \otimes_A f_i \in \Sigma \otimes_A \Sigma^{\star}$, 使得 $u = \sum_i e_i f_i(u), f = \sum_i f(e_i) f_i$. 对 $\forall u \in \Sigma, f \in \Sigma^*$. 此时 $\Sigma^*$ 为有限生成投射左 $A$ 模. 于是得到范畴 $\mathcal{M}_{A,fgp}$ 与 ${}_{A,fgp}\mathcal{M}^{op}$ 之间可逆等价函子对 $((\bullet)^*, {}^*(\bullet))$[32,46,179].

**命题 4.1.1**　设 $\mathcal{C}$ 为 $A$ 余环, 上面函子限制在 $\mathcal{M}^{\mathcal{C}}_{fgp}$ 与 ${}^{\mathcal{C}}_{fgp}\mathcal{M}$ 上为可逆对.

**证明**　设 $(\Sigma, \rho^r) \in \mathcal{M}^{\mathcal{C}}_{fgp}$, $e$ 为有限对偶基. 考虑映射 $\rho^l : \Sigma^* \longrightarrow \mathcal{C} \otimes_A \Sigma^*$, $f \longmapsto \sum_i f(e_{i[0]}) e_{i[1]} \otimes_A f_i$. 下证 $(\Sigma^*, \rho^l) \in_{A,fgp} \mathcal{M}^{op}$. 事实上, 有

$$u_{[0]} \otimes_A u_{[1]} = \sum_i e_{i[0]} \otimes_A e_{i[1]} f_i(u),$$

因此

$$f(u_{[0]}) u_{[1]} = \sum_i f(e_{i[0]}) e_{i[1]} f_i(u).$$

由于可计算

$$\begin{aligned}(I \otimes_A \rho^l)\rho^l(f) &= \sum_{i,j} f(e_{i[0]}) e_{i[1]} \otimes_A f_i(e_{j[0]}) e_{j[1]} \otimes_A f_j \\ &= \sum_{i,j} f(e_{i[0]}) e_{i[1]} f_i(e_{j[0]}) \otimes_A e_{j[1]} \otimes_A f_j \\ &= \sum_j f(e_{j[0]}) e_{j[1]} \otimes_A e_{j[2]} \otimes_A f_j \\ &= (\Delta \otimes_A I)(\rho^l(f)),\end{aligned}$$

而且

$$(\varepsilon_{\mathcal{C}} \otimes_A I)(\rho^l(f)) = \sum_i f(e_{i[0]}) \varepsilon_{\mathcal{C}}(e_{i[1]}) f_i = f.$$

其余验证是直接的. □

现在设 $B$ 为第二个环, 称 $M$ 为一个 $(B, \mathcal{C})$ **双余模**, 如果 $M$ 为 $(B, A)$ 双模, 且 $M \in \mathcal{M}^{\mathcal{C}}$, 使得

$$\rho^r(bm) = bm_{[0]} \otimes_A m_{[1]},$$

对 $\forall\, b \in B, m \in M$. 这就意味着有一个标准映射

$$l : B \longrightarrow \mathrm{End}_A(M), \quad l_b(m) = bm.$$

上述 $\mathrm{End}^{\mathcal{C}}(M)$ 可分解. 记由 $(B,\mathcal{C})$ 双余模连同左 $B$ 线性和右 $\mathcal{C}$ 余线性映射构成的范畴为 ${}_B\mathcal{M}^{\mathcal{C}}$, ${}_B\mathcal{M}^{\mathcal{C}}_{fgp}$ 表示 ${}_B\mathcal{M}^{C}$ 的全子范畴, 其对象为有限生成投射右 $A$ 模.

设 $M \in \mathcal{M}^{\mathcal{C}}, N \in {}^{\mathcal{C}}\mathcal{M}$, $M$ 与 $N$ 的余张量积记为

$$M\Box_{\mathcal{C}}N = \left\{\sum_i m_i \otimes n_i \in M \otimes_A N \middle| \sum_i \rho^r(m_i) \otimes n_i = \sum_i m_i \otimes \rho^l(n_i)\right\}.$$

这是 $\rho^r \otimes_A I_N$ 与 $I_M \otimes_A \rho^l$ 的等化子. $M\Box_{\mathcal{C}}N$ 为一个 Abel 群.

**引理 4.1.2** 设 $M \in {}_B\mathcal{M}^{\mathcal{C}}, N \in {}^{\mathcal{C}}\mathcal{M}_{\mathcal{D}}$, 则 $M\Box_{\mathcal{C}}N \in {}_B\mathcal{M}_{\mathcal{D}}$.

证明显然.

同时, $M \otimes_A \varepsilon_{\mathcal{C}} : M\Box_{\mathcal{C}}\mathcal{C} \longrightarrow M$ 为同构, 其逆为 $\rho^r$.

**引理 4.1.3** 设 $L \in \mathcal{M}^{\mathcal{C}}, M \in \mathcal{M}_A$, 那么有同构

$$\alpha : \mathrm{Hom}_A(L, M) \longrightarrow \mathrm{Hom}^{\mathcal{C}}(L, M \otimes_A \mathcal{C}),$$

$$f \longmapsto (l \longmapsto f(l_{[0]}) \otimes_A l_{[1]}),$$

具有逆映射 $\alpha^{-1}(\varphi) = (I_M \otimes_A \varepsilon_{\mathcal{C}}) \circ \varphi$.

**证明** 显然, $\alpha(f)$ 为右 $\mathcal{C}$ 余线性, $\forall f \in \mathrm{Hom}_A(L, M)$. 进一步 $(\alpha^{-1}(\alpha(f)))(l) = (M \otimes_A \varepsilon_{\mathcal{C}})(f(l_{[0]}) \otimes_A l_{[1]}) = f(l)$. 取 $\varphi \in \mathrm{Hom}^{\mathcal{C}}(L, M \otimes_A \mathcal{C})$. 如果 $\varphi(l) = \sum_j m_j \otimes_A c_j$, 则 $\varphi(l_{[0]}) \otimes_A l_{[1]} = \sum_j m_j \otimes_A c_{j[1]} \otimes_A c_{j[2]}$, 且

$$\begin{aligned}(\alpha \circ \alpha^{-1})(\varphi)(l) &= \alpha^{-1}(\varphi)(l_{[0]}) \otimes_A l_{[1]} \\ &= (M \otimes_A \varepsilon_{\mathcal{C}})(\varphi(l_{[0]})) \otimes_A l_{[1]} \\ &= \sum_j m_j \otimes_A \varepsilon_{\mathcal{C}}(c_{j[1]}) \otimes_A c_{j[2]} = \varphi(l).\end{aligned}$$ □

设 $A, B$ 为环, $\Sigma \in {}_B\mathcal{M}^{\mathcal{MC}}$, 则 $\Sigma^* \in {}_A\mathcal{M}_B$, 其模作用

$$(afb)(u) = af(bu).$$

如果 $e$ 为对偶基, 则 $e \in (\Sigma \otimes_A \Sigma^*)^B$. 事实上, 对 $\forall b \in B$, 有

$$be = \sum_i be_i \otimes_A f_i = \sum_{i,j} e_j f_j(be_i) \otimes_A f_i$$

$$=\sum_{i,j} e_j \otimes_A f_j(be_i)f_i = \sum_{i,j} e_j \otimes_A (f_jb)(e_i)f_i$$
$$=\sum_{j} e_j \otimes_A f_jb = eb.$$

有环同构:

$$(\bullet)^* : \mathrm{End}_A(\Sigma) \longrightarrow {}_A\mathrm{End}(\Sigma^*)^{op},$$
$$f \longmapsto f^*.$$

从而有一个限制同构:

$$(\bullet)^* : \mathrm{End}^{\mathcal{C}}(\Sigma) \longrightarrow {}^{C}\mathrm{End}(\Sigma^*)^{op},$$

并且有

$$r = (\bullet)^* \circ l : B \longrightarrow {}^{C}\mathrm{End}(\Sigma^*)^{op}, \quad r_b(f) = f \circ l_b.$$

**命题 4.1.4** 设 $\mathcal{C}$ 为 $A$ 余环, $M \in \mathcal{M}^{\mathcal{C}}, \Sigma \in \mathcal{M}^{\mathcal{C}}_{fgp}$. 那么标准同构 $\alpha : \mathrm{Hom}_A(\Sigma, M) \longrightarrow M \otimes_A \Sigma^*$ 可限制为同构: $\mathrm{Hom}^{\mathcal{C}}(\Sigma, M) \cong M \Box_{\mathcal{C}} \Sigma^*$.

**证明** 回顾 $\alpha(\varphi) = \sum_i \varphi(e_i) \otimes_A f_i$, 而且 $\alpha^{-1}(m \otimes_A g)(u) = mg(u)$, 对 $\forall \varphi \in \mathrm{Hom}_A(\Sigma, M), m \in M, g \in \Sigma^*, u \in \Sigma$. 取 $\sum_j m_j \otimes_A g_j \in M \otimes_A \Sigma^*$, 令 $\varphi = \alpha^{-1}(\sum_j m_j \otimes_A g_j) \in \mathrm{Hom}_A(\Sigma, M)$ 为对应映射, 那么

$$\varphi \in \mathrm{Hom}^{\mathcal{M}C}(\Sigma, M) \Longleftrightarrow \varphi(u_{[0]}) \otimes_A u_{[1]} = \varphi(u)_{[0]} \otimes_A \varphi(u)_{[1]}. \tag{4.1}$$

对 $\forall u \in \Sigma$, 右边为

$$\varphi(u)_{[0]} \otimes_A \varphi(u)_{[1]} = \sum_j m_{j[0]} \otimes_A m_{j[1]} g_j(u),$$

而左边为

$$\varphi(u_{[0]}) \otimes_A u_{[1]} = \sum_j m_j g_j(u_{[0]}) \otimes_A u_{[1]}$$
$$=\sum_{i,j} m_j g_j(e_{i[0]}) \otimes_A e_{i[1]} f_i(u)$$
$$=\sum_{i,j} m_j \otimes_A g_j(e_{i[0]}) e_{i[1]} f_i(u)$$
$$=\sum_j m_j \otimes_A g_{j[-1]} g_{j[0]}(u).$$

于是有

$$\sum_j m_j \otimes_A g_{j[-1]} g_{j[0]}(e_i) = \sum_j m_{j[0]} \otimes_A m_{j[1]} g_j(e_i),$$

因此

$$\sum_{i,j} m_j \otimes_A g_{j[-1]} g_{j[0]}(e_i) \otimes_A f_i = \sum_{i,j} m_{j[0]} \otimes_A m_{j[1]} g_j(e_i) \otimes_A f_i,$$

或

$$\sum_{i,j} m_j \otimes_A g_{j[-1]} \otimes_A g_{j[0]}(e_i) f_i = \sum_{i,j} m_{j[0]} \otimes_A m_{j[1]} \otimes_A g_j(e_i) f_i.$$

于是

$$\sum_j m_j \otimes_A \rho^l(g_j) = \sum_j \rho^r(m_j) \otimes_A g_j. \tag{4.2}$$

所以 $\sum_j m_j \otimes_A g_j \in M\Box_{\mathcal{C}}\Sigma^*$. 反之, 由 (4.2) 成立可证 (4.1) 也成立. □

**命题 4.1.5** 设 $A, B$ 为环, $\mathcal{C}$ 为 $A$ 余环且 $\Sigma \in {}_B\mathcal{M}^{\mathcal{C}}_{fgp}$, 那么有以下两对伴随函子 $(F, G)$ 与 $(F', G')$:

$$F : M_B \longrightarrow M^{\mathcal{C}}, \quad F(N) = N \otimes_B \Sigma,$$

$$G : M^{\mathcal{C}} \longrightarrow M_B, \quad G(M) = \mathrm{Hom}^{\mathcal{C}}(\Sigma, M) \cong M\Box_{\mathcal{C}}\Sigma^*$$

与

$$F' : {}_BM \longrightarrow {}^{\mathcal{C}}M, \quad F'(N) = \Sigma^* \otimes_B N,$$

$$G' : {}^{\mathcal{C}}M \longrightarrow {}_BM, \quad G'(M) = {}^{\mathcal{C}}\mathrm{Hom}(\Sigma^*, M) \cong \Sigma\Box_{\mathcal{C}}M.$$

**证明** 只给出第一对伴随对的单位与余单位. 其余可直接验证. 对 $\forall\ N \in \mathcal{M}_B$:

$$\nu_N : N \longrightarrow \mathrm{Hom}^{\mathcal{C}}(\Sigma, N \otimes_B \Sigma), \quad \nu_N(n) = n \otimes_B u,$$

或

$$\nu_N : N \longrightarrow (N \otimes_B \Sigma)\Box_{\mathcal{C}}\Sigma^*, \quad \nu_N(n) = \sum_i (n \otimes_B e_i) \otimes_A f_i,$$

并且对 $\forall\ M \in \mathcal{M}^{\mathcal{C}}$,

$$\zeta_M : \mathrm{Hom}^{\mathcal{C}}(\Sigma, M) \otimes_B \Sigma \longrightarrow M, \quad \varphi \otimes_B u \longmapsto \varphi(u),$$

或

$$\zeta_M : (M\Box_{\mathcal{C}}\Sigma^*) \otimes_B \Sigma \longrightarrow M, \quad \zeta_M\left(\left(\sum_j m_j \otimes_A g_j\right) \otimes_B u\right) = \sum_j m_j g_j(u).$$ □

## 4.2 余矩阵余环与下降理论

设 $A, B$ 为环, $\Sigma \in {}_B\mathcal{M}_A$, 并且 $\Sigma$ 为带有对偶基 $e = \sum_i e_i \otimes_A f_i$ 有限生成投射右 $A$ 模, 那么有余矩阵余环 $\mathcal{D} = \Sigma^* \otimes_B \Sigma$ ($A$ 余环)[46].

注意, $\Sigma$ 为右 $\mathcal{D}$ 余模, $\Sigma^*$ 为左 $\mathcal{D}$ 余模, 余作用由下面公式给出:

$$\rho^r(u) = e \otimes_B u, \quad \rho^r(f) = f \otimes_B e.$$

由于

$$\begin{aligned}\rho^r(bu) &= \sum_i e_i \otimes_A f_i \otimes_B bu = \sum_i e_i \otimes_A f_i b \otimes_B u \\ &= \sum_i be_i \otimes_A f_i \otimes_B u = bu_{[0]} \otimes_A u_{[1]},\end{aligned}$$

对 $\forall b \in B, u \in \Sigma$, 这里用到 $e \in (\Sigma \otimes_A \Sigma^*)^B$. 对 $\forall M \in \mathcal{M}^{\mathcal{M}D}$, 有

$$\mathrm{Hom}^{\mathcal{M}D}(\Sigma, M) \cong M \square_{\mathcal{D}} \Sigma^*,$$

$\sum_j m_j \otimes_A g_j \in M \otimes_A \Sigma^*$ 形成的子空间满足:

$$\sum_j \rho^M(m_j) \otimes_A g_j = \sum_j m_j \otimes_A g_j \otimes_B e.$$

尤其

$$T = \mathrm{End}^{\mathcal{D}}(\Sigma) \cong \{x \in \Sigma \otimes_A \Sigma^* | e \otimes_B x = x \otimes_B e\}.$$

由命题 4.1.4, 有两对伴随函子 $(K, R)$ 和 $(K', R')$. 详细地,

$$K : \mathcal{M}_B \longrightarrow \mathcal{M}^{\mathcal{D}}, \quad N \longmapsto N \otimes_B \Sigma;$$

$$R : \mathcal{M}^{\mathcal{D}} \longrightarrow \mathcal{M}_B, \quad R(M) = \mathrm{Hom}^{\mathcal{D}}(\Sigma, M) \cong M \square_{\mathcal{D}} \Sigma^*.$$

单位与余单位分别为 $\eta$ 与 $\varepsilon$, 由下面公式给出

$$\eta_N : N \longrightarrow \mathrm{Hom}^{\mathcal{D}}(\Sigma, N \otimes_B \Sigma), \quad \eta_N(n)(u) = n \otimes_B u;$$

$$\varepsilon_N : \mathrm{Hom}^{\mathcal{D}}(\Sigma, M) \otimes_B \Sigma \longrightarrow M, \quad \varphi \otimes_B u \longmapsto \varphi(u),$$

或

$$\eta_N \longrightarrow (N \otimes_B \Sigma) \square_{\mathcal{D}} \Sigma^*, \quad n \longmapsto n \otimes_B e;$$

$$\varepsilon_M : (M \square_{\mathcal{D}} \Sigma^*) \otimes_B \Sigma \longrightarrow M,$$

$$\sum_j m_j \otimes_A g_j \otimes {}_B u_j \longmapsto \sum_j m_j g_j(u_j).$$

对 $\forall N \in \mathcal{M}_B$, 将考虑映射 $l_N = N \otimes {}_B l : N \longrightarrow N \otimes {}_B \Sigma \otimes_A \Sigma^*, l_N(n) = n \otimes {}_B e$.

**定义 4.2.1** 设 $B$ 为环, 称 $P \in {}_B\mathcal{M}$ 为**整体忠实的**, 如果对 $\forall N \in \mathcal{M}_B, n \in N$, 有

$$N \otimes {}_B P \ni n \otimes {}_B p = 0, \quad 对\ \forall p \in P \Longrightarrow n = 0. \tag{4.3}$$

考虑 $P$ 为一个忠实的模, 当 $N = B$ 时式 (4.3) 成立, 事实上, 整体忠实性是一个纯条件.

**引理 4.2.2** 设 $\Sigma \in {}_B\mathcal{M}_A$, 为有限生成投射右 $A$ 模, 那么 $\Sigma$ 为整体忠实左 $B$ 模 $\Longleftrightarrow l : B \longrightarrow \mathrm{End}_A(\Sigma) \cong \Sigma \otimes_A \Sigma^*$ 作为左 $B$ 模态射是纯的.

**证明** 首先假设 $\Sigma$ 是整体忠实的, 考虑 $l(b) = b \otimes {}_B e = \sum_i be_i \otimes_A f_i$. 取 $N \in \mathcal{M}_B, n \in N$. 如果

$$(I_N \otimes {}_B l)(n \otimes {}_B 1_B) = \sum_i n \otimes {}_B e_i \otimes_A f_i = 0,$$

那么对 $\forall u \in \Sigma$, $0 = \sum_i n \otimes {}_B e_i f_i(u) = n \otimes {}_B u$, 因此 $n = 0$, 于是 $I_N \otimes {}_B l$ 为内射, 所以 $l$ 为纯的.

反之, 假设 $I_N \otimes {}_B l$ 为内射, 对 $\forall N \in \mathcal{M}_B$. 如果 $n \otimes {}_B u = 0$, 对 $\forall u \in \Sigma$, 则 $\sum_i n \otimes {}_B e_i \otimes_A f_i = 0$, 因此 $n = 0$. □

**定理 4.2.3** 函子 $K$ 为忠实的全函子 $\Longleftrightarrow \Sigma$ 为整体忠实的左 $B$ 模 $\Longleftrightarrow l : B \longrightarrow \Sigma \otimes_A \Sigma^*$ 在左 $B$ 模范畴中是纯的.

**证明** 取 $N \in \mathcal{M}_B$, 映射 $i_N = I_N \otimes_B l : N \longrightarrow N \otimes_B \Sigma \otimes_A \Sigma^*$. 上述 $\eta_N : N \longrightarrow (N \otimes {}_B \Sigma)\square_{\mathcal{D}} \Sigma^*$ 可分. 因此 $i_N$ 为单射 $\Longleftrightarrow \eta_N$ 为单射.

如果 $K$ 为忠实全函子, 则每个 $\eta_N$ 为双射, 因此为单的, 所以每个 $i_N$ 为单的, $\Sigma$ 为整体忠实的.

反之, 设 $\Sigma \in {}_B\mathcal{M}$ 为整体忠实的, 而且取 $N \in \mathcal{M}_B$. 总有 $\eta_N$ 为单射的, 而且如果能说明 $\eta_N$ 也为满的, 即可完成证明. □

考虑 $\widetilde{N} = (N \otimes {}_B \Sigma)\square_{\mathcal{D}} \Sigma^* / \eta_N(N)$ 和标准投射

$$\pi : (N \otimes {}_B \Sigma)\square_{\mathcal{D}} \Sigma^* \longrightarrow \widetilde{N}.$$

设 $x = \sum_j n_j \otimes {}_B u_j \otimes_A g_j \in (N \otimes {}_B \Sigma)\square_{\mathcal{D}} \Sigma^*$, 那么

$$\sum_j \eta(n_j) \otimes {}_B u_j \otimes_A g_j = \sum_{i,j} n_j \otimes {}_B e_i \otimes_A f_i \otimes {}_B u_j \otimes_A g_j = \sum_i x \otimes {}_B e_i \otimes_A f_i.$$

应用 $\pi$ 到前三个张量因子, 则

$$0=\sum_j \pi(\eta(n_j))\otimes{}_B u_j\otimes_A g_j=\sum_j \pi(x)\otimes{}_B e_i\otimes_A f_i,$$

因此, 对所有 $u\in\Sigma$,

$$0=\sum_i \pi(x)\otimes{}_B e_i f_i(u)=\sum_i \pi(x)\otimes{}_B u,$$

所以 $\pi(x)=0, x\in I_M(\eta_N)$.

现在讨论什么时候 $R$ 是忠实全函子, 或等价于什么时候 $\varepsilon$ 是自然同构, 对 $M\in\mathcal{M}^{\mathcal{D}}$, 有包含映射

$$(M\square_{\mathcal{D}}\Sigma^*)\otimes{}_B\Sigma\longrightarrow M\square_{\mathcal{D}}(\Sigma^*\otimes{}_B\Sigma)\subset M\otimes_A\Sigma^*\otimes{}_B\Sigma$$

和同构:

$$I_M\otimes_A\varepsilon_{\mathcal{D}}:M\square_{\mathcal{D}}(\Sigma^*\otimes{}_B\Sigma)\longrightarrow M.$$

显然 $\varepsilon_M=(I_M\otimes_A\varepsilon_{\mathcal{D}})\circ j$, 因此 $\varepsilon_M$ 为同构 $\Longleftrightarrow j$ 为同构, 因为 $M\square_{\mathcal{D}}\Sigma^*$ 为 $\rho^r_M\otimes_A\Sigma^*$ 与 $M\otimes_A\rho^l_{\Sigma^*}=l_{M\otimes_A\Sigma^*}$ 的等化子, 所以有下面的结果.

**命题 4.2.4**　对 $\forall M\in\mathcal{M}^{\mathcal{D}}$, 下面结论等价:

(1) $j:(M\square_{\mathcal{D}}\Sigma^*)\otimes{}_B\Sigma\longrightarrow M\square_{\mathcal{D}}(\Sigma^*\otimes{}_B\Sigma)$ 为同构.

(2) $\varepsilon_M$ 为同构.

(3) $\bullet\otimes{}_B\Sigma$ 保持 $\rho^r_M\otimes_A\Sigma^*$ 与 $l_{M\otimes_A\Sigma^*}$ 的等化子.

$R$ 为忠实的全函子 $\Longleftrightarrow$ 这三个条件对 $M\in\mathcal{M}^{\mathcal{D}}$ 成立, 尤其, 如果 $\Sigma$ 为平坦的, 则 $R$ 为忠实的全函子.

考虑反变函子 $C=\mathrm{Hom}_{\mathbb{Z}}(\bullet,\mathbb{Q}/\mathbb{Z}):\underline{Ab}\longrightarrow\underline{Ab}$. $\mathbb{Q}/\mathbb{Z}$ 为范畴 $\underline{Ab}$ 的内射余生成子, 因此 $C$ 为正合反射出同构, 如果 $B$ 为环, 则 $C$ 诱导函子

$$C:\mathcal{M}_B\longrightarrow{}_B\mathcal{M},\quad {}_B\mathcal{M}\longrightarrow\mathcal{M}_B.$$

例如, 如果 $M\in\mathcal{M}_B$, 那么 $C(M)$ 为左 $B$ 模, 其结构为 $(b\cdot f)(m)=f(mb)$, 对 $M\in\mathcal{M}_B, P\in{}_B\mathcal{M}$, 有下面同构且在 $M$ 与 $P$ 处自然:

$$\mathrm{Hom}_B(M,C(P))\cong{}_B\mathrm{Hom}(P,C(M))\cong C(M\otimes{}_BP).$$

如果 $P\in{}_B\mathcal{M}_B$, 则 $C(P)\in{}_B\mathcal{M}_B$, 且上面同构为左 $B$ 模同构.

下面结果为本节主要结果.

**命题 4.2.5**　设 $A,B$ 为环, $\Sigma\in{}_B\mathcal{M}_{A,fgp}$. 如果 $\Sigma^*\in\mathcal{M}_B$ 为整体忠实的, 则函子 $R$ 为忠实全函子.

**证明** 由命题 4.2.4 可知, 只要证明下列序列为正合:

$$0 \longrightarrow (M\Box_{\mathcal{D}}\Sigma^*)\otimes_B\Sigma \longrightarrow M\otimes_A\mathcal{D} \underset{l_{M\otimes_A\Sigma^*\otimes_B\Sigma}}{\overset{\rho\otimes_A\Sigma^*\otimes_B\Sigma}{\rightrightarrows}} M\otimes_A\mathcal{D}\otimes_A\mathcal{D}, \tag{4.4}$$

对 $\forall(M,l)\in\mathcal{M}^{\mathcal{M}D}$.

考虑引理 4.2.2 的右模情况, $l:B\longrightarrow\Sigma\otimes_A\Sigma^*, l(b)=\sum_i e_i\otimes_A f_ib=\sum_i be_i\otimes_A f_i$ 在 $\mathcal{M}_B$ 中是纯的, 这就意味着对 $\forall N\in{}_B\mathcal{M}$, 映射

$$r_N:N\longrightarrow\Sigma\otimes_A\Sigma^*\otimes_B N,\quad r_N(n)=\sum_i e_i\otimes_A f_i\otimes_B n$$

为单射, 尤其 $r_{C(B)}$ 为单的右 $B$ 线性映射, 应用反变函子 $C$, 有

$$C_{r(C(B))}:C(\Sigma\otimes_A\Sigma^*\otimes_B C(B))\longrightarrow C(C(B))$$

在 ${}_B\mathcal{M}$ 中为满的, 由 (4.4) 得

$$C(l)\circ\bullet:{}_B\mathrm{Hom}(C(B),C(\Sigma\otimes_A\Sigma^*))\longrightarrow{}_B\mathrm{Hom}(C(B),C(B))$$

为同构, 这就推出

$$C(l):C(\Sigma\otimes_A\Sigma^*)\longrightarrow C(B)$$

为 ${}_B\mathcal{M}$ 中可裂满射, 于是

$$C(l)\circ\bullet:\mathrm{Hom}_B(M,C(\Sigma\otimes_A\Sigma^*))\longrightarrow\mathrm{Hom}_B(M,C(B))$$

为 ${}_B\mathcal{M}$ 中可裂满射, 对 $\forall M\in\mathcal{M}_B$, 应用 (4.4), 有

$$C(l_M):C(M\otimes_B\Sigma\otimes_A\Sigma^*)\longrightarrow C(M)$$

为 ${}_B\mathcal{M}$ 中可裂满射, 现在考虑下面 $\mathcal{M}_B$ 中图

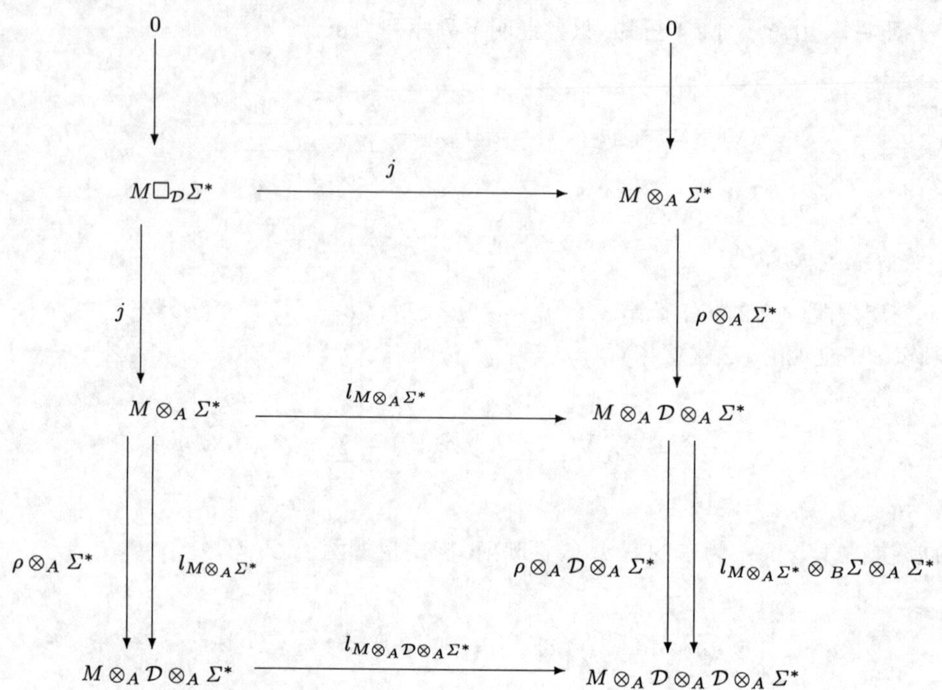


直接验证可知上图中的两个方形图可换.

易证右列正合：取 $x=\sum_j m_j\otimes_A g_j\otimes{}_B u_j\otimes_A h_j\in M\otimes_A\mathcal{D}\otimes_A\Sigma^*$, 且设 $(\rho\otimes_A\mathcal{D}\otimes_A\Sigma^*)(x)=(l_{M\otimes_A\Sigma^*}\otimes{}_B\Sigma\otimes_A\Sigma^*)(x)$, 则 $\sum_j\rho(m_j)\otimes_A g_j\otimes{}_B u_j\otimes_A h_j=\sum_{i,j}m_j\otimes_A g_j\otimes{}_B e_i\otimes_A f_i\otimes{}_B u_j\otimes_A h_j$, 因此

$$\begin{aligned}x&=\sum_j m_j\otimes_A g_j\otimes{}_B u_j\otimes_A h_j\\&=\sum_{j,i}m_j\otimes_A g_j\otimes{}_B e_i f_i(u_j)\otimes_A h_j\\&=\sum_j\rho(m_j)g_j(u_j)\otimes_A h_j\\&=\sum_j\rho(m_j)\otimes_A g_j(u_j)h_j\\&=(\rho\otimes_A\Sigma^*)\left(\sum_j m_j\otimes_A g_j(u_j)h_j\right).\end{aligned}$$

现在应用函子 $C$ 到上图, 得到 ${}_B\mathcal{M}$ 中交换图, 而且列为正合的:

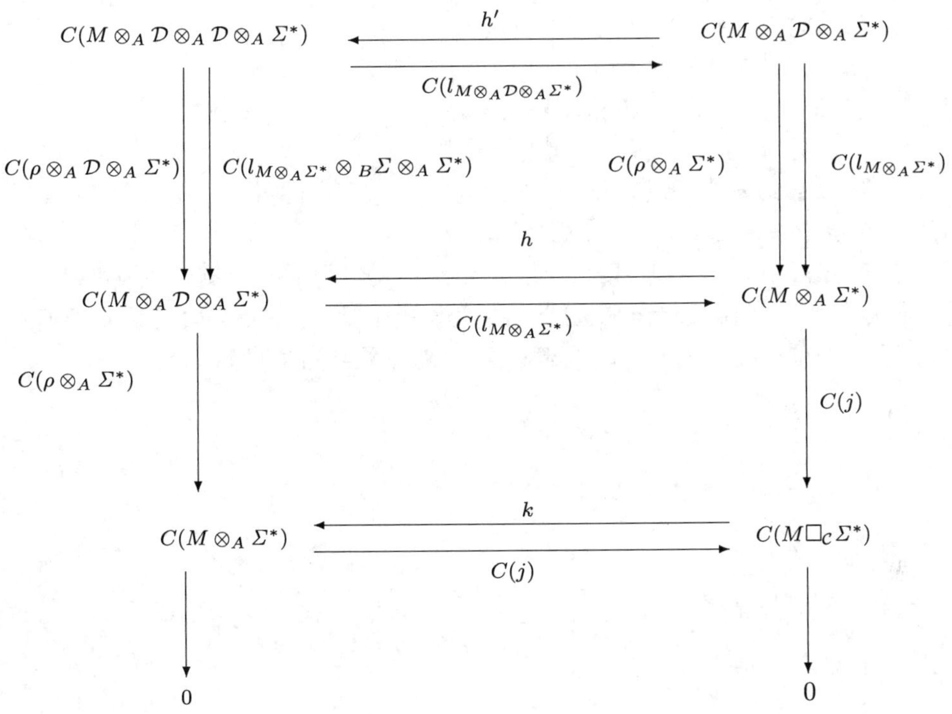


从上图可知, $C(l_{M\otimes_A D\otimes_A\Sigma^*})$ 与 $C(l_{M\otimes_A\Sigma^*})$ 在 ${}_B\mathcal{M}$ 中有右逆. 由图追踪法可证, $C(j)$ 在 ${}_B\mathcal{M}$ 中有右逆 $R$, 使得 $k\circ C(j)=C(\rho\otimes_A\Sigma^*)\circ h$. 因此上图底行为可裂分叉. 下图分裂

$$C(M\otimes_A\mathcal{D}\otimes_A\Sigma^*)\overset{h}{\longleftarrow}C(M\otimes_A\Sigma^*)\overset{k}{\longleftarrow}C(M\Box_{\mathcal{D}}\Sigma^*).$$

一个范畴 $\mathcal{C}$ 中的**分叉** (fork) 意味着一个图 $a\overset{\alpha_0}{\underset{\alpha_1}{\rightrightarrows}}b\overset{e}{\longrightarrow}c$ 满足 $e\alpha_0=e\alpha_1$. **一个可裂分叉**为一个分叉带有两个态射 $a\overset{t}{\longleftarrow}b\overset{s}{\longleftarrow}c$ 满足条件 $e\alpha_0=e\alpha_1, es=1, \alpha_0t=1, \alpha_1t=se$, 此时称 $s$ **与** $t$ **可分叉**.

分裂分叉由任意函子保持, 所以应用 ${}_B\mathrm{Hom}(A,\bullet)$ 得到一个 ${}_B\mathcal{M}$ 中可裂分叉. 由 (4.4), 这个可裂分叉为

$$C(M\otimes_A\mathcal{D}\otimes_A\mathcal{D})\underset{C(l_{M\otimes_A\Sigma^*}\otimes_B\Sigma)}{\overset{C(\rho\otimes_A\Sigma^*\otimes_B\Sigma)}{\rightrightarrows}}C(M\otimes_A\mathcal{D})\overset{C(j\otimes_B\Sigma)}{\longrightarrow}C((M\Box_{\mathcal{D}}\Sigma^*)\otimes_B\Sigma),$$

$C$ 为正合且反射出同构, 因此它也是反射余等化子, 于是 (4.4) 为正合. □

结果可概述如下:

**定理 4.2.6** 设 $A,B$ 为环, $\Sigma\in{}_B\mathcal{M}_A$ 有限生成投射右 $A$ 模, 带有有限对偶基 $e$, 且 $\mathcal{D}=\Sigma^*\otimes_B\Sigma$, 考虑伴随函子对 $(K,R)$ 与 $(K',R')$, 那么下面的叙述等价:

(1) $(K,R)$ 与 $(K',R')$ 为可逆等价函子对.

(2) $K$ 与 $K'$ 与忠实的全函子.

(3) $l: B \longrightarrow \Sigma\otimes_A \Sigma^*, l(b)=be=eb$, 在 ${}_B\mathcal{M}$ 与 $\mathcal{M}_B$ 中是纯的.

(4) $\Sigma\in {}_B\mathcal{M}$ 与 $\Sigma^*\in\mathcal{M}_B$ 为整体忠实的.

如果 $\Sigma\in {}_B\mathcal{M}$ 为平坦, 那么可知 $R$ 为忠实全函子 (见命题 4.2.4), 此时 $K$ 也为忠实全函子 $\Longleftrightarrow \Sigma\in {}_B\mathcal{M}$ 为忠实平坦的.

**定理 4.2.7** (忠实平坦下降) 设 $A,B$ 为环, $\Sigma\in {}_B\mathcal{M}_A$ 为有限生成投射右 $A$ 模, 且为平坦左 $B$ 模, 那么 $(K,R)$ 为可逆等价函子对 $\Longleftrightarrow \Sigma\in {}_B\mathcal{M}$ 为忠实平坦的.

**证明** 首先假设 $\Sigma\in {}_B\mathcal{M}$ 为忠实平坦, 对 $\forall N\in\mathcal{M}_B$, 映射

$$f: N\otimes_B\Sigma \longrightarrow N\otimes_B\Sigma\otimes_A\Sigma^*\otimes_B\Sigma,$$

$$n\otimes_B u\longmapsto \sum_i n\otimes_B e_i\otimes_A f_i\otimes_B u$$

为单射, 因为若

$$f\left(\sum_j n_j\otimes_B u_j\right)=\sum_{i,j} n_j\otimes_B e_i\otimes_A f_i\otimes_B u_j=0,$$

则

$$0=\sum_{i,j} n_j\otimes_B e_i f_i(u_j)=\sum_j n_j\otimes_B u_j.$$

因为 $\Sigma$ 为忠实平坦, 所以

$$l_N: N\longrightarrow N\otimes_B\Sigma\otimes_A\Sigma^*,\quad l(n)=\sum_i l\otimes_B e_i\otimes_A f_i$$

为单射, 这就意味着 $l$ 为纯的, 由命题 4.2.3 可得 $K$ 为忠实全函子.

反之, 设 $0\longrightarrow N'\longrightarrow N\longrightarrow N''\longrightarrow 0$ 为 $\mathcal{M}_B$ 中序列使得

$$0\longrightarrow N'\otimes_B\Sigma\longrightarrow N\otimes_B\Sigma\longrightarrow N''\otimes_B\Sigma\longrightarrow 0$$

在 $\mathcal{M}_A$ 中正合, 应用正合函子 $R$ 到上面序列, 用 $\eta$ 的同构的事实, 有序列正合, 因此 $\Sigma\in {}_B\mathcal{M}$ 为忠实平坦的. □

## 4.3 Galois 余环

设 $A,B$ 为环, $\mathcal{C}$ 为 $A$ 余环, $\Sigma\in {}_B\mathcal{M}^{\mathcal{MC}}_{fgp}$, 考虑伴随函子对 $(F,G)$ (见 4.1 节) 和余矩阵余环 $\mathcal{D}=\Sigma^*\otimes_B\Sigma$, 现在讨论在什么条件下, $(F,G)$ 为可逆等价函子对 [46,60,61,67].

**引理 4.3.1** 映射

$$\mathrm{Can}:\mathcal{D}\longrightarrow\mathcal{C},\quad \mathrm{Can}(g\otimes{}_B u)=g(u_{[0]})u_{[1]}$$

为余环同态.

**证明** 显然, Can 为 $A$ 双模映射, 可以计算

$$\begin{aligned}(\mathrm{Can}\otimes_A\mathrm{Can})(\Delta_{\mathcal{D}}(g\otimes{}_B u))&=\sum_i\mathrm{Can}(g\otimes{}_B e_i)\otimes_A\mathrm{Can}(f_i\otimes{}_B u)\\&=\sum_i g(e_{i[0]})e_{i[1]}\otimes_A f_i(u_{[0]})u_{[1]}\\&=g(u_{[0]})u_{[1]}\otimes_A u_{[2]}=\Delta_{\mathcal{C}}(\mathrm{Can}(g\otimes{}_B u))\end{aligned}$$

且

$$\varepsilon_{\mathcal{C}}(\mathrm{Can}(g\otimes{}_B u))=g(u)=\varepsilon_{\mathcal{D}}(g\otimes{}_B u).$$

□

**引理 4.3.2** 存在函子

$$\Gamma:\mathcal{M}^{\mathcal{D}}\longrightarrow\mathcal{M}^{\mathcal{C}},\qquad \Gamma(M,\tilde{\rho})=(M,\rho=(M\otimes_A\mathrm{Can})\circ\tilde{\rho}),\quad \Gamma\circ K=F$$

和自然嵌入映射 $\alpha:R\longrightarrow G\circ\Gamma$. 如果 Can 是双射, 那么 $\Gamma$ 是一个范畴同构, $\alpha$ 是一个自然同构.

**证明** $(\Sigma,\rho)\in\mathcal{M}^{\mathcal{C}}$ 和 $(\Sigma,\tilde{\rho})\in\mathcal{M}^{\mathcal{D}}$, 其中 $\tilde{\rho}(u)=\sum_i u\otimes_A e_i\otimes{}_B f_i$. 记 $\rho(u)=u_{[0]}\otimes_A u_{[1]}$. 由于

$$(M\otimes_A\mathrm{Can})(\tilde{\rho}(u))=\sum_i e_i\otimes_A f_i(u_{[0]})u_{[1]}=u_{[0]}\otimes_A u_{[1]},$$

所以 $\Gamma(\Sigma,\tilde{\rho})=(\Sigma,\rho)$. 因此对所有的 $N\in\mathcal{M}_B$, 有 $\Gamma(K(N))=\Gamma(N\otimes{}_B\Sigma)=F(N)$. 现取 $M\in\mathcal{M}^{\mathcal{D}}$ 和 $f\in R(M)=\mathrm{Hom}^{\mathcal{D}}(\Sigma,M)$. 由于对所有的 $u\in\sigma$,

$$\begin{aligned}(f\otimes_A\mathcal{C})(\rho(u))&=((f\otimes_A\mathcal{C})\circ(\Sigma\otimes_A\mathrm{Can})\circ\tilde{\rho})(u)\\&=((M\otimes_A\mathrm{Can})\circ(f\otimes_A\mathcal{D})\circ\tilde{\rho})(u)\\&=(M\otimes_A\mathrm{Can})(\tilde{\rho}(f(u)))=\rho(f(u)).\end{aligned}$$

则 $\Gamma(f)=f:\Gamma(\Sigma)\longrightarrow\Gamma(M)$ 是右 $\mathcal{C}$ 余线性的, 并且

$$R(M)=\mathrm{Hom}^{\mathcal{D}}(\Sigma,M)\subset G(\Gamma(M))=\mathrm{Hom}^{\mathcal{C}}(\Gamma(M),\Gamma(\Sigma)).$$

剩下的证明是直接的. □

作为一个直接的结论, 有

**命题 4.3.3**　记号同上. 如果 Can 是一个同构, 那么 $F$ 是满忠实的当且仅当 $K$ 是满忠实的, 并且 $G$ 是满忠实的当且仅当 $R$ 是满忠实的.

现在给出一些 $(F,G)$ 成为一个可逆等价对的必要条件.

**命题 4.3.4**　记号同上. 有下面的结论:

(1) 如果函子 $F$ 是满忠实的, 那么映射 $l: B \longrightarrow T = \Sigma \otimes^{\mathcal{C}} \Sigma^*, l(b) = eb = be$ 是一个同构.

(2) 如果函子 $G$ 是满忠实的, 那么映射 $\mathrm{Can}: \mathcal{D} \longrightarrow \mathcal{C}$ 是一个同构.

**证明**　(1) 令 $l = \nu_B$, 则结论是显然的.

(2) 由引理 4.1.3, 有同构 $\alpha: \Sigma^* \longrightarrow \mathrm{Hom}^{\mathcal{C}}(\Sigma, \mathcal{C})$. 容易验证 $\mathrm{Can} = \zeta_{\mathcal{C}} \circ (\alpha \otimes_B \Sigma)$, 因此 Can 是一个同构当且仅当 $\zeta_{\mathcal{C}}$ 是一个同构. □

**定义 4.3.5**　假设 $\mathcal{C}$ 是 $A$ 余环. $\Sigma \in \mathcal{M}^{\mathcal{C}}_{fgp}$ , $T = \Sigma \otimes^{\mathcal{C}} \Sigma^* \cong \mathrm{End}^{\mathcal{C}}(\Sigma)$. 如果 $\mathrm{Can}: \mathcal{D} = \Sigma^* \otimes_T \Sigma \longrightarrow \mathcal{C}$ 是一个同构, 那么称 $(\mathcal{C}, \Sigma)$ 为Galois **余环**.

如果 $(\mathcal{C}, \Sigma)$ 为定义 4.3.5 中的 Galois 余环, 则 $\Sigma$ 称为 Galois $\mathcal{C}$ **余模**.

下面给出一些等价定义. $(\mathcal{M}, \rho) \in \mathcal{M}^{\mathcal{C}}$ 称为$(\mathcal{C}, A)$ **内射的**, 如果下面条件成立: 对每一个在 $\mathcal{M}_A$ 中有左逆的右 $\mathcal{C}$ 余线性映射 $i: N \longrightarrow L$, 并且对每一个 $\mathcal{M}^{\mathcal{C}}$ 中的态射 $f: N \longrightarrow M$, 都在 $\mathcal{M}^{\mathcal{C}}$ 中存在一个态射 $g: L \longrightarrow M$ 使得 $g \circ i = f$. 容易验证 $(\mathcal{M}, \rho) \in \mathcal{M}^{\mathcal{C}}$ 是 $(\mathcal{C}, A)$ 内射的当且仅当 $\rho$ 在 $\mathcal{M}^{\mathcal{C}}$ 中有左逆.

**命题 4.3.6**　假设 $\mathcal{C}$ 是 $A$ 余环. $\Sigma \in \mathcal{M}^{\mathcal{C}}_{fgp}$ , 那么下列叙述等价:

(1) $(\mathcal{C}, \Sigma)$ 是 Galois 的.

(2) 赋值映射 $\mathrm{ev}_{\mathcal{C}}: \mathrm{Hom}^{\mathcal{C}}(\Sigma, \mathcal{C}) \otimes_T \Sigma \longrightarrow \mathcal{C}$ 是一个同构.

(3) 如果 $\mathcal{M} \in \mathcal{M}^{\mathcal{C}}$ 称为 $(\mathcal{C}, A)$ 内射的, 则赋值映射

$$\mathrm{ev}_M: \mathrm{Hom}^{\mathcal{C}}(\Sigma, M) \otimes_T \Sigma \longrightarrow M, \quad \mathrm{ev}_M(f \otimes_T u) = f(u)$$

是一个同构.

**证明**　由 $\mathrm{Hom}^{\mathcal{C}}(\Sigma, \mathcal{C}) \cong \mathrm{Hom}_A(\Sigma, A) = \Sigma^*$ 知 (1) 等价于 (2). 由引理 4.1.3 知 (3) ⇒ (2).

(1) ⇒ (3) 对所有的 $L \in \mathcal{M}^{\mathcal{C}}$, 有可裂正合列:

$$0 \longrightarrow \mathrm{Hom}^{\mathcal{C}}(L, M) \xrightarrow{i} \mathrm{Hom}_A(L, M) \xrightarrow{j} \mathrm{Hom}_A(L, M \otimes_A \mathcal{C}). \tag{4.5}$$

映射 $j$ 由下式给出:

$$j(f)(l) = f(l)_{[0]} \otimes_A f(l)_{[1]} - f(l_{[0]}) \otimes_A l_{[1]}.$$

可裂映射

$$\alpha: \mathrm{Hom}_A(L, M) \longrightarrow \mathrm{Hom}^{\mathcal{C}}(L, M) \text{ 和 } \beta: \mathrm{Hom}_A(L, M \otimes_A \mathcal{C}) \longrightarrow \mathrm{Hom}_A(L, M)$$

由下式给出

$$\alpha(f)(l) = \gamma(f(l_{[0]}) \otimes_A l_{[1]}) \text{ 和 } \beta(g) = \gamma \circ g,$$

其中在 $\mathcal{M}^{\mathcal{C}}$ 中 $\gamma$ 是 $\rho$ 的左逆. 现取 $L = \Sigma$, 应用 $\bullet_A \Sigma$ 到 (4.5). 应用

$$\mathrm{Hom}_A(\Sigma, M) \cong M \otimes_A \Sigma^* \text{ 和 } \mathrm{Hom}_A(\Sigma, M \otimes_A \mathcal{C}) \cong M \otimes_A \mathcal{C} \otimes_A \Sigma^*,$$

可以得到下面交换图:

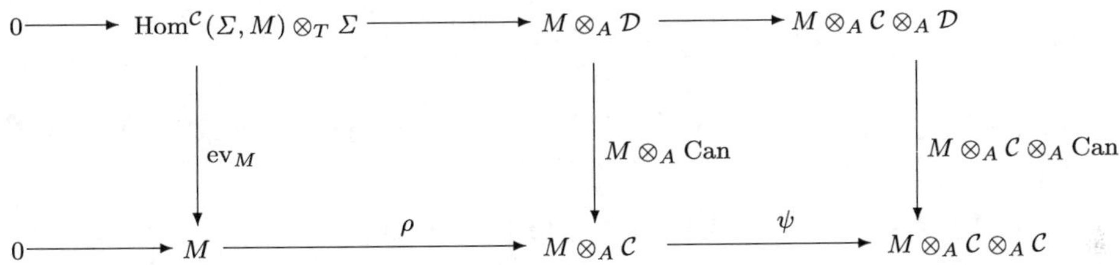


其中 $\psi = \rho \otimes_A \mathcal{C} - M \otimes_A \Delta_{\mathcal{C}}$. 上行可裂正合, 下行可裂正合. 直接计算可知上图可交换. 又因为 Can 是双射, 那么 $\mathrm{ev}_M$ 是双射. □

下面关注带有固定平坦余模的余环. 首先回顾一些有关生成子的基本知识.

**引理 4.3.7** 假设 $\mathcal{C}$ 是 $A$ 余环. $\Sigma \in \mathcal{M}^{\mathcal{C}}$, 考虑下述条件:

(1) $\Sigma$ 生成 $\mathcal{M}^{\mathcal{C}}$: 如果 $0 \neq g: M \longrightarrow N \in \mathcal{M}^{\mathcal{C}}$, 那么存在 $f \in \mathrm{Hom}^{\mathcal{C}}(\Sigma, M)$ 使得 $g \circ f \neq 0$.

(2) 对于所有的 $M \in \mathcal{M}^{\mathcal{C}}$, $\mathrm{ev}_M: \mathrm{Hom}^{\mathcal{C}}(\Sigma, M) \otimes {}_B\Sigma \longrightarrow M$ 是满射.

(3) 对于所有的 $M \in \mathcal{M}^{\mathcal{C}}$, $\mathrm{ev}_M: \mathrm{Hom}^{\mathcal{C}}(\Sigma, M) \otimes {}_B\Sigma \longrightarrow M$ 是双射.

那么前两个条件等价. 如果 $\mathcal{C}$ 作为左 $A$ 模是平坦的, 那么三个条件都等价.

**证明** (1) $\Rightarrow$ (2) $\mathrm{ev}_M$ 的像是一个右 $\mathcal{C}$ 余模, 考虑典则投射 $g: M \longrightarrow M/\mathrm{Im}(\mathrm{ev}_M) \in \mathcal{M}^{\mathcal{C}}$. 对所有的 $f \in \mathrm{Hom}^{\mathcal{C}}(\Sigma, M)$ 和 $u \in \Sigma$, $(g \circ f)(u) = g(\mathrm{ev}_M(f \otimes u)) = 0$, 因此 $g = 0$, $\mathrm{ev}_M$ 是满射.

(2) $\Rightarrow$ (1) 取 $m \in M$ 使得 $g(m) \neq 0$. 有 $f_i \in \mathrm{Hom}^{\mathcal{C}}(\Sigma, M)$, $u_i \in \Sigma$ 使得 $m = \sum_i f_i(u_i)$. 如果对所有的 $i$, $g(\varphi_i(u_i)) = 0$, 那么 $g(m) = g(\sum_i f_i(u_i)) = 0$, 这是不能的. 因此存在 $i$ 使得 $g \circ f_i \neq 0$.

(2) $\Rightarrow$ (3) 假设 $\mathcal{C}$ 作为左 $A$ 模是平坦的. 只需证 $\mathrm{ev}_M$ 是单射. 取 $\sum_{i=1}^k f_i \otimes m_i \in \mathrm{Ker}\ \mathrm{ev}_M$, 即 $\sum_{i=1}^k f_i(m_i) = 0$. 考虑在第 $i$ 个分支上的投射 $\pi_i: \Sigma^k \longrightarrow \Sigma$ 和 $f = \sum_{i=1}^k f_i \circ \pi_i \in \mathrm{Hom}^{\mathcal{C}}(\Sigma^k, M)$. 由于 $\mathcal{C}$ 是平坦的, 所以 $\mathrm{Ker} f \in \mathcal{M}^{\mathcal{C}}$. 同时, 由于 $f(x_1, \cdots, x_k) = \sum_{i=1}^k f_i(x_i)$, 所以 $(m_1, \cdots, m_k) \in \mathrm{Ker} f$. 由假设知, 映射

$$\mathrm{ev}_{\mathrm{Ker} f}: \mathrm{Hom}^{\mathcal{C}}(\Sigma, \mathrm{Ker} f) \otimes_B \Sigma \longrightarrow \mathrm{Ker} f$$

是满射, 因此, 可找到 $a_j \in \Sigma$ 和 $g_j \in \mathrm{Hom}^{\mathcal{C}}(\Sigma, \mathrm{Ker} f)$, 使得 $\sum_{j=1}^{l} g_j(a_j) = (m_1, \cdots, m_k)$. 由于 $\mathrm{Im} g_j \subset \mathrm{Ker} f$, 可以得到

$$\begin{aligned}\sum_{i=1}^{k} f_i \otimes_B m_i &= \sum_{i=1}^{k} f_i \otimes_B \sum_{j=1}^{l} (\pi \circ g_j)(a_j) \\ &= \sum_{j=1}^{l} \left( \sum_{i=1}^{k} f_i \circ \pi_i \right) \circ g_j \otimes_B a_j \\ &= \sum_{j=1}^{l} f \circ g_j \otimes_B a_j = 0.\end{aligned}$$

□

**定理 4.3.8**　假设 $\mathcal{C}$ 是 $A$ 余环, $\Sigma \in \mathcal{M}^{\mathcal{C}}_{fgp}$, $B = T = \mathrm{End}^{\mathcal{C}}(\Sigma)$. 则下列叙述等价:

(1) $(\mathcal{C}, \Sigma)$ 是 Galois 的并且 $\Sigma \in {}_B\mathcal{M}$ 是平坦的.

(2) $G$ 是满的忠实的并且 $\Sigma \in {}_B\mathcal{M}$ 是平坦的.

(3) $\Sigma \in \mathcal{M}^{\mathcal{C}}$ 是一个生成子并且 $\mathcal{C} \in {}_A\mathcal{M}$ 是平坦的.

(4) 对于每一个 $M \in \mathcal{M}^{\mathcal{C}}$, $\mathrm{ev}_M$ 都是双射并且 $\Sigma \in {}_B\mathcal{M}$ 是平坦的.

**证明**　由命题 4.2.4 和命题 4.3.3 知 (1) $\Rightarrow$ (2). 由命题 4.3.4 知 (2) $\Rightarrow$ (1).

(2) $\Rightarrow$ (3) $\Sigma \in {}_B\mathcal{M}$ 是平坦的, $\Sigma^* \in {}_A\mathcal{M}$ 是有限生成投射的, 因此是平坦的, 所以 $\Sigma^* \otimes_B \Sigma = \mathcal{D} \cong \mathcal{C}$ 在 ${}_A\mathcal{M}$ 中是平坦的.

取 $0 \neq g : M \longrightarrow N \in \mathcal{M}^{\mathcal{C}}$, 那么

$$G(g) : \mathrm{Hom}^{\mathcal{C}}(\Sigma, M) \longrightarrow \mathrm{Hom}^{\mathcal{C}}(\Sigma, N), \quad G(g)(f) = g \circ f.$$

由于 $G$ 是满忠实的, 所以 $G(g) \neq 0$. 因此存在 $f \in \mathrm{Hom}^{\mathcal{C}}(\Sigma, M)$ 使得 $G(g)(f) = g \circ f \neq 0$, 得证.

(3) $\Rightarrow$ (4) 首先证明 $\Sigma$ 作为左 $B$ 模是平坦的. 只需证明对任意的有限生成右理想 $J = f_1 B + \cdots + f_n B$, 映射 $\mu_J : J \otimes_B \Sigma \longrightarrow J\Sigma, \mu_J(g \otimes u) = g(u)$ 是单态射. 考虑满态射

$$\phi : \Sigma^n \longrightarrow J\Sigma, \quad \phi(u_1, \cdots, u_n) = \sum_{i}^{n} f_i(u_i).$$

因为 $\mathcal{C} \in {}_A\mathcal{M}$ 是平坦的, 所以 $K = \mathrm{Ker}\phi \in \mathcal{M}^{\mathcal{C}}$. 有正合列

$$0 \longrightarrow \mathrm{Hom}^{\mathcal{C}}(\Sigma, K) \xrightarrow{\alpha} \mathrm{Hom}^{\mathcal{C}}(\Sigma, \Sigma^n) \xrightarrow{\beta} \mathrm{Hom}^{\mathcal{C}}(\Sigma, J\Sigma),$$

其中 $\alpha$ 是自然嵌入, $\beta(g) = \phi \circ g$. 同时观察到 $J \subset \mathrm{Hom}^{\mathcal{C}}(\Sigma, J\Sigma)$. 下面断定 $\mathrm{Im}(\beta) = J$. 对 $g = (g_1, \cdots, g_n) : \Sigma \longrightarrow \Sigma^n$, 有

$$\beta(g)(u) = \phi(g_1(u), \cdots, g_n(u)) = \sum_i (f_i \circ g_i)(u),$$

因此 $\beta(g) = \sum_i f_i \circ g_i \in J$, 故 $\mathrm{Im}(\beta) = J$. 进一步, $f_i = \beta(0, \cdots, \Sigma, \cdots, 0) \in \mathrm{Im}(\beta)$, 所以 $J \subset \mathrm{Im}(\beta)$. 有正合列

$$0 \longrightarrow \mathrm{Hom}^{\mathcal{C}}(\Sigma, K) \xrightarrow{\alpha} \mathrm{Hom}^{\mathcal{C}}(\Sigma, \Sigma^n) \xrightarrow{\beta} J \longrightarrow 0.$$

同时注意到 $\mu_J$ 是 $\mathrm{ev}_{J\Sigma}$ 到 $J \otimes_B \Sigma$ 的限制. 同时与 $\Sigma$ 作张量, 可以得到下面行正合的交换图:

$$\begin{array}{ccccccccc}
 & & \mathrm{Hom}^{\mathcal{C}}(\Sigma, K) \otimes_B \Sigma & \xrightarrow{\alpha \otimes \Sigma} & \mathrm{Hom}^{\mathcal{C}}(\Sigma, \Sigma^n) \otimes_B \Sigma & \xrightarrow{\beta \otimes \Sigma} & J \otimes_B \Sigma & \longrightarrow & 0 \\
 & & \downarrow {\scriptstyle \mathrm{ev}_K} & & \downarrow {\scriptstyle \mathrm{ev}_{\Sigma^n}} & & \downarrow {\scriptstyle \mu_J} & & \\
0 & \longrightarrow & K & \longrightarrow & \Sigma^n & \xrightarrow{\phi} & J\Sigma & \longrightarrow & 0
\end{array}$$

由引理 4.3.7 中 (1) $\Rightarrow$ (2) 知 $\mathrm{ev}_K$ 是满射; $\mathrm{ev}_{\Sigma^n}$ 是典则同构

$$\mathrm{Hom}^{\mathcal{C}}(\Sigma, \Sigma^n) \otimes_B \Sigma \cong \mathrm{Hom}^{\mathcal{C}}(\Sigma, \Sigma)^n \otimes_B \Sigma \cong B^n \otimes_B \Sigma \cong \Sigma^n.$$

用图追踪法可知 $\mu_J$ 是单射, 所以 $\Sigma \in {}_B\mathcal{M}$ 是平坦的. 由引理 4.3.7 中 (1) $\Rightarrow$ (3) 知 $\mathrm{ev}_M$ 是双射.

(4) $\Rightarrow$ (1) 由命题 4.3.6 即得. □

**定理 4.3.9** 假设 $\mathcal{C}$ 是 $A$ 余环. $\Sigma \in \mathcal{M}^{\mathcal{C}}_{fgp}$, $B = T = \mathrm{End}^{\mathcal{C}}(\Sigma)$. 下列叙述等价:

(1) $(\mathcal{C}, \Sigma)$ 是 Galois 的并且 $\Sigma \in {}_B\mathcal{M}$ 是忠实平坦的.

(2) $(F, G)$ 是一个可逆等价函子对并且 $\Sigma \in {}_B\mathcal{M}$ 是平坦的.

(3) $\Sigma \in \mathcal{M}^{\mathcal{C}}$ 是一个预生成子 (progenerator) 并且 $\mathcal{C} \in {}_A\mathcal{M}$ 是平坦的.

**证明** (1) $\Rightarrow$ (2) $\Sigma \in {}_B\mathcal{M}$ 是忠实平坦的, 因此由定理 4.2.8 知 $(K, R)$ 是一个可逆等价函子对. 所以由命题 4.3.3 知, $(F, G)$ 是一个可逆等价函子对.

(2) $\Rightarrow$ (1) 由命题 4.3.4 知 $(\mathcal{C}, \Sigma)$ 是 Galois 的.

(1) $\Rightarrow$ (3) 由定理 4.3.8 知, 只需证明 $\Sigma \in \mathcal{M}^{\mathcal{C}}$ 是投射的. 取一个 $\mathcal{M}^{\mathcal{C}}$ 中的满态射 $f : M \longrightarrow N$. 由定理 4.3.8 知 $\mathrm{ev}_M$ 和 $\mathrm{ev}_N$ 是同构. 还有下面交换图:

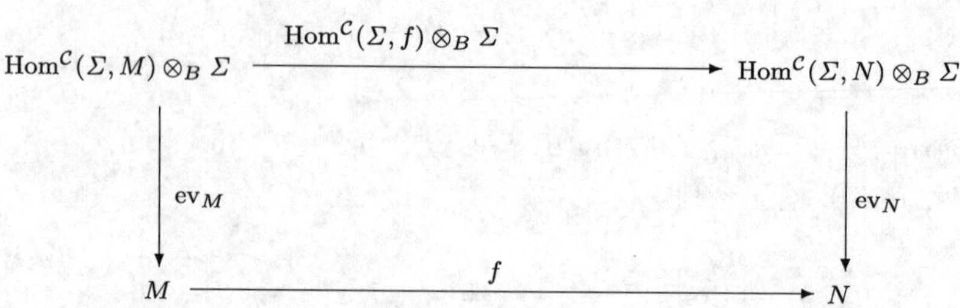


所以 $\mathrm{Hom}^{\mathcal{C}}(\Sigma,f)\otimes_B\Sigma$ 是满射. 由于 $\Sigma\in{}_B\mathcal{M}$ 是忠实平坦的, 则 $\mathrm{Hom}^{\mathcal{C}}(\Sigma,f)$ 是投射的, 因此 $\Sigma$ 是 $\mathcal{M}^{\mathcal{C}}$ 中的投射对象.

(3) $\Rightarrow$ (1) 由定理 4.3.8 知 $(\mathcal{C},\Sigma)$ 是 Galois 的并且 $\Sigma\in{}_B\mathcal{M}$ 是忠实平坦的. 对任何 $B$ 的右理想 $J$, $J=\mathrm{Hom}^{\mathcal{C}}(\Sigma,J\Sigma)$. 事实上, 取 $g\in\mathrm{Hom}^{\mathcal{C}}(\Sigma,J\Sigma)$. 假设 $\{u_1,\cdots,u_k\}$ 是 $\Sigma\in\mathcal{M}_A$ 的生成子集合, 记 $g(u_i)=f_i(u_i), f_i\in J$. 令 $J'$ 是 $\{f_1,\cdots,f_k\}$ 生成的 $J$ 子理想. 由于作为右 $A$ 模 $\{f_1(u_1),\cdots,f_k(u_k)\}$ 生成 $\mathrm{Im}(g)$, 所以有 $\mathrm{Im}(g)\subset J'\Sigma$. 假设 $\pi_i:M^k\longrightarrow M$ 和 $e_i:M\longrightarrow M^k$ 分别是自然投射和嵌入映射. 映射 $f=\sum_{i=1}^k f_i\circ\pi_i:\Sigma^k\longrightarrow J'\Sigma$ 是满射. 由于 $\mathcal{M}\in\mathcal{M}^{\mathcal{C}}$ 是投射的, 所以存在 $h=\sum_{j=1}^k e_j\circ h_j:\Sigma\longrightarrow\Sigma^k$ 使得

$$g=f\circ h=\sum_{i,j=1}^k f_i\circ\pi_i\circ e_j\circ h_j=\sum_{i=1}^k f_i\circ h_i\in J'\Sigma\subset J\Sigma.$$

如果 $J\neq B$, 那么 $\mathrm{Hom}^{\mathcal{C}}(\Sigma,J\Sigma)\neq\mathrm{Hom}^{\mathcal{C}}(\Sigma,\Sigma)$, 因此 $J\Sigma\neq\Sigma$, 故 $\Sigma\in{}_B\mathcal{M}$ 是忠实平坦的. □

**注 4.3.10** 定理 4.3.9 (3) 蕴含着 $\Sigma\in\mathcal{M}_A$ 是有限生成投射的.

# 第 5 章 Morita 理论

## 5.1 结合余模的 Morita 关系

在本节中, 设 $k$ 为交换环, $\mathcal{C}$ 为 $A$ 余环, $\Sigma$ 为右 $\mathcal{C}$ 余模. $k$ 模 ${}^*\mathcal{C} := {}_A\mathrm{Hom}(\mathcal{C}, A)$ 是 $A$ 环带有乘法

$$(ff')(c) = f'(c^{(1)}f(c^{(2)})), \quad \forall f, f' \in {}^*\mathcal{C}, c \in \mathcal{C}$$

和单位映射 $A \to {}^*\mathcal{C}, a \mapsto (c \mapsto \varepsilon_{\mathcal{C}}(ca))$. 任意的右 $\mathcal{C}$ 余模 $\Sigma$ 保持了标准的右 ${}^*\mathcal{C}$ 模结构, 模作用为

$$xf = x^{[0]}f(x^{[1]}), \quad 对任意 \ f \in {}^*\mathcal{C}, \ x \in \Sigma.$$

$\mathcal{C}$ 余线性映射都是 ${}^*\mathcal{C}$ 线性. 对称的定义有右对偶 $\mathcal{C}^* = \mathrm{Hom}_A(\mathcal{C}, A)$ 也有 $A$ 环结构, 还有一个忠实函子 ${}^{\mathcal{C}}\mathcal{M} \to {}_{\mathcal{C}^*}\mathcal{M}$.

对任意 $A$ 余环 $\mathcal{C}$ 的右余模 $\Sigma$ 和 $T := \mathrm{End}^{\mathcal{C}}(\Sigma)$, $\mathrm{Hom}^{\mathcal{C}}(\mathcal{C}, \Sigma)$ 是 $T$-$\mathcal{C}^*$ 双模带有如下结构

$$(twg)(c) = t \circ w(g(c^{(1)})c^{(2)}), \quad 对任意 \ t \in T, w \in \mathrm{Hom}^{\mathcal{C}}(\mathcal{C}, \Sigma), g \in \mathcal{C}^*,$$

且 $\Sigma^* := \mathrm{Hom}_A(\Sigma, A)$ 是 $\mathcal{C}^*$-$T$ 双模带有模作用

$$(g\xi t)(c) = g(\xi \circ t(x^{[0]})x^{[1]}), \quad \forall t \in T, \xi \in \Sigma^*, g \in \mathcal{C}^*.$$

它们组成一个 Motita 关系

$$\mathbb{M}'(\Sigma) = (T, \mathcal{C}^*, \mathrm{Hom}^{\mathcal{C}}(\mathcal{C}, \Sigma), \Sigma^*, \mathbf{H}', \mathbf{O}') \tag{5.1}$$

连接同态为

$$\mathbf{H}' : \Sigma^* \otimes_T \mathrm{Hom}^{\mathcal{C}}(\mathcal{C}, \Sigma) \to \mathcal{C}^*, \quad \xi \otimes_T w \mapsto \xi \circ w,$$
$$\mathbf{O}' : \mathrm{Hom}^{\mathcal{C}}(\mathcal{C}, \Sigma) \otimes_{\mathcal{C}^*} \Sigma^* \to T, \quad w \otimes_{\mathcal{C}^*} \xi \mapsto (x \mapsto w(\xi(x^{[0]})x^{[1]})).$$

根据本章的主要目的, 需要给出与 $\Sigma \in \mathcal{M}^{\mathcal{C}}$ 相关的另一种更有用的 Morita 关系 [3,19,53,171,260,261]. 定义 $k$ 模

$$Q := \{a \in \mathrm{Hom}_A(\Sigma, {}^*\mathcal{C}) \mid \forall x \in \Sigma, c \in \mathcal{C} \ q(x^{[0]})(c)x^{[1]} = c^{(1)}q(x)(c^{[2]})\}. \tag{5.2}$$

下面的引理给出了一些关于 $k$ 模 $Q$ 的性质, 在说明 $\Sigma$ 和 $Q$ 是代数 $T$ 和 $^*\mathcal{C}$ 上的双模时需要应用这些性质.

**引理 5.1.1**　对任意 $A$ 余环 $\mathcal{C}$ 和它的余模 $\Sigma$, 等式 (5.2) 中定义的 $k$ 模 $Q$ 满足下面的性质:

(1) $Q$ 与由左 $A$ 模 $\Sigma^* := \mathrm{Hom}_A(\Sigma, A)$ 来定义的 $k$ 模 $Q'$ 同构

$$Q' := \{q \in {}_A\mathrm{Hom}(\mathcal{C}, \Sigma^*) \mid \forall x \in \Sigma, c \in \mathcal{C}\ c^{(1)}q(c^{(2)})(x) = q(c)(x^{[0]})x^{[1]}\}. \qquad (5.3)$$

(2) 设 $M$ 为右 $\mathcal{C}$ 余模. 对任意 $q \in Q$ 和 $m \in M$, 映射 $\Sigma \to M$, $x \mapsto mq(x)$ 是右 $\mathcal{C}$ 余线性, 即对任意 $m \in M$, 有 $k$ 线性映射

$$Q \to \mathrm{Hom}^{\mathcal{C}}(\Sigma, M), \quad q \mapsto mq(-).$$

(3) $Q$ 是 $\mathrm{Hom}_{^*\mathcal{C}}(\Sigma, {}^*\mathcal{C})$ 的 $k$ 子模.

(4) $Q$ 是 $^*\mathcal{C}$-$T$ 双模, 这里 $T := \mathrm{End}^{\mathcal{C}}(\Sigma)$, 作用定义为

$$(fq)(x) := fq(x), \quad \forall\, f \in {}^*\mathcal{C}, q \in Q\, x \in \Sigma,$$
$$(qt)(x) := q(t(x)), \quad \forall\, q \in Q, t \in T, x \in \Sigma.$$

**证明**　(1) 同构映射由下面映射给出

$$Q \to Q', \quad q \mapsto (c \mapsto q(-)(c)).$$

(2) 因为 $^*\mathcal{C}$ 是 $A$ 环且 $Q$ 中的元素均为右 $A$ 线性, 那么对任意 $q \in Q$ 和右 $\mathcal{C}$ 余模及 $m \in M$, 映射 $\Sigma \to M$, $x \mapsto mq(x)$ 是右 $A$ 线性, 为了验证此映射的右 $\mathcal{C}$ 余线性, 在第一个等式运用 $\mathcal{C}$ 余作用为右 $A$ 线性及在第二个等式运用等式 (5.2), 对任意右 $\mathcal{C}$ 余模 $M, m \in M, q \in Q$ 和 $x \in \Sigma$ 得到

$$\begin{aligned}
&(m^{[0]}q(x)(m^{[1]}))^{[0]} \otimes_A (m^{[0]}q(x)(m^{[1]}))^{[1]} \\
=&m^{[0]} \otimes_A m^{[1]}q(x)(m^{[2]}) = m^{[0]} \otimes_A q(x^{[0]})(m^{[1]})x^{[1]} \\
=&m^{[0]}q(x^{[0]})(m^{[1]}) \otimes_A x^{[1]}.
\end{aligned}$$

(3) 运用 $q \in Q$ 的右 $A$ 线性及定义的等式 (5.2), 对 $x \in \Sigma$, $f \in {}^*\mathcal{C}$ 和 $c \in \mathcal{C}$, 可验证

$$\begin{aligned}
q(xf)(c) &= q(x^{[0]}f(x^{[1]}))(c) = q(x^{[0]})(c)f(x^{[1]}) = f(q(x^{[0]})(c)x^{[1]}) \\
&= f(c^{(1)}q(x)(c^{(2)})) = (q(x)f)(c),
\end{aligned}$$

在上面第一个等式中用了 $\Sigma$ 的 $^*\mathcal{C}$ 作用形式, 而在最后一个等式中用了 $^*\mathcal{C}$ 的乘法法则.

(4) 对任意 $f \in {}^*\mathcal{C}$ 和 $q \in Q$, 由 $q$ 的右 $A$ 线性和 ${}^*\mathcal{C}$ 是 $A$ 环的事实知 $fq$ 是 $\mathrm{Hom}_A(\Sigma, {}^*\mathcal{C})$ 中的元素. 因为 $q$ 是 $Q$ 中的元素, 所以 $fq$ 也一样属于 $Q$, 对任意 $x \in \Sigma$ 和 $c \in \mathcal{C}$, 有

$$\begin{aligned}(fq)(x^{[0]})(c)x^{[1]} &= (fq(x^{[0]}))(c)x^{[1]} = q(x^{[0]})(c^{(1)}f(c^{(2)}))x^{[1]}\\ &= c^{(1)}q(x)(c^{(2)})f(c^{(3)}) = c^{(1)}(fq(x))c^{(2)} = c^{(1)}(fq)(x)(c^{(2)}),\end{aligned}$$

这里第一个和最后一个等式由 $Q$ 的 ${}^*\mathcal{C}$ 作用可得, 第二个和倒数第二个等式的证明运用了 ${}^*\mathcal{C}$ 的乘法法则, 第三个等式则由式子 (5.2) 得到.

因为 $q \in Q$ 和 $t \in T$ 是右 $A$ 线性的, 所以 $qt$ 是 $\mathrm{Hom}_A(\Sigma, {}^*\mathcal{C})$ 中的元素. 因为 $t \in T$ 是余线性的且 $q$ 是 $Q$ 中的元素, 从而得到 $qt \in Q$, 因为对任意 $x \in \Sigma$ 和 $c \in \mathcal{C}$, 有

$$(qt)(x^{[0]})(c)x^{[1]} = q(t(x)^{[0]})t(x)^{[1]} = c^{(1)}(qt)(x)(c^{(2)}),$$

这里运用了 $Q$ 的 $T$ 作用.

直接验证可得模作用是结合单位的并且是交换的. 证毕. □

**注 5.1.2** 当 $\mathcal{C}$ 是局部投射左 $A$ 模情形时, 等式 (5.2) 定义的 $k$ 模有一个简单的刻画, 即 $Q \equiv \mathrm{Hom}_{{}^*\mathcal{C}}(\Sigma, {}^*\mathcal{C})$. 由引理 5.1.1 (3) 知, $Q \subset \mathrm{Hom}_{{}^*\mathcal{C}}(\Sigma, {}^*\mathcal{C})$. 下面证明相反的包含关系. 一个左 $A$ 模 $\mathcal{C}$ 的局部投射性是指对任意有限集合 $\mathcal{S} \subset \mathcal{C}$, 存在对偶基 $\{e_i\} \subset \mathcal{C}$ 和 $\{f_i\} \subset {}^*\mathcal{C}$ 使得 $c = \sum_i f_i(c)e_i$, 对任意 $c \in \mathcal{S}$. 对某个元素 $x \in \Sigma$, 固定有限集合 $\{x_j\} \subset \Sigma$ 和 $c_j \subset \mathcal{C}$ 使得

$$x^{[0]} \otimes_A x^{[1]} = \sum_{j=1}^{s} x_j \otimes_A c_j.$$

取 $q \in \mathrm{Hom}_{{}^*\mathcal{C}}(\Sigma, {}^*\mathcal{C})$ 和 $c \in \mathcal{C}$ 并定义一个集合 $\mathcal{S} := \{c_1, \cdots, c_s, c^{(1)}q(x)(c^{(2)})\} \subset \mathcal{C}$. 由局部投射性的假设, 存在关于 $\mathcal{S}$ 的对偶基 $\{e_i\} \subset \mathcal{C}$ 和 $\{f_i\} \subset {}^*\mathcal{C}$, 现在可以记

$$\begin{aligned}q(x^{[0]})(c)x^{[1]} &= \sum_i q(x^{[0]})(c)f_i(x^{[1]})e_i = \sum_i q(x^{[0]}f_i(x^{[1]}))(c)e_i\\ &= \sum_i q(xf_i)(c)e_i = \sum_i (q(x)f_i)(c)e_i\\ &= \sum_i f_i(c^{(1)}q(x)(c^{(2)}))e_i = c^{(1)}q(x)(c^{(2)}),\end{aligned}$$

这里第四个等式由 $q$ 的右 ${}^*\mathcal{C}$ 线性得到. 这就证明了 $q$ 属于 (5.2) 定义的 $k$ 模 $Q$.

如果 $\mathcal{C}$ 是有限生成投射左 $A$ 模, 带有对偶基 $\{c_i\} \subset \mathcal{C}$ 和 $\{f_i\} \subset {}^*\mathcal{C}$, 那么 ${}^*\mathcal{C}$ 有一个右 $\mathcal{C}$ 余模结构, 余作用为 $f \mapsto \sum_i ff_i \otimes_A c_i$. 在这种情况下, $Q$ 与 $k$ 模 $\mathrm{Hom}^{\mathcal{C}}(\Sigma, {}^*\mathcal{C}) \equiv \mathrm{Hom}_{{}^*\mathcal{C}}(\Sigma, {}^*\mathcal{C})$ 是相等的.

在引理 5.1.2 的结论下, 得到关于 $\Sigma$ 的另一个 Morita 关系

$$\mathbb{M}(\Sigma)=(T,{}^*\mathcal{C},\Sigma,Q,\mathbf{H},\mathbf{O}), \tag{5.4}$$

这里 $txf=t(x^{[0]}f(x^{[1]}))$, 对 $t\in T$, $x\in\Sigma$ 和 $f\in{}^*\mathcal{C}$, 连接映射为

$$\mathbf{H}: Q\otimes_T\Sigma\to{}^*\mathcal{C},\quad q\otimes_T x\mapsto q(x), \tag{5.5}$$

$$\mathbf{O}: \Sigma\otimes_{^*\mathcal{C}}Q\to T,\quad x\otimes_{^*\mathcal{C}}q\mapsto xq(-). \tag{5.6}$$

对一个左 $\mathcal{C}$ 余模 $\Lambda$, 用类似的方法可定义连接代数 ${}^{\mathcal{C}}\mathrm{End}(\Lambda)^{op}$ 和 ${}^*\mathcal{C}$ 的 Morita 关系 $\mathbb{M}'(\Lambda)$, 及连接代数 ${}^{\mathcal{C}}\mathrm{End}(\Lambda)^{op}$ 和 $\mathcal{C}^*$ 的 Morita 关系 $\mathbb{M}(\Lambda)$.

**注 5.1.3** 注意, 一个有限生成投射的右 $A$ 模 $\Sigma$ 是 $A$ 余环 $\mathcal{C}$ 上的右余模当且仅当 $\Sigma^*$ 是左 $\mathcal{C}$ 余模. 在对偶基 $\{x_i\}\subset\Sigma$ 和 $\{\xi^i\}\subset\Sigma^*$ 的帮助下, 可以定义 $\Sigma$ 的右 $\mathcal{C}$ 余作用 $x\mapsto x^{[0]}\otimes_A x^{[1]}$ 与 $\Sigma^*$ 的左 $\mathcal{C}$ 余作用 $\xi\mapsto\sum_i\xi(x_i^{[0]})x_i^{[1]}\otimes_A\xi^i$ 之间的双射. 在此情形下, Morita 关系 $\mathbb{M}(\Sigma)$ 和 $\mathbb{M}'(\Sigma^*)$ 一致且 $\mathbb{M}'(\Sigma)$ 和 $\mathbb{M}(\Sigma^*)$ 一致.

因为右 $\mathcal{C}$ 余模 $\Sigma$ 还是右 ${}^*\mathcal{C}$ 模, 所以还可以进一步定义一个 Morita 关系 [12]. 记为

$$\mathbb{N}(\Sigma)=(\mathrm{End}_{^*\mathcal{C}}(\Sigma),{}^*\mathcal{C},\Sigma,\mathrm{Hom}_{^*\mathcal{C}}(\Sigma,{}^*\mathcal{C}),\mathbf{N},\mathbf{M}), \tag{5.7}$$

带有连接映射

$$\mathbf{N}: \mathrm{Hom}_{^*\mathcal{C}}(\Sigma,{}^*\mathcal{C})\otimes_{\mathrm{End}_{^*\mathcal{C}}(\mathcal{C})}\Sigma\to{}^*\mathcal{C},\quad q\otimes_{\mathrm{End}_{^*\mathcal{C}}(\mathcal{C})}x\mapsto q(x), \tag{5.8}$$

$$\mathbf{M}: \Sigma\otimes_{^*\mathcal{C}}\mathrm{Hom}_{^*\mathcal{C}}(\Sigma,{}^*\mathcal{C})\to\mathrm{End}_{^*\mathcal{C}}(\mathcal{C}),\quad x\otimes_{^*\mathcal{C}}q\mapsto xq(-). \tag{5.9}$$

下面的命题将研究等式 (5.7) 给出的 Morita 关系 $\mathbb{N}(\Sigma)$ 和等式 (5.4) 给出的 Morita 关系 $\mathbb{M}(\Sigma)$ 之间的关系.

**命题 5.1.4** 设 $\mathcal{C}$ 是 $A$ 余环且 $\Sigma$ 是右 $\mathcal{C}$ 余模, 那么存在 Morita 关系同态 $\mathbb{M}(\Sigma)\to\mathbb{N}(\Sigma)$, 如果是 $\mathcal{C}$ 局部投射左 $A$ 模, 那么此同态为同构.

**证明** 首先, 存在一个包含映射 $T=\mathrm{End}^{\mathcal{C}}(\Sigma)\subset\mathrm{End}_{^*\mathcal{C}}(\Sigma)$, 再由引理 5.1.1(3) 得, $Q\subset\mathrm{Hom}_{^*\mathcal{C}}(\Sigma,{}^*\mathcal{C})$. 直接可以看出, 这个包含映射连同 ${}^*\mathcal{C}$ 与 $\Sigma$ 的恒等映射建立了一个 Morita 关系同态.

现在假定 $\mathcal{C}$ 局部投射左 $A$ 模. 对任意右 $\mathcal{C}$ 余模 $M$ 和 $M'$, $\mathrm{Hom}^{\mathcal{C}}(M,M')=\mathrm{Hom}_{^*\mathcal{C}}(M,M')$. 所以特别地得到 $T=\mathrm{End}_{^*\mathcal{C}}(\Sigma)$. 再由注 5.1.3, 有 $Q=\mathrm{Hom}_{^*\mathcal{C}}(\Sigma,{}^*\mathcal{C})$, 证毕. □

由标准的 Morita 理论知 [140,217], 如果等式 (5.4) 给出的 Morita 关系 $\mathbb{M}(\Sigma)$ 的连接映射 $\mathbf{H}$ 是满射, 那么 $\Sigma$ 是有限生成投射左 $T$ 模且为右 ${}^*\mathcal{C}$ 生成子. 如果 $\mathbf{O}$ 为满射, 那么 $\Sigma$ 是有限生成投射右 ${}^*\mathcal{C}$ 模且为左 $T$ 生成子.

**引理 5.1.5** 设 $\mathcal{C}$ 是 $A$ 余环且 $\Sigma$ 是右 $\mathcal{C}$ 余模, 考虑 (5.4) 中的 Morita 关系 $\mathbb{M}(\Sigma)=(T,{}^*\mathcal{C},\Sigma,Q,\mathbf{H},\mathbf{O})$.

(1) 如果 (5.5) 中的连接映射 $\mathbf{H}$ 是满射, 那么 $\mathcal{C}$ 是有限生成投射左 $A$ 模.

(2) 如果 (5.6) 中的连接映射 $\mathbf{O}$ 是满射, 那么 $\mathcal{C}$ 是有限生成投射右 $A$ 模.

**证明** (1) 如果 $\mathbf{H}$ 是满射, 那么存在有限集合 $\{q_i\}\subset Q$ 和 $\{x_i\}\subset\Sigma$ 使得

$$\varepsilon_{\mathcal{C}}=\sum_i q_i\mathbf{H}x_i\equiv\sum_i q_i(x_i).$$

诱导满足下面要求的有限集合 $\{f_j\}\subset{}^*\mathcal{C}$ 和 $\{c_j\}\subset\mathcal{C}$,

$$\sum_j f_j\otimes_A c_j=\sum_i q_i(x_i^{[0]})\otimes_A x_i^{[1]}.$$

下面验证它们是对偶基. 实际上, 对任意 $c\in\mathcal{C}$, 有

$$\sum_j f_j(c)c_j=\sum_i q_i(x_i^{[0]})(c)x_i^{[1]}=\sum_i c^{(1)}q_i(x_i)(c^{(2)})=c^{(1)}\varepsilon_{\mathcal{C}}(c^{(2)})=c,$$

第二个等式由 $Q$ 的定义 (5.2) 得到. 所以证得 $\mathcal{C}$ 是有限生成投射左 $A$ 模.

(2) 如果 $\mathbf{O}$ 是满射, 那么存在有限集合 $\{y_j\}\subset\Sigma$ 和 $\{\xi_j\}\subset\Sigma^*$ 满足

$$\sum_j y_j\otimes_A\xi_j=\sum_i x_i^{[0]}\otimes_A q_i(-)(x_i^{[1]}).$$

证毕. □

**定理 5.1.6** 设 $\mathcal{C}$ 是 $A$ 余环且 $\Sigma$ 是右 $\mathcal{C}$ 余模. 考虑 (5.4) 中的 Morita 关系 $\mathbb{M}(\Sigma)$. 如果 (5.6) 中的连接映射 $\mathbf{O}$ 是满射, 那么函子 $-\otimes_T\Sigma:\mathcal{M}_T\to\mathcal{M}^{\mathcal{C}}$ 是忠实平坦的.

**证明** 证明是由验证伴随函子 $-\otimes_T\Sigma:\mathcal{M}_T\to\mathcal{M}^{\mathcal{C}}$ 和 $\mathrm{Hom}^{\mathcal{C}}(\Sigma,-):\mathcal{M}^{\mathcal{C}}\to\mathcal{M}_T$ 的单位的双射性组成, 即考虑映射

$$\eta_N:N\to\mathrm{Hom}^{\mathcal{C}}(\Sigma,N\otimes_T\Sigma),\quad n\mapsto(x\mapsto n\otimes_T x),\tag{5.10}$$

对任意 $T$ 模 $N$. 选择元素 $\{x_i\}\subset\Sigma$ 和 $\{q_i\}\subset Q$ 使得 $\sum_i x_i\mathbf{O}q_i=1_T$. 映射 (5.10) 的逆定义为

$$\tilde{\eta}_N:\mathrm{Hom}^{\mathcal{C}}(\Sigma,N\otimes_T\Sigma)\to N\quad \xi_N\mapsto(N\otimes_T\mathbf{O})\left(\sum_i\xi_N(x_i)\otimes_{^*\mathcal{C}}q_i\right).$$

实际上, 恒等式 $\tilde{\eta}_N\circ\eta_N=N$ 很明显成立. 对另一个等式, 利用 Morita 关系 $\mathbb{M}(\Sigma)$ 的结合性来计算, 对任意 $\xi_N\in\mathrm{Hom}^{\mathcal{C}}(\Sigma,N\otimes_T\Sigma)$ 和 $x\in\Sigma$, 有

$$\begin{aligned}(\eta_N \circ \tilde{\eta}_N)(\xi_N)(x) &= (N \otimes_T \mathbf{O} \otimes_T \Sigma)\left(\sum_i \xi_N(x_i) \otimes_{^*\mathcal{C}} q_i \otimes_T x\right)\\ &= (N \otimes_T \Sigma \otimes_{^*\mathcal{C}} \mathbf{H})\left(\sum_i \xi_N(x_i) \otimes_{^*\mathcal{C}} q_i \otimes_T x\right)\\ &= \sum_i \xi_N(x_i)(q_i \mathbf{H} x) = \xi_N\left(\sum_i x_i(q_i \mathbf{H} x)\right)\\ &= \xi_N\left(\sum_i (x_i \mathbf{O} q_i) x\right) = \xi_N(x),\end{aligned}$$

这里, 第四个等式运用了 $\xi_N \in \mathrm{Hom}^{\mathcal{C}}(\Sigma, N \otimes_T \Sigma)$ 的右 $^*\mathcal{C}$ 线性. 证毕. □

**命题 5.1.7** 设 $\mathcal{C}$ 是 $A$ 余环且作为左 $A$ 模是有限生成投射的, $\Sigma$ 是右 $\mathcal{C}$ 余模. 令 $T := \mathrm{End}^{\mathcal{C}}(\Sigma)$, 下面叙述等价:

(1) 与 $\Sigma$ 相关的 (5.4) 中定义的 Morita 关系 $\mathbb{M}(\Sigma)$ 是严格的.

(2) $\Sigma$ 是 Galois 余模且是有限生成投射的右 $A$ 模和忠实平坦的左 $T$ 模.

(3) 函子 $-\otimes_T \Sigma : \mathcal{M}_T \to \mathcal{M}^{\mathcal{C}}$ 与函子 $\mathrm{Hom}^{\mathcal{C}}(\Sigma, -) : \mathcal{M}^{\mathcal{C}} \to \mathcal{M}_T$ 是等价的.

**证明** (1) $\Longrightarrow$ (3) 如果 Morita 关系 $\mathbb{M}(\Sigma)$ 是严格的, 那么函子 $-\otimes_T \Sigma : \mathcal{M}_T \to \mathcal{M}_{^*\mathcal{C}}$ 与 $-\otimes_{^*\mathcal{C}} Q : \mathcal{M}_{^*\mathcal{C}} \to \mathcal{M}_T$ 是可逆等价. 因为函子 $-\otimes_{^*\mathcal{C}} Q$ 与 $\mathrm{Hom}_{^*\mathcal{C}}(\Sigma, -)$ 都是函子 $-\otimes_{^*\mathcal{C}} Q$ 的右伴随, 由伴随函子及自然等价的唯一性得到它们都是 $-\otimes_{^*\mathcal{C}} \Sigma$ 的逆. 因为 $\mathcal{C}$ 是有限生成投射左 $A$ 模, 则范畴 $\mathcal{M}^{\mathcal{C}}$ 与 $\mathcal{M}_{^*\mathcal{C}}$ 是同构的. 所以函子 $-\otimes_T \Sigma : \mathcal{M}_T \to \mathcal{M}^{\mathcal{C}}$ 与函子 $\mathrm{Hom}^{\mathcal{C}}(\Sigma, -) : \mathcal{M}^{\mathcal{C}} \to \mathcal{M}_T$ 是等价的.

(3) $\Longrightarrow$ (1) 假定 $\mathcal{C}$ 是有限生成投射左 $A$ 模, 范畴 $\mathcal{M}^{\mathcal{C}}$ 与 $\mathcal{M}_{^*\mathcal{C}}$ 是同构的. 所以 $-\otimes_T \Sigma : \mathcal{M}_T \to \mathcal{M}_{^*\mathcal{C}}$ 与 $\mathrm{Hom}_{^*\mathcal{C}}(\Sigma, -) : \mathcal{M}_{^*\mathcal{C}} \to \mathcal{M}_T$ 是可逆等价的. 结合这种等价关系可知, 标准的严格 Morita 关系与 (5.4) 中定义的 Morita 关系 $\mathbb{M}(\Sigma)$ 相同.

(2) $\Longrightarrow$ (3) 由文献 [41] 中 18.7(2) (a) $\Longrightarrow$ (c) 可得.

(3) $\Longrightarrow$ (2) 因为已经证明了 (3) 蕴涵着 (1), 由引理 5.1.5(2) 知 $\Sigma$ 是有限生成投射的右 $A$ 模, 而它是 Galois 余模和忠实平坦的左 $T$ 模的证明参考文献 [41] 中 18.7(2) (c) $\Longrightarrow$ (a). 证毕. □

## 5.2 余环扩张的 Morita 理论

设 $\mathcal{D}$ 是 $k$ 代数 $L$ 上的余环且 $\mathcal{C}$ 是 $k$ 代数 $A$ 上的余环. 假定 $\mathcal{C}$ 是 $\mathcal{C}$-$\mathcal{D}$ 双余模带有左正则的 $\mathcal{C}$ 余作用 $\Delta_{\mathcal{C}}$ 和右 $\mathcal{D}$ 余作用 $\tau_{\mathcal{C}}$. 由文献 [41] 22.1 知 $v$ 是左 $A$ 线性 (所以 $\mathcal{C} \otimes_A \mathcal{C}$ 是 $\mathcal{D}$ 余模带有余作用 $\mathcal{C} \otimes_A \tau_{\mathcal{C}}$) 且余积 $\Delta_{\mathcal{C}}$ 是右 $\mathcal{D}$ 余线性. 等价地, 余积 $\Delta_{\mathcal{C}}$ 是右 $L$ 线性 (所以 $\mathcal{C} \otimes_L \mathcal{D}$ 是左 $\mathcal{C}$ 余模带有余作用 $\Delta_{\mathcal{C}} \otimes_L \mathcal{D}$) 且 $\mathcal{D}$ 余作用 $\tau_{\mathcal{C}}$ 是左 $\mathcal{C}$ 余线性. 这种情况在文献 [41] 中称为 $\mathcal{D}$ 是 $\mathcal{C}$ **的右扩张**.

事实上, 若令右 $\mathcal{D}$ 余作用 $\tau_{\mathcal{C}}: c \mapsto c_{[0]} \otimes_L c_{[1]}$, 对任意 $c \in \mathcal{C}$. 任意右 $\mathcal{C}$ 余模能够构造一个右 $\mathcal{D}$ 余模结构, 带有右 $L$ 作用

$$ml := m^{[0]}\varepsilon_{\mathcal{C}}(m^{[1]}l), \quad 对 m \in M,\ l \in L$$

和 $\mathcal{D}$ 余作用

$$\tau_M : M \otimes_L \mathcal{D}, \quad m \mapsto m_{[0]} \otimes_L m_{[1]} := m^{[0]}\varepsilon_{\mathcal{C}}(m^{[1]}{}_{[0]}) \otimes_L m^{[1]}{}_{[1]},$$

这里 $\varrho^M : m \mapsto m^{[0]} \otimes_A m^{[1]}$ 表示 $M$ 的右 $\mathcal{C}$ 余作用. 直接可以验证, 任意右 $\mathcal{C}$ 余模映射是 $\mathcal{D}$ 余线性. 特别地, 由余结合性知, 一个 $\mathcal{C}$ 余线性的右 $\mathcal{C}$ 余作用是 $\mathcal{D}$ 余线性.

如果 $\Sigma$ 是 $L$-$\mathcal{C}$ 双余模范畴 ${}_L\mathcal{M}^{\mathcal{C}}$ 中的对象, 即是左 $L$ 模和右 $\mathcal{C}$ 余模带有左 $L$ 线性和右 $\mathcal{C}$ 余线性映射, 那么 $T := \mathrm{End}^{\mathcal{C}}(\Sigma)$ 是 $L$ 环带有单位映射 $L \to T,\ l \mapsto (x \mapsto lx)$. 进一步, 对任意右 $\mathcal{C}$ 余模 $M$, $\mathrm{Hom}^{\mathcal{C}}(\Sigma, M)$ 是右 $L$ 模, 作用为 $(\varphi_M l)(x) := \varphi_M(lx)$, 对任意 $\varphi_M \in \mathrm{Hom}^{\mathcal{C}}(\Sigma, M)$, $l \in L$ 和 $x \in \Sigma$. 所以可以定义 $k$ 线性函子

$$V := \mathrm{Hom}^{\mathcal{C}}(\Sigma, -) \otimes_L \mathcal{D} :\ \mathcal{M}^{\mathcal{C}} \to \mathcal{M}^{\mathcal{D}}.$$

考虑 $k$ 线性函子组成的反范畴及它们的自然变换. 由两个对象 $U$ 和 $V$ 定义的全子范畴决定了一个 Morita 关系

$$(\mathrm{Nat}(V,V)^{op}, \mathrm{Nat}(U,U)^{op}, \mathrm{Nat}(V,U), \mathrm{Nat}(U,V), \Xi, \Lambda), \tag{5.11}$$

这里, 所有的代数和模结构都是由自然变换的反复合给出, 而且连接映射 $\Xi$ 和 $\Lambda$ 是由自然变换的反复合的投射限制给出.

下面的命题给出了 Morita 关系的等价描述, 用 (余) 模映射集合来表示. 为了计算, 引进 $Q'$ 的 $k$ 子模 (与由公式 (5.3) 给出的 $L$-$\mathcal{C}$ 双模 $\Sigma$ 相关的 $k$ 子模). 它定义为 $A$-$L$ 双模 $\Sigma^* := \mathrm{Hom}_A(\Sigma, A)$, $(a\xi l)(x) = a\xi(lx)$ 的形式, 对 $l \in L, \xi \in \Sigma^*, a \in A$ 和 $x \in \Sigma$,

$$\widetilde{Q} := \{q \in \mathrm{Hom}_A(\mathcal{C}, \Sigma^*)\,|, \forall x \in \Sigma, c \in \mathcal{C}\ c^{(1)}q(c^{(2)})(x) = q(c)(x^{[0]})x^{[1]}\}. \tag{5.12}$$

**命题 5.2.1** 设 $(\mathcal{D} : L)$ 是 $(\mathcal{C}, A)$ 的右余环扩张, $\Sigma$ 为 $L$-$\mathcal{C}$ 双余模. 考虑相应的 Morita 关系 (5.11). 存在一列 $k$ 线性同构

$$\alpha_1 : {}_L\mathrm{Hom}_L(\mathcal{D}, T) \xrightarrow{\cong} \mathrm{Nat}(V,V)^{op}, \tag{5.13}$$

$$\alpha_2 : {}^{\mathcal{C}}\mathrm{End}^{\mathcal{D}}(\mathcal{C})^{op} \xrightarrow{\cong} \mathrm{Nat}(U,U)^{op}, \tag{5.14}$$

$$\alpha_3 : {}_L\mathrm{Hom}^{\mathcal{D}}(\mathcal{D}, \Sigma) \xrightarrow{\cong} \mathrm{Nat}(V,U), \tag{5.15}$$

$$\alpha_4 : \widetilde{Q} \xrightarrow{\cong} \mathrm{Nat}(U,V), \tag{5.16}$$

这里 $T$ 表示代数 (和 $L$ 环) $\mathrm{End}^{\mathcal{C}}(\Sigma)$. 进一步, 映射 (5.13)~(5.16) 建立了 Morita 关系 (5.11) 的同构和 Morita 关系

$$\widetilde{\mathbb{M}}(\Sigma) = ({}_L\mathrm{Hom}_L(\mathcal{D}, T), {}^{\mathcal{C}}\mathrm{End}^{\mathcal{D}}(\mathcal{C})^{op}, {}_L\mathrm{Hom}^{\mathcal{D}}(\mathcal{D}, \Sigma), \widetilde{Q}, \Upsilon, \Sigma). \tag{5.17}$$

代数结构、双模结构及连接映射由下面的公式给出:

$$(vv')(d) = v(d_{(1)})v'(d_{(2)}), \tag{5.18}$$
$$(uu')(c) = u'(u(c)), \tag{5.19}$$
$$(vp)(d) = v(d_{(1)})(p(d_{(2)})), \tag{5.20}$$
$$(pu)(d) = p(d)^{[0]}\varepsilon_{\mathcal{C}}(u(p(d)^{[1]})), \tag{5.21}$$
$$(qv)(c) = q(c_{[0]})v(c_{[1]}), \tag{5.22}$$
$$(uq)(c) = q(u(c)), \tag{5.23}$$
$$(q\Upsilon p)(c) = c^{(1)}q({c^{(2)}}_{[0]})(p({c^{(2)}}_{[1]})) \equiv q(c_{[0]})(p(c_{[1]})^{[0]})p(c_{[1]})^{[1]}, \tag{5.24}$$
$$(p\Sigma q)(d) = p(d)^{[0]}q(p(d)^{[1]})(-). \tag{5.25}$$

对 $v, v' \in {}_L\mathrm{Hom}_L(\mathcal{D}, T)$, $u, u' \in {}^{\mathcal{C}}\mathrm{End}^{\mathcal{D}}(\mathcal{C})$, $p \in {}_L\mathrm{Hom}^{\mathcal{D}}(\mathcal{D}, \Sigma)$, $q \in \widetilde{Q}$, $d \in \mathcal{D}$ 和 $c \in \mathcal{C}$.

**证明**　对任意 $v \in {}_L\mathrm{Hom}_L(\mathcal{D}, T)$, 可以定义一个右 $\mathcal{D}$ 余线性映射

$$\Phi_M^v : \mathrm{Hom}^{\mathcal{C}}(\Sigma, M) \otimes_L \mathcal{D} \to \mathrm{Hom}^{\mathcal{C}}(\Sigma, M) \otimes_L \mathcal{D},$$
$$\varphi_M \otimes_L d \mapsto \varphi_M \circ v(d_{(1)}) \otimes_L d_{(2)},$$

对任意右 $\mathcal{C}$ 余模 $M$. 这就定义了 $k$ 模映射 $\alpha_1 : {}_L\mathrm{Hom}_L(\mathcal{D}, T) \longrightarrow \mathrm{Nat}(V, V)^{op}, v \mapsto \Phi^v$. $\alpha_1$ 的双射性通过构造逆 $\alpha_1^{-1}$ 来证明, 应用 $\Phi \in \mathrm{Nat}(V, V)$ 到右 $L$ 线性映射

$$\mathcal{D} \to T, \quad d \mapsto ((T \otimes_L \varepsilon_{\mathcal{D}}) \circ \Phi_\Sigma)(1_T \otimes_L d).$$

因为 $\Sigma$ 是 $L$-$\mathcal{C}$ 双余模, 映射 $\Sigma \to \Sigma$, $x \mapsto lx$ 是右 $\mathcal{C}$ 余线性, 对任意 $l \in L$. 所以由 $\Phi$ 的自然性可得 $\alpha_1^{-1}(\Phi)$ 是左 $L$ 线性. 等式 $\alpha_1^{-1} \circ \alpha_1(v) = v$ 对 $v \in {}_L\mathrm{Hom}_L(\mathcal{D}, T)$ 明显成立. 另一等式 $\alpha_1 \circ \alpha_1^{-1}(\Phi) = \Phi$ 对 $\Phi \in \mathrm{Nat}(V, V)$ 可如下验证. 因为 $T \otimes_L \mathcal{D}$ 中的右 $\mathcal{D}$ 余作用由 $T \otimes_L \Delta_{\mathcal{D}}$ 给出, 所以对任意 $t \otimes_L d \in T \otimes_L \mathcal{D}$, 可得

$$(T \otimes_L \varepsilon_{\mathcal{D}})((t \otimes_L d)_{[0]}) \otimes_L (t \otimes_L d)_{[1]} = t\varepsilon_{\mathcal{D}}(d_{(1)}) \otimes_L d_{(2)} = t \otimes_L d. \tag{5.26}$$

在下面的第二个等式运用 $\Phi_\Sigma$ 的右 $\mathcal{D}$ 余线性, 第三个等式运用式子 (5.26) 和最后

一个等式运用 $\varphi_M$ 的右 $\mathcal{C}$ 余线性及 $\Phi$ 的自然性, 计算

$$
\begin{aligned}
(\alpha_1 \circ \alpha_1^{-1}(\Phi))_M(\varphi_M \otimes_L d) &= \varphi_M \circ ((T \otimes_L \varepsilon_{\mathcal{D}})(\Phi_\Sigma(1_T \otimes_L d_{(1)}))) \otimes_L d_{(2)} \\
&= \varphi_M \circ ((T \otimes_L \varepsilon_{\mathcal{D}})(\Phi_\Sigma(1_T \otimes_L d)_{[0]})) \otimes_L \Phi_\Sigma(1_T \otimes_L d)_{[1]} \\
&= ((\varphi_M \otimes_L \mathcal{D}) \circ \Phi_\Sigma)(1_T \otimes_L d) = \Phi_M(\varphi_M \otimes_L d),
\end{aligned}
$$

对 $\varphi_M \otimes_L d \in \mathrm{Hom}^{\mathcal{C}}(\Sigma, M) \otimes_L \mathcal{D}$.

对任意 $u \in {}^{\mathcal{C}}\mathrm{End}^{\mathcal{D}}(\mathcal{C})$, 定义一个映射

$$
\Xi_M^u : M \to M, \quad m \mapsto m^{[0]}(\varepsilon_{\mathcal{C}} \circ u)(m^{[1]}),
$$

对任意右 $\mathcal{C}$ 余模 $M$. 运用 $M$ 的右 $\mathcal{C}$ 和右 $\mathcal{D}$ 余模结构之间的关系、$\mathcal{C}$ 余作用的右 $A$ 线性、左 $\mathcal{C}$ 余线性及 $u$ 的右 $\mathcal{D}$ 余线性和 $\mathcal{C}$ 余作用的 $\mathcal{D}$ 余线性, 易证它是右余线性:

$$
\begin{aligned}
&(m^{[0]}(\varepsilon_{\mathcal{C}} \circ u)(m^{[1]}))_{[0]} \otimes_L (m^{[0]}(\varepsilon_{\mathcal{C}} \circ u)(m^{[1]}))_{[1]} \\
={}& (m^{[0]}(\varepsilon_{\mathcal{C}} \circ u)(m^{[1]}))^{[0]} \varepsilon_{\mathcal{C}}((m^{[0]}(\varepsilon_{\mathcal{C}} \circ u)(m^{[1]}))^{[1]}{}_{[0]}) \otimes_L (m^{[0]}(\varepsilon_{\mathcal{C}} \circ u)(m^{[1]}))^{[1]}{}_{[1]} \\
={}& m^{[0]} \varepsilon_{\mathcal{C}}((m^{[1]}(\varepsilon_{\mathcal{C}} \circ u)(m^{[2]}))_{[0]}) \otimes_L (m^{[1]}(\varepsilon_{\mathcal{C}} \circ u)(m^{[2]}))_{[1]} \\
={}& m^{[0]} \varepsilon_{\mathcal{C}}(u(m^{[1]})_{[0]}) \otimes_L u(m^{[1]})_{[1]} = m_{[0]}{}^{[0]}(\varepsilon_{\mathcal{C}} \circ u)(m_{[0]}{}^{[1]}) \otimes_L m_{[1]}.
\end{aligned}
$$

这说明有一个 $k$ 线性映射 $\alpha_2 : {}^{\mathcal{C}}\mathrm{End}^{\mathcal{D}}(\mathcal{C})^{op} \longrightarrow \mathrm{Nat}(U, U)^{op}$, $u \mapsto \Xi^u$. 为了证明映射的双射性, 构造逆 $\alpha_2^{-1}$. 将 $\Xi \in \mathrm{Nat}(U, U)$ 应用为 $\Xi_{\mathcal{C}} \in \mathrm{End}^{\mathcal{D}}(\mathcal{C})$. 需要证明 $\Xi_{\mathcal{C}}$ 是左 $\mathcal{C}$ 余线性. 首先注意, 对任意右 $A$ 模 $N$ 和 $n \in N$, 映射 $\mathcal{C} \to N \otimes_A \mathcal{C}$, $c \mapsto n \otimes_A c$ 是右 $\mathcal{C}$ 余线性 (这里, $N \otimes_A \mathcal{C}$ 是右 $\mathcal{C}$ 余模定义为 $N \otimes_A \Delta_{\mathcal{C}}$). 所以由自然性得

$$
\Xi_{N \otimes_A \mathcal{C}} = N \otimes_A \Xi_{\mathcal{C}}. \tag{5.27}
$$

另一方面, $\mathcal{C}$ 的余积是右 $\mathcal{C}$ 余线性 (余结合性), 所以自然有 $\Xi_{\mathcal{C} \otimes_A \mathcal{C}} \circ \Delta_{\mathcal{C}} = \Delta_{\mathcal{C}} \circ \Xi_{\mathcal{C}}$. 结合这两个式子, $\Xi_{\mathcal{C}}$ 的左 $\mathcal{C}$ 余线性已经得到证明. 由 $u$ 的 $\mathcal{C}$ 余线性很容易证明等式 $\alpha_2^{-1} \circ \alpha_2(u) = u$, 对 $u \in {}^{\mathcal{C}}\mathrm{End}^{\mathcal{D}}(\mathcal{C})$. 对 $\Xi \in \mathrm{Nat}(U, U)$, 性质 $\alpha_2 \circ \alpha_2^{-1}(\Xi) = \Xi$ 的证明由下面的交换图得到, 对任意右 $\mathcal{C}$ 余模 $M$,

$$
\begin{array}{ccccc}
M & \xrightarrow{\quad \Xi_M \quad} & M & = & M \\
\downarrow{\scriptstyle \varrho^M} & & \downarrow{\scriptstyle \varrho^M} & \nearrow{\scriptstyle M \otimes_A \varepsilon_{\mathcal{C}}} & \\
M \otimes_A \mathcal{C} & \xrightarrow[\Xi_{M \otimes_A \mathcal{C}} = M \otimes_A \Xi_{\mathcal{C}}]{} & M \otimes_A \mathcal{C} & &
\end{array}
$$

图的交换性由等式 (5.27)、右 $\mathcal{C}$ 余作用的右 $\mathcal{C}$ 余线性 (余结合性) 及 $\Xi$ 的自然性得到.

对元素 $p \in {}_L\mathrm{Hom}^{\mathcal{D}}(\mathcal{D}, \Sigma)$, 定义一个右 $\mathcal{D}$ 余线性映射

$$\Theta_M^p : \mathrm{Hom}^{\mathcal{C}}(\Sigma, M) \otimes_L \mathcal{D} \to M, \quad \varphi_M \otimes_L d \mapsto \varphi_M(p(d)),$$

对任意右 $\mathcal{C}$ 余模 $M$. 由此知定义了一个 $k$ 映射 $\alpha_3 : {}_L\mathrm{Hom}^{\mathcal{D}}(\mathcal{D}, \Sigma) \to \mathrm{Nat}(V, U)$, $p \mapsto \Theta^p$. 为了证明映射的双射性, 构造逆 $\alpha_3^{-1}$, 将映射 $\Theta \in \mathrm{Nat}(V, U)$ 运用到具体的右 $\mathcal{D}$ 余线性映射, 有

$$\mathcal{D} \to \Sigma, \quad d \mapsto \Theta_\Sigma(1_T \otimes_L d).$$

由映射 $\Sigma \to \Sigma$, $x \mapsto lx$ 对任意 $l \in L$ 是右 $\mathcal{C}$ 余线性、$\Theta$ 的自然性及 $L$ 是 $T$ 的子代数的事实知, 此映射是左 $L$ 线性. 对任意 $p \in {}_L\mathrm{Hom}^{\mathcal{D}}(\mathcal{D}, \Sigma)$ 等式 $\alpha_3^{-1} \circ \alpha_3(\Theta) = \Theta$ 恒成立. 且等式 $\alpha_3 \circ \alpha_3^{-1}(\Theta) = \Theta$ 对 $\Theta \in \mathrm{Nat}(V, U)$ 由 $\Theta$ 的自然性可得, 即对任意右 $\mathcal{C}$ 余模 $M$, $\varphi_M \in \mathrm{Hom}^{\mathcal{C}}(\Sigma, M)$ 和 $t \otimes_L d \in T \otimes_L \mathcal{D}$, 有等式 $\varphi_M(\Theta_\Sigma(t \otimes_L d)) = \Theta_M(\varphi_M \circ t \otimes_L d)$.

对元素 $q \in \widetilde{Q}$, 可以构造一个新的右 $\mathcal{D}$ 余线性映射

$$\begin{aligned}&\Omega_M^q : M \to \mathrm{Hom}^{\mathcal{C}}(\Sigma, M) \otimes_L \mathcal{D},\\ &\qquad m \mapsto m^{[0]} q({m^{[1]}}_{[0]})(-) \otimes_L {m^{[1]}}_{[1]} \equiv {m_{[0]}}^{[0]} q({m_{[0]}}^{[1]})(-) \otimes_L m_{[1]},\end{aligned}$$

对任意右 $\mathcal{C}$ 余模 $M$. 由右 $\mathcal{C}$ 余作用是右 $\mathcal{D}$ 余线性得到 $\Omega_M^q$ 的两种形式是相等的. 由 $q$ 的 $A$-$L$ 双线性性及引理 5.1.1(2) 知此定义是良好的. $q \mapsto \Omega^q$ 的联系定义了一个 $k$ 线性映射 $\alpha_4 : \widetilde{Q} \to \mathrm{Nat}(U, V)$. 下面通过构造逆映射 $\alpha_4^{-1}$ 证明它是可逆的. 将 $\Omega \in \mathrm{Nat}(U, V)$ 应用到下面的右 $L$ 线性映射得

$$\mathcal{C} \to \Sigma^*, \quad c \mapsto \varepsilon_{\mathcal{C}}((\mathrm{Hom}^{\mathcal{C}}(\Sigma, \mathcal{C}) \otimes_L \varepsilon_{\mathcal{D}})(\Omega_{\mathcal{C}}(c))(-)).$$

由映射 $\mathcal{C} \to N \otimes_A \mathcal{C}$, $c \mapsto n \otimes_A c$ 的右 $\mathcal{C}$ 余线性, 对任何右 $A$ 模 $N$ 和 $n \in N$, 及 $\Omega$ 的自然性, 映射 $\Omega_{N \otimes_A \mathcal{C}}$ 可以看成是 $N \otimes_A \Omega_{\mathcal{C}} : N \otimes_A \mathcal{C} \to N \otimes_A \mathrm{Hom}^{\mathcal{C}}(\Sigma, \mathcal{C}) \otimes_L \mathcal{D}$ 和显然的映射 $N \otimes_A \mathrm{Hom}^{\mathcal{C}}(\Sigma, \mathcal{C}) \otimes_L \mathcal{D} \to \mathrm{Hom}^{\mathcal{C}}(\Sigma, N \otimes_A \mathcal{C}) \otimes_L \mathcal{D}$ 的合成. 在上述情形中取 $N = A$, 得到 $\Omega_{\mathcal{C}}$ 是左 $A$ 线性的结论, 所以 $\alpha_4^{-1}(\Omega)$ 也是左 $A$ 线性. 考虑下面交换图. 由于 $\mathcal{C}$ 中的余积是右 $\mathcal{C}$ 余线性 (余结合性) 和 $\Omega$ 的自然性, 上方左四边形是交换的; 下方的左三角形是交换的是因为通过前面的观察可得, 对任意右 $A$ 模 $N$, $\Omega_{N \otimes_A \mathcal{C}}$ 在 $N \otimes_A \Omega_{\mathcal{C}}$ 上面可以提升. 中间行的正方形可交换是由对任意右 $A$ 模 $N$ 有 $k$ 模同构 $\mathrm{Hom}^{\mathcal{C}}(\Sigma, N \otimes_A \mathcal{C}) \simeq \mathrm{Hom}_A(\Sigma, N)$. 图的最上面一行给出了 $\alpha_4^{-1}(\Omega)$ 的等价表达式. 比较 $\mathrm{Hom}_A(\Sigma, \mathcal{C})$ 上的箭头图, 得到 $\alpha_4^{-1}(\Omega)$ 是 $\widetilde{Q}$ 中的元素.

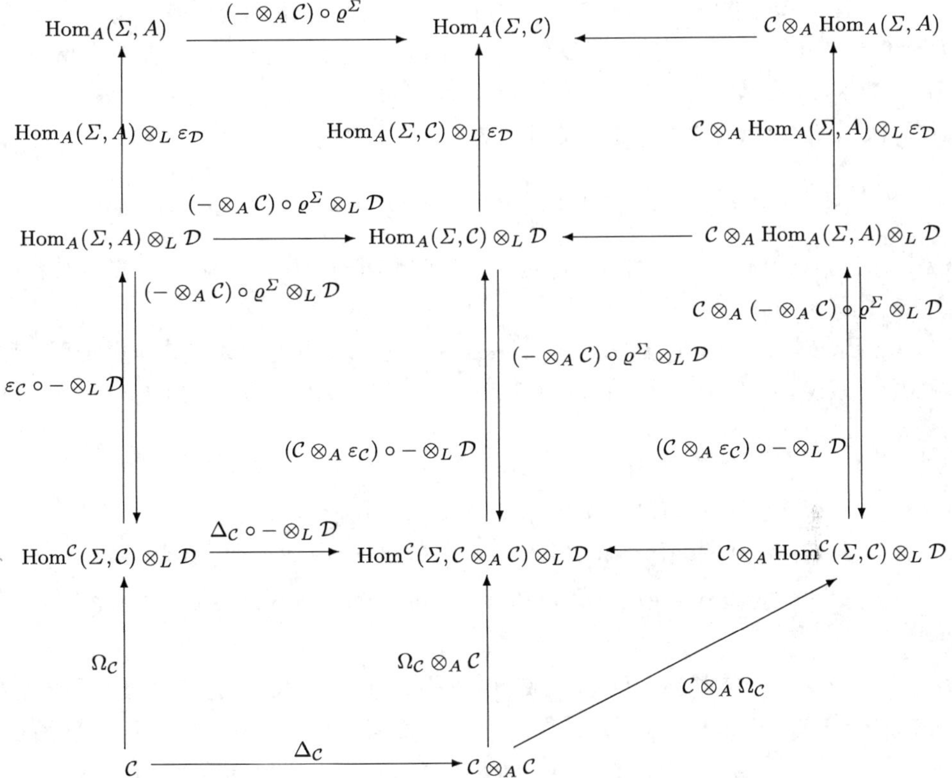

等式 $\alpha_4^{-1} \circ \alpha_4(q) = q$ 对 $q \in \widetilde{Q}$ 的证明由 $\varepsilon_\mathcal{C}$ 的右 $A$ 线性和 $q$ 的左 $A$ 线性可得. 为了证明相反的性质, 即有 $\alpha_4 \circ \alpha_4^{-1}(\Omega) = \Omega$, 对 $\Omega \in \mathrm{Nat}(U, V)$, 考虑 $\mathcal{M}^\mathcal{D}$ 中的交换图, 对任意 $M \in \mathcal{M}^\mathcal{C}$,

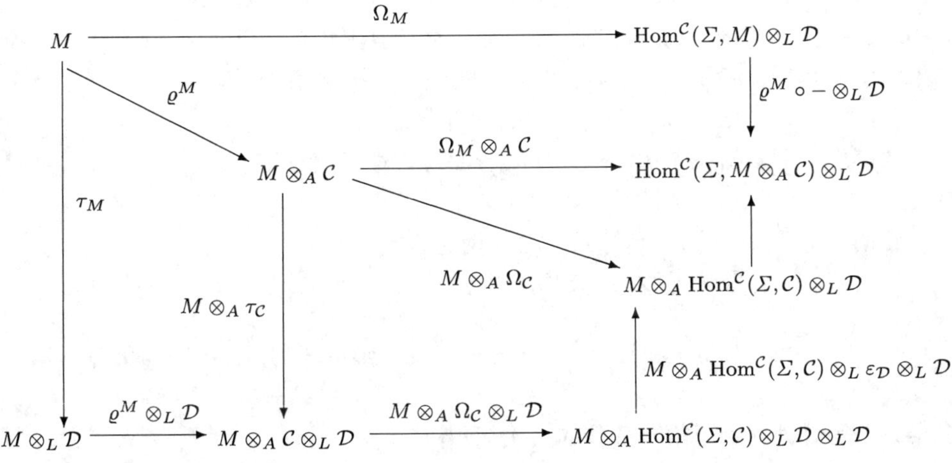

上面四边形的交换由 $\Omega_M$ 的自然性得到. 左边四边形的交换是因为 $\varrho^M$ 的右 $\mathcal{D}$ 余线性, 而右边四边形的交换是由于 $\Omega_{\mathcal{C}}$ 的右 $\mathcal{D}$ 余线性及 $\varepsilon_{\mathcal{D}}$ 是 $\mathcal{D}$ 的余单位的事实. $\Omega_{M\otimes_A\mathcal{C}}$ 在 $M\otimes_A\Omega_{\mathcal{C}}$ 上面可以提升说明三角形是交换的. 在某个元素 $m\in M$ 计算 $\mathrm{Hom}^{\mathcal{C}}(\Sigma,M\otimes_A\mathcal{C})\otimes_L\mathcal{D}$ 上方和下方的箭头, 得到

$$(\varrho^M\circ -)\circ\Omega_M(m)=m_{[0]}{}^{[0]}\otimes_A(\mathrm{Hom}^{\mathcal{C}}(\Sigma,\mathcal{C})\otimes_A\varepsilon_{\mathcal{D}})(\Omega_{\mathcal{C}}(m_{[0]}{}^{[1]}))\otimes_L m_{[1]}.$$

应用 $(M\otimes_A\varepsilon_{\mathcal{C}})\circ-\otimes_L\mathcal{D}$ 到等式两边, 可以得到 $\mathrm{Hom}^{\mathcal{C}}(\Sigma,M)\otimes_L\mathcal{D}$ 中需要的等式 $\Omega_M=\alpha_4\circ\alpha_4^{-1}(\Omega)_M$.

证明映射 $\alpha_1,\alpha_2,\alpha_3$ 和 $\alpha_4$ 是 Morita 关系之间的态射后即完成命题证明. 实际上, 直接验证, 对 $v,v'\in{}_L\mathrm{Hom}_L(\mathcal{D},T),u,u'\in{}^{\mathcal{C}}\mathrm{End}^{\mathcal{D}}(\mathcal{C}),p\in{}_L\mathrm{Hom}^{\mathcal{D}}(\mathcal{D},\Sigma)$ 和 $q\in\widetilde{Q}$,

$$\begin{aligned}
&\alpha_1(v)\circ\alpha_1(v')=\alpha_1(v'v), &&\alpha_2(u)\circ\alpha_2(u')=\alpha_2(u'u),\\
&\alpha_3(p)\circ\alpha_1(v)=\alpha_3(vp), &&\alpha_2(u)\circ\alpha_3(p)=\alpha_3(pu),\\
&\alpha_1(v)\circ\alpha_4(q)=\alpha_4(qv), &&\alpha_4(q)\circ\alpha_2(u)=\alpha_4(uq),\\
&\alpha_3(p)\circ\alpha_4(q)=\alpha_2(q\Upsilon p), &&\alpha_4(q)\circ\alpha_3(p)=\alpha_1(p\Sigma q).
\end{aligned}$$

证毕. □

**注 5.2.2**　交换基环 $k$ 可以看成一个平凡的 $(k)$ 余环, 它是任意 $A$ 余环 $\mathcal{C}$ 的右扩张. 一个右 $\mathcal{C}$ 余模 $\Sigma$ 可以看作一个 $\mathcal{C}$ 右余环扩张 $k$ 上的 $k$-$\mathcal{C}$ 双余模, 所以有一个与 (5.17) 相应的 Morita 关系 $\widetilde{\mathbb{M}}(\Sigma)=(\mathrm{Hom}_k(k,T),{}^{\mathcal{C}}\mathrm{End}(\mathcal{C})^{op},\mathrm{Hom}_k(k,\Sigma),\widetilde{Q}\equiv Q',\Upsilon,\Sigma)$. 明显地, $\mathrm{Hom}_k(k,T)\simeq T$ 和 $\mathrm{Hom}_k(k,\Sigma)\simeq\Sigma$. 通过余模的 hom 张量关系 [41], 由引理 5.1.1(1), $Q\cong Q'\equiv\widetilde{Q}$. 结合这些同构与 (5.17) 中的 Morita 关系, 得到 Morita 关系 (5.4) 的结构映射. 所以, 与 $k$-$\mathcal{C}$ 双余模相关的 $\Sigma$ 的 Morita 关系 $\widetilde{\mathbb{M}}(\Sigma)$ 和与右 $\mathcal{C}$ 余模相关的 $\Sigma$ 的 $\mathbb{M}(\Sigma)$(5.4) 是一致的.

**引理 5.2.3**　设 $L$ 余环 $\mathcal{D}$ 是 $A$ 余环 $\mathcal{C}$ 的右扩张且 $\Sigma$ 是 ${}_L\mathcal{M}^{\mathcal{C}}$ 中的对象. 考虑 (5.17) 中定义的 Morita 关系 $\widetilde{\mathbb{M}}(\Sigma)$. 如果存在有限集合 $\{j_l\}\subset{}_L\mathrm{Hom}^{\mathcal{D}}(\mathcal{D},\Sigma)$ 和 $\{\tilde{j}_l\}\subset\widetilde{Q}$ 满足 $\sum_l\tilde{j}_l\Upsilon j_l=\mathcal{C}$ (即 (5.24) 中的连接映射是满射), 那么

(1) 等式 $\sum_l\tilde{j}_l(c_{[0]})(j_l(c_{[1]}))=\varepsilon_{\mathcal{C}}(c)$ 对任意 $c\in\mathcal{C}$ 成立.

(2) 等式 $\sum_l m_{[0]}{}^{[0]}\tilde{j}(m_{[0]}{}^{[1]})(j_l(m_{[1]}))=m$ 对任意右 $\mathcal{C}$ 余模 $M$ 和 $m\in M$ 成立.

**证明**　(1) 由应用 $\varepsilon_{\mathcal{C}}$ 到等式 (5.24) 两边直接得到.

(2) 由右 $\mathcal{C}$ 余模 $M$ 的右 $\mathcal{C}$ 余作用是 $\mathcal{D}$ 余线性, 对任意 $m\in M$, 有

$$\sum_l m_{[0]}{}^{[0]}\tilde{j}_l(m_{[0]}{}^{[1]})(j_l(m_{[1]}))=\sum_l m^{[0]}\tilde{j}_l(m^{[1]}{}_{[0]})(j_l(m^{[1]}{}_{[1]}))=m^{[0]}\varepsilon_{\mathcal{C}}(m^{[1]})=m,$$

在第二个等式处用到了第一部分的结论, 证毕. □

**命题 5.2.4** 设 $L$ 余环 $\mathcal{D}$ 是 $A$ 余环 $\mathcal{C}$ 的右扩张. 取 $\Sigma \in {}_L\mathcal{M}^{\mathcal{C}}$, 并考虑 (5.17) 中相应的 Morita 关系 $\widetilde{\mathbb{M}}(\Sigma)$. 如果 (5.24) 中的映射 $\Upsilon$ 和余单位 $\varepsilon_{\mathcal{C}}$ 都是满射, 那么 $\Sigma$ 是右 $A$ 模生成子.

**证明** 选择元素 $\{j_l\} \subset {}_L\mathrm{Hom}^{\mathcal{D}}(\mathcal{D}, \Sigma)$ 和 $\{\tilde{j}_l\} \subset \widetilde{Q}$ 满足 $\sum_l \tilde{j}_l \Upsilon j_l = \mathcal{C}$, 而且取元素 $c \in \mathcal{C}$ 使得 $\varepsilon_{\mathcal{C}}(c) = 1_A$. 对有限集合 $\{x_i\} \subset \Sigma$ 和 $\{\xi\} \subset \Sigma^*$, 有

$$\sum_i \xi_i \otimes_L x_i = \sum_l \tilde{j}_l(c_{[0]}) \otimes_L \tilde{j}_l(c_{[1]}).$$

那么 $\sum_i \xi_i(x_i) = \varepsilon_{\mathcal{C}}(c) = 1_A$, 由引理 5.2.3(1) 即证明了命题成立. □

引理 5.2.3 说明, 如果 $F : \mathcal{A} \to \mathcal{B}$ 是余单体函子, 而且 $\lambda$ 是范畴 $\mathcal{A}$ 中的可裂满射, 使得 $F(\lambda)$ 在 $\mathcal{B}$ 中有核, 那么 $\lambda$ 在 $\mathcal{A}$ 和 $F$ 中的核保持这个核. 因为对任一 $A$, 余环 $\mathcal{C}$ 遗忘函子 $\mathcal{M}^{\mathcal{C}} \to \mathcal{M}_A$ 是余单体, 下面的引理是由这个推广的结果得到的. 为了读者方便, 我们给出一个详细证明.

**引理 5.2.5** 下面的论述关于右 $A$ 余环 $\mathcal{C}$ 上的右余模 $M$ 和 $N$ 是等价的.

(1) 存在有限阶 $s$ 的指标集 $\{l\}$ 和一簇态射 $\{k_l\} \subset \mathrm{Hom}^{\mathcal{C}}(M, N)$ 和 $\{\lambda_l\} \subset \mathrm{Hom}^{\mathcal{C}}(N, M)$, 下标为 $l = 1, \cdots, s$, 满足 $\sum_l \lambda_l \circ k_l = M$.

(2) 作为右 $\mathcal{C}$ 余模, $M$ 是直和 $N^s$ 的直和项.

**证明** 依据 (1) 中的 $\{k_l\}$ 和 $\{\lambda_l\}$, 构造一个映射 $k : M \to N^s$, 定义为 $k(m) = (k_l(m))_l$. 显然, $k$ 有一个左逆, $\lambda : N^s \to M$, $\lambda((n_l)_l) = \sum_l \lambda_l(n_l)$. 因为一个 $A$ 余环 $\mathcal{C}$ 上的余模范畴有直和, 实质上与 $\mathcal{M}_A$ 中的直和相同, 所以 $\lambda$ 和 $k$ 也是 $\mathcal{M}^{\mathcal{C}}$ 中的态射. 特别地, $\lambda$ 和 $k$ 是右 $A$ 线性, 所以在 Abel 右 $A$ 模范畴中有可裂正和列

$$0 \longrightarrow M' \xrightarrow{v} N^s \xrightarrow{\lambda} M \longrightarrow 0,$$

这里, $(M', v)$ 是 $\lambda$ 在 $\mathcal{M}_A$ 中的核. 证明的完成还需要验证 $M'$ 是右 $\mathcal{C}$ 余模且 $v$ 是 $\mathcal{C}$ 余线性截面. 记 $v$ 的右 $A$ 线性限制为 $w$, 诱导一个右 $A$ 模映射

$$\varrho^{M'} := (w \otimes_A \mathcal{C}) \circ \varrho^{N^s} \circ v : \ M' \to M' \otimes_A \mathcal{C}.$$

因为 $A$ 模映射满足 $v \circ w + k \circ \lambda = N^s$, 由 $k$ 和 $\lambda$ 余线性可得, $v \circ w$ 是 $\mathcal{C}$ 余线性. 所以

$$(v \otimes_A \mathcal{C}) \circ \varrho^{M'} = (v \circ w \otimes_A \mathcal{C}) \circ \varrho^{N^s} \circ v = \varrho^{N^s} \circ v. \tag{5.28}$$

在 (5.28) 两边同时复合 $w$, 再由 $v \circ w$ 的余线性, 得到 $\varrho^{M'} \circ w = (w \otimes_A \mathcal{C}) \circ \varrho^{N^s}$. 进一步, 在下面的第一、二和四个等式运用 (5.28), 在第三个等式运用 $\varrho^{N^s}$ 的余结合

性, 验证

$$\begin{aligned}&(v\otimes_A\mathcal{C}\otimes_A\mathcal{C})\circ(\varrho^{M'}\otimes_A\mathcal{C})\circ\varrho^{M'}\\=&(\varrho^{N^s}\circ v\otimes_A\mathcal{C})\circ\varrho^{M'}=(\varrho^{N^s}\otimes_A\mathcal{C})\circ\varrho^{N^s}\circ v\\=&(N^s\otimes_A\Delta_{\mathcal{C}})\circ\varrho^{N^s}\circ v=(N^s\otimes_A\Delta_{\mathcal{C}})\circ(v\otimes_A\mathcal{C})\circ\varrho^{M'}\\=&(v\otimes_A\mathcal{C}\otimes_A\mathcal{C})\circ(M'\otimes_A\Delta_{\mathcal{C}})\circ\varrho^{M'}.\end{aligned}$$

因为 $v\otimes_A\mathcal{C}\otimes_A\mathcal{C}$ 是 (可裂) 单态射, 这就说明了 $\varrho^{M'}$ 的余结合性. 最后, 由 $\varrho^{N^s}$ 的余单位性,

$$(M'\otimes_A\varepsilon_{\mathcal{C}})\circ\varrho^{M'}=(M'\otimes_A\varepsilon_{\mathcal{C}})\circ(w\otimes_A\mathcal{C})\circ\varrho^{N^s}\circ v=w\circ v=M',$$

这就完成了 (1) $\Longrightarrow$ (2) 的证明. 反过来是显然的. □

因为对代数 $L$ 和 $A$ 余环 $\mathcal{C}$ 上的 $L$-$\mathcal{C}$ 双余模可以等同为 $L^{op}\otimes_k A$ 余环 $L^{op}\otimes_k\mathcal{C}$ 上的余模, 所以引理 5.2.5 也适合于 $L$-$\mathcal{C}$ 双余模.

**定理 5.2.6**　设 $L$ 余环 $\mathcal{D}$ 是 $A$ 余环 $\mathcal{C}$ 的右扩张. 取 $\Sigma\in{}_L\mathcal{M}^{\mathcal{C}}$, 并考虑 (5.17) 中相应的 Morita 关系 $\widetilde{\mathbb{M}}(\Sigma)$. 特别地, 记 $T:=\mathrm{End}^{\mathcal{C}}(\Sigma)$,

(1) (5.24) 中的映射 $\Upsilon$ 是满射当且仅当 $\Sigma$ 是 Galois $\mathcal{C}$ 余模, 且作为 $T$-$\mathcal{D}$ 双余模, $\Sigma$ 是直和 $(T\otimes_L\mathcal{D})^s$ 的直和项, 对某个适当的有限整数 $s$.

(2) Morita 关系 $\widetilde{\mathbb{M}}(\Sigma)$ 是严格的当且仅当 $\Sigma$ 是 Galois $\mathcal{C}$ 余模, 且作为 $T$-$\mathcal{D}$ 双余模, $\Sigma$ 是直和 $(T\otimes_L\mathcal{D})^s$ 的直和项, $T\otimes_L\mathcal{D}$ 是 $\Sigma^z$ 的直和项, 这里 $s$ 和 $z$ 是有限整数.

**证明**　由 $\Upsilon$ 的满射性, 存在元素 $\{j_l\}\subset{}_L\mathrm{Hom}^{\mathcal{D}}(\mathcal{D},\Sigma)$ 和 $\{\tilde{j}_l\}\subset\widetilde{Q}$ 满足 $\sum_l\tilde{j}_l\Upsilon j_l=\mathcal{C}$. 考察命题 5.2.1 中的同构 $\alpha_3$ 和 $\alpha_4$, 记 $\alpha_3(j_l)=J_l$ 和 $\alpha_4(\tilde{j}_l)=\tilde{J}_l$, 对所有的值 $l$.

首先证明由 $\Upsilon$ 的满射性得到右 $\mathcal{C}$ 余模 $\Sigma$ 的 Galois 性质. 为此, 构造标准自然变换的逆映射. 对任意右 $A$ 模 $N$, 令

$$\Upsilon_N:N\otimes_A\mathcal{C}\to\mathrm{Hom}_A(\Sigma,N)\otimes_T\Sigma,\quad n\otimes_A c\mapsto\sum_l n\tilde{j}_l(c_{[0]})(-)\otimes_T j_l(c_{[1]}).$$

因为 $T$ 是 $L$ 环, $\Upsilon_N$ 是定义良好的. 对 $N$ 而言, 它是一些自然态射复合的和,

$$\begin{aligned}N\otimes_A\mathcal{C}&\xrightarrow{(\tilde{J}_l)_{N\otimes_A\mathcal{C}}}\mathrm{Hom}^{\mathcal{C}}(\Sigma,N\otimes_A\mathcal{C})\otimes_L\mathcal{D}\cong\mathrm{Hom}_A(\Sigma,N)\otimes_T T\otimes_L\mathcal{D}\\&\xrightarrow{\mathrm{Hom}_A(\Sigma,N)\otimes_T(J_l)_\Sigma}\mathrm{Hom}_A(\Sigma,N)\otimes_T\Sigma.\end{aligned}$$

称 $\Upsilon$ 是标准自然态射的逆. 因为对任意 $n\otimes_A c\in N\otimes_A\mathcal{C}$, 有

$$\begin{aligned}\mathrm{Can}_N(\Upsilon_N(n\otimes_A c))&=\sum_l n\otimes_A \tilde{j}_l(c_{[0]})(j_l(c_{[1]})^{[0]})j_l(c_{[1]})^{[1]}\\&=n\otimes_A\sum_l(\tilde{j}_l\Upsilon j_l)(c)=n\otimes_A c.\end{aligned}$$

另一方面, 对 $\phi_N\otimes_T x\in \mathrm{Hom}_A(\Sigma,N)\otimes_T\Sigma$, 有

$$\begin{aligned}\Upsilon_N(\mathrm{Can}_N(\phi_N\otimes_T x))&=\sum_l \phi_N(x^{[0]})\tilde{j}_l(x^{[1]}{}_{[0]})(-)\otimes_T\tilde{j}_l(x^{[1]}{}_{[1]})\\&=\sum_l \phi_N({x_{[0]}}^{[0]}\tilde{j}_l({x_{[0]}}^{[1]})(-))\otimes_T j_l(x_{[1]}).\end{aligned}$$

这里, 第二个等式运用了 $\Sigma$ 的 $\mathcal{C}$ 余作用的右 $\mathcal{D}$ 余线性和 $\phi_n$ 的右 $A$ 线性. 应用引理 5.1.1(2) 到右 $\mathcal{C}$ 余模 $\Sigma$, 得到 $x^{[0]}\tilde{j}_l(x^{[1]})(-)$ 是 $T$ 中的元素, 对任意 $x\in\Sigma$ 和任一下标值 $l$. 所以

$$\begin{aligned}&\sum_l \phi_N({x_{[0]}}^{[0]}\tilde{j}_l({x_{[0]}}^{[1]})(-))\otimes_T j_l(x_{[1]})\\=&\phi_N\otimes_T\sum_l {x_{[0]}}^{[0]}\tilde{j}_l({x_{[0]}}^{[1]})(j_l(x_{[1]}))=\phi_N\otimes_T x,\end{aligned}$$

这里, 最后一个等式是由引理 5.2.3(2) 中应用右 $\mathcal{C}$ 余模 $\Sigma$ 得到. 这就证明了如果 $\Upsilon$ 是满射, 那么 $\Sigma$ 是 Galois $\mathcal{C}$ 余模.

下面证明作为 $T$-$\mathcal{D}$ 双余模, $\Sigma$ 是直和 $(T\otimes_L\mathcal{D})^s$ 的直和项, 这里, $s$ 是上面指标集 $\{l\}$ 的首项. 对任意值 $l$, 记

$$\begin{aligned}&k_l:=(\tilde{J}_l)_\Sigma:\Sigma\to T\otimes_L\mathcal{D},\quad x\mapsto {x_{[0]}}^{[0]}\tilde{j}_l({x_{[0]}}^{[1]})(-)\otimes_L x_{[1]},\\&\tilde{k}_l:=(J_l)_\Sigma:T\otimes_L\mathcal{D}\to\Sigma,\quad t\otimes_L d\mapsto t(j_l(d)).\end{aligned}\tag{5.29}$$

因为由假设, $\Sigma$ 的左 $L$ 作用是右 $\mathcal{C}$ 余线性, 且任意 $\mathcal{C}$ 余线性映射是 $\mathcal{D}$ 余线性映射, 还有 $\Sigma$ 的右 $\mathcal{C}$ 和 $\mathcal{D}$ 余作用都是 $L$ 线性. 这样, $k_l$ 作为左 $L$ 线性和右 $\mathcal{D}$ 余线性映射的合成, 是左 $L$ 线性和右 $\mathcal{D}$ 余线性. 映射 $\tilde{k}_l$ 显然是左 $L$ 线性且是右 $\mathcal{D}$ 余线性, 是由 $j_l$ 和任意 $t\in T$ 的余线性而得. 由引理 5.2.3(2) 知, $\sum_l\tilde{k}_l\circ k_l(x)=x$. 由引理 5.2.5, 作为 $T$-$\mathcal{D}$ 双余模 $\Sigma$ 是直和 $(T\otimes_L\mathcal{D})^s$ 的直和项, 这里 $s$ 是指标集 $\{l\}$ 的首项.

为了证明相反的结论, 再次利用引理 5.2.5. 因为作为 $T$-$\mathcal{D}$ 双余模 $\Sigma$ 是直和 $(T\otimes_L\mathcal{D})^s$ 的直和项, 存在映射 $k_l\in {}_T\mathrm{Hom}^{\mathcal{D}}(\Sigma,T\otimes_L\mathcal{D})$ 和 $\tilde{k}_l\in {}_T\mathrm{Hom}^{\mathcal{D}}(T\otimes_L\mathcal{D},\Sigma)$, 对 $l=1,\cdots,s$, 使得 $\sum_l\tilde{k}_l\circ k_l=\Sigma$. 定义映射 $j_l$ 和 $\tilde{j}_l$ 如下: 对任意值 $l$, 令

$$j_l:\mathcal{D}\to\Sigma,\quad d\mapsto\tilde{k}_l(1_T\otimes_L d).\tag{5.30}$$

由 $\tilde{k}_l$ 的余线性, $j_l$ 是右 $\mathcal{D}$ 余线性. 因为 $\tilde{k}_l$ 是左 $T$ 线性且 $L$ 是 $T$ 的子代数, 所以 $j_l$ 也是左 $L$ 线性. 进一步, 由假设, $\Sigma$ 是 Galois $\mathcal{C}$ 余模, 因此, 令

$$\tilde{j}_l := [\Sigma^* \otimes_T (T \otimes_L \varepsilon_{\mathcal{D}}) \circ k_l] \circ \mathrm{Can}_A^{-1} : \mathcal{C} \to \Sigma^*, \tag{5.31}$$

对任意 $l = 1, \cdots, s$. 映射 $\mathrm{Can}_A$ 是左 $A$ 线性和右 $\mathcal{C}$ 余线性. 所以它是右 $\mathcal{D}$ 余线性, 特别地, 也是右 $L$ 线性. 因为此时 $\tilde{j}_l$ 是左 $A$ 线性和右 $L$ 线性映射的合成, 所以它也是左 $A$ 线性和右 $L$ 线性. 下面证明 $\tilde{j}_l \in \widetilde{Q}$. 考虑下面的交换图:

$$\begin{array}{ccccc}
\mathcal{C} & \xrightarrow{\mathrm{Can}_A^{-1}} & \mathrm{Hom}_A(\Sigma, A) \otimes_T \Sigma & \xrightarrow{\mathrm{Hom}_A(\Sigma, A) \otimes_T (T \otimes_l \varepsilon_{\mathcal{D}}) \circ k_l} & \mathrm{Hom}_A(\Sigma, A) \\
\Big\downarrow{\scriptstyle \Delta_{\mathcal{C}}} & & \Big\downarrow{\scriptstyle (- \otimes_A \mathcal{C}) \circ \varrho^{\Sigma} \otimes_T \Sigma} & & \Big\downarrow{\scriptstyle (- \otimes_A \mathcal{C}) \circ \varrho^{\Sigma}} \\
\mathcal{C} \otimes_A \mathcal{C} & \xrightarrow{\mathrm{Can}_{\mathcal{C}}^{-1}} & \mathrm{Hom}_A(\Sigma, \mathcal{C}) \otimes_T \Sigma & \xrightarrow{\mathrm{Hom}_A(\Sigma, \mathcal{C}) \otimes_T (T \otimes_l \varepsilon_{\mathcal{D}}) \circ k_l} & \mathrm{Hom}_A(\Sigma, \mathcal{C}) \\
\Big\uparrow{\scriptstyle f_{\mathcal{C}} \otimes_A \mathcal{C}} & & \Big\uparrow{\scriptstyle (f_{\mathcal{C}} \circ -) \otimes_T \Sigma} & & \Big\uparrow{\scriptstyle f_{\mathcal{C}} \circ -} \\
\mathcal{C} & \xrightarrow[\mathrm{Can}_A^{-1}]{} & \mathrm{Hom}_A(\Sigma, A) \otimes_T \Sigma & \xrightarrow[\mathrm{Hom}_A(\Sigma, A) \otimes_T (T \otimes_l \varepsilon_{\mathcal{D}}) \circ k_l]{} & \mathrm{Hom}_A(\Sigma, A)
\end{array}$$

这里, $f_{\mathcal{C}}$ 表示右 $A$ 线性态射从 $A$ 到 $\mathcal{C}$, 对一个元素 $c \in \mathcal{C}$, 定义为 $f_c(a) = ca$. 下面左手边的正方形交换是因为 $\mathrm{Can}^{-1}$ 的自然性. 通过 Can 的表达式, 对 $\xi \otimes_T x \in \Sigma^* \otimes_T \Sigma$,

$$\mathrm{Can}_{\mathcal{C}} \circ [(- \otimes_A \mathcal{C}) \circ \varrho^{\Sigma} \otimes_T \Sigma](\xi \otimes_T x) = \xi(x^{[0]})x^{[1]} \otimes_A x^{[2]} = \Delta_{\mathcal{C}} \circ \mathrm{Can}_A(\xi \otimes_T x).$$

所以最上面左手边方形交换. 右手边方形的交换是显然的. 最上面和最下面的水平线是 $\tilde{j}_l$ 的表达式. 在上面定义的 $f_c$ 下, $\Delta_{\mathcal{C}}(c) = (f_{c^{(1)}} \otimes_A \mathcal{C})(c^{(2)})$. 所以图的交换性说明, 对任意 $c \in \mathcal{C}$ 和 $x \in \Sigma$,

$$\begin{aligned}
\tilde{j}_l(x^{[0]})x^{[1]} &= ([\mathrm{Hom}_A(\Sigma, \mathcal{C}) \otimes_T (T \otimes_l \varepsilon_{\mathcal{D}}) \circ k_l] \circ \mathrm{Can}_{\mathcal{C}}^{-1} \circ \Delta_{\mathcal{C}}(c))(x) \\
&= ([\mathrm{Hom}_A(\Sigma, \mathcal{C}) \otimes_T (T \otimes_l \varepsilon_{\mathcal{D}}) \circ k_l] \circ \mathrm{Can}_{\mathcal{C}}^{-1} \circ (f_{c^{(1)}} \otimes_A \mathcal{C})(c^{(2)}))(x) \\
&= c^{[1]}\tilde{j}(c^{[2]})(x).
\end{aligned}$$

即 $\tilde{j}_l \in \widetilde{Q}$, 对任意下标值 $l$. (${}^{\mathcal{C}}\mathrm{End}^{\mathcal{D}}(\mathcal{C})$-${}^{\mathcal{C}}\mathrm{End}^{\mathcal{D}}(\mathcal{C})$ 双线性映射) $\Upsilon$ 的满射性通过证明 $\sum_l \tilde{j}_l \circ j_l = \mathcal{C}$ 得到. 在第二个等式运用 $\mathrm{Can}_A^{-1}$ 的右 $\mathcal{D}$ 余线性, 第三个等式利用了 $k_l$ 的右 $\mathcal{D}$ 余线性, 倒数第二个等式则由 $\tilde{k}_l$ 的左 $T$ 线性得到. 现在计算右 $\mathcal{D}$ 余作用 $\tau_{\mathcal{C}}$ 和 $\sum_l \tilde{j}_l \otimes_L j_l$ 的合成如下:

$$\begin{aligned}
\sum_l (\tilde{j}_l \otimes_L j_l) \circ \tau_{\mathcal{C}} &= \sum_l \{[\Sigma^* \otimes_T (T \otimes_L \varepsilon_{\mathcal{D}}) \circ k_l] \otimes_L j_l\} \circ (\mathrm{Can}_A^{-1} \otimes_L \mathcal{D}) \circ \tau_{\mathcal{C}} \\
&= \sum_l \{\Sigma^* \otimes_T [(T \otimes_L \varepsilon_{\mathcal{D}}) \circ k_l \otimes_L j_l] \circ \tau_{\Sigma}\} \circ \mathrm{Can}_A^{-1}
\end{aligned}$$

$$
\begin{aligned}
&=\sum_{l}[\Sigma^{*}\otimes_{T}(T\otimes_{L}\varepsilon_{\mathcal{D}}\otimes_{L}j_{l})\circ(T\otimes_{L}\Delta_{\mathcal{D}})\circ k_{l}]\circ\mathrm{Can}_{A}^{-1}\\
&=\sum_{l}[\Sigma^{*}\otimes_{T}(T\otimes_{L}j_{l})\circ k_{l}]\circ\mathrm{Can}_{A}^{-1}\\
&=\left[\Sigma^{*}\otimes_{T}\sum_{l}\tilde{k}_{l}\circ k_{l}\right]\circ\mathrm{Can}_{A}^{-1}=\mathrm{Can}_{A}^{-1}.
\end{aligned}\tag{5.32}
$$

注意赋值映射 $\Sigma^{*}\otimes_{T}\Sigma\to A,\ \xi\otimes_{T}x\mapsto\xi(x)$ 等于 $\varepsilon_{\mathcal{C}}\circ\mathrm{Can}_{A}$. 所以等式 (5.32) 说明

$$
\begin{aligned}
\sum_{l}\tilde{j}_{l}\Upsilon j_{l}&=\sum_{l}(\varepsilon_{\mathcal{C}}\circ\mathrm{Can}_{A}\otimes\mathcal{C})\circ(\Sigma^{*}\otimes_{T}\varrho^{\Sigma})\circ(\tilde{j}_{l}\otimes_{L}j_{l})\circ\tau_{\mathcal{C}}\\
&=\sum_{l}(\varepsilon_{\mathcal{C}}\circ\mathrm{Can}_{A}\otimes_{A}\mathcal{C})\circ(\Sigma^{*}\otimes_{T}\varrho^{\Sigma})\circ\mathrm{Can}_{A}^{-1}=(\varepsilon_{\mathcal{C}}\otimes_{A}\mathcal{C})\circ\Delta_{\mathcal{C}}=\mathcal{C}.
\end{aligned}
$$

这里第三个等式运用了 $\mathrm{Can}_A$ 的右 $\mathcal{C}$ 余线性.

假定 (5.17) Morita 关系是严格的. 由第一部分只证明了 $T\otimes_L\mathcal{D}$ 是 $\Sigma^z$ 的直和项, 对某个整数 $z$. 由 $\Sigma$ 的满射性, 存在元素 $\{h_i\}\subset {}_L\mathrm{Hom}^{\mathcal{D}}(\mathcal{D},\Sigma)$ 和 $\{\tilde{h}_i\}\subset\widetilde{Q}$, 使得 $\sum_i(h_i\Sigma\tilde{h}_i)(d)=\varepsilon_{\mathcal{D}}(d)1_T$, 对 $d\in\mathcal{D}$. 类似于等式 (5.29), 对任一值 $i$, 定义左 $L$ 线性和右 $\mathcal{D}$ 余线性态射

$$
\begin{aligned}
&\lambda_i:\Sigma\to T\otimes_L\mathcal{D},\quad x\mapsto {x_{[0]}}^{[0]}\tilde{h}_i({x_{[0]}}^{[1]})(-)\otimes_L x_{[1]},\\
&\tilde{\lambda}_i:T\otimes_L\mathcal{D}\to\Sigma,\quad t\otimes_L d\mapsto t(h_i(d)),
\end{aligned}
$$

它们满足对任意 $t\otimes_L d\in T\otimes_L\mathcal{D}$,

$$
\begin{aligned}
\sum_i\lambda_i(\tilde{\lambda}_i(t\otimes_L d))&=\sum_i {t(h_i(d))_{[0]}}^{[0]}\tilde{h}_i({t(h_i(d))_{[0]}}^{[1]})(-)\otimes_L t(h_i(d))_{[1]}\\
&=\sum_i t(h_i(d_{(1)})^{[0]}\tilde{h}_i(h_i(d_{(1)})^{[1]})(-))\otimes_L d_{(2)}\\
&=\sum_i t((h_i\Sigma\tilde{h}_i)(d_{(1)}))\otimes_L d_{(2)}=t\varepsilon_{\mathcal{D}}(d_{(1)})\otimes_L d_{(2)}=t\otimes_L d,
\end{aligned}
$$

这里, 第二个等式是运用了 $t\in T$ 的 $\mathcal{C}$ 和 $\mathcal{D}$ 余线性及 $h_i$ 的 $\mathcal{D}$ 余线性和 $t\in T$ 的右 $A$ 线性. 由引理 5.2.5, 得到 $T\otimes_L\mathcal{D}$ 是 $\Sigma^z$ 的直和项, 这里 $z$ 是指标集 $\{i\}$ 的首项.

最后证明如果 $\Sigma$ 是 Galois $\mathcal{C}$ 余模且 $T\otimes_L\mathcal{D}$ 是 $\Sigma^z$ 的直和项, 那么 $\Sigma$ 是满射. 设 $\{\tilde{\lambda}_i\}\subset {}_T\mathrm{Hom}^{\mathcal{D}}(T\otimes_L\mathcal{D},\Sigma)$ 和 $\{\lambda_i\}\subset {}_T\mathrm{Hom}^{\mathcal{D}}(\Sigma,T\otimes_L\mathcal{D})$ 是态射的集合, 满足 $\sum_i\lambda_i\circ\tilde{\lambda}_i=T\otimes_L\mathcal{D}$. 定义映射 $h_i\in {}_T\mathrm{Hom}^{\mathcal{D}}(\mathcal{D},\Sigma)$ 和 $\tilde{h}_i\in\widetilde{Q}$ 为

$$
h_i:=\tilde{\lambda}_i(1_T\otimes_L -)\quad 和\quad \tilde{h}_i:=[\Sigma^{*}\otimes_T(T\otimes_L\varepsilon_{\mathcal{D}})\circ\lambda_i]\circ\mathrm{Can}_A^{-1}.
$$

对任意 $x \in \Sigma$, 结合 $a \mapsto xa$, 定义右 $A$ 模映射 $A \to \Sigma$. 由标准映射的自然性, 对任意值 $i$ 和 $x \in \Sigma, c \in \mathcal{C}$,

$$\begin{aligned} x\tilde{h}_i(c)(-) &= x\{[\mathrm{Hom}_A(\Sigma, A) \otimes_T (T \otimes_L \varepsilon_{\mathcal{D}}) \circ \lambda_i] \circ \mathrm{Can}_A^{-1}(c)\}(-) \\ &= [\mathrm{End}_A(\Sigma) \otimes_T (T \otimes_L \varepsilon_{\mathcal{D}}) \circ \lambda_i] \circ \mathrm{Can}_\Sigma^{-1}(x \otimes_A c). \end{aligned} \tag{5.33}$$

因为 $\mathrm{Can}_\Sigma(\Sigma \otimes_T x) = x^{[0]} \otimes_A x^{[1]}$, 对 $x \in \Sigma$. 所以等式 (5.33) 表示下面 $\Sigma$ 的右 $A$ 线性自同态等式

$$x^{[0]}\tilde{h}_i(x^{[1]})(-) = (T \otimes_L \varepsilon_{\mathcal{D}}) \circ \lambda_i(x),$$

对所有 $x \in \Sigma$ 和下标值 $i$. 从而可得, 对 $d \in \mathcal{D}$,

$$\begin{aligned} \sum_i (h_i \Sigma \tilde{h}_i)(d) &= \sum_i h_i(d)^{[0]}\tilde{h}_i(h_i(d)^{[1]})(-) = \sum_i (T \otimes_L \varepsilon_{\mathcal{D}})(\lambda_i(h_i(d))) \\ &= (T \otimes_L \varepsilon_{\mathcal{D}}) \left( \sum_i (\lambda_i \circ \tilde{\lambda}_i)(1_T \otimes_L d) \right) = \varepsilon_{\mathcal{D}}(d) 1_T. \end{aligned}$$

这证明了 $\sum_i h_i \Sigma \tilde{h}_i$ 是代数 ${}_L\mathrm{Hom}_L(\mathcal{D}, T)$ 的单位元. 因而 $\Sigma$ 是满射. □

**命题 5.2.7** 设 $L$ 余环 $\mathcal{D}$ 是 $A$ 余环 $\mathcal{C}$ 的右扩张且 $\Sigma \in {}_L\mathcal{M}^{\mathcal{C}}$. 考虑 (5.17) 中相应的 Morita 关系 $\widetilde{\mathbb{M}}(\Sigma)$. 如果 (5.24) 中的映射 $\Upsilon$ 是满射, 那么 $\Sigma$ 是代数 $T = \mathrm{End}^{\mathcal{C}}(\Sigma)$ 一个 $\mathcal{D}$ 等价的 $L$ 相关投射左模, 即有左作用

$$T \otimes_L \Sigma \to \Sigma, \quad t \otimes_L x \mapsto t(x) \tag{5.34}$$

在 ${}_T\mathcal{M}^{\mathcal{D}}$ 中是收缩.

**证明** 映射 (5.34) 的收缩可以由 $\{\tilde{j}_l\} \subset \widetilde{Q}$ 和 $\{j_l\} \subset {}_L\mathrm{Hom}^{\mathcal{D}}(\mathcal{D}, \Sigma)$ 构造, 满足 $\sum_l \tilde{j}_l \Upsilon j_l = \mathcal{C}$, 即

$$\begin{aligned} \sigma : \Sigma \to T \otimes_L \Sigma, \quad x \mapsto & \sum_l x^{[0]}\tilde{j}_l(x^{[1]}{}_{[0]})(-) \otimes_L j_l(x^{[1]}{}_{[1]}) \\ \equiv & \sum_l x_{[0]}{}^{[0]}\tilde{j}_l(x_{[0]}{}^{[1]})(-) \otimes_L j_l(x_{[1]}). \end{aligned}$$

由引理 5.1.1(2) 知这是良定义的. 因为是右 $\mathcal{D}$ 余线性映射的合成, 所以是右 $\mathcal{D}$ 余线性的. 是左 $T$ 线性的是因为 $t \in T$ 是 $\mathcal{C}$ 余线性, 从而是左 $\mathcal{D}$ 余线性和 $A$ 线性. 由引理 5.2.3(2) 可以直接得到 $\sigma$ 是映射 (5.34) 的收缩. □

## 5.3 强和弱结构定理

一个 $L$-$\mathcal{C}$ 双余模 $\Sigma$, 对任意 $(\mathcal{C} : A)$ 余环扩张 $(\mathcal{D} : L)$, 是一个特别的 $\mathcal{C}$ 余模, 决定了一个伴随函子

$$- \otimes_T \Sigma : \mathcal{M}_T \to \mathcal{M}^{\mathcal{C}}, \tag{5.35}$$

从代数 $T=\mathrm{End}^{\mathcal{C}}(\Sigma)$ 上的右模范畴到余环 $\mathcal{C}$ 上的右余模范畴, 以及

$$\mathrm{Hom}^{\mathcal{C}}(\Sigma,-):\mathcal{M}^{\mathcal{C}}\to\mathcal{M}_T. \tag{5.36}$$

本节研究余环扩张的"下降理论", 即研究在什么情况下函子 (5.35) 是完全忠实或等价于逆函子 (5.36)[19].

**定理 5.3.1** (弱结构定理) 设 $L$ 余环 $\mathcal{D}$ 是 $A$ 余环 $\mathcal{C}$ 的右扩张, 取 $\Sigma\in{}_L\mathcal{M}^{\mathcal{C}}$, 并考虑 (5.17) 中相应的 Morita 关系 $\widetilde{\mathbb{M}}(\Sigma)$. 如果 (5.24) 中的映射 $\Upsilon$ 是满射, 那么函子 (5.36) 是完全忠实的.

**证明** 由函子性质, 函子 (5.36) 是完全忠实的等价于伴随的余单位是双射,

$$\varepsilon_M:\mathrm{Hom}^{\mathcal{C}}(\Sigma,M)\otimes_T\Sigma\to M,\quad \varphi_M\otimes_T x\mapsto\varphi_M(x), \tag{5.37}$$

对 $T:=\mathrm{End}^{\mathcal{C}}(\Sigma)$ 和任一右 $\mathcal{C}$ 余模 $M$. 注意映射 $(M\otimes_A\varepsilon_{\mathcal{C}})\circ\mathrm{Can}_M$ 限制到 $\mathrm{Hom}^{\mathcal{C}}(\Sigma,M)\otimes_T\Sigma$ 是等于 $\varepsilon_M$. 进一步, 由 $\varepsilon_M$ 的右 $\mathcal{C}$ 余线性, 有 $\varrho^M\circ\varepsilon_M=(\varepsilon_M\otimes_A\mathcal{C})\circ(\mathrm{Hom}^{\mathcal{C}}(\Sigma,M)\otimes_T\varrho^{\Sigma})$, 这是 $\mathrm{Can}_M$ 的限制. 由定理 5.2.6(1), $\Upsilon$ 的满射性说明 $\Sigma$ 是 Galois $\mathcal{C}$ 余模. 在计算中取定理 5.2.6 中 $\mathrm{Can}^{-1}$ 的具体表达式, 得到

$$\mathrm{Can}_M^{-1}\circ\varrho^M(m)=\sum_l {m_{[0]}}^{[0]}\tilde{j}_l({m_{[0]}}^{[1]})(-)\otimes_T j_l(m_{[1]}),\quad\forall m\in M,$$

由引理 5.1.1(2) 知这是 $\mathrm{Hom}^{\mathcal{C}}(\Sigma,M)\otimes_T\Sigma$ 中的元素. 于是, $\varepsilon_M$ 的逆定义为

$$\mathrm{Can}_M^{-1}\circ\varrho^M:M\to\mathrm{Hom}^{\mathcal{C}}(\Sigma,M)\otimes_T\Sigma.$$

□

**推论 5.3.2** 设 $L$ 余环 $\mathcal{D}$ 是 $A$ 余环 $\mathcal{C}$ 的右扩张, 取 $\Sigma\in{}_L\mathcal{M}^{\mathcal{C}}$, 并考虑 (5.17) 中相应的 Morita 关系 $\widetilde{\mathbb{M}}(\Sigma)$ 和 $\mathbb{M}(\Sigma)$, 与右 $\mathcal{C}$ 余模 $\Sigma$ 相关. 如果 (5.24) 中的映射 $\Upsilon$ 是满射, 那么 (5.5) 给出的连接映射 $\mathbf{H}$ 是满射当且仅当 $\mathcal{C}$ 是有限生成投射左 $A$ 模.

**命题 5.3.3** 设 $L$ 余环 $\mathcal{D}$ 是 $A$ 余环 $\mathcal{C}$ 的右扩张, 取 $\Sigma\in{}_L\mathcal{M}^{\mathcal{C}}$, 并考虑 (5.17) 中相应的 Morita 关系 $\widetilde{\mathbb{M}}(\Sigma)$ 和 $\mathbb{M}(\Sigma)$, 与右 $\mathcal{C}$ 余模 $\Sigma$ 相关. 特别地, 令 $T=\mathrm{End}^{\mathcal{C}}(\Sigma)$. 如果等式 (5.25) 给出的连接映射 $\Sigma$ 是满射且存在元素 $\{v_j\}\in{}_L\mathrm{Hom}_L(\mathcal{D},T)$ 和 $\{d_j\}\subset\mathcal{D}$ 满足 $\sum_j v_j(d_j)=1_T$, 那么等式 (5.6) 给出的连接映射 $\mathbf{O}$ 是满射 (所以由引理 5.1.5(2) 知 $\mathcal{C}$ 是有限生成投射右 $A$ 模).

**证明** 由引理 5.1.1(1) 知, $\widetilde{Q}$ 可以看成 $Q=Q'$ 的 $k$ 子模. 所以可得 $(p\Sigma q)(d)=p(d)\mathbf{O}q$. 设 $\{h_i\}\in{}_L\mathrm{Hom}^{\mathcal{D}}(\mathcal{D},\Sigma)$ 和 $\{\tilde{h}_i\in\widetilde{Q}\}$ 是态射集合, 满足 $\sum_i h_i\Sigma\tilde{h}_i=$

$\varepsilon_{\mathcal{D}}(-)1_T$. 那么

$$\begin{aligned}1_T &= \sum_j v_j(d_j) = \sum_j v_j(d_{j(1)})\varepsilon(d_{j(2)}) = \sum_j v_j(d_{j(1)})\left(\sum_i (h_i \boldsymbol{\Sigma} \tilde{h}_i)(d_{j(2)})\right)\\ &= \sum_j v_j(d_{j(1)})\left(\sum_i (h_i(d_{j(2)})\mathbf{O}\tilde{h}_i)\right) = \sum_i \left(\sum_j v_j(d_{j(1)})h_i(d_{j(2)})\right)\mathbf{O}\tilde{h}_i\\ &= \sum_i \left(\sum_j (v_j h_j)(d_j)\right)\mathbf{O}\tilde{h}_i,\end{aligned}$$

这里倒数第二个等式用到 $\mathbf{O}$ 的左 $T$ 线性且最后一个等式是由 (5.25) 得到. 因为 $\mathbf{O}$ 是 $T$-$T$ 双线性, 这就证明了满射性 [84]. □

**推论 5.3.4**　在命题 5.3.3 的条件下, $\Sigma$ 是左 $T$ 模生产子, 即 $\Sigma$ 是直和 $\Sigma^z$ 的直和项, 作为左 $T$ 模. 这里 $z$ 是集合 $\{h_i\} \in {}_L\mathrm{Hom}^{\mathcal{D}}(\mathcal{D},\Sigma)$, 集合 $\{\tilde{h}_i\} \subset \widetilde{Q}$ 满足 $\sum_i h_i \Sigma \tilde{h}_i = \varepsilon_{\mathcal{D}}(-)1_T$ 的首项.

**定理 5.3.5** (强结构定理)　设 $L$ 余环 $\mathcal{D}$ 是 $A$ 余环 $\mathcal{C}$ 的右扩张且 $\Sigma$ 为 $L$-$\mathcal{C}$ 双余模. 令 $T := \mathrm{End}^{\mathcal{C}}(\Sigma)$, 如果 (5.17) 中相应的 Morita 关系 $\widetilde{\mathbb{M}}(\Sigma)$ 是严格的且存在 $\{v_j\} \in {}_L\mathrm{Hom}_L(\mathcal{D},T)$ 和 $\{d_j\} \subset \mathcal{D}$ 满足 $\sum_j v_j(d_j) = 1_T$, 那么函子 (5.35) 和 (5.36) 是可逆等价.

**证明**　由定理 5.3.1、定理 5.1.6 和命题 5.3.3 能立即得到这个结论. □

## 5.4　可裂双余模

**定义 5.4.1**　${}_L\mathcal{M}^{\mathcal{C}}$ 中的一个对象 $\Sigma$ 称为 $(\mathcal{C}:A)$ 的右余环扩张 $(\mathcal{D}:L)$ 的一个**弱可裂 (cleft) 双余模**, 如果存在元素 $j \in {}_L\mathrm{Hom}^{\mathcal{D}}(\mathcal{D},\Sigma)$ 和 $\widetilde{j} \in \widetilde{Q}$ 使得 $\widetilde{j}\Upsilon j = \mathcal{C}$.

${}_L\mathcal{M}^{\mathcal{C}}$ 中的一个对象 $\Sigma$ 称为 $(\mathcal{C}:A)$ 的右余环扩张 $(\mathcal{D}:L)$ 的一个**可裂双余模**, 如果存在元素 $j \in {}_L\mathrm{Hom}^{\mathcal{D}}(\mathcal{D},\Sigma)$ 和 $\widetilde{j} \in \widetilde{Q}$ 使得 $\widetilde{j}\Upsilon j = \mathcal{C}$ 和 $j\Upsilon\widetilde{j} = \varepsilon_{\mathcal{D}}(-)1_T$ 成立.

注意, 如果 ${}_L\mathcal{M}^{\mathcal{C}}$ 中的一个对象 $\Sigma$ 是 $(\mathcal{C}:A)$ 的右余环扩张 $(\mathcal{D}:L)$ 的一个 (弱) 可裂双余模, 带有定义 5.4.1 中的态射 $j \in {}_L\mathrm{Hom}^{\mathcal{D}}(\mathcal{D},\Sigma)$ 和 $\widetilde{j} \in \widetilde{Q}$, 那么由命题 5.2.1, 命题 5.2.1 中的自然变换 $\alpha_4(\widetilde{j})$ 的 (左) 逆为 $\alpha_3(j)$.

在经典 Hopf Galois 理论中, 可裂扩张是 Galois 扩张带有正则基性质. 为了余环扩张衍生出类似的结果, 我们给出以下定义.

**定义 5.4.2**　$(\mathcal{C}:A)$ 的右余环扩张 $(\mathcal{D}:L)$ 的一个 $L$-$\mathcal{C}$ 双余模 $\Sigma$ 称为**具有弱正则基性质** (weak normal basis property), 若作为 $T$-$\mathcal{D}$ 双模, 它同构于 $T \otimes_L \mathcal{D}$ 的一个直和项, $T = \mathrm{End}^{\mathcal{C}}(\Sigma)$.

$(\mathcal{C}:A)$ 的右余环扩张 $(\mathcal{D}:L)$ 的一个 $L$-$\mathcal{C}$ 双余模 $\Sigma$ 称为**具有正则基性质**, 若作为 $T$-$\mathcal{D}$ 双模, 它同构于 $T\otimes_L\mathcal{D}$.

注意, 对于 $(\mathcal{C}:A)$ 的右余环扩张 $(\mathcal{D}:L)$, $L$-$\mathcal{C}$ 双余模 $\Sigma$ 的正则基性质蕴含了余张量积 $\Sigma\Lambda_{\mathcal{D}}W$ 和 $T\otimes_L W$ 之间的同构, 作为左 $T:=\mathrm{End}^{\mathcal{C}}(\Sigma)$ 模, 对任意左 $\mathcal{D}$ 余模 $W$. 如此, 左 $L$ 模 $W$ 的一些性质 (如投射和自由性) 可被左 $T$ 模 $\Sigma\Lambda_{\mathcal{D}}W$ 所继承.

**推论 5.4.3**　对于 $(\mathcal{C}:A)$ 的右余环扩张 $(\mathcal{D}:L)$, 以下结论成立:

(1) $\Sigma\in{}_L\mathcal{M}^{\mathcal{C}}$ 为 $(\mathcal{C}:A)$ 的右余环扩张 $(\mathcal{D}:L)$ 的一个弱可裂双余模当且仅当 $\Sigma$ 为 Galois $\mathcal{C}$ 余模并满足弱正则基性质.

(2) $\Sigma\in{}_L\mathcal{M}^{\mathcal{C}}$ 为 $(\mathcal{C}:A)$ 的右余环扩张 $(\mathcal{D}:L)$ 的一个可裂双余模当且仅当 $\Sigma$ 为 Galois $\mathcal{C}$ 余模并满足正则基性质.

由推论 5.3.4 可得以下结果:

**推论 5.4.4**　设 $L$ 余环 $\mathcal{D}$ 为 $A$ 余环 $\mathcal{C}$ 的一个右扩张且 $\Sigma\in{}_L\mathcal{M}^{\mathcal{C}}$ 为可裂双余模. 令 $T:=\mathrm{End}^{\mathcal{C}}(\Sigma)$, 如果存在元素 $\{v_j\}\subset{}_L\mathrm{Hom}_L(\mathcal{D},T)$ 和 $\{d_j\}\subset\mathcal{D}$ 使得 $\sum_j v_j(d_j)=1_T$, 那么 $\Sigma$ 包含了左正则 $T$ 模作为它的直和项.

定理 5.3.1 和定理 5.3.5 蕴含了以下结构定理:

**推论 5.4.5**　对函子 (4.1) 和 (4.2), 结合 $(\mathcal{C}:A)$ 的右余环扩张 $(\mathcal{D}:L)$ 的一个可裂 $L$-$\mathcal{C}$ 双余模 $\Sigma$, 则以下结论成立:

(1) (弱结构定理) 函子 (4.2) 是完全忠实的.

(2) (强结构定理) 函子 (4.1) 和 (4.2) 为互逆等价的, 如果存在元素 $\{v_j\}\subset{}_L\mathrm{Hom}_L(\mathcal{D},T)$ 和 $\{d_j\}\subset\mathcal{D}$ 使得 $\sum_j v_j(d_j)=1_T$, 这里 $T=\mathrm{End}^{\mathcal{C}}(\Sigma)$.

## 5.5 应　用

### 5.5.1 可裂缠绕结构

一个缠绕结构由 $k$ 代数 $A$、$k$ 余代数 $\mathcal{D}$ 和 $k$ 线性映射 $\psi:\mathcal{D}\otimes_k A\to A\otimes_k\mathcal{D}$ 组成, 并满足

$$\psi\circ(\mathcal{D}\otimes_k\mu_A)=(\mu_A\otimes_k\mathcal{D})\circ(A\otimes_k\psi)\circ(\psi\otimes_k A),\tag{5.38}$$

$$\psi\circ(\mathcal{D}\otimes_k 1_A)=1_A\otimes_k\mathcal{D},\tag{5.39}$$

$$(A\otimes_k\Delta_{\mathcal{D}})\circ\psi=(\psi\otimes_k\mathcal{D})\circ(\mathcal{D}\otimes_k\psi)\circ(\Delta_{\mathcal{D}}\otimes_k A),\tag{5.40}$$

$$(A\otimes_k\varepsilon_{\mathcal{D}})\circ\psi=\varepsilon_{\mathcal{D}}\otimes_k A.\tag{5.41}$$

通常记 $\psi(d\otimes_k a)=a_\psi\otimes_k d^\psi$, 如此以上公式便于理解. 由一个缠绕结构 $(A,\mathcal{D},\psi)$ 可构造一个 $A$ 余环 $\mathcal{C}:=A\otimes_k\mathcal{D}$ 如下: 其左 $A$ 模结构为第一个张量上的左乘, 右

$A$ 模结构为 $(a\otimes_k d)a' = aa'_{\psi}\otimes_k d^{\psi}$, 对 $d\in\mathcal{D}$ 和 $a,a'\in A$. 其余乘为

$$\begin{aligned}&\Delta_{\mathcal{C}} := A\otimes_k\Delta_{\mathcal{D}} : \mathcal{C}\simeq A\otimes_k\mathcal{D}\to\mathcal{C}\otimes_k\mathcal{C}\simeq A\otimes_k\mathcal{D}\otimes_k\mathcal{D},\\ &a\otimes_k d\mapsto (a\otimes_k d_{(1)})\otimes_k(1_A\otimes_k d_{(2)})\simeq a\otimes_k d_{(1)}\otimes_k d_{(2)},\end{aligned}$$

和余单位为 $\varepsilon := A\otimes_k\varepsilon_{\mathcal{D}}$. 显然, $\mathcal{C}$ 是一个 $\mathcal{C}$-$\mathcal{D}$ 双余模带有左正规 $\mathcal{C}$ 余作用 $\Delta_{\mathcal{C}}$ 和右 $\mathcal{D}$ 余作用通过 $\tau_{\mathcal{C}} := A\otimes_k\Delta_{\mathcal{D}}$. 这样, $\mathcal{D}$ 为 $\mathcal{C}$ 的一个右扩张. 这意味着任意右 $\mathcal{C}$ 余模拥有一个右 $\mathcal{D}$ 余模结构. 进一步, 右 $\mathcal{C}$ 余模 (或称为缠绕模) 就是右 $\mathcal{D}$ 余模 $M$, 同时也是右 $A$ 模, 并满足以下相容条件

$$(ma)_{[0]}\otimes_k(ma)_{[1]} = m_{[0]}a_{\psi}\otimes_k {m_{[1]}}^{\psi}, \tag{5.42}$$

对任意 $m\in M$ 和 $a\in A$.

一个缠绕结构称为可裂的 [53,54], 如果 $A$ (带有右正规 $A$ 模结构) 是一个缠绕模, 并存在卷积可逆右 $\mathcal{D}$ 余线性映射 $\lambda:\mathcal{D}\to A$.

**命题 5.5.1**　一个缠绕结构 $(A,\mathcal{D},\psi)$ 为可裂的当且仅当 $A$ (带有右正规 $A$ 模结构) 是一个 $v$ 双余模, 对于 $\mathcal{C} := A\otimes_k\mathcal{D}$ 的余环扩张 $\mathcal{D}$.

**证明**　假设 $(A,\mathcal{D},\psi)$ 为可裂缠绕结构. 则 $A$ 是一个缠绕模, 即一个 $\mathcal{C}$ 余模. 设 $\lambda:\mathcal{D}\to A$ 为右 $\mathcal{D}$ 余线性映射, 并带有卷积逆 $\overline{\lambda}$. 令 $j:=\lambda$ 和 $\widetilde{j}:\mathcal{C}\to A$, $a\otimes_k d\mapsto a\overline{\lambda}(d)$. 需证 $\widetilde{j}$ 为 (3.7) 中相关于 $A$ 的 Morita 关系 $\widetilde{\mathbb{M}}(A)$ 的某个适当双模 (3.2) 中的元素, 即

$$\begin{aligned}\widetilde{Q}\simeq\{q\in {}_A\mathrm{Hom}(\mathcal{C},A)\,|\,&\forall\, d\in\mathcal{D}, a\in A, \psi(d_{(1)}\otimes_k q(1_A\otimes_k d_{(2)})a)\\ &= q(1_A\otimes_k d)a_{[0]}\otimes_k a_{[1]}\}\end{aligned}$$

(它同构于 ${}^{\mathcal{C}}\mathrm{Hom}(\mathcal{C},A)$). 注意下面等式成立

$$\overline{\lambda}(d)1_{A[0]}\otimes_k 1_{A[1]} = \overline{\lambda}(d_{(2)})_{\psi}\otimes_k {d_{(1)}}^{\psi}, \tag{5.43}$$

对任意 $d\in\mathcal{D}$. 对 $d\in\mathcal{D}, a\in A$, 可得

$$\begin{aligned}\widetilde{j}(1_A\otimes_k d)a_{[0]}\otimes_k a_{[1]} &= \overline{\lambda}(d)a_{[0]}\otimes_k a_{[1]} = \overline{\lambda}(d)1_{A[0]}a_{\psi}\otimes_k {1_{A[1]}}^{\psi}\\ &= \overline{\lambda}(d_{(2)})_{\psi'}a_{\psi}\otimes_k {d_{(1)}}^{\psi'\psi}\\ &= \psi(d_{(1)}\otimes_k\overline{\lambda}(d_{(2)})a) = \psi(d_{(1)}\otimes_k\widetilde{j}(1_A\otimes_k d_{(2)})a),\end{aligned} \tag{5.44}$$

即 $\widetilde{j}\in\widetilde{Q}$. 由假设, $\overline{\lambda}$ 是 $\lambda$ 的左卷积可逆元, 对 $d\in\mathcal{D}, a\in A$,

$$\begin{aligned}(\widetilde{j}\Upsilon j)(a\otimes_k d) &= a\overline{\lambda}(d_{(1)})\lambda(d_{(2)})_{[0]}\otimes_k\lambda(d_{(2)})_{[1]}\\ &= a\overline{\lambda}(d_{(1)})\lambda(d_{(2)})\otimes_k d_{(3)} = a\varepsilon_{\mathcal{D}}(d_{(1)})\otimes_k d_{(2)} = a\otimes_k d,\end{aligned} \tag{5.45}$$

其中第二个等号由 $\lambda$ 的余线性可得. 类似地, 因为 $\overline{\lambda}$ 也是 $\lambda$ 的右卷积可逆元, 对 $d\in\mathcal{D}$,

$$(j\Sigma j)(d)=\lambda(d)_{[0]}\overline{\lambda}(\lambda(d)_{[1]})=\lambda(d_{(1)})\overline{\lambda}(d_{(2)})=\varepsilon_{\mathcal{D}}(d)1_A.$$

这就证明了 $A$ 是一个可裂双余模.

反之, 假设 $A$ 是 $\mathcal{C}:=A\otimes_k\mathcal{D}$ 的余环扩张 $\mathcal{D}$ 的一个可裂双余模, 那么, 特别地, $A$ 是一个缠绕模. 设 $j\in\mathrm{Hom}^{\mathcal{D}}(\mathcal{D},A)$ 和 $\widetilde{j}\in\widetilde{Q}$ 为 (5.17) 中相关于 $A$ 的 Morita 关系 $\widetilde{\mathbb{M}}(A)$ 的双模中的元素使得 $\widetilde{j}\Upsilon j=\mathcal{C}$ 和 $j\Upsilon\widetilde{j}=1_A\varepsilon_{\mathcal{D}}(-)$ 成立. 则 $\lambda:=j:\mathcal{D}\to A$ 为右 $\mathcal{D}$ 余线性的, 且 $\overline{\lambda}:d\mapsto\widetilde{j}(1_A\otimes_k d)$ 是它的卷积逆. □

### 5.5.2 经由余代数的代数可裂扩张

设 $\mathcal{D}$ 是 $k$ 上的余代数, $A$ 是 $k$ 代数且为右 $\mathcal{D}$ 余模. 则 $A$ 是子余代数 $T$ 的一个 $\mathcal{D}$ 可裂扩张

$$T:=\{t\in A|\,\forall\, a\in A,(ta)_{[0]}\otimes_k(ta)_{[1]}=ta_{[0]}\otimes_k a_{[1]}\},$$

如果它是一个 $\mathcal{D}$-Galois 扩张, 即标准映射

$$A\otimes_T A\to A\otimes_T\mathcal{D},\quad a\otimes_T a'\mapsto aa'_{[0]}\otimes_k a'_{[1]}\tag{5.46}$$

为双射, 那么存在一个卷积可逆右 $\mathcal{D}$ 余线性映射 $\lambda:\mathcal{D}\to A$.

对于 $T$ 的任意 $\mathcal{D}$-Galois 扩张 $A$, 存在 (唯一) 的缠绕结构 $(A,\mathcal{D},\psi)$ 使得 $A$ 是缠绕模. 另一方面, 对任意可裂缠绕结构 $(A,\mathcal{D},\psi)$, 上述的标准映射是双射. 这意味着经由余代数的代数可裂扩张与可裂缠绕结构是一一对应的. 结合命题 5.5.1, 得到 $A$ 是 $T$ 的一个 $\mathcal{D}$ 可裂扩张当且仅当 $A$ 是一个可裂双余模, 对于 $\mathcal{C}:=A\otimes_k\mathcal{D}$ 的余环扩张 $\mathcal{D}$.

### 5.5.3 经由 Hopf 代数的代数可裂扩张

设 $\mathcal{D}$ 是 $k$ 上的 Hopf 代数, $A$ 是一个右余模余代数. 代数 $A$ 和 $\mathcal{D}$ 的缠绕结构由下式给出

$$\psi:\mathcal{D}\otimes_k A\to A\otimes_k\mathcal{D},\quad d\otimes_k a\mapsto a_{[0]}\otimes_k da_{[1]}.$$

因为 $1_{\mathcal{D}}$ 为 $\mathcal{D}$ 中的群像元, 所以 $1_A\otimes_k 1_{\mathcal{D}}$ 为结合缠绕结构 $(A,\mathcal{D},\psi)$ 的 $A$ 余环 $\mathcal{C}:=A\otimes_k\mathcal{D}$ 的群像元, 从而 $A$ 是一个缠绕模 [28,30].

$A$ 称为它的 $\mathcal{D}$ 余不变量子代数的一个 $\mathcal{D}$ 可裂扩张, 当且仅当存在一个卷积可逆右 $\mathcal{D}$ 余线性映射 $\lambda:\mathcal{D}\to A$, 即当且仅当 $(A,\mathcal{D},\psi)$ 是一个可裂缠绕结构. 由命题 5.5.1, 这等价于 $A$ 是一个可裂双余模, 对于 $\mathcal{C}:=A\otimes_k\mathcal{D}$ 的余环扩张 $\mathcal{D}$.

### 5.5.4 可裂弱缠绕结构

一个弱缠绕结构 [44,45,240] 由 $k$ 代数 $A$、$k$ 余代数 $\mathcal{D}$ 和 $k$ 线性映射 $\psi:\mathcal{D}\otimes_k A\to A\otimes_k\mathcal{D}$ 组成, 使得相容条件 (5.28) 和 (5.30) 成立, 并且 (5.29) 和 (5.31) 由以下两个条件所替代

$$\psi\circ(\mathcal{D}\otimes_k 1_A)=(e\otimes_k\mathcal{D})\circ\Delta_{\mathcal{D}}, \tag{5.47}$$

$$(A\otimes_k\varepsilon_{\mathcal{D}})\circ\psi=\mu_A\circ(e\otimes_k A), \tag{5.48}$$

这里 $e:=(A\otimes_k\epsilon_{\mathcal{D}})\circ\psi\circ(\mathcal{D}\otimes_k 1_A):\mathcal{D}\to A$.

对于弱缠绕结构 $(A,\mathcal{D},\psi)$, 也能构造一个 $A$ 余环 $\mathcal{C}:=\{a1_{A\psi}\otimes_k d^{\psi}\}_{a\otimes_k d\in A\otimes_k D}$ 如下：其左 $A$ 模结构为第一个张量上的左乘, 右 $A$ 模结构为 $(a1_{A\psi}\otimes_k d^{\psi})a'=aa'_{\psi}\otimes_k d^{\psi}$, 对 $d\in\mathcal{D}$ 和 $a,a'\in A$. 其余乘为 $A\otimes_k\Delta_{\mathcal{D}}$ 的限制, 即

$$\begin{aligned}\Delta_{\mathcal{C}}:\mathcal{C}&\to\mathcal{C}\otimes_A\mathcal{C},\\ a1_{A\psi}\otimes_k d^{\psi}&\mapsto(a1_{A\psi}\otimes_k d^{\psi}{}_{(1)})\otimes_A(1_A\otimes_k d^{\psi}{}_{(2)})\\ &=(a1_{A\psi}\otimes_k d_{(1)}{}^{\psi})\otimes_A(1_{A\psi'}\otimes_k d_{(2)}{}^{\psi'}).\end{aligned}$$

和余单位为 $A\otimes_k\varepsilon_{\mathcal{D}}$ 的限制, 即

$$\varepsilon_{\mathcal{C}}:\mathcal{C}\to A,\quad a1_{A\psi}\otimes_k d^{\psi}\mapsto a1_{A\psi}\varepsilon_{\mathcal{D}}(d^{\psi})=ae(d).$$

$\mathcal{C}$ 是一个 $\mathcal{C}$-$\mathcal{D}$ 双余模带有左正规 $\mathcal{C}$ 余作用 $\Delta_{\mathcal{C}}$ 和右 $\mathcal{D}$ 余作用通过 $A\otimes_k\Delta_{\mathcal{D}}$ 的限制, 即

$$\begin{aligned}&\tau:\mathcal{C}\to\mathcal{C}\otimes_k\mathcal{D},\\ &a1_{A\psi}\otimes_k d^{\psi}\mapsto(a1_{A\psi}\otimes_k d^{\psi}{}_{(1)})\otimes_k d^{\psi}{}_{(2)}=(a1_{A\psi}\otimes_k d_{(1)}{}^{\psi})\otimes_k d_{(2)},\end{aligned} \tag{5.49}$$

上式中两边相等由等式 (5.37) 和 $\Delta_{\mathcal{D}}$ 的余结合性可得. 这样, $\mathcal{D}$ 为 $\mathcal{C}$ 的一个右扩张. 一个右 $\mathcal{C}$ 余模称为弱缠绕模, 如果 $M$ 是右 $\mathcal{D}$ 余模, 同时也是右 $A$ 模并满足相容条件 (5.32).

一个弱缠绕结构 $(A,\mathcal{D},\psi)$ 称为可裂的, 如果 $A$ (带有右正规 $A$ 模结构) 是一个弱缠绕模, 并存在右 $\mathcal{D}$ 余线性映射 $\lambda:\mathcal{D}\to A$ 和 $k$ 线性映射 $\overline{\lambda}:\mathcal{D}\to A$, 满足等式 (5.33) 和下面条件

$$1_{A\psi}\overline{\lambda}(d^{\psi})=\overline{\lambda}(d),\quad\overline{\lambda}(d_{(1)})\lambda(d_{(2)})=e(d),\quad\forall\,d\in\mathcal{D}. \tag{5.50}$$

**命题 5.5.2** 一个弱缠绕结构 $(A,\mathcal{D},\psi)$ 为可裂的当且仅当 $A$ (带有右正规 $A$ 模结构) 是一个弱可裂双余模, 对于余环 $\mathcal{C}:=A\otimes_k\mathcal{D}$ 的右余环扩张 $\mathcal{D}$.

**证明** 首先假设 $(A,\mathcal{D},\psi)$ 是一个弱可裂缠绕结构, 构造结合 $A$ 的 Morita 关系 (5.17) 的双模中的元素 $j$ 和 $\widetilde{j}$, 使得 $\widetilde{j}\Upsilon j=\mathcal{C}$. 令 $j:=\lambda$ 和

$$\widetilde{j}:\mathcal{C}\to A,\quad a1_{A\psi}\otimes_k d^{\psi}\mapsto a1_{A\psi}\overline{\lambda}(d^{\psi})=a\overline{\lambda}(d),$$

$\lambda:\mathcal{D}\to A$ 是右 $\mathcal{D}$ 余线性映射且 $\overline{\lambda}:\mathcal{D}\to A$ 是 $k$ 线性映射, 满足等式 (5.33) 和 (5.40). 类似于等式 (5.34) 和 (5.35), (5.33) 包含了 $\widetilde{j}$ 是左 $\mathcal{C}$ 余线性的, 即

$$\begin{aligned}\widetilde{Q}w\{q\in {}_A\mathrm{Hom}(\mathcal{C},A)\,|\,\forall\, d\in\mathcal{D},a\in A,\\ \psi(d_{(1)}\otimes_k q(1_{A\psi}\otimes_k {d_{(2)}}^{\psi})a)=q(1_{A\psi}\otimes_k d^{\psi})a_{[0]}\otimes_k a_{[1]}\},\end{aligned}$$

且等式 (5.40) 表明 $\widetilde{j}\Upsilon j=\mathcal{C}$.

反之, 假设 $A$ 是一个弱可裂双余模, 即存在结合 $A$ 的 Morita 关系 (5.17) 的双模中的元素 $j\in\mathrm{Hom}^{\mathcal{D}}(\mathcal{D},A)$ 和 $\widetilde{j}\in\widetilde{Q}$, 使得 $\widetilde{j}\Upsilon j=\mathcal{C}$. 映射 $\lambda:=j:\mathcal{D}\to A$ 是右 $\mathcal{D}$ 余线性的. 结合映射 $\overline{\lambda}:d\mapsto\widetilde{j}(1_{A\psi}\otimes_k d^{\psi})$, 对 $d\in\mathcal{D}$, 则它们满足 (5.40) 和 (5.34). 事实上, (5.40) 的第一个条件由 $\widetilde{j}$ 的左 $A$ 线性性和 (5.28) 可得. 第二个式子由 $\widetilde{j}\Upsilon j=\mathcal{C}$ 得到, 因为对任意 $d\in\mathcal{D}$,

$$\begin{aligned}e(d)&=1_{A\psi}\varepsilon_{\mathcal{D}}(d^{\psi})=(a\otimes_A\varepsilon_{\mathcal{D}})((\widetilde{j}\Upsilon j)(1_{A\psi}\otimes_k d^{\psi}))\\&=\widetilde{j}(1_{A\psi}\otimes_k {d_{(1)}}^{\psi})j(d_{(2)})=\overline{\lambda}(d_{(1)})\lambda(d_{(2)}),\end{aligned}$$

条件 (5.33) 由假设 $\widetilde{j}$ 是双模 $\widetilde{Q}$ 中的元素即得. □

### 5.5.5 部分群作用的可裂扩张

$A$ 上的一个幂等偏 $G$ 作用是由中心幂等元的集合 $\{e_\sigma\}_{\sigma\in G}$ 和理想同构集合 $\{\alpha_\sigma:Ae_{\sigma^{-1}}\to Ae_\sigma\}$ 组成, 并满足下面条件

$$\begin{aligned}&A_1=A,\quad 且\ \alpha_1=A,\quad 1\ 是\ G\ 的单位元,\\&\alpha_\sigma(\alpha_\tau(ae_{\tau^{-1}})e_{\sigma^{-1}})=\alpha_{\sigma\tau}(ae_{\tau^{-1}\sigma^{-1}})e_\sigma,\quad\forall\,\sigma,\tau\in G,a\in A.\end{aligned}$$

通过这个偏作用可以构造 $A$ 余环, 作为 $k$ 模, $\mathcal{C}:=\bigoplus_{\alpha\in G}Ae_\sigma$ 具有 $A$-$A$ 双模结构为

$$a_1(av_\sigma)a_2=a_1a\alpha_\sigma(a_2e_{\sigma^{-1}})v_\sigma,$$

对 $a,a_1,a_2\in A,v_\sigma\in\mathcal{C}$. $v_\sigma$ 表示 $e_\sigma$ 处不为零, 其他都为零 [11,78,276]. 其余乘和余单位由群代数的 $k$ 对偶: 余代数 $k(G)$ 来定义, 具体为

$$\Delta_{\mathcal{C}}(av_\sigma)=\sum_{\tau\in G}av_\tau\otimes_A v_{\tau^{-1}\sigma},\quad\varepsilon_{\mathcal{C}}(av_\sigma)=a\delta_{\sigma,1},\quad\forall\ av_\sigma\in\mathcal{C}.$$

注意余代数 ($k$ 余环)$k(G)$ 为 $A$ 余环 $\mathcal{C}$ 的一个右扩张, 即存在 $\mathcal{C}$ 上的左 $\mathcal{C}$ 余线性右 $k(G)$ 余作用为

$$\tau_{\mathcal{C}}: \mathcal{C} \to \mathcal{C} \otimes_k k(G), \quad av_\sigma \mapsto \sum_{\tau \in G} av_\tau \otimes_k u_{\tau^{-1}\sigma},$$

其中 $\{u_\sigma\}_{\sigma \in G}$ 是 $k(G)$ 的一组 $k$ 基, 且与群代数的基 $\{\sigma\}_{\sigma \in G}$ 对偶. 因为 $\mathcal{C}$ 有群像元

$$\sum_{\sigma \in G} v_\sigma, \tag{5.51}$$

所以 $A$ 有一个右 $\mathcal{C}$ 余模结构 (从而有右 $k(G)$ 余模结构).

称 $A$ 是它的 $G$ 不变量子代数 $\{a \in A | \forall \sigma \in G, \alpha_\sigma(ae_{\sigma^{-1}}) = ae_\sigma\}$ 的一个可裂扩张, 如果存在一个从右正规 $k(G)$ 余模到 $A$ 的卷积可逆右余线性映射.

**命题 5.5.3** 设 $G$ 是有限群带有到 $A$ 上的幂等偏作用 $\{e_\sigma, \alpha_\sigma\}_{\sigma \in G}$. 并设 $\mathcal{C}$ 是上文中构造的 $A$ 余环. 则 $A$ 是它的 $G$ 不变量子代数的一个可裂扩张当且仅当 $A$ 是 $\mathcal{C}$ 的余环扩张 $k(G)$ 的一个可裂双余模.

### 5.5.6 任意基上的可裂缠绕结构

一个代数 $L$ 上的缠绕结构由 $L$ 环 $A$、$L$ 余环 $\mathcal{D}$ 和 $L$-$L$ 双线性映射 $\psi: \mathcal{D} \otimes_L A \to A \otimes_L \mathcal{D}$ 组成, 并满足条件 (5.26)~(5.29), 只需把 $k$ 模张量积换成 $L$ 模张量积即可. 和交换基环一样, $\mathcal{C} := A \otimes_L \mathcal{D}$ 也具备 $A$ 余环结构使得 $\mathcal{D}$ 为 $\mathcal{C}$ 的一个右扩张.

对于 $L$ 环 $A$ 和 $L$ 余环 $\mathcal{D}$, 双模映射所组成的集合 ${}_L\mathrm{Hom}_L(\mathcal{D}, A)$ 是一个代数带有卷积乘法 $(fg)(d) = f(d_{(1)})g(d_{(2)})$ 和单位 $\varepsilon_{\mathcal{D}}(-)1_A$.

**命题 5.5.4** 设 $(A, \mathcal{D}, \psi)$ 是一个代数 $L$ 上的缠绕结构, 且 $\mathcal{C} := A \otimes_L \mathcal{D}$ 为有关的 $A$ 余环. $A$ (带有右正规 $A$ 模结构) 是 $\mathcal{C}$ 的余环扩张 $\mathcal{D}$ 的一个可裂 $L$-$\mathcal{C}$ 双余模当且仅当下面条件成立:

(1) $A$ (带有右正规 $A$ 模结构) 是一个缠绕模, 即它是右 $\mathcal{D}$ 余模使得以下相容条件

$$(aa')_{[0]} \otimes_L (aa')_{[1]} = a_{[0]} a'_\psi \otimes_L a_{[1]}{}^\psi$$

满足, 对任意 $a, a' \in A$.

(2) 右 $\mathcal{D}$ 余作用 $a \mapsto a_{[0]} \otimes_L a_{[1]}$ 在 $A$ 中是左 $L$ 线性的.

(3) 存在卷积可逆映射 $\lambda \in {}_L\mathrm{Hom}^{\mathcal{D}}(\mathcal{D}, A) \subseteq {}_L\mathrm{Hom}_L(\mathcal{D}, A)$.

如果命题 5.5.4 中的条件 (1)~(3) 满足, 则称 $L$ 缠绕结构 $(A, \mathcal{D}, \psi)$ 为可裂的.

注意, 如果余环 $\mathcal{D}$ 具有群像元 $x$, 那么 $\mathcal{D}$ 余作用 $a \mapsto \psi(x \otimes_L a)$ 在 $A$ 中的左 $L$ 线性等价于在 $L$-$L$ 双模 $A \otimes_L \mathcal{D}$ 中, $1_A \otimes_L x$ 是中心的.

### 5.5.7 经由 Hopf 代数胚的代数可裂扩张

一个 Hopf 代数胚 $\mathcal{H}$ 由以下组成：基代数 $L$ 上的左双代数胚 $\mathcal{H}_L$ 和基代数 $R$ 上的右双代数胚 $\mathcal{H}_R$, 两者的全代数都是 $H$, $k$ 线性映射 $S: H \to H$ 称为反对极并满足一些相关条件. 对于 Hopf 代数胚 $\mathcal{H}$, 分别记 $\gamma_L$ 和 $\pi_L$ (相应的 $\gamma_R$ 和 $\pi_R$) 为 $\mathcal{H}_L$ (相应的 $\mathcal{H}_R$) 的余乘和余单位.

右双代数胚 $\mathcal{H}_R$ 的右余模组成的范畴是一个张量范畴, 使得到双模范畴 ${}_R\mathcal{M}_R$ 的忘却函子是严格张量的. 右 $\mathcal{H}_R$ 余模代数就是右 $\mathcal{H}_R$ 余模范畴中的幺半群 (monoids), 因此它们是特殊的 $R$ 环. 一个右 $\mathcal{H}_R$ 余模代数 $A$ 决定了 $R$ 上的一个缠绕结构带有 $R$ 环 $A$ 和 $R$ 余环 $(H, \gamma_R, \pi_R)$, 在双代数胚 $\mathcal{H}_R$ 下. 存在一个对应的 $A$ 余环 $\mathcal{C} = A \otimes_R H$, 其余乘为 $A \otimes_R \gamma_R$. 由 Hopf 代数胚的定义, $\mathcal{H}_R$ 的余乘 $\gamma_R$ 是 (左和右) $\mathcal{H}_L$ 余线性的, 因此 $\mathcal{C}$ 具有 $\mathcal{C}$-$\mathcal{H}_L$ 结构带有左正规 $\mathcal{C}$ 余作用和右 $\mathcal{H}_L$ 余作用 $A \otimes_R \gamma_L$, 即在双代数胚 $\mathcal{H}_L$ 下, $L$ 余环 $(H, \gamma_L, \pi_L)$ 是 $A$ 余环 $\mathcal{C} = A \otimes_R H$ 的一个右扩张.

假设右 $\mathcal{H}_R$ 余模代数 $A$ 还是一个 $L$ 环带有左 $L$ 线性 $\mathcal{H}_R$ 余作用, 那么可以由此来构造一个 Morita 关系. 先用公式来定义两个卷积, $(f, g) \mapsto \mu_A \circ (f \otimes_L g) \circ \gamma_L$, 对 $f \in \mathrm{Hom}_L(H, A)$ 和 $g \in {}_L\mathrm{Hom}(H, A)$, 以及 $(f', g') \mapsto \mu_A \circ (f' \otimes_R g') \circ \gamma_R$, 对 $f' \in \mathrm{Hom}_R(H, A)$ 和 $g' \in {}_R\mathrm{Hom}(H, A)$. 这两个卷积各自定义了卷积代数 ${}_L\mathrm{Hom}_L(H, A)$ 和 ${}_R\mathrm{Hom}_R(H, A)$, 也定义了双模 ${}_L\mathrm{Hom}_R(H, A)$ 和 ${}_R\mathrm{Hom}_L(H, A)$. Morita 关系的连接同态可定义为某个合适卷积的投射.

**引理 5.5.5** 设 $\mathcal{H} = (\mathcal{H}_L, \mathcal{H}_R, S)$ 是 Hopf 代数胚且 $A$ 是右 $\mathcal{H}_R$ 余模代数. 记相关 $A$ 余环 $A \otimes_R H$ 为 $\mathcal{C}$. 假设 $A$ 还是一个 $L$ 环且它的 $\mathcal{H}_R$ 余作用是左 $L$ 线性的. 则在 (5.17) 中相关 $L$-$\mathcal{C}$ 双模 $A$ 的 Morita 关系 $\widetilde{\mathbb{M}}(A)$ 同构于

$$({}_L\mathrm{Hom}_L(H, A), {}_R\mathrm{Hom}_R(H, A), {}_L\mathrm{Hom}_R(H, A), {}_R\mathrm{Hom}_L(H, A), *, \star) \tag{5.52}$$

的一个子 Morita 关系. 这里代数和双模结构由相应的卷积给出, 且连接同态 $*$ 和 $\star$ 定义为卷积的投射.

**证明** 自同态代数 $T = \mathrm{End}^{\mathcal{C}}(A)$ 通过 $T \ni t \mapsto t(1_A)$ 可看成 $A$ 中的 $\mathcal{C}$ 余不变量子代数. $L$ 环单同态 $T \hookrightarrow A$ 定义了一个卷积代数间的单同态

$$\iota_1 : {}_L\mathrm{Hom}_L(H, T) \hookrightarrow {}_L\mathrm{Hom}_L(H, A).$$

关于 $A \otimes_R H$ 的左 $\mathcal{C}$ 余线性右 $\mathcal{H}_L$ 余线性的自同态代数可嵌入另一个卷积代数 ${}_R\mathrm{Hom}_R(H, A)$ 中, 通过以下映射

$$\iota_2 : {}^{\mathcal{C}}\mathrm{End}^{\mathcal{H}_L}(\mathcal{C}) \hookrightarrow {}_R\mathrm{Hom}_R(H, A), \quad u \mapsto [h \mapsto ((A \otimes_R \pi_R) \circ u)(1_A \otimes_R h)].$$

因为右 $\mathcal{H}_L$ 余线性映射是右 $R$ 线性的, 所以显然有嵌入映射

$$\iota_3 : {}_L\mathrm{Hom}^{\mathcal{H}_L}(H, A) \hookrightarrow {}_L\mathrm{Hom}_R(H, A).$$

最后, 由 Hom-tensor 的伴随关系, 有以下包含关系

$$\iota_4 : \widetilde{Q} \hookrightarrow {}_A\mathrm{Hom}_L(A \otimes_R H, A) \simeq {}_R\mathrm{Hom}_L(H, A).$$

不难证明, 构造的四个嵌入映射定义了一个 Morita 关系间的同态, 留给读者证明. □

对于 Hopf 代数胚 $\mathcal{H} = (\mathcal{H}_L, \mathcal{H}_R, S)$, 一个右 $\mathcal{H}_R$ 余模代数 $A$ (带有 $R$ 环结构 $\eta_R : R \to A$) 称为它的 $\mathcal{H}_R$ 余不变量子代数 $B$ 的一个 $\mathcal{H}$ 可裂扩张, 如果以下条件成立:

(1) $A$ 是一个 $L$ 环 (带有单位同态 $\eta_L : L \to A$) 且 $B$ 是 $A$ 的一个 $L$ 子环.

(2) 存在左 $L$ 线性右 $\mathcal{H}_L$ 余线性同态 $\lambda : H \to A$ 使得它在 Morita 关系 (5.42) 中是可逆的, 即存在一个左 $R$ 线性右 $L$ 线性同态 $\overline{\lambda} : H \to A$ 使得

$$\lambda * \overline{\lambda} = \mu_A \circ (\lambda \otimes_R \overline{\lambda}) \circ \gamma_R = \eta_L \circ \pi_L, \quad \overline{\lambda} \star \lambda = \mu_A \circ (\overline{\lambda} \otimes_L \lambda) \circ \gamma_L = \eta_R \circ \pi_R.$$

**命题 5.5.6**　设 $\mathcal{H} = (\mathcal{H}_L, \mathcal{H}_R, S)$ 是 Hopf 代数胚且 $A$ 是右 $\mathcal{H}_R$ 余模代数. 记其相关 $A$ 余环 $A \otimes_R H$ 为 $\mathcal{C}$. 则 $A$ 为它的 $\mathcal{H}_R$ 余不变量子代数 $B$ 的一个 $\mathcal{H}$ 可裂扩张当且仅当以下条件成立:

(1) $A$ 是一个 $L$ 环.

(2) $A$ (带有 (1) 中的左 $L$ 模结构、右正规 $A$ 模结构和给定的右 $\mathcal{H}_R$ 余模结构) 是 $\mathcal{C}$ 的余环扩张 $\mathcal{H}_L$ 的一个可裂 $L$-$\mathcal{C}$ 双余模.

关于模与余模与拓扑相关的结果可见参考文献 [4, 88–90, 93, 97, 181, 187, 188, 193, 194, 232] 等, 作为 Hopf 代数胚的特例, 弱 Hopf 代数的具体理论参阅文献 [17, 18, 63–65, 86, 178, 279, 280], 这里略去相关理论.

# 第6章 群 余 环

本章主要引进群余环的定义 [48], 研究群余环上的余模范畴和分次环上的分次模范畴之间的函子, 并定义 Galois 群余环, 给出 Galois 群余环上群余模的结构定理. 最后研究群余环上的 (分次) Morita 关系. 在群余环上得到的结论能够应用到 Hopf 群余代数中 [226,233−237,241,242,286].

## 6.1 群余环和余模

设 $G$ 为一个群, $A$ 为带有单位元的环. $G$ 的单位元记为 $e$. 一个 **$G$ 群 $A$ 余环** (或简称 **$G$-$A$ 余环**) $\underline{\mathcal{C}}$ 是一族 $A$ 双模 $(\mathcal{C}_\alpha)_{\alpha\in G}$, 并带有一族 $A$ 双模映射

$$\Delta_{\alpha,\beta}:\mathcal{C}_{\alpha\beta}\to\mathcal{C}_\alpha\otimes_A\mathcal{C}_\beta;\quad \varepsilon:\mathcal{C}_e\to A,$$

使得

$$(\Delta_{\alpha,\beta}\otimes_A\mathcal{C}_\gamma)\circ\Delta_{\alpha\beta,\gamma}=(\mathcal{C}_\alpha\otimes_A\Delta_{\beta,\gamma})\circ\Delta_{\alpha,\beta\gamma}\tag{6.1}$$

和

$$(\mathcal{C}_\alpha\otimes_A\varepsilon)\circ\Delta_{\alpha,e}=\mathcal{C}_\alpha=(\varepsilon\otimes_A\mathcal{C}_\alpha)\circ\Delta_{e,\alpha},\tag{6.2}$$

对所有 $\alpha,\beta,\gamma\in G$ 成立. 以下使用 Sweedler 记法来记余乘映射 $\Delta_{\alpha,\beta}$ : $\Delta_{\alpha,\beta}(c)=c_{(1,\alpha)}\otimes_A c_{(2,\beta)}$, 对所有 $c\in\mathcal{C}_{\alpha\beta}$. 则等式 (6.2) 有形式 $c_{(1,\alpha)}\varepsilon(c_{(2,e)})=c=\varepsilon(c_{(1,e)})c_{(2,\alpha)}$. 等式 (6.1) 等价于如下记法:

$$((\Delta_{\alpha,\beta}\otimes_A\mathcal{C}_\gamma)\circ\Delta_{\alpha\beta,\gamma})(c)=c_{(1,\alpha)}\otimes_A c_{(2,\beta)}\otimes_A c_{(3,\gamma)},$$

对所有 $c\in\mathcal{C}_{\alpha\beta\gamma}$. 如果 $\underline{\mathcal{C}}$ 为一个 $G$-$A$ 余环, 那么 $\mathcal{C}=\mathcal{C}_e$ 是一个 $A$ 余环带有余乘 $\Delta_{e,e}$ 和余单位 $\varepsilon$.

两个 $G$-$A$ 余环 $\underline{\mathcal{C}}$ 和 $\Delta$ 间的同态由一族双 $A$ 模映射 $(f_\alpha)_{\alpha\in G}, f_\alpha:\mathcal{C}_\alpha\to\mathcal{D}_\alpha$ 使得 $(f_\alpha\otimes_A f_\beta)\circ\Delta_{\alpha,\beta}=\Delta_{\alpha,\beta}\circ f_{\alpha\beta}$ 和 $\varepsilon\circ f_e=\varepsilon$ 成立. 如果 $A$ 是交换环, 且 $ac=ca$, 对所有 $\alpha\in G, a\in A$ 和 $c\in\mathcal{C}_\alpha$ 成立, 则 $\underline{\mathcal{C}}$ 称为一个 $G$ 余代数 [222,223].

在一个群余环上, 可以定义两种不同类型的余模. 一个右 $\underline{\mathcal{C}}$ 余模是一个右 $A$ 模 $M$ 带有一族右 $A$ 线性映射 $(\rho_\alpha)_{\alpha\in G}, \rho_\alpha:M\to M\otimes_A\mathcal{C}_\alpha$, 使得

$$(M\otimes_A\Delta_{\alpha,\beta})\circ\rho_{\alpha\beta}=(\rho_\alpha\otimes_A\mathcal{C}_\beta)\circ\rho_\beta,\quad (M\otimes_A\varepsilon)\circ\rho_e=M.\tag{6.3}$$

使用 Sweedler 记法记 $\rho_\alpha(m)=m_{[0]}\otimes_A m_{[1,\alpha]}$. 等式 (6.3) 就可记为

$$((M\otimes_A\Delta_{\alpha,\beta})\circ\rho_{\alpha\beta})(m)=m_{[0]}\otimes_A m_{[1,\alpha]}\otimes_A m_{[2,\beta]}.$$

一个右 $\underline{\mathcal{C}}$ **余模同态**是一个右 $A$ 线性映射 $f: M \to N$ 满足条件 $(f \otimes_A \mathcal{C}_\alpha) \circ \rho_\alpha = \rho_\alpha \circ f$, 对所有 $\alpha \in G$ 成立. 将右 $\underline{\mathcal{C}}$ 余模范畴记为 $\mathcal{M}^{\underline{\mathcal{C}}}$.

一个右 $G$-$\underline{\mathcal{C}}$ **余模** $\underline{M}$ 是一族右 $A$ 模 $(M_\alpha)_{\alpha \in G}$ 带有一族右 $A$ 线性映射 $\rho_{\alpha,\beta}: M_{\alpha\beta} \to M_\alpha \otimes_A \mathcal{C}_\beta$ 使得

$$(M_\alpha \otimes_A \Delta_{\beta,\gamma}) \circ \rho_{\alpha,\beta\gamma} = (\rho_{\alpha,\beta} \otimes_A \mathcal{C}_\gamma) \circ \rho_{\alpha\beta,\gamma}, \quad (M_\alpha \otimes_A \varepsilon) \circ \rho_{\alpha,e} = M_\alpha, \tag{6.4}$$

对所有 $\alpha, \beta, \gamma \in G$ 成立. 现在使用如下的 Sweedler 记法: $\rho_{\alpha,\beta}(m) = m_{[0,\alpha]} \otimes_A m_{[1,\beta]}$, 对 $m \in M_{\alpha\beta}$. 等式 (6.4) 就可记为

$$((M_\alpha \otimes_A \Delta_{\beta,\gamma}) \circ \rho_{\alpha,\beta\gamma})(m) = m_{[0,\alpha]} \otimes_A m_{[1,\beta]} \otimes_A m_{[2,\gamma]},$$

对 $m \in M_{\alpha\beta\gamma}$. 等式 (6.4) 也包含着 $m_{[0,\alpha]}\varepsilon(m_{[1,e]}) = m$, 对所有 $m \in M_\alpha$. 两个右 $G$-$\underline{\mathcal{C}}$ 余模 $\underline{M}$ 和 $\underline{N}$ 间的同态是一族右 $A$ 线性映射 $f_\alpha: M_\alpha \to N_\alpha$ 使得 $(f_\alpha \otimes_A \mathcal{C}_\beta) \circ \rho_{\alpha,\beta} = \rho_{\alpha,\beta} \circ f_{\alpha\beta}$ 成立. 将右 $G$-$\underline{\mathcal{C}}$ 余模范畴记为 $\mathcal{M}^{G,\underline{\mathcal{C}}}$.

**命题 6.1.1** 在范畴 $\mathcal{M}^{G,\underline{\mathcal{C}}}$ 和 $\mathcal{M}^{\underline{\mathcal{C}}}$ 之间存在一对伴随函子 $(F_1, G_1)$. 进一步, 如果 $G$ 是有限群, 那么 $(F_1, G_1)$ 是 Frobenius 伴随函子对, 即 $F_1$ 也是 $G_1$ 的一个右伴随.

**证明** 设 $\underline{M} = (M_\alpha)_{\alpha \in G} \in \mathcal{M}^{G,\underline{\mathcal{C}}}$, 定义 $F_1(\underline{M}) = \bigoplus_{\alpha \in G} M_\alpha = M$. 余作用映射 $\rho_\alpha: M \to M \otimes_A \mathcal{C}_\alpha$ 可如此定义: $\rho_\alpha(m) = m_{[0,\beta\alpha^{-1}]} \otimes_A m_{[1,\alpha]}$, 对 $m \in M_\beta$. 这里说明一下, $\rho_\alpha = \bigoplus_{\beta \in G} \rho_{\beta\alpha^{-1},\alpha}$. 下面证明等式 (6.3) 成立. 对任意 $m \in M_\gamma$, 计算如下:

$$\begin{aligned}
((\rho_\alpha \otimes_A \mathcal{C}_\beta) \circ \rho_\beta)(m) &= (\rho_\alpha \otimes_A \mathcal{C}_\beta)(m_{[0,\gamma\beta^{-1}]} \otimes_A m_{[1,\beta]}) \\
&= m_{[0,\gamma\beta^{-1}\alpha^{-1}]} \otimes_A m_{[1,\alpha]} \otimes_A m_{[2,\beta]} \\
&= ((M \otimes_A \Delta_{\alpha,\beta}) \circ \rho_{\alpha\beta})(m), \\
((M \otimes_A \varepsilon) \circ \rho_e)(m) &= m_{[0,\gamma]}\varepsilon(m_{[1,e]}) = m.
\end{aligned}$$

对 $\mathcal{M}^{G,\underline{\mathcal{C}}}$ 中的同态 $f: \underline{M} \to \underline{N}$, 简单地定义 $F_1(\underline{f}) = \bigoplus_{\alpha \in G} f_\alpha$. 现定义 $G_1$. 对 $M \in \mathcal{M}^{\underline{\mathcal{C}}}$, 令 $G_1(M)_\alpha = \mu_\alpha(M)$, 这里使用的记法在前面已介绍过. 余作用映射 $\rho_{\alpha,\beta}: \mu_{\alpha,\beta}(M) \to \mu_\alpha(M) \otimes_A \mathcal{C}_\beta$ 定义为 $\rho_{\alpha,\beta}(\mu_{\alpha\beta}(m)) = \mu_\alpha(m_{[0]}) \otimes_A m_{[1,\beta]}$, 对所有 $m \in M$. 等式 (6.4) 成立因为

$$\begin{aligned}
((M_\alpha \otimes_A \Delta_{\beta,\gamma}) \circ \rho_{\alpha,\beta\gamma})(\mu_{\alpha\beta\gamma}(m)) &= (M_\alpha \otimes_A \Delta_{\beta,\gamma})(\mu_\alpha(m_{[0]}) \otimes_A m_{[1,\beta\gamma]}) \\
&= \mu_\alpha(m_{[0]}) \otimes_A m_{[1,\beta]} \otimes_A m_{[2,\gamma]} \\
&= \rho_{\alpha,\beta}(\mu_{\alpha\beta}(m_{[0]})) \otimes_A m_{[1,\gamma]} \\
&= ((\rho_{\alpha,\beta} \otimes_A \mathcal{C}_\gamma) \circ \rho_{\alpha\beta,\gamma})(\mu_{\alpha\beta\gamma}(m)),
\end{aligned}$$

$$((M_\alpha\otimes_A\varepsilon)\circ\rho_{\alpha,e})(\mu_\alpha(m))=(M_\alpha\otimes_A\varepsilon)(\mu_\alpha(m_{[0]})\otimes_A m_{[1,e]})$$
$$=\mu_\alpha(m_{[0]})\varepsilon(m_{[1,e]})=\mu_\alpha(m_{[0]}\varepsilon(m_{[1,e]}))=\mu_\alpha(m).$$

对于态射, $G_1$ 可如此定义: 对 $\mathcal{M}^{\underline{\mathcal{C}}}$ 中 $f:M\to N$, 令 $G_1(f)=(\nu_\alpha\circ f\circ\mu_\alpha^{-1})_{\alpha\in G}$.

对 $\underline{M}\in\mathcal{M}^{G,\underline{\mathcal{C}}}$ 和 $N\in\mathcal{M}^{\underline{\mathcal{C}}}$, 考虑映射 $\psi:\mathrm{Hom}^{\underline{\mathcal{C}}}(F_1(\underline{M}),N)\to\mathrm{Hom}^{G,\underline{\mathcal{C}}}(\underline{M}\to G_1(N))$ 的定义如下: 对 $f:\bigoplus_{\alpha\in G}M_\alpha\to N$, 令

$$\psi(f)_\alpha=\nu_\alpha\circ f\circ i_\alpha:M_\alpha\to G_1(N)_\alpha=\nu_\alpha(N),$$

这里 $i_\alpha:M_\alpha\to\bigoplus_{\alpha\in G}M_\alpha$ 为标准内射. 现在考虑映射 $\phi:\mathrm{Hom}^{G,\underline{\mathcal{C}}}(\underline{M},G_1(N))\to\mathrm{Hom}^{\underline{\mathcal{C}}}(F_1(\underline{M}),N)$ 定义如下: 对 $\underline{g}=(g_\alpha)_{\alpha\in G}:\underline{M}\to G_1(N)$, 令

$$\phi(\underline{g})(m)=\sum_{\alpha\in G}(\nu_\alpha^{-1}\circ g_\alpha\circ p_\alpha)(m),$$

这里 $p_\alpha:\bigoplus_{\alpha\in G}M_\alpha\to M_\alpha$ 为标准投射. 直接计算可知 $\psi$ 和 $\phi$ 的定义是好的. 它们是互逆的, 因为

$$\phi(\psi(f))(m)=\sum_{\alpha\in G}(\nu_\alpha^{-1}\circ\nu_\alpha\circ f\circ i_\alpha\circ p_\alpha)(m)=f\left(\sum_{\alpha\in G}(i_\alpha\circ p_\alpha)(m)\right)=f(m),$$

对所有 $m\in\bigoplus_{\alpha\in G}M_\alpha$, 且

$$\psi(\phi(\underline{g}))_\alpha(m)=(\nu_\alpha\circ\phi(\underline{g})\circ i_\alpha)(m)$$
$$=\sum_{\beta\in G}(\nu_\alpha\circ\nu_\beta^{-1}\circ g_\beta\circ p_\beta\circ i_\alpha)(m)$$
$$=(\nu_\alpha\circ\nu_\alpha^{-1}\circ g_\alpha)(m)=g_\alpha(m),$$

对所有 $\alpha\in G$ 和 $m\in M_\alpha$. 易证 $\psi$ 和 $\phi$ 定义了自然变换. 接下来描述伴随函子的单位 $\eta_1$ 和余单位 $\varepsilon_1$. 对 $\underline{M}\in\mathcal{M}^{G,\underline{\mathcal{C}}}$, 有

$$\eta_{1,\underline{M},\beta}=\mu_\beta\circ i_\beta:M_\beta\to\mu_\beta\left(\bigoplus_{\alpha\in G}M_\alpha\right);$$

对 $N\in\mathcal{M}^{\underline{\mathcal{C}}}$, 有

$$\varepsilon_{1,N}=\sum_{\alpha\in G}\mu_\alpha^{-1}\circ p_\alpha:\bigoplus_{\alpha\in G}\mu_\alpha(N)\to N.$$

为了证明命题的第二部分, 设 $G$ 是有限的. 我们描述伴随函子 $G_1\dashv F_1$ 的单位 $\nu_1$ 和余单位 $\xi_1$. 对 $N\in\mathcal{M}^{\underline{\mathcal{C}}}$, 有

$$\nu_{1,N}=\sum_{\alpha\in G}i_\alpha\circ\mu_\alpha:N\to\bigoplus_{\alpha\in G}\mu_\alpha(N);$$

对 $\underline{M}\in\mathcal{M}^{G,\underline{\mathcal{C}}}$, 有

$$\xi_{1,\underline{M},\beta}=p_\beta\circ\mu_\beta^{-1}:\mu_\beta\left(\bigoplus_{\alpha\in G}M_\alpha\right)\to M_\beta.$$

□

**定义 6.1.2**　一个 $G$-$A$ 余环 $\underline{\mathcal{C}}$ 称为**余自由的** (cofree), 如果存在双 $A$ 模同构 $\gamma_\alpha : \mathcal{C} = \mathcal{C}_e \to \mathcal{C}_\alpha$ 使得

$$\Delta_{\alpha,\beta}(\gamma_{\alpha\beta}(c)) = \gamma_\alpha(c_{(1)}) \otimes_A \gamma_\beta(c_{(2)}), \tag{6.5}$$

对所有 $c \in \mathcal{C}$.

由等式 (6.2) 和 (6.5) 可得 $(\varepsilon \circ \gamma_\alpha^{-1})(\gamma_{\alpha\beta}(c)_{(1,\alpha)})\gamma_{\alpha\beta}(c)_{(2,\beta)} = \gamma_\beta(c)$, 对所有 $c \in \mathcal{C}$. 也可以如下叙述: 对所有 $c \in \gamma_{\alpha\beta}(\mathcal{C}) = \mathcal{C}_{\alpha\beta}$, 有

$$(\varepsilon \circ \gamma_\alpha^{-1})(c_{(1,\alpha)})c_{(2,\beta)} = (\gamma_\beta \circ \gamma_{\alpha\beta}^{-1})(c). \tag{6.6}$$

类似地, 立得公式

$$c_{(1,\alpha)}(\varepsilon \circ \gamma_\beta^{-1})(c_{(2,\beta)}) = (\gamma_\beta \circ \gamma_{\alpha\beta}^{-1})(c). \tag{6.7}$$

一个余自由群余环 $\underline{\mathcal{C}}$ 是由 $\mathcal{C}_e$ 的同构类所决定的. 记成 $\underline{\mathcal{C}} = \mathcal{C}_e\langle G\rangle$.

**定理 6.1.3**　如果 $\underline{\mathcal{C}}$ 为一个余自由群余环, 那么范畴 $\mathcal{M}^{\mathcal{C}_e}$ 和 $\mathcal{M}^{G,\underline{\mathcal{C}}}$ 是等价的.

**证明**　定义函子 $F_2 : \mathcal{M}^{\mathcal{C}_e} \to \mathcal{M}^{G,\underline{\mathcal{C}}}$ 如下: $F_2(N)_\alpha = \nu_\alpha(N)$ 为 $N$ 的一族同构; 余作用映射

$$\rho_{\alpha,\beta} : \nu_{\alpha\beta}(N) \to \nu_\alpha(N) \otimes_A \gamma_\beta(\mathcal{C}_e),\ \rho_{\alpha,\beta}(\nu_{\alpha\beta}(n)) = \nu_\alpha(n_{[0]}) \otimes_A \gamma_\beta(n_{[1]}).$$

我们也定义函子 $G_2 : \mathcal{M}^{G,\underline{\mathcal{C}}} \to \mathcal{M}^{\mathcal{C}_e}, G_2(\underline{M}) = M_e$, 带有余作用 $\rho_{e,e} = \rho$. 显然 $G_2(F_2(N)) = N$, 对所有 $N \in \mathcal{M}^{\mathcal{C}_e}$. 对 $\underline{M} \in \mathcal{M}^{G,\underline{\mathcal{C}}}$, 有 $F_2(G_2(\underline{M})) = (\nu_\alpha(M_e))_{\alpha\in G}$. 显然, 映射 $\varphi_\alpha : M_\alpha \to \nu_\alpha(M_e), \varphi_\alpha(m) = \nu_\alpha(m_{[0,e]})\varepsilon(\gamma_\alpha^{-1}(m_{[1,\alpha]}))$ 是右 $A$ 线性的. $\underline{\varphi} = (\varphi_\alpha)_{\alpha\in G}$ 为 $\mathcal{M}^{G,\underline{\mathcal{C}}}$ 中的态射, 因为

$$\begin{aligned}
((\varphi_\alpha \otimes_A \mathcal{C}_\beta) \circ \rho_{\alpha,\beta})(m) &= \varphi_\alpha(m_{[0,\alpha]}) \otimes_A m_{[1,\beta]} \\
&= \nu_\alpha(m_{[0,e]})(\varepsilon \circ \gamma_\alpha^{-1})(m_{[1,\alpha]}) \otimes_A m_{[2,\beta]} \\
&\overset{(6.6)}{=} \nu_\alpha(m_{[0,e]}) \otimes_A (\gamma_\beta \circ \gamma_{\alpha\beta}^{-1})(m_{[1,\alpha\beta]}) \\
&\overset{(6.7)}{=} \nu_\alpha(m_{[0,e]}) \otimes_A \gamma_\beta(m_{[1,e]}(\varepsilon \circ \gamma_{\alpha\beta}^{-1})(m_{[2,\alpha\beta]})) \\
&= \nu_\alpha(m_{[0,e]}) \otimes_A \gamma_\beta(m_{[1,e]})(\varepsilon \circ \gamma_{\alpha\beta}^{-1})(m_{[2,\alpha\beta]}) \\
&= \rho_{\alpha,\beta}(\nu_{\alpha\beta}(m_{[0,e]}))(\varepsilon \circ \gamma_{\alpha\beta}^{-1})(m_{[1,\alpha\beta]}) = (\rho_{\alpha,\beta} \circ \varphi_{\alpha\beta})(m),
\end{aligned}$$

对所有 $m \in M_{\alpha\beta}$. 接下来定义 $\psi_\alpha : \nu_\alpha(M_e) \to M_\alpha, \psi_\alpha(\nu_\alpha(m)) = m_{[0,\alpha]}(\varepsilon \circ \gamma_{\alpha^{-1}}^{-1})(m_{[1,\alpha^{-1}]})$. 对所有 $m \in M_\alpha$, 计算如下:

$$\begin{aligned}
(\psi_\alpha \circ \varphi_\alpha)(m) &= \psi_\alpha(\nu_\alpha(m_{[0,e]})\varepsilon(f_\alpha^{-1}(m_{[1,\alpha]}))) \\
&= m_{[0,\alpha]}(\varepsilon \circ \gamma_{\alpha^{-1}}^{-1})(m_{[1,\alpha^{-1}]})(\varepsilon \circ \gamma_\alpha^{-1})(m_{[2,\alpha]}) \\
&= m_{[0,\alpha]}(\varepsilon \circ \gamma_{\alpha^{-1}}^{-1})(m_{[1,\alpha^{-1}]}(\varepsilon \circ \gamma_\alpha^{-1})(m_{[2,\alpha]})) \\
&\overset{(6.7)}{=} m_{[0,\alpha]}(\varepsilon \circ \gamma_{\alpha^{-1}}^{-1})((\gamma_{\alpha^{-1}} \circ \gamma_e^{-1})(m_{[1,e]})) = m_{[0,\alpha]}\varepsilon(m_{[1,e]}) = m.
\end{aligned}$$

对所有 $m \in M_e$, 有

$$\begin{aligned}(\varphi_\alpha \circ \psi_\alpha)(\nu_\alpha(m)) &= \varphi_\alpha(m_{[0,\alpha]}(\varepsilon \circ \gamma_{\alpha^{-1}}^{-1})(m_{[1,\alpha^{-1}]})) \\ &= \nu_\alpha(m_{[0,e]})(\varepsilon \circ \gamma_\alpha^{-1})(m_{[1,\alpha]})(\varepsilon \circ \gamma_{\alpha^{-1}}^{-1})(m_{[2,\alpha^{-1}]}) \\ &= \nu_\alpha(m_{[0,e]})(\varepsilon \circ \gamma_\alpha^{-1})(m_{[1,\alpha]}(\varepsilon \circ \gamma_{\alpha^{-1}}^{-1})(m_{[2,\alpha^{-1}]})) \\ &\overset{(6.7)}{=} \nu_\alpha(m_{[0,e]})(\varepsilon \circ \gamma_\alpha^{-1} \circ \gamma_\alpha \circ \gamma_e^{-1})(m_{[1,e]}) \\ &= \nu_\alpha(m_{[0,e]}\varepsilon(m_{[1,e]})) = \nu_\alpha(m).\end{aligned}$$

这证明了 $\psi_\alpha$ 是 $\varphi_\alpha$ 的逆, 故得证. □

## 6.2 分次余环和余模

设 $\mathcal{C}$ 为一个 $A$ 余环, $\mathcal{C}$ 称为一个 $G$ 分次 $A$ 余环, 如果 $\mathcal{C}$ 作为双 $A$ 模存在直和分解 $\mathcal{C} = \bigoplus_{\alpha \in G} \mathcal{C}_\alpha$ 使得 $\Delta(\mathcal{C}_\alpha) \subset \bigoplus_{\beta \in G} \mathcal{C}_{\alpha\beta^{-1}} \otimes_A \mathcal{C}_\beta$, 并且若 $\alpha \neq e$ 时 $\varepsilon(\mathcal{C}_\alpha) = 0$ 成立. 若 $A$ 为交换环, 且 $ac = ca$, 对所有 $\alpha \in G, a \in A$ 和 $c \in \mathcal{C}_\alpha$ 成立, 则 $\mathcal{C}$ 称为一个 $G$ 分次余代数 [174].

对一个 $G$ 分次 $A$ 余环, 能把它构造成一个 $G$-$A$ 余环 $\underline{\mathcal{C}} = (\mathcal{C}_\alpha)_{\alpha \in G}$. 其余单位是把 $\varepsilon$ 限制到 $\mathcal{C}_e$, 余乘 $\Delta_{\alpha,\beta}$ 为下面映射复合

$$\mathcal{C}_{\alpha\beta} \xrightarrow{\Delta} \bigoplus_{\gamma \in G} \mathcal{C}_{\alpha\beta\gamma^{-1}} \otimes_A \mathcal{C}_\gamma \xrightarrow{p} \mathcal{C}_\alpha \otimes_A \mathcal{C}_\beta,$$

这里, $p$ 显然为投射.

设 $(M, \rho)$ 为一个右 $\mathcal{C}$ 余模. 对每个 $\alpha \in G$, 考虑映射 $(M \otimes_A p_\alpha) \circ \rho : M \to M \otimes_A \mathcal{C}_\alpha$, 这里 $p_\alpha : \mathcal{C} \to \mathcal{C}_\alpha$ 为投射. 则 $M$ 为一个右 $\underline{\mathcal{C}}$ 余模, 且得到一个 $\mathcal{M}^{\mathcal{C}} \to \mathcal{M}^{\underline{\mathcal{C}}}$ 的函子.

$(M, \rho)$ 称为一个 $G$ 分次右 $\mathcal{C}$ 余模, 如果 $M$ 作为右 $A$ 模存在直和分解 $M = \bigoplus_{\alpha \in G} M_\alpha$, 使得 $\rho(M_\alpha) \subset \bigoplus_{\beta \in G} M_{\alpha\beta^{-1}} \otimes_A \mathcal{C}_\beta$. 现考虑映射

$$\rho_{\alpha,\beta} : M_{\alpha\beta} \xrightarrow{\rho} \bigoplus_{\gamma \in G} M_{\alpha\beta\gamma^{-1}} \otimes_A \mathcal{C}_\gamma \xrightarrow{p} M_\alpha \otimes_A \mathcal{C}_\beta.$$

则 $\underline{M} = (M_\alpha)_{\alpha \in G}$ 是一个右 $G$-$\underline{\mathcal{C}}$ 余模, 且有从分次 $\mathcal{C}$ 余模范畴到 $\mathcal{M}^{G,\underline{\mathcal{C}}}$ 的一个函子.

若 $G$ 是有限的, 则有分次余环和群余环之间的一一对应, 若 $\underline{\mathcal{C}}$ 是一个群余环, 则 $\bigoplus_{\alpha \in G} \mathcal{C}_\alpha$ 为一分次余环. 在这种情况下, ($G$ 分次) $\mathcal{C}$ 余模范畴和 ($G$) $\underline{\mathcal{C}}$ 余模范畴之间的这两个函子是同构函子.

设 $A$ 是一个环且 $R=\bigoplus_{\alpha\in G}R_\alpha$ 是一个 $G$ 分次环. 假设存在环同态 $i:A\to R_e$, 则称 $R$ 是一个 $G$ 分次 $A$ 环. 进而每个 $R_\alpha$ 通过标量限制双 $A$ 模, 故 $R$ 的分解为一个双 $A$ 模分解. 把 $G$ 分次右 $R$ 模范畴记为 $\mathcal{M}_R^G$.

设 $\underline{\mathcal{C}}$ 为 $G$-$A$ 余环, 对每个 $\alpha\in G$, $R_\alpha={}^*\mathcal{C}_{\alpha^{-1}}={}_A\mathrm{Hom}(\mathcal{C}_{\alpha^{-1}},A)$ 为双 $A$ 模, 通过作用 $(a\cdot f\cdot b)(c)=f(ca)b$, 对所有 $f\in R_\alpha,a,b\in A$ 和 $c\in\mathcal{C}_{\alpha^{-1}}$.

取 $f_\alpha\in R_\alpha,g_\beta\in R_\beta$, 定义 $f_\alpha\#g_\beta\in R_{\alpha\beta}$ 为以下复合

$$\mathcal{C}_{(\alpha\beta)^{-1}}\xrightarrow{\Delta_{\beta^{-1},\alpha^{-1}}}\mathcal{C}_{\beta^{-1}}\otimes_A\mathcal{C}_{\alpha^{-1}}\xrightarrow{\mathcal{C}_{\beta^{-1}}\otimes_A f_\alpha}\mathcal{C}_{\beta^{-1}}\xrightarrow{g_\beta}A,$$

即 $(f_\alpha\#g_\beta)(c)=g_\beta(c_{(1,\beta^{-1})}f_\alpha(c_{(2,\alpha^{-1})}))$, 对所有 $c\in\mathcal{C}_{(\alpha\beta)^{-1}}$. 以上定义映射 $m_{\alpha,\beta}:R_\alpha\otimes_A R_\beta\to R_{\alpha\beta}$, 使得 $R=\bigoplus_{\alpha\in G}R_\alpha$ 成为一个结合的 $G$ 分次 $A$ 环, 其单位为 $\varepsilon\in R_e$. 因为 $i:A\to R_e,i(a)(c)=\varepsilon(c)a$ 是环同态, 所以可得出 $R=\bigoplus_{\alpha\in G}R_\alpha$ 是一个 $G$ 分次 $A$ 环, 称为群余环 $\underline{\mathcal{C}}$ 的 (左) 对偶 (分次) 环. 记 ${}^*\mathcal{C}=R$.

给定一个 $G$-$A$ 余环同态 $\underline{f}=(f_\alpha)_{\alpha\in G}:\underline{\mathcal{C}}\to\underline{\mathcal{D}}$, 它的左对偶作为 $G$ 分次 $A$ 环同态定义如下:

$${}^*\underline{f}=\bigoplus_{\alpha\in G}{}^*f_{\alpha^{-1}}:{}^*\underline{\mathcal{D}}=R'\to{}^*\underline{\mathcal{C}}=R,\quad {}^*\underline{f}\left(\sum_{\alpha\in G}g_\alpha\right)=\sum_{\alpha\in G}g_\alpha\circ f_{\alpha^{-1}}.$$

对每个 $\alpha\in G$, $R_\alpha^*=\mathrm{Hom}(R_\alpha,A)$ 为一个双 $A$ 模, 其结构映射为 $(a\cdot h\cdot b)(f)=ah(bf)$, 对所有 $a,b\in A,f\in R_\alpha$ 和 $h\in R_\alpha^*$. 有双 $A$ 模映射 $\iota_\alpha:\mathcal{C}_{\alpha^{-1}}\to R_\alpha^*,\iota_\alpha(c)(f)=f(c)$. 若 $\mathcal{C}_{\alpha^{-1}}$ 作为左 $A$ 模是有限生成投射的, 则 $\iota_\alpha$ 为双 $A$ 模同构. 因为

$$R^*=\mathrm{Hom}_A(R,A)=\mathrm{Hom}_A\left(\bigoplus_{\alpha\in G}R_\alpha,A\right)\cong\prod_{\alpha\in G}R_\alpha^*\cong\prod_{\alpha\in G}R_{\alpha^{-1}}^*,$$

所以 $\iota_\alpha$ 定义了一个双 $A$ 模映射 $\prod_{\alpha\in G}\iota_{\alpha^{-1}}\cong\iota:\prod_{\alpha\in G}\mathcal{C}_\alpha\to\prod_{\alpha\in G}R_{\alpha^{-1}}^*\cong R^*$. 称一个群 $A$ 余环 $\underline{\mathcal{C}}$ 为左齐次有限的, 如果每个 $\mathcal{C}_\alpha$ 作为左 $A$ 模是有限生成投射的. 在此情况下, $\iota$ 是同构.

**命题 6.2.1**　设 $\underline{\mathcal{C}}$ 为一个 $G$-$A$ 余环, $R$ 为其左对偶分次环. 有范畴间的一个函子 $F_3:\mathcal{M}^{G,\underline{\mathcal{C}}}\to\mathcal{M}_R^G$. 若 $\underline{\mathcal{C}}$ 为左齐次有限的, 则 $F_3$ 为范畴间的同构函子.

**证明**　取 $\underline{M}=(M_\alpha)_{\alpha\in G}\in\mathcal{M}^{G,\underline{\mathcal{C}}}$, 易证映射

$$\psi_{\alpha,\beta}:M_\alpha\otimes_A R_\beta\to M_{\alpha\beta},\ \psi_{\alpha,\beta}(m\otimes_A f)=m\cdot f=m_{[0,\alpha\beta]}f(m_{[1,\beta^{-1}]})$$

的定义是好的且为右 $A$ 线性的. 直接计算可得 $m\cdot\varepsilon=m$ 和 $m\cdot(f\#g)=(m\cdot f)\cdot g$, 对所有 $\alpha,\beta,\gamma\in G$, $m\in M_\alpha$, $f\in R_\beta$ 和 $g\in R_\gamma$. 这就证明了 $\bigoplus_{\alpha\in G}M_\alpha=F_3(\underline{M})$ 是一个 $G$ 分次 $R$ 模. 对在 $\mathcal{M}^{G,\underline{\mathcal{C}}}$ 中的态射 $\underline{f}:\underline{M}\to\underline{N}$, 定义 $F_3(\underline{f})=\bigoplus_{\alpha\in G}f_\alpha$. □

在证明命题 6.2.1 的第二部分之前, 先陈述并证明两个引理.

**引理 6.2.2** 设 $A$ 为一个环, $M,P\in {}_A\mathcal{M}$, 且 $M$ 为有限生成投射的带有对偶基 $f^{(\alpha)}\otimes_A m^{(\alpha)}$ (为有限和). 那么在 ${}^*M\otimes_A P$ 中, $\sum_i f_i\otimes_A p_i=\sum_j g_j\otimes_A q_j$ 当且仅当 $\sum_i f_i(m)p_i=\sum_j g_j(m)q_j$, 对所有 $m\in M$.

**证明** 必要性是显然的. 反过来, 有

$$\begin{aligned}\sum_i f_i\otimes_A p_i&=\sum_i f^{(\alpha)}\cdot f_i(m^{(\alpha)})\otimes_A p_i\\&=\sum_i f^{(\alpha)}\otimes_A f_i(m^{(\alpha)})p_i=\sum_j f^{(\alpha)}\otimes_A g_j(m^{(\alpha)})q_j\\&=\sum_j f^{(\alpha)}\cdot g_j(m^{(\alpha)})\otimes_A q_j=\sum_j g_j\otimes_A q_j.\end{aligned}$$ □

**引理 6.2.3** 设 $\underline{\mathcal{C}}$ 为一个左齐次有限 $G$-$A$ 余环, $f^{(\alpha)}\otimes_A c^{(\alpha)}\in R_{\alpha^{-1}}\otimes_A\mathcal{C}_\alpha$ 为 $\mathcal{C}_\alpha$ 作为左 $A$ 模的有限对偶基. 则

$$f^{(\beta\gamma)}\otimes_A\Delta_{\beta,\gamma}(c^{(\beta\gamma)})=f^{(\gamma)}\#f^{(\beta)}\otimes_A c^{(\beta)}\otimes_A c^{(\gamma)}. \tag{6.8}$$

**证明** 对所有 $c\in\mathcal{C}_{\beta\gamma}$, 有

$$\begin{aligned}(f^{(\gamma)}\#f^{(\beta)})(c)c^{(\beta)}\otimes_A c^{(\gamma)}&=f^{(\beta)}(c_{(1,\beta)}f^{(\gamma)}(c_{(2,\gamma)}))c^{(\beta)}\otimes_A c^{(\gamma)}\\&=c_{(1,\beta)}f^{(\gamma)}(c_{(2,\gamma)})\otimes_A c^{(\gamma)}=c_{(1,\beta)}\otimes_A f^{(\gamma)}(c_{(2,\gamma)})c^{(\gamma)}\\&=c_{(1,\beta)}\otimes_A c_{(2,\gamma)}\\&=\Delta_{\beta,\gamma}(c)=\Delta_{\beta,\gamma}(f^{(\beta\gamma)}(c)c^{(\beta\gamma)})\\&=f^{(\beta\gamma)}(c)\Delta_{\beta,\gamma}(c^{(\beta\gamma)}).\end{aligned}$$

利用引理 6.2.2, 令 $M=\mathcal{C}_{\beta,\gamma}$ 和 $P=\mathcal{C}_\beta\otimes_A\mathcal{C}_\gamma$, 可得等式 (6.8). □

**命题 6.2.1 的第二部分的证明** 设每个 $\mathcal{C}_\alpha$ 作为左 $A$ 模是有限生成投射的, $M$ 为一个 $G$ 分次右 $R$ 模. 考虑映射

$$\rho_{\alpha,\beta}:M_{\alpha\beta}\to M_\alpha\otimes_A\mathcal{C}_\beta,\ \rho_{\alpha,\beta}(m)=m\cdot f^{(\beta)}\otimes_A c^{(\beta)}.$$

这些映射使 $(M_\alpha)_{\alpha\in G}$ 成为 $\mathcal{M}^{G,\underline{\mathcal{C}}}$ 中的一个对象. 下面证明它的余结合性和余单位性.

$$\begin{aligned}((M_\alpha\otimes_A\Delta_{\beta,\gamma})\circ\rho_{\alpha,\beta\gamma})(m)&=(M_\alpha\otimes_A\Delta_{\beta,\gamma})(m\cdot f^{(\beta\gamma)}\otimes_A c^{(\beta\gamma)})\\&=m\cdot f^{(\beta\gamma)}\otimes_A\Delta_{\beta,\gamma}(c^{(\beta\gamma)})\\&\overset{(6.8)}{=}m\cdot(f^{(\gamma)}\#f^{(\beta)})\otimes_A c^{(\beta)}\otimes_A c^{(\gamma)}\\&=(m\cdot f^{(\gamma)})\cdot f^{(\beta)}\otimes_A c^{(\beta)}\otimes_A c^{(\gamma)}\\&=(\rho_{\alpha,\beta}\otimes_A\mathcal{C}_\gamma)(m\cdot f^{(\gamma)})\otimes_A c^{(\gamma)}\end{aligned}$$

$$=((\rho_{\alpha,\beta}\otimes_A \mathcal{C}_\gamma)\circ\rho_{\alpha\beta,\gamma})(m),$$
$$((M_\alpha\otimes_A\varepsilon)\circ\rho_{\alpha,e})(m)=m\cdot f^{(e)}\varepsilon(c^{(e)})=m\cdot\varepsilon=m.$$

有函子 $G_3:\mathcal{M}_R^G\to\mathcal{M}^{G,\underline{\mathcal{C}}}$. 关于对象, 定义 $G_3(M)=\underline{M}=(M_\alpha)_{\alpha\in G}$. 对分次 $R$ 模映射 $f:M\to N$, 令 $G_3(f)_\alpha:M_\alpha\to N_\alpha$ 为 $f$ 到 $M_\alpha$ 上的限制.

若能证明 $F_3$ 与 $G_3$ 互逆, 则命题得证. 首先取一个分次 $R$ 模 $M$, 则 $(F_3\circ G_3)(M)=\bigoplus_{\alpha\in G}(M_\alpha)_{\alpha\in G}=M$, 其右 $R$ 作用与原来的右 $R$ 作用一致, 因为

$$\psi_{\alpha,\beta}(m\otimes_A f)=m_{[0,\alpha\beta]}f(m_{[1,\beta^{-1}]})=(m\cdot f^{(\beta^{-1})})f(c^{(\beta^{-1})})=m\cdot f.$$

取 $\underline{M}\in\mathcal{M}^{G,\underline{\mathcal{C}}}$, 则 $(G_3\circ F_3)(\underline{M})=G_3(\bigoplus_{\alpha\in G}M_\alpha)=(M_\alpha)_{\alpha\in G}=\underline{M}$. 在 $(G_3\circ F_3)(\underline{M})$ 上的余作用映射 $\tilde\rho_{\alpha,\beta}$ 与在 $\underline{M}$ 上的余作用映射 $\rho_{\alpha,\beta}$ 一致, 因为 $\tilde\rho_{\alpha,\beta}(m)=m\cdot f^{(\beta)}\otimes_A c^{(\beta)}=m_{[0,\alpha]}f^{(\beta)}(m_{[1,\beta]})\otimes_A c^{(\beta)}=m_{[0,\alpha]}\otimes_A f^{(\beta)}(m_{[1,\beta]})c^{(\beta)}=m_{[0,\alpha]}\otimes_A m_{[1,\beta]}=\rho_{\alpha,\beta}(m)$, 对所有 $m\in M_{\alpha\beta}$. □

**命题 6.2.4**　设 $\underline{\mathcal{C}}$ 为一个 $G$-$A$ 余环, $R$ 为其左对偶分次环. 有范畴间的一个函子 $F_4:\mathcal{M}^{\underline{\mathcal{C}}}\to\mathcal{M}_R$. 若 $\underline{\mathcal{C}}$ 为左齐次有限的且 $G$ 是有限群, 则 $F_4$ 为范畴间的同构函子.

**证明**　设 $(M,(\rho_\alpha)_{\alpha\in G})\in\mathcal{M}^{\underline{\mathcal{C}}}$. 对每个 $\alpha\in G$, 映射 $\psi_\alpha:M\otimes_A R_\alpha\to M$, $\psi_\alpha(m\otimes_A f)=m_{[0]}f(m_{[1,\alpha^{-1}]})$ 的定义是好的且为右 $A$ 线性的. 在 $M$ 上定义右 $R$ 作用: $m\cdot f=\sum_{\alpha\in G}\psi_\alpha(m\otimes_A f_\alpha)$, 对所有 $m\in M$ 和 $f=\sum_{\alpha\in G}f_\alpha\in\bigoplus_{\alpha\in G}R_\alpha$. 这使得 $M$ 成为右 $R$ 模, 因为 $m\cdot\varepsilon=m_{[0]}\varepsilon(m_{[1,e]})=m$, 且

$$\begin{aligned}(m\cdot f)\cdot g&=(m_{[0]}f(m_{[1,\alpha^{-1}]}))\cdot g=m_{[0]}g(m_{[1,\beta^{-1}]}f(m_{[2,\alpha^{-1}]}))\\&=m_{[0]}(f\#g)(m_{[1,(\alpha\beta)^{-1}]})=m\cdot(f\#g),\end{aligned}$$

对所有 $f\in R_\alpha$ 和 $g\in R_\beta$. 令 $F_4(M)=M$ 带有以上作用; 若 $f:M\to N$ 为 $\mathcal{M}^{\underline{\mathcal{C}}}$ 中的态射, 则 $f$ 也为右 $R$ 线性的, 且定义 $F_4(f)=f$.

若 $G$ 是有限的, 且每个 $\mathcal{C}_\alpha$ 作为左 $A$ 模是有限生成投射的, 则 $\mathcal{C}=\bigoplus_{\alpha\in G}\mathcal{C}_\alpha$ 为一个 ($G$ 分次) $A$ 余环, 并且作为左 $A$ 模也是有限生成投射的. 因此余环 $\mathcal{C}$ 的左对偶就是环 $R$, 且 $\mathcal{M}^{\underline{\mathcal{C}}}\cong\mathcal{M}^{\mathcal{C}}\cong\mathcal{M}_R$. □

设 $R$ 为 $G$ 分次环, 众所周知 (见文献 [175] 定理 2.5.1), 范畴 $\mathcal{M}_R^G$ 和 $\mathcal{M}_R$ 间有伴随函子对 $(F_5,G_5)$, 其中 $F_5$ 是忘却 $G$ 分次结构的遗忘函子; $G_5$ 定义如下: $G_5(M)=\bigoplus_{\alpha\in G}\mu_\alpha(M)$, 带有右 $R$ 作用 $\mu_\alpha(m)\gamma=\mu_{\alpha\beta}(m\gamma)$, 对所有 $m\in M$ 和 $\gamma\in R_\beta$.

**命题 6.2.5**　设 $\underline{\mathcal{C}}$ 为一个 $G$-$A$ 余环, $R$ 为其左对偶 $G$-$A$ 环. 则有以下函子间

的交换图：

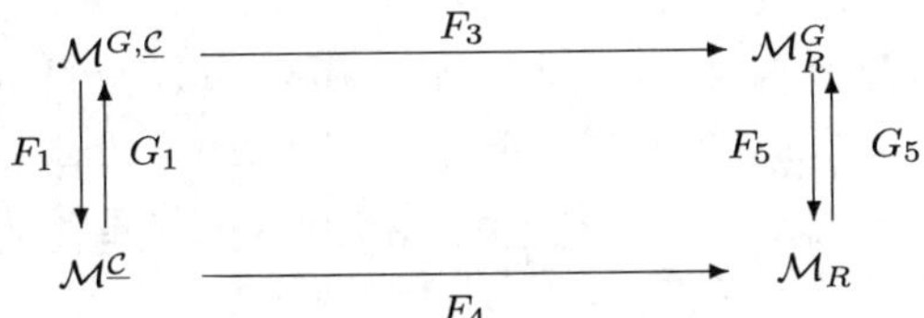


**命题 6.2.6** 一个余自由 $G$-$A$ 余环 $\underline{\mathcal{C}}$ 的左对偶为群环 $R_e[G]$.

**证明** 对每个 $\alpha \in G$, 有 $A$ 双模同构

$$\gamma_{\alpha^{-1}} : \mathcal{C}_e \to \mathcal{C}_{\alpha^{-1}}, \quad {}^*\gamma_{\alpha^{-1}} : {}^*\mathcal{C}_{\alpha^{-1}} = R_\alpha \to {}^*\mathcal{C}_e = R_e,$$

和

$$\sigma_\alpha = ({}^*\gamma_{\alpha^{-1}})^{-1} = {}^*(\gamma_{\alpha^{-1}}^{-1}) : R_e \to R_\alpha.$$

则有以下性质：对 $f \in R_e$ 和 $c \in \mathcal{C}_e$,

$$(\sigma_\alpha(f))(\gamma_{\alpha^{-1}}(c)) = ({}^*(\gamma_{\alpha^{-1}}^{-1})(f))(\gamma_{\alpha^{-1}}(c)) = f(\gamma_{\alpha^{-1}}^{-1}(\gamma_{\alpha^{-1}}(c))) = f(c).$$

使用公式 $\Delta_{\beta^{-1},\alpha^{-1}}(\gamma_{(\alpha\beta)^{-1}}(c)) = \gamma_{\beta^{-1}}(c_{(1)}) \otimes_A \gamma_{\alpha^{-1}}(c_{(2)})$, 对所有 $c \in \mathcal{C}_e$ 和 $f, g \in R_e$, 计算如下：

$$\begin{aligned}(\sigma_\alpha(f)\#\sigma_\beta(g))(\gamma_{(\alpha\beta)^{-1}}(c)) &= \sigma_\beta(g)(\gamma_{\beta^{-1}}(c_{(1)})\sigma_\alpha(f)(\gamma_{\alpha^{-1}}(c_{(2)}))) \\ &= \sigma_\beta(g)(\gamma_{\beta^{-1}}(c_{(1)})f(c_{(2)})) = \sigma_\beta(g)(\gamma_{\beta^{-1}}(c_{(1)}f(c_{(2)}))) \\ &= g(c_{(1)}f(c_{(2)})) = (f\#g)(c) = \sigma_{\alpha\beta}(f\#g)(\gamma_{(\alpha\beta)^{-1}}(c)).\end{aligned}$$

映射 $\phi : R_e[G] \to R$, $\phi(gu_\alpha) = \sigma_\alpha(g)$ 为双射. 由上面的计算可知它保持乘法, 因此它为一个环同构. 显然, 它也保分次. □

## 6.3 Galois 群余环

设 $\underline{\mathcal{C}} = (\mathcal{C}_\alpha)_{\alpha \in G}$ 为一个 $G$-$A$ 余环. 一族 $\underline{x} = (x_\alpha)_{\alpha \in G} \in \prod_{\alpha \in G} \mathcal{C}_\alpha$ 称为群像的, 若 $\Delta_{\alpha,\beta}(x_{\alpha\beta}) = x_\alpha \otimes_A x_\beta$ 和 $\varepsilon(x_e) = 1$ 成立, 对所有 $\alpha, \beta \in G$.

**命题 6.3.1** 在 $\underline{\mathcal{C}}$ 的群像族集合与 $A$ 上右 $\underline{\mathcal{C}}$ 余模结构存在一一对应.

**证明** 设 $\underline{x}$ 为群像的, 映射 $\rho_\alpha : A \to A \otimes_A \mathcal{C}_\alpha \cong \mathcal{C}_\alpha, \rho_\alpha(a) = 1 \otimes_A x_\alpha a$, 使得 $A$ 成为 $\mathcal{M}^{\underline{\mathcal{C}}}$ 中的一个对象. 反之, 若 $(A, (\rho_\alpha)_{\alpha \in G}) \in \mathcal{M}^{\underline{\mathcal{C}}}$, 则 $(\rho_\alpha(1_A))_{\alpha \in G}$ 是群像的. □

**例 6.3.2** 设 $\underline{\mathcal{C}}$ 为余自由群余环, 取群像元素 $x \in G(\mathcal{C}_e)$, 则 $(\gamma_\alpha(x))_{\alpha \in G}$ 为一群像族, 因为 $\Delta_{\alpha,\beta}(\gamma_{\alpha\beta}(x)) = \gamma_\alpha(x) \otimes_A \gamma_\beta(x)$ 且 $\varepsilon(\gamma_e(x)) = 1$.

设 $(\underline{\mathcal{C}}, \underline{x})$ 为一个 $G$-$A$ 余环带有一个固定的群像族. 对 $M \in \mathcal{M}^{\underline{\mathcal{C}}}$, 定义 $M^{co\underline{\mathcal{C}}} = \{m \in M \mid \rho_\alpha(m) = m \otimes_A x_\alpha,\ \forall \alpha \in G\}$. 则 $T = A^{co\underline{\mathcal{C}}} = \{a \in A \mid a x_\alpha = x_\alpha a,\ \forall \alpha \in G\}$ 为 $A$ 的一个子环. 若 $B \to T$ 为环同态, 则对所有 $m \in M^{co\underline{\mathcal{C}}}$ 和 $b \in B$, 有 $\rho_\alpha(mb) = m \otimes_A x_\alpha b = m \otimes_A b x_\alpha = mb \otimes_A x_\alpha$, 因此 $mb \in M^{co\underline{\mathcal{C}}}$. 故有 $M^{co\underline{\mathcal{C}}} \in \mathcal{M}_\beta$.

**命题 6.3.3**　带有以上记号, 在范畴 $\mathcal{M}_\beta$ 和 $\mathcal{M}^{\underline{\mathcal{C}}}$ 间有伴随函子对 $(F_6 = - \otimes_B A, G_6 = (-)^{co\underline{\mathcal{C}}})$.

**证明**　设 $N \in \mathcal{M}_\beta$. 在 $N \otimes_B A$ 上, 考虑以下余作用映射:

$$\rho_\alpha : N \otimes_B A \to N \otimes_B A \otimes_B \mathcal{C}_\alpha \cong N \otimes_B \mathcal{C}_\alpha, \quad \rho_\alpha(n \otimes_B a) = n \otimes_B x_\alpha a.$$

直接验证此余作用使得 $N \otimes_B A$ 成为范畴 $\mathcal{M}^{\underline{\mathcal{C}}}$ 中的一个对象.

取 $N \in \mathcal{M}_\beta$ 和 $M \in \mathcal{M}^{\underline{\mathcal{C}}}$, 有同构 $\phi : \mathrm{Hom}^{\underline{\mathcal{C}}}(N \otimes_B A, M) \to \mathrm{Hom}_B(N, M^{co\underline{\mathcal{C}}})$, $\phi(f)(n) = f(n \otimes_B 1_A)$ 和 $\phi^{-1}(g)(n \otimes_B a) = g(n)a$. □

在范畴 $\mathcal{M}_\beta$ 和 $\mathcal{M}^{G,\underline{\mathcal{C}}}$ 间也有伴随函子对. 对 $\underline{M} \in \mathcal{M}^{G,\underline{\mathcal{C}}}$, 定义

$$\underline{M}^{co\underline{\mathcal{C}}} = \left\{ (m_\alpha)_{\alpha \in G} \in \prod_{\alpha \in G} M_\alpha \mid \rho_{\alpha,\beta}(m_{\alpha\beta}) = m_\alpha \otimes_A x_\beta\ \forall \alpha, \beta \in G \right\}.$$

则 $\underline{M}^{co\underline{\mathcal{C}}} \in \mathcal{M}_\beta$; 若 $(m_\alpha)_{\alpha \in G} \in \underline{M}^{co\underline{\mathcal{C}}}$ 且 $b \in B$, 则 $\rho_{\alpha,\beta}(m_{\alpha\beta} b) = m_\alpha \otimes_A x_\beta b = m_\alpha \otimes_A b x_\beta = m_\alpha b \otimes_A x_\beta$. 在命题 6.3.4 中, 将使用在命题 6.1.1 和命题 6.3.3 中定义的 $G_1$ 和 $F_6$.

**命题 6.3.4**　带有以上记号, 在范畴 $\mathcal{M}_B$ 和 $\mathcal{M}^{G,\underline{\mathcal{C}}}$ 间有伴随函子对 $(F_7 = G_1 \circ F_6, G_7 = (-)^{co\underline{\mathcal{C}}})$.

**证明**　首先计算可得 $F_7(N) = (\mu_\alpha(N \otimes_B A))_{\alpha \in G}$, 带有余作用 $\rho_{\alpha,\beta} : \mu_{\alpha\beta}(N \otimes_B A) \to \mu_\alpha(N \otimes_B A) \otimes_A \mathcal{C}_\beta$ 由以下公式给出

$$\rho_{\alpha,\beta}(\mu_{\alpha\beta}(n \otimes_B a)) = \mu_\alpha(n \otimes_B 1_A) \otimes_A x_\beta a.$$

取 $N \in \mathcal{M}_\beta, \underline{M} \in \mathcal{M}^{G,\underline{\mathcal{C}}}$, 定义映射 $\phi : \mathrm{Hom}^{G,\underline{\mathcal{C}}}(F_7(N), \underline{M}) \to \mathrm{Hom}_B(N, M^{co\underline{\mathcal{C}}})$ 如下: 对 $\mathcal{M}^{G,\underline{\mathcal{C}}}$ 中的态射 $\underline{f} = (f_\alpha)_{\alpha \in G} : F_7(N) \to \underline{M}$, 令 $\phi(\underline{f})(n) = (f_\alpha(\mu_\alpha(n \otimes_B 1_A)))_{\alpha \in G}$, 则 $\phi(\underline{f})(n) \in \underline{M}^{co\underline{\mathcal{C}}}$, 因为

$$\begin{aligned} \rho_{\alpha,\beta}(f_{\alpha\beta}(\mu_{\alpha\beta}(n \otimes_B 1_A))) &= (f_\alpha \otimes_A \mathcal{C}_\beta)(\rho_{\alpha,\beta}(\mu_{\alpha\beta}(n \otimes_B 1_A))) \\ &= (f_\alpha \otimes_A \mathcal{C}_\beta)(\mu_\alpha(n \otimes_B 1_A) \otimes_A x_\beta) \\ &= f_\alpha(\mu_\alpha(n \otimes_B 1_A)) \otimes_A x_\beta). \end{aligned}$$

定义 $\psi : \mathrm{Hom}_B(N, M^{co\underline{\mathcal{C}}}) \to \mathrm{Hom}^{G,\underline{\mathcal{C}}}(F_7(N), \underline{M})$ 如下: 对 $g : N, M^{co\underline{\mathcal{C}}} \subset \prod_{\alpha \in G} M_\alpha$ 和 $n \in N$, 令 $g(n) = (g(n)_\alpha)_{\alpha \in G}$, 则得 $\psi(g)_\alpha(\mu_\alpha(n \otimes_B a)) = g(n)_\alpha a$.

下证 $\psi(g)$ 为范畴 $\mathcal{M}^{G,\underline{\mathcal{C}}}$ 中的一个态射.

$$\begin{aligned}((\psi(g)_\alpha \otimes_A \mathcal{C}_\beta)\circ\rho_{\alpha,\beta})(\mu_{\alpha\beta}(n\otimes_B a)) &= (\psi(g)_\alpha \otimes_A \mathcal{C}_\beta)(\mu_\alpha(n\otimes_B 1_A)\otimes_A x_\beta a)\\ &= g(n)_\alpha \otimes_A x_\beta a = \rho_{\alpha,\beta}(g(n)_{\alpha\beta}a)\\ &= (\rho_{\alpha,\beta}\circ\psi(g)_{\alpha\beta})(\mu_{\alpha\beta}(n\otimes_B a)).\end{aligned}$$

容易验证 $\psi$ 是 $\phi$ 的逆. 首先, $(\psi\circ\phi)(\underline{f}) = \underline{f}$, 因为 $(\psi\circ\phi)(\underline{f})_\alpha(\mu_\alpha(n\otimes_B a)) = f_\alpha(\mu_\alpha(n\otimes_B 1_A))a = f_\alpha(\mu_\alpha(n\otimes_B a))$. 接着, $(\phi\circ\psi)(g) = g$, 因为 $(\phi\circ\psi)(g)(n) = (\psi(g)_\alpha(\mu_\alpha(n\otimes_B 1_A)))_{\alpha\in G} = (g(n)_\alpha)_{\alpha\in G} = g(n)$. □

**注 6.3.5** 若 $G$ 是有限群, 可以得到 $(F_7, G_7)$ 为两对伴随函子对 $(G_1, F_1)$ 和 $(F_6, G_6)$ 的复合 (见命题 6.1.1 和命题 6.3.3): $F_7 = G_1\circ F_6$, $G_7 = G_6\circ F_1$. 事实上, 可以证明, 对 $\underline{M}\in\mathcal{M}^{G,\underline{\mathcal{C}}}$, $(G_6\circ F_1)(\underline{M}) = (\bigoplus_{\alpha\in G} M_\alpha)^{co\underline{\mathcal{C}}}$ 等价于 $M^{co\underline{\mathcal{C}}}$ : $m = (m_\alpha)_{\alpha\in G}\in(\bigoplus_{\alpha\in G} M_\alpha)^{co\underline{\mathcal{C}}}$ 当且仅当 $\rho_\beta(m) = m\otimes_A x_\beta$, 对所有 $\beta\in G$, 当且仅当 $\sum_{\alpha\in G} m_{\alpha[0,\alpha\beta^{-1}]}\otimes_A m_{\alpha[1,\beta]} = \sum_{\alpha\in G} m_\alpha\otimes_A x_\beta = \sum_{\alpha\in G} m_{\alpha\beta^{-1}}\otimes_A x_\beta$, 对所有 $\beta\in G$; 这也等价于 $\rho_{\alpha\beta^{-1},\beta}(m_\alpha) = m_{\alpha\beta^{-1}}\otimes_A x_\beta$, 或者 $\rho_{\alpha,\beta}(m_{\alpha,\beta}) = m_\alpha\otimes_A x_\beta$, 对所有 $\alpha,\beta\in G$, 即 $m\in\underline{M}^{co\underline{\mathcal{C}}}$.

接下来研究何时 $(F_7, G_7)$ 是一对可逆等价 [43]. 这需要构造伴随函子的单位和余单位. 首先描述单位 $\eta_7$:

$$\eta_{7,N}: N\to(\mu_\alpha(N\otimes_B A))^{co\underline{\mathcal{C}}}_{\alpha\in G},\quad \eta_{7,N}(n) = (\mu_\alpha(n\otimes_B 1_A))_{\alpha\in G}.$$

余单位 $\varepsilon_7$ 如下:

$$\varepsilon_{7,\underline{M},\alpha}:\mu_\alpha(\underline{M}^{co\underline{\mathcal{C}}}\otimes_B A)\to M_\alpha,\quad \varepsilon_{7,\underline{M},\alpha}(\mu_\alpha((m_\beta)_{\beta\in G}\otimes_B a)) = m_\alpha a.$$

设 $\mathcal{D}_e = A\otimes_B A$ 为 Sweedler 经典余环连同环同态 $B\to A$. 其余乘和余单位由如下公式给出:

$$\Delta(a\otimes_B b) = (a\otimes_B 1_A)\otimes_A(1_A\otimes_B b),\quad \varepsilon(a\otimes_B b) = ab.$$

在 Sweedler 经典余环基础上, 令 $\underline{\mathcal{D}} = (A\otimes_B A)\langle G\rangle$ 为余自由群余环.

**引理 6.3.6** 有 $G$-$A$ 余环间的标准同态 $\underline{\mathrm{Can}}:\underline{\mathcal{D}}\to\underline{\mathcal{C}}$, 由 $\mathrm{Can}_\alpha(\mu_\alpha(a\otimes_B b)) = ax_\alpha b$ 给出.

**证明** 对所有 $a, b\in A$,

$$\begin{aligned}&((\mathrm{Can}_\alpha\otimes_A\mathrm{Can}_\beta)\circ\Delta_{\alpha,\beta})(\mu_{\alpha\beta}(a\otimes_B b))\\ &= (\mathrm{Can}_\alpha\otimes_A\mathrm{Can}_\beta)(\mu_\alpha(a\otimes_B 1_A)\otimes_A\mu_\beta(1_A\otimes_B b))\\ &= ax_\alpha\otimes_A x_\beta b = \Delta_{\alpha,\beta}(ax_{\alpha\beta}b) = (\Delta_{\alpha,\beta}\circ\mathrm{Can}_{\alpha\beta})(\mu_{\alpha\beta}(a\otimes_B b)),\\ &\varepsilon(\mathrm{Can}_e(a\otimes_B b)) = \varepsilon(ax_e b) = ab = \varepsilon(a\otimes_B b).\end{aligned}$$

□

**命题 6.3.7** 同命题 6.3.4 和引理 6.3.6 的记号, 有以下性质:

(1) 若 $F_7$ 是完全忠实的, 则 $i: B \to T$ 为同构.

(2) 若 $G_7$ 是完全忠实的, 则 $\underline{\mathrm{Can}}: \underline{\mathcal{D}} \to \underline{\mathcal{C}}$ 为同构.

**证明** (1) 设 $\underline{A} = G_1(A) = (\mu_\alpha(A))_{\alpha\in G}$ 带有 $\rho_{\alpha,\beta}(\mu_{\alpha\beta}(a)) = \mu_\alpha(1_A)\otimes_A x_\beta a$. 则 $(\mu_\alpha(a_\alpha))_{\alpha\in G} \in \underline{A}^{co\underline{\mathcal{C}}}$ 当且仅当 $\rho_{\alpha,\beta}(\mu_{\alpha\beta}(a_{\alpha\beta})) = \mu_\alpha(1_A)\otimes_A x_\beta a_{\alpha\beta} = \mu_\alpha(a_\alpha)\otimes_A x_\beta$, 或者

$$x_\beta a_{\alpha\beta} = a_\alpha x_\beta, \tag{6.9}$$

对所有 $\alpha, \beta \in G$. 有单映射

$$f: T = A^{co\underline{\mathcal{C}}} \to \underline{A}^{co\underline{\mathcal{C}}}, \quad f(a) = (\mu_\alpha(a))_{\alpha\in G}.$$

事实上, 若 $a \in A^{co\underline{\mathcal{C}}}$, 则 $ax_\alpha = x_\alpha a$, 对所有 $a \in G$, 进而等式 (6.9) 成立. 若 $F_7$ 是完全忠实的, 则 $\eta_7$ 为一个自然同构. 特别地, $\eta_{7,B}: B \to \underline{A}^{co\underline{\mathcal{C}}}$ 为同构. 有

$$\eta_{7,B}(b) = (\mu_\alpha(b1_A))_{\alpha\in G} = ((\mu_\alpha\circ i)(b))_{\alpha\in G} = (f\circ i)(b).$$

由 $\eta_7$ 是满的可知 $f$ 是满的, 进而 $f$ 为同构. 因为 $\eta_{7,B} = f\circ i$, 所以 $i$ 为同构.

(2) 设 $\underline{\mathcal{C}} \in \mathcal{M}^{G,\underline{\mathcal{C}}}$, 带有余作用映射 $\Delta_{\alpha,\beta}$, 有同构

$$f: A \to \underline{\mathcal{C}}^{co\underline{\mathcal{C}}}, \quad f(a) = (ax_\alpha)_{\alpha\in G}.$$

$f(a) \in \underline{\mathcal{C}}^{co\underline{\mathcal{C}}}$ 因为 $\Delta_{\alpha,\beta}(ax_{\alpha\beta}) = ax_\alpha \otimes_A x_\beta$. $f$ 的逆 $g$ 定义如下: $g((c_\alpha)_{\alpha\in G}) = \varepsilon(c_e)$. 易见 $(g\circ f)(a) = a$. 对 $\underline{c} = (c_\alpha)_{\alpha\in G} \in \underline{\mathcal{C}}^{co\underline{\mathcal{C}}}$, 有 $\Delta_{\alpha,\beta}(c_{\alpha\beta}) = c_\alpha\otimes_A x_\beta$, 特别地, 有 $\Delta_{e,\beta}(c_\beta) = c_e\otimes_A x_\beta$. 由等式可得 $c_\beta = \varepsilon(c_e)x_\beta$. 又计算如下:

$$(f\circ g)(\underline{c}) = f(\varepsilon(c_e)) = (\varepsilon(c_e)x_\alpha)_{\alpha\in G} = \underline{c}.$$

若 $G_7$ 是完全忠实的, 则 $\varepsilon_7$ 为一个自然同构. 特别地, $\varepsilon_{7,\underline{\mathcal{C}},\alpha}: \mu_\alpha(\underline{\mathcal{C}}^{co\underline{\mathcal{C}}}\otimes_B A) \to \mathcal{C}_\alpha$, $\varepsilon_{7,\underline{\mathcal{C}},\alpha}(\mu_\alpha(\underline{c}\otimes_B a)) = c_\alpha a$ 为同构. 现计算 $\mathrm{Can}_\alpha$ 等价于以下复合

$$\mu_\alpha(A\otimes_B A) \xrightarrow{\mu_\alpha(f\otimes_B A)} \mu_\alpha(\underline{\mathcal{C}}^{co\underline{\mathcal{C}}}\otimes_B A) \xrightarrow{\varepsilon_{7,\underline{\mathcal{C}},\alpha}} \mathcal{C}_\alpha.$$

事实上, $(\varepsilon_{7,\underline{\mathcal{C}},\alpha}\circ(\mu_\alpha(f\otimes_B A)))(\mu_\alpha(a\otimes_B b)) = \varepsilon_{7,\underline{\mathcal{C}},\alpha}(\mu_\alpha((ax_\beta)_{\beta\in G}\otimes_B b)) = ax_\alpha b = \mathrm{Can}_\alpha(\mu_\alpha(a\otimes_B b))$. □

一个带有固定群像元的 $A$ 余环 $(\mathcal{C}_e, x_e)$ 称为 Galois 余环 [43], 若映射

$$\mathrm{Can}: A\otimes_{A^{co\mathcal{C}_e}} A \to \mathcal{C}_e, \quad \mathrm{Can}(a\otimes_{A^{co\mathcal{C}_e}} b) = ax_e b$$

是一个余环同构. 由命题 6.3.7 得到下面定义:

**定义 6.3.8** 设 $(\underline{\mathcal{C}},\underline{x})$ 为一个 $G$-$A$ 余环带有一个固定的群像族. 称 $(\underline{\mathcal{C}},\underline{x})$ 为 **Galois 的**, 若

$$\underline{\mathrm{Can}}:\underline{\mathcal{D}}=(A\otimes_{A^{co\underline{\mathcal{C}}}}A)\langle G\rangle\to\underline{\mathcal{C}}$$

是一个群余环同构.

若 $(\underline{\mathcal{C}},\underline{x})$ 为一个 $G$-$A$ 余环带有一个固定的群像族, 则显然 $A^{co\underline{\mathcal{C}}}\subset A^{co\mathcal{C}_e}$. 下证此包含相等, 若 $\underline{\mathcal{C}}$ 是余自由的. 如果 $\underline{\mathcal{C}}=\mathcal{C}_e\langle G\rangle$ 是一个余自由 $G$-$A$ 余环, 且 $\underline{x}$ 为 $\underline{\mathcal{C}}$ 的一个群像族满足 $x_\alpha=\gamma_\alpha(x_e)$, 对所有 $a\in G$, 那么称 $(\underline{\mathcal{C}},\underline{x})$ 为带有一个固定群像族的余自由群余环.

**引理 6.3.9** 设 $(\underline{\mathcal{C}},\underline{x})$ 为带有一个固定群像族的余自由群余环, 则 $A^{co\underline{\mathcal{C}}}=A^{co\mathcal{C}_e}$.

**证明** 若 $a\in A^{co\mathcal{C}_e}$, 则 $ax_e=x_ea$, 故对所有 $\alpha\in G$, 有

$$ax_\alpha=a\gamma_\alpha(x_e)=\gamma_\alpha(ax_e)=\gamma_\alpha(x_ea)=\gamma_\alpha(x_e)a=x_\alpha a,$$

由此可得 $a\in A^{co\underline{\mathcal{C}}}$. □

**命题 6.3.10** 对带有一个固定群像族的群余环 $(\underline{\mathcal{C}},\underline{x})$, 下列陈述等价:

(1) $(\underline{\mathcal{C}},\underline{x})$ 为一个 Galois 群余环.

(2) $(\underline{\mathcal{C}},\underline{x})$ 为一个带有固定群像族的余自由群余环, 且 $(\mathcal{C}_e,x_e)$ 为一个 Galois 余环.

**证明** (1) ⇒ (2) $\underline{\mathcal{C}}$ 是余自由的, 因为 $\underline{\mathrm{Can}}:\underline{\mathcal{D}}\to\underline{\mathcal{C}}$ 为同构, 且 $\underline{\mathcal{D}}$ 也是余自由的. 同构 $\gamma_\alpha:\mathcal{C}_e\to\mathcal{C}_\alpha$ 可表示为: $\gamma_\alpha=\mathrm{Can}_\alpha\circ\mu_\alpha\circ\mathrm{Can}_e^{-1}$. 特别地, $\gamma_\alpha(x_e)=\mathrm{Can}_\alpha(\mu_\alpha(1\otimes_{A^{co\underline{\mathcal{C}}}}1))=x_\alpha$, 由引理 6.3.9 可得 $A^{co\underline{\mathcal{C}}}=A^{co\mathcal{C}_e}$. 因为 $\underline{\mathrm{Can}}$ 是同构, 所以 $\mathrm{Can}_e:A\otimes_{A^{co\mathcal{C}_e}}A\to\mathcal{C}_e$, $\mathrm{Can}(a\otimes_{A^{co\mathcal{C}_e}}b)=ax_eb$ 是同构.

(2) ⇒ (1) 由引理 6.3.9 可得 $A^{co\underline{\mathcal{C}}}=A^{co\mathcal{C}_e}$. 映射 $\mathrm{Can}_\alpha:\mu_\alpha(A\otimes_{A^{co\underline{\mathcal{C}}}}A)\to\mathcal{C}_a=\gamma_\alpha(\mathcal{C}_e)$ 由 $\mathrm{Can}_\alpha(\mu_\alpha(a\otimes b))=ax_\alpha b=a\gamma_\alpha(x_e)b=\gamma_\alpha(ax_eb)=(\gamma_\alpha\circ\mathrm{Can}_e\circ\mu_\alpha^{-1})(\mu_\alpha(a\otimes b))$ 给出, 故 $\mathrm{Can}_\alpha=\gamma_\alpha\circ\mathrm{Can}_e\circ\mu_\alpha^{-1}$ 为同构. □

设 $(\mathcal{C}_e,x_e)$ 为一个带有固定群像元的 $A$ 余环, 且设 $i:B\to A^{co\mathcal{C}_e}$ 为一个环同态. 范畴 $\mathcal{M}_B$ 和 $\mathcal{M}^{\mathcal{C}_e}$ 间有伴随函子对 $(F_8=-\otimes_BA,G_8=(-)^{co\mathcal{C}_e})$. 以下陈述是等价的:

(1) $B=A^{co\mathcal{C}_e}$, $(\mathcal{C}_e,x_e)$ 是 Galois 的, 且 $A$ 是完全忠实平坦左 $B$ 模.

(2) $(F_8,G_8)$ 是一对可逆等价, 且 $A$ 为平坦左 $B$ 模.

**引理 6.3.11** 设 $(\underline{\mathcal{C}},\underline{x})$ 为一个带有固定群像族的余自由 $G$-$A$ 余环, 且 $i:B\to A^{co\underline{\mathcal{C}}}=A^{co\mathcal{C}_e}$ 为环同态. 则 $F_7\cong F_2\circ F_8,G_7\cong G_8\circ G_2$. 这里 $(F_2,G_2)$ 和 $(F_7,G_7)$ 分别在定理 6.1.3 和命题 6.3.4 中已定义.

**证明** 对 $N\in\mathcal{M}_B$, 简单计算可得 $(F_2\circ F_8)(N)=F_2(N\otimes_BA)=(\nu_\alpha(N\otimes_B$

$A))_{\alpha\in G}$, 带有余作用映射

$$\rho_{\alpha,\beta}(\nu_{\alpha\beta}(n\otimes_B a))=\nu_\alpha(n\otimes_B 1_A)\otimes_A\gamma_\beta(x_e a)=\nu_\alpha(n\otimes_B 1_A)\otimes_A x_\beta a.$$

则易证 $(F_2\circ F_8)(N)\cong F_7(N)$. 由伴随函子的唯一性可知 $G_7\cong G_8\circ G_2$. □

**定理 6.3.12**　设 $(\underline{\mathcal{C}},\underline{x})$ 为一个带有固定群像族的 $G$-$A$ 余环, 且 $i:B\to A^{co\underline{\mathcal{C}}}$ 为环同态. 以下论述等价:

(1) $B\cong A^{co\underline{\mathcal{C}}}$, $(\underline{\mathcal{C}},\underline{x})$ 是一个 Galois 群余环, 且 $A$ 是完全忠实平坦左 $B$ 模.

(2) $(F_7,G_7)$ 是范畴 $\mathcal{M}_B$ 和 $\mathcal{M}^{G,\underline{\mathcal{C}}}$ 间的一对可逆等价函子, 且 $A$ 为平坦左 $B$ 模.

**证明**　(1) ⇒ (2) 由命题 6.3.10 知 $\underline{\mathcal{C}}$ 是余自由的, 且 $x_\alpha=\gamma_\alpha(x_e)$, $(\mathcal{C}_e,x_e)$ 是 Galois 余环. 由引理 6.3.9, $B\cong A^{co\underline{\mathcal{C}}}=A^{co\mathcal{C}_e}$. 由定理 6.1.3 可知 $F_2$ 是一个等价函子, 由引理 6.3.11 前面的论述知 $F_8$ 也是一个等价函子. 故 $F_7\cong F_2\circ F_8$ 是等价函子.

(2) ⇒ (1) 由命题 6.3.7 知 $B\cong A^{co\underline{\mathcal{C}}}$ 且 $(\underline{\mathcal{C}},\underline{x})$ 是一个 Galois 群余环. 由命题 6.3.10, $\underline{\mathcal{C}}$ 是余自由的, 且 $x_\alpha=\gamma_\alpha(x_e)$. 由定理 6.1.3 可知 $F_2$ 是一个等价函子. 由引理 6.3.11, 得 $F_7\cong F_2\circ F_8$ 也是一个等价函子, 故 $F_8$ 是等价函子. 由引理 3.11 前面的论述可得 $A$ 是完全忠实平坦左 $B$ 模. □

## 6.4　分次 Morita 关系

设 $R$ 是一个 $G$ 分次环, 且 $M,N\in\mathcal{M}_R^G$. 一个右 $R$ 线性映射 $f:M\to N$ 称为次数为 $\sigma$ 的齐次映射, 若 $f(M_\alpha)\subset N_{\sigma\alpha}$, 对所有 $\alpha\in G$. 所有 $M\to N$ 的次数为 $\sigma$ 的齐次右 $R$ 线性映射记为 $\mathrm{HOM}_R(M,N)_\sigma$, 且令 $\mathrm{HOM}_R(M,N)=\bigoplus_{\alpha\in G}\mathrm{HOM}_R(M,N)_\sigma$. 设 $S$ 和 $R$ 为 $G$ 分次环, 一个连接 $S$ 和 $R$ 的 $G$ 分次 Morita 关系是指一个 Morita 关系 $(S,R,P,Q,\varphi,\psi)$ 带有以下结构: $P$ 和 $Q$ 为分次双模, 映射 $\varphi:P\otimes_R Q\to S$ 和 $\psi:Q\otimes_S p\to R$ 是次数为 $e$ 的齐次映射 [20,160].

众所周知, 可以由一个模构造一个 Morita 关系 [8,12]. 这个构造能够推广到分次情形上如下: 设 $P$ 为一个 $G$ 分次右 $R$ 模. 那么 $S=\mathrm{END}_R(P)$ 是 $G$ 分次环, 且 $Q=\mathrm{HOM}_R(P,R)\in{}_R\mathcal{M}_S^G$, 带有结构 $(r\cdot q\cdot s)(p)=rq(s(p))$, 对任意 $r\in R,s\in S,q\in Q$ 和 $p\in P$. 连接映射如下定义:

$$\varphi:P\otimes_R Q\to S,\quad \varphi(p\otimes_R q)(p')=pq(p');$$
$$\psi:Q\otimes_S P\to R,\quad \psi(q\otimes_S p)=q(p).$$

直接计算可证明是 $(S,R,P,Q,\varphi,\psi)$ 为分次 Morita 关系.

**例 6.4.1** 设 $\mathbb{M}_e = (S_e, R_e, P_e, Q_e, \varphi_e, \psi_e)$ 是一个 Morita 关系, 考虑群环 $S = S_e[G]$ 和 $R = R_e[G]$. 那么 $P = P_e[G] = \bigoplus_{\sigma\in G} P_e u_\sigma \in {}_S\mathcal{M}_R^G$ 和 $Q = Q_e[G] = \bigoplus_{\sigma\in G} Q_e u_\sigma \in {}_R\mathcal{M}_S^G$, 其中 $(su_\sigma)(pu_\tau)(ru_\rho) = spru_{\sigma\tau\rho}$ 和 $(ru_\sigma)(qu_\tau)(su_\rho) = rqsu_{\sigma\tau\rho}$, 对任意 $\sigma, \tau, \rho \in G, r \in R_e, s \in S_e, p \in P_e, q \in Q_e$. 得到定义良好的映射

$$\varphi \ : \ P \otimes_R Q \to S, \quad \varphi(pu_\sigma \otimes_R qu_\tau) = \varphi_e(p \otimes_{R_e} q)u_{\sigma\tau};$$

$$\psi \ : \ Q \otimes_S P \to R, \quad \psi(qu_\sigma \otimes_S pu_\tau) = \psi_e(q \otimes_{S_e} p)u_{\sigma\tau}.$$

那么 $\mathbb{M}_e[G] = (S, R, P, Q, \varphi, \psi)$ 是分次 Morita 关系.

设 $P \in \mathcal{M}_R^G$ 是分次 $R$ 模, 其中 $R = R_e[G]$ 是群环. 由强分次环上的分次模结构定理知, $P = P_e[G]$. 设 $\mathbb{M}_e$ 是右 $R_e$ 模 $P_e$ 上的 Morita 关系. 那么直接验证得 $\mathbb{M}_e[G]$ 是 $P$ 上的分次 Morita 关系.

## 6.5 结合群余环的 Morita 关系

设 $(\underline{\mathcal{C}}, \underline{x})$ 为一个带有一族固定群象元的 $G$-$A$ 余环. 由命题 6.3.1 知 $A \in \mathcal{M}^{\underline{\mathcal{C}}}$, 映射 $\chi : R \to A$, $\chi(f) = \sum_{\alpha\in G} f_\alpha(x_{\alpha^{-1}})$ 是右群象的特征. 这说明 $\chi$ 是右 $A$ 线性 [53,54], 满足 $\chi(\varepsilon) = 1_A$ 和 $\chi(\chi(f)\cdot g) = \chi(f\#g)$, 对任意 $f, g \in R$.

利用右群象特征 $\chi$ 或命题 6.3.4 可知 $A \in \mathcal{M}_R$, 其结构为 $a \leftharpoonup f = f(x_{\beta^{-1}}a)$, 对任意的 $f \in R_\beta$. 我们已经考虑了 $A$ 的子环 $T = A^{co\underline{\mathcal{C}}}$. $T$ 还是

$$T' = A^R = \{a \in A \mid f_{\alpha^{-1}}(ax_\alpha) = f_{\alpha^{-1}}(x_\alpha a),\ \forall\, \alpha \in G, \forall f_{\alpha^{-1}} \in R_{\alpha^{-1}}\}$$

的子环.

如果 $\underline{\mathcal{C}}$ 是左奇次有限的, $a \in T'$, 那么 $T = T'$. 在运用引理 6.2.3 中相同的记号后, 得到 $ax_\alpha = f^{(\alpha)}(ax_\alpha)c^{(\alpha)} = f^{(\alpha)}(x_\alpha a)c^{(\alpha)} = x_\alpha a$, 所以 $a \in T$. 则有 Morita 关系 $\mathbb{M}' = (T', R, A, O', \tau', \mu')$. 这里

$$O' = R^R = \{q \in R \mid q\#f = q\cdot\chi(f),\ \forall f \in R\}.$$

这说明 $q \in \sum_{\alpha\in G} q_\alpha \in O'$ 当且仅当 $q_\alpha\#f = q_{\alpha\beta}\cdot f(\chi_{\beta^{-1}})$, 对任意 $\alpha, \beta \in G$ 和 $f \in R_\beta$, 或等价地, 对任意 $c \in \mathcal{C}_{(\alpha\beta)^{-1}}$,

$$\begin{aligned} f(c_{(1,\beta^{-1})}q_\alpha(c_{(2,\alpha^{-1})})) &= (q_\alpha\#f)(c) = (q_{\alpha\beta}\cdot f(x_{\beta^{-1}}))(c) \\ &= q_{\alpha\beta}(c)f(x_{\beta^{-1}}) = f(q_{\alpha\beta}(c)x_{\beta^{-1}}). \end{aligned}$$

计算得

$$\begin{aligned} O' = \{q \in R \mid & f(c_{(1,\beta^{-1})}q_\alpha(c_{(2,\alpha^{-1})})) = f(q_{\alpha\beta}(c)x_{\beta^{-1}}), \\ & \forall\, \alpha, \beta \in G, f \in R_\beta, c \in \mathcal{C}_{(\alpha\beta)^{-1}}\}. \end{aligned}$$

结合映射给出如下:

$$\tau' : A\otimes_R O' \to T',\ \tau'(a\otimes_R q) = \sum_{\alpha\in G} q_\alpha(x_{\alpha^{-1}}a);$$

$$\mu' : O'\otimes_{T'} A \to R,\ \mu'(q\otimes_{T'} a) = q\cdot a.$$

现在考虑

$$O = \{q\in R \mid c_{(1,\beta^{-1})}q_\alpha(c_{(2,\alpha^{-1})}) = q_{\alpha\beta}(c)x_{\beta^{-1}},\ \forall\alpha,\beta\in G, c\in\mathcal{C}_{(\alpha\beta)^{-1}}\}.$$

很显然有 $O\subset O'$, 而且当 $\underline{\mathcal{C}}$ 为左奇次有限时有 $O=O'$.

**定理 6.5.1** 有一个 Morita 关系 $\mathbb{M}=(T,R,A,O,\tau,\mu)$, 其中 $\tau: A\otimes_R O\to T$ 和 $\mu: O\otimes_T A\to R$ 定义为

$$\tau(a\otimes_R q) = \sum_{\alpha\in G} q_\alpha(x_{\alpha^{-1}}a),\quad \mu(q\otimes_T a) = q\cdot a.$$

如果 $\underline{\mathcal{C}}$ 为左奇次有限的, 则 Morita 关系 $\mathbb{M}$ 和 $\mathbb{M}'$ 同构.

**证明** 只证明 $O$ 是 $R$ 的左理想. 其他的验证是直接的. 取 $\alpha,\beta,\gamma\in G, q\in O$ 和 $f\in R_\gamma$. 因为 $c_{(1,\beta^{-1})}(f\# q_\alpha)(c_{(2,(\gamma\alpha)^{-1})}) = c_{(1,\beta^{-1})}q_\alpha(c_{(2,\alpha^{-1})}f(c_{(3,\gamma^{-1})})) = q_{\alpha\beta}(c_{(1,(\alpha\beta)^{-1})}f(c_{(2,\gamma^{-1})}))x_{\beta^{-1}} = (f\# q_{\alpha\beta})(c)x_{\beta^{-1}}$, 对任意 $c\in\mathcal{C}_{(\gamma\alpha\beta)^{-1}}$, 所以 $f\# q\in O$. □

## 6.6 结合群余环的分次 Morita 关系

设 $(\underline{\mathcal{C}},\underline{x})$ 为一个带有一族固定群象元的 $G$-$A$ 余环. 由命题 6.3.1 知 $A\in\mathcal{M}^{\underline{\mathcal{C}}}$. 由命题 6.1.1 可得, $G_1(A)=(\mu_\alpha(A))_{\alpha\in G}\in\mathcal{M}^{G,\underline{\mathcal{C}}}$, 余作用映射定义为

$$\rho_{\alpha,\beta}: \mu_{\alpha\beta}(A)\to\mu_\alpha(A)\otimes_A\mathcal{C}_\beta,\quad \rho_{\alpha,\beta}(\mu_{\alpha\beta}(a)) = \mu_\alpha(1_A)\otimes_A x_\beta a.$$

由命题 6.2.1 又得到

$$A\{G\} = F_3G_1(A) = \bigoplus_{\alpha\in G}\mu_\alpha(A)\in\mathcal{M}_R^G.$$

右 $R$ 作用由下面的公式定义, 对 $f\in R_\beta$,

$$\mu_\alpha(a)\cdot f = \mu_{\alpha\beta}(f(x_{\beta^{-1}}a)). \tag{6.10}$$

将计算分次 Morita 关系带有分次右 $R$ 模 $A\{G\}$. 考虑下面两个环:

$$S' = \left\{\underline{b}=(b_\alpha)_{\alpha\in G}\in\prod_{\alpha\in G}A \mid f(b_{\alpha\beta}x_{\beta^{-1}}) = f(x_{\beta^{-1}}b_\alpha),\ \forall\alpha,\beta\in G, f\in R_\beta\right\},$$

$$S = \left\{\underline{b}=(b_\alpha)_{\alpha\in G}\in\prod_{\alpha\in G}A \mid b_{\alpha\beta}x_{\beta^{-1}} = x_{\beta^{-1}}b_\alpha,\ \forall\alpha,\beta\in G\right\}.$$

很显然 $S \subset S'$, 而且当 $\underline{\mathcal{C}}$ 为左奇次有限时有 $S = S'$. 观察可得下面的环单同态:

$$i: T \to S, \quad i(b) = (b)_{\alpha \in G}, \quad i': T' \to S', \quad i'(b) = (b)_{\alpha \in G}.$$

在 $S$ 和 $S'$ 上定义如下的右 $G$ 作用:

$$\underline{b}^{\sigma} = (b_{\sigma\alpha})_{\alpha \in G}. \tag{6.11}$$

如果 $\underline{b} \in S$, 那么 $\underline{b}^{\sigma} \in S$, 因为 $b_{\sigma\alpha\beta} x_{\beta^{-1}} = x_{\beta^{-1}} b_{\sigma\alpha}$, 对任意 $\alpha, \beta \in G$. 同理可证 $S'^{\sigma} \subset S'$.

**定理 6.6.1** 在上面的记号下得到 $S^G = T$ 和 $S'^G = T'$.

**证明** 利用上面定义的单同态 $i$, 立即可知 $T \subset S^G$. 另一方面, 如果 $\underline{b} \in S^G$, 那么对任意 $\sigma \in G$, 有 $(b_{\sigma\alpha})_{\alpha \in G} = (b_{\alpha})_{\alpha \in G}$ 所以 $b_{\sigma} = b_e$ 和 $\underline{b} = i(b_e)$ 成立. □

现在考虑扭曲群环 $G * S = \bigoplus_{\alpha \in G} u_{\alpha} S$ 和 $G * S' = \bigoplus_{\alpha \in G} u_{\alpha} S'$, 带有乘法 $u_{\alpha} \underline{b} u_{\beta} \underline{c} = u_{\alpha\beta} \underline{b}^{\beta} \underline{c}$.

**定理 6.6.2** 有一个分次环同构 $\Xi: \mathrm{END}_R(A\{G\}) \to G * S'$.

**证明** 对每个 $\sigma \in G$, 定义一个加法双射 $\Xi_{\sigma}: \mathrm{END}_R(A\{G\})_{\sigma} \to u_{\sigma} S'$, $\Xi_{\sigma}(h) = u_{\sigma} \underline{b}$, 其中 $b_{\alpha} = (\mu_{\sigma\alpha}^{-1} \circ h \circ \mu_{\alpha})(1_A)$. $h$ 由 $\underline{b}$ 完全决定, 因为

$$h(\mu_{\alpha}(a)) = h(\mu_{\alpha}(1_A))a = \mu_{\sigma\alpha}(b_{\alpha})a = \mu_{\sigma\alpha}(b_{\alpha}a), \tag{6.12}$$

对任意 $a \in A$. 而 $h$ 是右 $R$ 线性, 所以对所有 $\beta \in G$ 和 $f \in R_{\beta}$, 可得

$$h(\mu_{\alpha}(1_A) \cdot f) = h(\mu_{\alpha\beta} f(x_{\beta^{-1}})) \overset{(6.12)}{=\!=\!=} \mu_{\sigma\alpha\beta}(f(b_{\alpha\beta} x_{\beta^{-1}}))$$

和

$$h(\mu_{\alpha}(1_A)) \cdot f = \mu_{\sigma\alpha}(b_{\alpha}) \cdot f = \mu_{\sigma\alpha\beta}(f(x_{\beta^{-1}} b_{\alpha}))$$

相等. 这说明 $f(b_{\alpha\beta} x_{\beta^{-1}}) = f(x_{\beta^{-1}} b_{\alpha})$, 对任意 $\alpha, \beta \in G$ 和 $f \in R_{\beta^{-1}}$, 也意味着 $\underline{b} \in S'$.

$\Xi_{\sigma}$ 的逆定义为: 给定 $\underline{b} \in S'$, $\Xi_{\sigma}^{-1}(u_{\sigma} \underline{b}) = h$ 是由等式 (6.12) 决定的. 要完成命题的证明, 必须验证下式

$$\Xi = \bigoplus_{\sigma \in G} \Xi_{\sigma} \ : \ \mathrm{END}_R(A\{G\}) \to G * S'$$

保持乘法和单位. 取 $h \in \mathrm{END}_R(A\{G\})_{\sigma}, k \in \mathrm{END}_R(A\{G\})_{\tau}$, 设 $\Xi_{\sigma}(h) = u_{\sigma} \underline{b}$ 和 $\Xi_{\tau}(k) = u_{\tau} \underline{c}$. 那么 $k \circ h \in \mathrm{END}_R(A\{G\})_{\tau\sigma}$ 和 $\Xi_{\tau\sigma}(k \circ h) = u_{\tau\sigma} \underline{d}$, 这里

$$\begin{aligned} d_{\alpha} &= (\mu_{\tau\sigma\alpha}^{-1} \circ k \circ h \circ \mu_{\alpha})(1_A) = (\mu_{\tau\sigma\alpha}^{-1} \circ k \circ \mu_{\sigma\alpha} \circ \mu_{\sigma\alpha}^{-1} \circ h \circ \mu_{\alpha})(1_A) \\ &= (\mu_{\tau\sigma\alpha}^{-1} \circ k \circ \mu_{\sigma\alpha})(b_{\alpha}) = (\mu_{\tau\sigma\alpha}^{-1} \circ k \circ \mu_{\sigma\alpha})(1_A)(b_{\alpha}) = c_{\sigma\alpha} b_{\alpha}. \end{aligned}$$

这样证明了 $\underline{d} = \underline{c}^\sigma \underline{b}$, 和 $\Xi_{\tau\sigma}(k \circ h) = u_{\tau\sigma}\underline{c}^\sigma \underline{b} = (u_\tau \underline{c})(u_\sigma \underline{b})$. 最后, $\Xi_e(A\{G\}) = u_e b$, 这里 $b_\alpha = (\mu_\alpha^{-1} \circ A\{G\} \circ \mu_\alpha)(1_A) = 1_A$. □

下面的目标是描述 $\mathrm{HOM}_R(A\{G\}, R)$. 考虑

$$Q=\left\{\underline{q}=(q_\alpha)_{\alpha\in G}\in\prod_{\alpha\in G}R_\alpha \mid c_{(1,\beta^{-1})}q_\alpha(c_{(2,\alpha^{-1})})=q_{\alpha\beta}(c)x_{\beta^{-1}},\ \forall\alpha,\beta\in G, c\in\mathcal{C}_{(\alpha\beta)^{-1}}\right\};$$

$$Q'=\left\{\underline{q}=(q_\alpha)_{\alpha\in G}\in\prod_{\alpha\in G}R_\alpha \mid f(c_{(1,\beta^{-1})}q_\alpha(c_{(2,\alpha^{-1})}))=f(q_{\alpha\beta}(c)x_{\beta^{-1}}),\right.$$
$$\left.\forall\alpha,\beta\in G, c\in\mathcal{C}_{(\alpha\beta)^{-1}}, f\in R_\beta\right\}.$$

很显然得到 $Q \subset Q'$, 而且当 $\underline{\mathcal{C}}$ 为左奇次有限时, $Q = Q'$.

**引理 6.6.3**　如果 $f \in R_\gamma$ 和 $\underline{q} \in Q$(或者 $Q'$), 那么 $f \cdot g = (f\# q_{\gamma^{-1}\alpha})_{\alpha\in G} \in Q$ (或者 $Q'$).

**证明**　只证明第一个结论, 第二个类似可得. 对所有 $c \in \mathcal{C}_{(\alpha\beta)^{-1}}$, 有

$$\begin{aligned}c_{(1,\beta^{-1})}(f\# q_{\gamma^{-1}\alpha})(c_{(2,\alpha^{-1})}) &= c_{(1,\beta^{-1})}q_{\gamma^{-1}\alpha}(c_{(2,\alpha^{-1}\gamma)}f(c_{(3,\gamma^{-1})}))\\ &= q_{\gamma^{-1}\alpha\beta}(c_{(1,\beta^{-1}\alpha^{-1}\gamma)}f(c_{(2,\gamma^{-1})}))x_{\beta^{-1}}\\ &= (f\# q_{\gamma^{-1}\alpha\beta})(c)x_{\beta^{-1}}.\end{aligned}$$
□

**引理 6.6.4**　如果 $\underline{q} \in Q$(或者 $Q'$) 和 $\underline{b} \in S$(或者 $S'$), 那么 $\underline{q} \cdot \underline{b} = (q_\alpha \cdot b_\alpha)_{\alpha\in G} \in Q$(或者 $Q'$).

**证明**　第一个结论简单计算如下:

$$\begin{aligned}c_{(1,\beta^{-1})}(q_\alpha \cdot b_\alpha)(c_{(2,\alpha^{-1})}) &= c_{(1,\beta^{-1})}q_\alpha(c_{(2,\alpha^{-1})})b_\alpha = q_{\alpha\beta}(c)x_{\beta^{-1}}b_\alpha\\ &= q_{\alpha\beta}(c)b_{\alpha\beta}x_{\beta^{-1}} = (q_{\alpha\beta}\cdot b_{\alpha\beta})(c)x_{\beta^{-1}}.\end{aligned}$$
□

**引理 6.6.5**　$QG = \bigoplus_{\alpha\in G}\omega_\alpha(Q) \in {}_R\mathcal{M}^G_{G*S}$ 和 $Q'G = \bigoplus_{\alpha\in G}\omega_\alpha(Q') \in {}_R\mathcal{M}^G_{G*S'}$ 的双模结构定义如下: 对任意 $f \in R_\beta, \underline{q} \in Q$(或 $Q'$) 和 $\underline{b} \in S$(或 $S'$),

$$f \cdot \omega_\alpha(\underline{q}) \cdot u_\tau \underline{b} = \omega_{\beta\alpha\tau}(f \cdot \underline{q} \cdot \underline{b}^{(\alpha\tau)^{-1}}). \tag{6.13}$$

**命题 6.6.6**　有分次双模同构

$$\Psi : \mathrm{HOM}_R(A\{G\}, R) \to Q'G.$$

**证明**　定义加法双射

$$\Psi_\sigma : \mathrm{HOM}_R(A\{G\}, R)_\sigma \to \omega_\sigma(Q'), \quad \Psi_\sigma(\varphi) = \omega_\sigma(\underline{q}),$$

其中 $q_\alpha = \varphi(\mu_{\sigma^{-1}\alpha}(1_A))$. $\underline{q}$ 完全决定了 $\varphi$, 因为

$$\varphi(\mu_\alpha(a)) = \varphi(\mu_\alpha(1_A)) \cdot a = q_{\sigma\alpha} \cdot a. \tag{6.14}$$

取 $\beta \in G$ 和 $f \in R_\beta$. 因为 $\varphi$ 是右 $R$ 线性, 得到 $\varphi(\mu_{\sigma^{-1}\alpha}(1_A)\cdot f) = \varphi(\mu_{\sigma^{-1}\alpha\beta}f(x_{\beta^{-1}}))$ $\overset{(6.14)}{=\!=\!=}$ $q_{\alpha\beta} \cdot f(x_{\beta^{-1}})$ 和 $\varphi(\mu_{\sigma^{-1}\alpha}(1_A))\#f = q_\alpha\#f$ 相等. 所以对任意 $c \in \mathcal{C}_{(\alpha\beta)^{-1}}$, 有

$$f(q_{\alpha\beta}(c)x_{\beta^{-1}}) = q_{\alpha\beta}(c)f(x_{\beta^{-1}}) = (q_\alpha\#f)(c) = f(c_{(1,\beta^{-1})}q_\alpha(c_{(2,\alpha^{-1})})),$$

这就说明 $\underline{q} \in Q'$. 若 $\underline{q} \in Q', \Psi_\sigma^{-1}(\omega_\sigma(\underline{q})) = \varphi$ 是由等式 (6.14) 决定. 现在定义加法双射

$$\Psi = \bigoplus_{\sigma\in G} \Psi_\sigma \ : \ \mathrm{HOM}_R(A\{G\}, R) \to Q'G.$$

下面验证 $\Psi$ 是左 $R$ 线性: 取 $f \in R_\beta, \varphi \in \mathrm{HOM}_R(A\{G\}, R)_\sigma$, 记 $\Psi_\sigma(\varphi) = \omega_\sigma(\underline{q})$. 则

$$\begin{aligned}\Psi_{\beta\sigma}(f\cdot\varphi) &= \omega_{\beta\sigma}((f\cdot\varphi)(\mu_{\sigma^{-1}\beta^{-1}\alpha}(1_A)))_{\alpha\in G}\\ &= \omega_{\beta\sigma}(f\#q_{\beta^{-1}\alpha})_{\alpha\in G} = f\cdot\omega_\sigma(\underline{q}) = f\cdot\Psi_\sigma(\varphi).\end{aligned}$$

最后, $\Psi$ 能够把 $\mathrm{HOM}_R(A\{G\}, R)$ 上的右 $\mathrm{END}_R(A\{G\})$ 作用转化为 $Q'G$ 上的右 $G * S'$ 作用: 取 $h \in \mathrm{END}_R(A\{G\})_\tau$, 记 $\Xi_\tau(h) = u_\tau\underline{b}$. 则

$$(\varphi\circ h)(\mu_{\tau^{-1}\sigma^{-1}\alpha}(1_A)) = \varphi(\mu_{\sigma^{-1}\alpha}(b_{\tau^{-1}\sigma^{-1}\alpha})) = q_\alpha \cdot b_{\tau^{-1}\sigma^{-1}\alpha},$$

所以

$$\Psi_{\sigma\tau}(\varphi\circ h) = \omega_{\sigma\tau}(\underline{q}\cdot\underline{b}^{(\sigma\tau)^{-1}}) = \omega_\sigma(\underline{q})\cdot u_\tau\underline{b} = \Psi_\sigma(\varphi)\cdot\Xi_\tau(h).$$ □

**定理 6.6.7** 考虑分次 $R$ 模 $A\{G\}$ 上的分次 Morita 关系 $(\mathrm{END}_R(A\{G\}), R, A\{G\}, \mathrm{HOM}_R(A\{G\}, R), \phi, \psi)$. 利用命题 6.6.2 和命题 6.6.6 中的同构 $\Xi$ 和 $\Psi$ 可以发现, 一个同构的分次 Morita 关系 $\mathbb{GM}' = (G * S', R, A\{G\}, Q'G, \omega', \nu')$, 连接映射 $\omega'$ 和 $\nu'$ 由下列公式给出

$$\begin{aligned}&\omega' : A\{G\}\otimes_R Q'G \to G * S',\\ &\qquad \omega'(\mu_\alpha(a)\otimes_R\omega_\sigma(\underline{q})) = u_{\alpha\sigma}(q_{\sigma\beta}(x_{(\sigma\beta)^{-1}}a))_{\beta\in G};\\ &\nu' : Q'G\otimes_{G*S'} A\{G\} \to R,\ \nu'(\omega_\sigma\underline{q}\otimes\mu_\alpha(a)) = q_{\sigma\alpha}\cdot a.\end{aligned}$$

**证明** 验证下面两个交换图成立:

$$\begin{array}{ccc} A\{G\}\otimes_R \mathrm{HOM}_R(A\{G\}, R) & \xrightarrow{\ \phi\ } & \mathrm{END}_R(A\{G\}) \\ {\scriptstyle A\{G\}\otimes_R\Psi}\downarrow & & \downarrow{\scriptstyle\Xi} \\ A\{G\}\otimes_R Q'G & \xrightarrow{\ \omega'\ } & G * S' \end{array} \tag{6.15}$$

$$\begin{array}{ccc} \mathrm{HOM}_R(A\{G\},R)\otimes_{\mathrm{END}_R(A\{G\})}A\{G\} & \xrightarrow{\psi} & R \\ \Big\downarrow{\scriptstyle \Psi\otimes A\{G\}} & & \Big\downarrow{\scriptstyle =} \\ Q'G\otimes_{G*S'}A\{G\} & \xrightarrow{\nu'} & R \end{array} \tag{6.16}$$

对任意的 $\alpha,\beta,\sigma\in G, a,b\in A, \varphi\in \mathrm{HOM}_R(A\{G\},R)_\sigma$, 有

$$\phi(\mu_\alpha(a)\otimes_R\varphi)(\mu_\beta(b))=\mu_\alpha(a)\cdot\varphi(\mu_\beta(b))\overset{(6.10)}{=\!=}\mu_{\alpha\sigma\beta}(\varphi(\mu_\beta(b))(x_{(\sigma\beta)^{-1}}a)),$$

所以 $(\Xi\circ\phi)(\mu_\alpha(a)\otimes_R\varphi)=u_{\alpha\sigma}\underline{b}$, 这里

$$b_\beta=\mu^{-1}_{\alpha\sigma\beta}(\phi(\mu_\alpha(a)\otimes_R\varphi)(\mu_\beta(1_A))=\varphi(\mu_\beta(1_A))(x_{(\sigma\beta)^{-1}}a).$$

现在得到 $\mu_\alpha(a)\otimes_R\Psi(\varphi)=\mu_\alpha(a)\otimes_R\omega_\sigma(\underline{q})$, 这里 $q_\beta=\varphi(\mu_{\sigma^{-1}\beta}(1_A))$, 所以 $\omega'(\mu_\alpha(a)\otimes_R\Psi(\varphi))=u_{\alpha\sigma}\underline{c}$, 其中 $c_\beta=q_{\sigma\beta}(x_{(\sigma\beta)^{-1}}a)=\varphi(\mu_\beta(1_A))(x_{(\sigma\beta)^{-1}}a)=b_\beta$. 这证明了等式 (6.15) 的交换性. 等式 (6.16) 也是交换的: 设 $q_\alpha=\varphi(\mu_{\sigma^{-1}\alpha}(1_A))$, 那么

$$\begin{aligned}(\nu'\circ(\Psi\otimes A\{G\}))(\varphi\otimes\mu_\alpha(a))&=\nu'(\omega_\alpha(\underline{q})\otimes\mu_\alpha(a))=q_{\sigma\alpha}\cdot a\\&=\varphi(\mu_\alpha(1_A))\cdot a=\varphi(\mu_\alpha(a))=\psi(\varphi\otimes\mu_\alpha(a)).\quad\square\end{aligned}$$

**定理 6.6.8**　设 $(\underline{\mathcal{C}},\underline{x})$ 为一个带有一族固定群像元的 $G$-$A$ 余环. 得到第二个分次 Morita 关系 $\mathbb{GM}=(G*S,R,A\{G\},QG,\omega,\nu)$, 连接映射 $\omega: A\{G\}\otimes_R QG\to G*S$ 和 $\nu: QG\otimes_{G*S}A\{G\}\to R$ 由下面公式给出

$$\omega(\mu_\alpha(a)\otimes_R\omega_\sigma(\underline{q}))=u_{\alpha\sigma}(q_{\sigma\beta}(x_{(\sigma\beta)^{-1}}a))_{\beta\in G},\quad \nu(\omega_\sigma(\underline{q})\otimes\mu_\alpha(a))=q_{\sigma\alpha}\cdot a.$$

如果 $\underline{\mathcal{C}}$ 为左奇次有限的, 那么 Morita 关系 $\mathbb{GM}'$ 和 $\mathbb{GM}$ 同构.

设 $(\underline{\mathcal{C}}_e,x_e)$ 为带有一个固定群像元的 $A$ 余环, Morita 关系

$$\mathbb{M}_e=(T_e,R_e,A,Q_e,\varphi_e,\psi_e)\ \text{和}\ \mathbb{M}'_e=(T'_e,R_e,A,Q'_e,\varphi'_e,\psi'_e),$$

其中

$$\begin{aligned}&Q_e=\{q\in R_e={}^*\mathcal{C}_e\mid c_{(1)}q(c_{(2)})=q(c)x_e,\ \forall c\in\mathcal{C}_e\};\\&Q'_e=\{q\in R_e={}^*\mathcal{C}_e\mid f(c_{(1)}q(c_{(2)}))=f(q(c)x_e),\ \forall c\in\mathcal{C}_e\ \text{和}\ f\in R_e\};\\&T_e=A^{co\mathcal{C}_e}=\{a\in A\mid ax_e=x_ea\};\\&T'_e=A^{R_e}=\{a\in A\mid f(ax_e)=f(x_ea),\forall f\in R_e\};\\&\varphi_e: A\otimes_{R_e}Q_e\to T_e,\ \varphi_e(a\otimes_{R_e}q)=q(x_ea);\\&\psi_e: Q_e\otimes_{T_e}A\to R_e,\ \psi_e(q\otimes_{T_e}a)=q\cdot a.\end{aligned}$$

$\varphi'_e$ 和 $\psi'_e$ 可类似定义. 在 $\mathbb{M}_e$ 和 $\mathbb{M}'_e$ 之间有一个态射, 当 $\mathcal{C}_e$ 为有限生成投射左 $A$ 模时, 这个同态为同构 [53].

**命题 6.6.9** 设 $(\underline{\mathcal{C}}, \underline{x})$ 为一个余自由的群余环带有一族固定的群像元. 那么有一个 $G$ 分次 $R$ 模同构

$$\vartheta \ : \ A\{G\} \to A[G], \quad \vartheta(\mu_\alpha(a)) = au_\alpha.$$

而且分次 Morita 关系 $\mathbb{GM}'$ 同构于 $\mathbb{M}'_e[G]$.

**证明** 首先验证 $\vartheta$ 为右 $R$ 线性. 取 $f \in R_e = {}^*\mathcal{C}_e$, $\sigma_\beta(f) \cong fu_\beta \in R_\beta \cong R_e u_\beta$(见命题 6.2.6). 则

$$\begin{aligned}\mu_\alpha(a) \cdot \sigma_\beta(f) &\overset{(6.10)}{=} \mu_{\alpha\beta}(\sigma_\beta(f)(x_{\beta^{-1}}a)) = \mu_{\alpha\beta}((f \circ \gamma_{\beta^{-1}}^{-1})(x_{\beta^{-1}}a)) \\ &= \mu_{\alpha\beta}(f((\gamma_{\beta^{-1}}^{-1} \circ \gamma_{\beta^{-1}})(x_e)a)) = \mu_{\alpha\beta}(f(x_e a)),\end{aligned}$$

所以 $\vartheta(\mu_\alpha(a) \cdot \sigma_\beta(f)) = f(x_e a)u_{\alpha\beta} = (a \leftharpoonup f)u_{\alpha\beta} = (au_\alpha) \cdot (fu_\beta) = \vartheta(\mu_\alpha(a)) \cdot \sigma_\beta(f)$. 第二个结论由例 6.4.1 直接可得. □

下面的目标是证明分次 Morita 关系 $\mathbb{GM}$ 和 $\mathbb{M}_e[G]$ 也为同构.

**命题 6.6.10** 设 $(\underline{\mathcal{C}}, \underline{x})$ 为一个余自由的群余环带有一族固定的群像元. 那么映射 $i : T \to S$ 和 $i' : T' \to S'$ 为同构, 而且分次环 $\mathrm{END}_R(A\{G\}) \cong G * S'$(或 $G * S$) 同构于群环 $T'[G]$(或 $T[G]$).

**证明** 首先证明 $i$ 和 $i'$ 是满射. 取任意 $\underline{b} \in S$, 那么对任意 $\alpha, \beta \in G$, 有

$$\gamma_{\beta^{-1}}(b_{\alpha\beta}x_e) = b_{\alpha\beta}\gamma_{\beta^{-1}}(x_e) = \gamma_{\beta^{-1}}(x_e)b_\alpha = \gamma_{\beta^{-1}}(x_e b_\alpha).$$

应用 $\varepsilon \circ \gamma_{\beta^{-1}}^{-1}$ 到等式两边, 得到 $b_{\alpha\beta} = b_\alpha$, 所以 $b_\alpha = b_e$, 对所有 $\alpha \in G$, 和 $\underline{b} = i(b_e)$. 类似地, 对任意 $\underline{b} \in S', \alpha, \beta \in G$ 和 $f \in R_\beta = {}^*\mathcal{C}_{\beta^{-1}}$, 有 $f(\gamma_{\beta^{-1}}(b_{\alpha\beta}x_e)) = f(\gamma_{\beta^{-1}}(x_e b_\alpha))$. 令 $f = \varepsilon \circ \gamma_{\beta^{-1}}^{-1}$, 则有 $\underline{b} = i'(b_e)$. □

得到 $T \subset T_e$ 和 $T' \subset T'_e$. 再由引理 6.3.9 知, 当 $(\underline{\mathcal{C}}, \underline{x})$ 为一个带有一族固定的群像元的余自由的群余环时, 这些包含关系为相等关系.

**命题 6.6.11** 设 $(\underline{\mathcal{C}}, \underline{x})$ 为一个余自由的群余环带有一族固定的群像元. 那么 $Q \cong Q_e$ 和 $Q' \cong Q'_e$, 而且 $\mathrm{HOM}_R(A\{G\}, R) \cong Q'_e[G]$.

**证明** 由命题 6.2.6 知 $R = \bigoplus_{\alpha \in G} \sigma_\alpha(R_e)$, 这里 $\sigma_\alpha(f) = f \circ \gamma_{\alpha^{-1}}^{-1}$, 对任意 $f \in R_e$. 现取 $\underline{q} = (\sigma_\alpha(q_\alpha))_{\alpha \in G} \in \prod_{\alpha \in G} R_\alpha$. 那么对 $\forall \alpha, \beta \in G$,

$$\gamma_{\beta^{-1}}(c_{(1)})(q_\alpha \circ \gamma_{\alpha^{-1}}^{-1} \circ \gamma_{\alpha^{-1}})(c_{(2)}) = (q_{\alpha\beta} \circ \gamma_{(\alpha\beta)^{-1}}^{-1} \circ \gamma_{(\alpha\beta)^{-1}})(c)\gamma_{\beta^{-1}}(x_e),$$

或

$$\gamma_{\beta^{-1}}(c_{(1)})q_\alpha(c_{(2)}) = q_{\alpha\beta}(c)\gamma_{\beta^{-1}}(x_e), \quad \text{或} \quad c_{(1)}q_\alpha(c_{(2)}) = q_{\alpha\beta}(c)x_e.$$

取 $\alpha=\beta=e$, 有 $q_e\in Q_e$. 应用 $\varepsilon$ 到等式两边, 得到 $q_\alpha(c)=q_{\alpha\beta}(c)$, 和 $q_\alpha=q_e$, 对任意 $\alpha\in G$. 这些证明说明映射 $j:Q_e\to Q$, $j(q)=(\sigma_\alpha(q))_{\alpha\in G}$ 是一个定义良好的同构. 同样地, 可以证明 $Q'\cong Q'_e$. □

**定理 6.6.12**　设 $(\underline{\mathcal{C}},\underline{x})$ 为一个余自由的群余环带有一族固定的群像元. 那么分次 Morita 关系 $\mathbb{GM}$ 和 $\mathbb{M}_e[G]$ 同构.

**证明**　设 $\Theta: T[G]\to G*S$ 为命题 6.6.10 中的同构. 下证下面的图

$$\begin{array}{ccc} A\{G\}\otimes_R QG & \xrightarrow{\quad\omega\quad} & G*S \\ \Big\downarrow{\scriptstyle \vartheta\otimes j^{-1}G} & & \Big\uparrow{\scriptstyle\Theta} \\ A[G]\otimes_{R_e[G]} Q_e[G] & \xrightarrow{\quad\varphi\quad} & T_e[G]=T[G] \end{array}$$

交换. 对 $\alpha,\sigma\in G, a\in A$ 和 $\underline{q}\in Q$, 有

$$\begin{aligned}&(\Theta\circ\varphi\circ(\vartheta\otimes j^{-1}G))(\mu_\alpha(a)\otimes\omega_\sigma(\underline{q}))\\ =&(\Theta\circ\varphi)(au_\alpha\otimes q_eu_\sigma)=\Theta(q_e(x_ea)u_{\alpha\sigma})\\ =&u_{\alpha\sigma}(q_e(x_ea))=u_{\alpha\sigma}((q_e\circ\gamma^{-1}_{(\alpha\beta)^{-1}}\circ\gamma_{(\alpha\beta)^{-1}})(x_ea))_{\beta\in G}\\ =&u_{\alpha\sigma}(q_{\sigma\beta}(x_{(\sigma\beta)^{-1}}a))_{\beta\in G}=\omega(\mu_\alpha(a)\otimes\omega_\sigma(\underline{q})).\end{aligned}$$

设 $\phi: R_e[G]\to R, \phi(fu_\alpha)=f\circ\gamma^{-1}_{\alpha^{-1}}$ 为命题 6.2.6 中的同构, 验证下图

$$\begin{array}{ccc} QG\otimes_{G*S} A\{G\} & \xrightarrow{\quad\nu\quad} & R \\ \Big\downarrow{\scriptstyle j^{-1}G\otimes\vartheta} & & \Big\uparrow{\scriptstyle\phi} \\ Q_e[G]\otimes_{T_e[G]} A[G] & \xrightarrow{\quad\psi\quad} & R_e[G] \end{array}$$

交换. 对 $\alpha,\sigma\in G, a\in A$ 和 $\underline{q}\in Q$. 在命题 6.6.11 中已经得到 $q_\alpha=q_e\circ\gamma^{-1}_{\alpha^{-1}}$, 或

$$q_e=q_\alpha\circ\gamma_{\alpha^{-1}}. \tag{6.17}$$

现证明

$$\begin{aligned}&(\phi\circ\psi\circ(j^{-1}G\otimes\vartheta))(\omega_\sigma(\underline{q})\otimes\mu_\alpha(a))\\ =&(\phi\circ\psi)(q_eu_\sigma\otimes au_\alpha)\\ =&\phi((q_e\cdot a)u_{\sigma\alpha})=q_e\cdot a\circ\gamma^{-1}_{(\sigma\alpha)^{-1}}\end{aligned}$$

和

$$\nu(\omega_\sigma(\underline{q})\otimes\mu_\alpha(a))=q_{\sigma\alpha}\cdot a$$

在 $R_{\sigma\alpha} = {}^*\mathcal{C}_{(\sigma\alpha)^{-1}}$ 中相等. 对 $\gamma_{(\sigma\alpha)^{-1}}(c) \in \mathcal{C}_{(\sigma\alpha)^{-1}}$, 计算

$$
\begin{aligned}
(q_{\sigma\alpha} \cdot a)(\gamma_{(\sigma\alpha)^{-1}}(c)) &= (q_{\sigma\alpha} \circ \gamma_{(\sigma\alpha)^{-1}})(c)a \xlongequal{(6.17)} q_e(c)a \\
&= (q_e \cdot a)(c) = (q_e \cdot a \circ \gamma^{-1}_{(\sigma\alpha)^{-1}})(\gamma_{(\sigma\alpha)^{-1}}(c)),
\end{aligned}
$$

证毕. □

## 6.7 Galois 群余环的分次 Morita 关系

称一个 $G$-$A$ 余环 $\underline{\mathcal{C}} = (\mathcal{C}_\alpha)_{\alpha\in G}$ 为左奇次投射生成子, 如果每个 $\mathcal{C}_\alpha$ 都是一个左 $A$ 投射生成子. 现在, 运用前一节得到的 Morita 关系来研究一个左奇次投射生成子群余环构成 Galois 群余环的等价条件.

**定理 6.7.1**[43] 设 $(\mathcal{C}_e, x_e)$ 是一个 $A$ 余环带有一个固定的群像元, 假定 $\mathcal{C}_e$ 是左 $A$ 投射生成子. 取 $T_e = A^{co\mathcal{C}_e} = \{a \in A \mid ax_e = x_e a\}$ 的子环 $B$, 并考虑映射

$$
\mathrm{Can}'_e : \mathcal{D}' = A \otimes_B A \to \mathcal{C}_e, \quad \mathrm{Can}'_e(a \otimes_B b) = axb.
$$

则下面叙述等价:

(1) $\mathrm{Can}'_e$ 是余环同构; $A$ 是完全忠实平坦左 $B$ 模.

(2) ${}^*\mathrm{Can}'_e$ 是环同构; $A$ 是左 $B$ 投射生成子.

(3) $B = T_e$; Morita 关系 $\mathbb{M}_e = (T_e, R_e, A, Q_e, \varphi_e, \psi_e)$ 严格.

(4) $B = T_e$; $(F_8, G_8)$ 是范畴等价.

这里 $\mathbb{M}_e$ 是在命题 6.6.9 下面介绍的, 而 $(F_8, G_8)$ 是在引理 6.3.11 前面考虑的伴随函子对. 接下来的定理需要用到定理 6.6.8 中定义的分次 Morita 关系 $\mathbb{GM}$ 和命题 6.3.4 中介绍的伴随函子对 $(F_7, G_7)$.

**定理 6.7.2** 设 $(\underline{\mathcal{C}}, \underline{x})$ 是一个左齐次投射生成子 $G$-$A$ 余环带有一族固定的群像元. 取 $T = A^{co\underline{\mathcal{C}}} \subset T_e$ 的子环 $B$, 并考虑映射

$$
\underline{\mathrm{Can}'} : \underline{\mathcal{D}'} = (A \otimes_B A)\langle G\rangle \to \underline{\mathcal{C}}, \quad \mathrm{Can}'_\alpha(\mu_\alpha(a \otimes_B b)) = ax_\alpha b.
$$

则下面叙述等价:

(1) $\underline{\mathrm{Can}'}$ 是群余环同构; $A$ 是完全忠实平坦左 $B$ 模.

(2) ${}^*\underline{\mathrm{Can}'}$ 是分次环同构; $A$ 是左 $B$ 投射生成子.

(3) $B = T \cong S$; 分次 Morita 关系 $\mathbb{GM} = (G * S, R, A\{G\}, QG, \omega, \nu)$ 严格.

(4) $B = T$; $(F_7, G_7)$ 是范畴等价.

**证明** (1) $\Rightarrow$ (2) 明显地, 当 $\underline{\mathrm{Can}'}$ 是同构则 ${}^*\underline{\mathrm{Can}'}$ 为同构. 特别地, $\mathrm{Can}'_e$ 是余环同构, 所以由定理 6.7.1 得到 $A$ 是左 $B$ 投射生成子.

(2) ⇒ (1) 假设 $^*\underline{\mathrm{Can}}':{}^*\underline{\mathcal{C}}=R\to{}^*\underline{\mathcal{D}}'=R'$ 是同构. 可知它的右对偶 $(^*\underline{\mathrm{Can}}')^*:R'^*\to R^*$, $(^*\underline{\mathrm{Can}}')^*(\varphi)=\varphi\circ{}^*\underline{\mathrm{Can}}'$ 还是同构. 因为 $\underline{\mathcal{C}}$ 和 $\underline{\mathcal{D}}'$ 是奇次有限的, 这个映射能由下面的同构解释

$$f=\iota^{-1}\circ(^*\underline{\mathrm{Can}}')^*\circ\iota':\prod_{\alpha\in G}\mathcal{D}'_\alpha\to\prod_{\alpha\in G}\mathcal{C}_\alpha,$$

这里 $\iota$ 和 $\iota'$ 各自表示同构 $\prod_{\alpha\in G}\mathcal{C}_\alpha\cong R^*$ 和 $\prod_{\alpha\in G}\mathcal{D}'_\alpha\cong R'^*$(见 6.3 节开始). 对任意 $\underline{d}=(d_\alpha)_{\alpha\in G}\in\prod_{\alpha\in G}\mathcal{D}'_\alpha$, 有

$$\begin{aligned}f(\underline{d})&=(\iota^{-1}\circ(^*\underline{\mathrm{Can}}')^*\circ\iota')(\underline{d})=\iota^{-1}(\iota'(d)\circ{}^*\underline{\mathrm{Can}}')\\&=((\iota'(\underline{d})\circ{}^*\underline{\mathrm{Can}}')(f^{(\alpha)})c^{(\alpha)})_{\alpha\in G}=(\iota'(\underline{d})(f^{(\alpha)}\circ\mathrm{Can}'_\alpha)c^{(\alpha)})_{\alpha\in G}\\&=(f^{(\alpha)}(\mathrm{Can}'_\alpha(d_\alpha))c^{(\alpha)})_{\alpha\in G}=(\mathrm{Can}'_\alpha(d_\alpha))_{\alpha\in G},\end{aligned}$$

即 $f=\prod_{\alpha\in G}\mathrm{Can}'_\alpha$. 现在因为 $f=\prod_{\alpha\in G}\mathrm{Can}'_\alpha$ 是一个同构, 那么可得所有 $\mathrm{Can}'_\alpha$ 都是同构. 确实, $(\mathrm{Can}'_\alpha)^{-1}=p'_\alpha\circ f^{-1}\circ i_\alpha:\mathcal{C}_\alpha\to\mathcal{D}'_\alpha$, 这里 $i_\alpha$ 和 $p'_\alpha$ 表示标准内射和投射, 因此 $\mathrm{Can}'$ 的逆给出为 $(\mathrm{Can}')^{-1}=((\mathrm{Can}'_\alpha)^{-1})_{\alpha\in G}$. 最后, 因为 $^*\mathrm{Can}'_e$ 是特殊的同构, 定理 6.7.1 说明 $A$ 是完全忠实平坦左 $B$ 模.

(1) ⇒ (3) 与命题 6.3.10 的证明中一样, $\underline{\mathcal{C}}$ 是一个余自由的群余环, 这是因为 $\underline{\mathcal{D}}'$ 是余自由的, 而 $\underline{\mathrm{Can}}':\underline{\mathcal{D}}'\to\underline{\mathcal{C}}$ 是一个同构. 由引理 6.3.9 得到 $T=T_e$. 再由定理 6.7.1 和 $\mathrm{Can}'_e$ 是同构可知, $B=T$ 和 Morita 关系 $\mathbb{M}_e$ 为严格的, 与定理 6.6.12 中的 $\mathbb{GM}$ 类似, 很容易验证分次 Morita 关系 $\mathbb{M}_e[G]$ 是严格的. 再由命题 6.6.10 证得 $T\cong S$.

(4) ⇒ (1) 由命题 6.3.7 知 $\underline{\mathrm{Can}}$ 是一个同构, 也就是说, $(\underline{\mathcal{C}},\underline{x})$ 是 Galois 的. 所以 (见命题 6.3.10) $(\underline{\mathcal{C}},\underline{x})$ 是余自由的群余环带有一族固定的群像元, 由引理 6.3.9 说明 $B=T=T_e$. 又因为 $(F_7\cong F_2\circ F_8,G_7\cong G_8\circ G_2)$ 和 $(F_2,G_2)$ 都为等价 (见引理 6.3.11 和定理 6.1.2), 可以得到 $(F_8,G_8)$ 是范畴的等价. 最后由定理 6.7.1 可得 $A$ 是完全忠实平坦左 $B$ 模.

(3) ⇒ (4) 假定 $\mathbb{GM}=(G*S,R,A\{G\},QG,\omega,\nu)$ 是一个严格的分次 Morita 关系. 有一个范畴 $\mathcal{M}^G_{G*S}$ 和 $\mathcal{M}^G_R$ 之间的可逆等价函子对 $(\tilde{F}=-\otimes_{G*S}A\{G\},\tilde{G}=-\otimes_R QG)$. 由命题 6.6.10 得, 作为分次环, $G*S$ 和 $T[G]$ 同构. 由此可得范畴 $\mathcal{M}^G_{G*S}$ 和 $\mathcal{M}^G_{T[G]}$ 同构, 再由强分次环上的分次模结构定理知, 范畴 $\mathcal{M}^G_{T[G]}$ 和 $\mathcal{M}_T$ 是同构的. 利用 $\mathcal{M}^{G,\underline{\mathcal{C}}}$ 和 $\mathcal{M}^G_R$ 之间的同构函子对 $(F_3,G_3)$(见命题 6.2.1), 得到 $\mathcal{M}_T$ 和 $\mathcal{M}^{G,\underline{\mathcal{C}}}$ 之间的可逆等价函子对 $(\widetilde{F_7},\widetilde{G_7})$:

$$\widetilde{F_7}:\ \mathcal{M}_T\cong\mathcal{M}^G_{T[G]}\cong\mathcal{M}^G_{G*S}\overset{\widetilde{F}}{\rightleftarrows}\mathcal{M}^G_R\overset{G_3}{\rightleftarrows}\mathcal{M}^{G,\underline{\mathcal{C}}}\ :\widetilde{G_7}.$$

若 $M \in \mathcal{M}_T$, 有 $\widetilde{F_7}(M) = ((M[G] \otimes_{G*S} A\{G\})_\alpha)_{\alpha\in G} \in \mathcal{M}^{G,\underline{\mathcal{C}}}$, 其中, 记 $(M[G] \otimes_{G*S} A\{G\})_\alpha$ 为 $M[G] \otimes_{G*S} A\{G\} \in \mathcal{M}_R^G$ 的第 $\alpha$ 个奇次分量. $\widetilde{F_7}(M)$ 上的余作用定义为

$$
\begin{aligned}
&\tilde{\rho}_{\alpha,\beta}:\ (M[G] \otimes_{G*S} A\{G\})_{\alpha\beta} \to (M[G] \otimes_{G*S} A\{G\})_\alpha \otimes_A \mathcal{C}_\beta,\\
&\tilde{\rho}_{\alpha,\beta}\left(\sum_{\gamma\in G} m_\gamma u_\gamma \otimes_{G*S} \mu_{\gamma^{-1}\alpha\beta}(a_\gamma)\right)\\
=&\sum_{\gamma\in G} m_\gamma u_\gamma \otimes_{G*S} \mu_{\gamma^{-1}\alpha\beta}(a_\gamma)\cdot f^{(\beta)} \otimes_A c^{(\beta)}\\
=&\sum_{\gamma\in G} m_\gamma u_\gamma \otimes_{G*S} \mu_{\gamma^{-1}\alpha}(f^{(\beta)}(x_\beta a_\gamma)) \otimes_A c^{(\beta)}.
\end{aligned}
$$

现在证明 $\widetilde{F_7} \cong F_7$. 对任意 $M \in \mathcal{M}_T$ 和 $\alpha \in G$, 考虑映射

$$
\begin{aligned}
&\varphi_{M,\alpha}:\ (M[G] \otimes_{G*S} A\{G\})_\alpha \to \mu_\alpha(M \otimes_T A),\\
&\varphi_{M,\alpha}\left(\sum_{\gamma\in G} m_\gamma u_\gamma \otimes_{G*S} \mu_{\gamma^{-1}\alpha}(a_\gamma)\right) = \mu_\alpha\left(\sum_{\gamma\in G} m_\gamma \otimes_T a_\gamma\right).
\end{aligned}
$$

$\varphi_M = (\varphi_{M,\alpha})_{\alpha\in G} : \widetilde{F_7}(M) \to F_7(M)$ 是 $\mathcal{M}^{G,\underline{\mathcal{C}}}$ 中的同构, 留给读者去验证, 逆定义为 $\varphi_M^{-1} = (\varphi_{M,\alpha}^{-1})_{\alpha\in G}$, 这里

$$
\varphi_{M,\alpha}^{-1}\left(\mu_\alpha\left(\sum_{i=1}^n m_i \otimes_T a_i\right)\right) = \sum_{i=1}^n m_i u_e \otimes_{G*S} \mu_\alpha(a_i) = \sum_{i=1}^n m_i u_\alpha \otimes_{G*S} \mu_e(a_i).
$$

由伴随函子的唯一性, 得到 $G_7 \cong \widetilde{G_7}$. 又由 $(\widetilde{F_7}, \widetilde{G_7})$ 是一对可逆等价得到 $(F_7, G_7)$ 是一对可逆等价, 证毕. □

## 6.8 应　用

设 $k$ 是交换环. Hopf $G$ 余代数是一个 $G$ 余代数 $\underline{H} = (H_\alpha)_{\alpha\in G}$ 带有下面的结构: 每个 $H_\alpha$ 是 $k$ 代数, 使得 $\Delta_{\alpha,\beta}$ 和 $\varepsilon$ 是代数映射, 而且还一族映射 $S_\alpha : H_{\alpha^{-1}} \to H_\alpha$ 使得

$$
S_\alpha(h_{(1,\alpha^{-1})})h_{(2,\alpha)} = h_{(1,\alpha)}S_\alpha(h_{(2,\alpha^{-1})}) = \varepsilon(h)1_{H_\alpha},
$$

对每个 $h \in H_e$, 一个右 $G$-$\underline{H}$ 余模代数是 $k$ 代数 $A$ 带有右 $H$ 余模作用 $\underline{\rho} = (\rho_\alpha)_{\alpha\in G}$, 满足 [237]

$$
\rho_\alpha(ab) = a_{[0]}b_{[0]} \otimes a_{[1,\alpha]}b_{[1,\alpha]} \quad 和 \quad \rho_\alpha(1_A) = 1_A \otimes 1_{H_\alpha},
$$

对任意 $a, b \in A$ 和 $\alpha \in G$. 这个定义是由文献 [242] 的第三作者引进的. 下面结果的证明是显然的.

**命题 6.8.1**　设 $\underline{H}$ 是 Hopf $G$ 余代数, $A$ 是右 $G$-$\underline{H}$ 余模代数. 那么 $\underline{\mathcal{C}} = A\otimes \underline{H} = (A\otimes H_\alpha)_{\alpha\in G}$ 是一个 $G$-$A$ 余环. $A$ 双模结构定义为

$$a'(b\otimes h)a = a'ba_{[0]}\otimes ha_{[1,\alpha]},$$

对任意 $a, a', b\in A, \alpha\in G, h\in H_\alpha$. 余乘和余单位映射给出如下:

$$\begin{aligned}\Delta_{\alpha,\beta} &: A\otimes H_{\alpha\beta}\to (A\otimes H_\alpha)\otimes_A (A\otimes H_\beta),\\ \Delta_{\alpha,\beta}(a\otimes h) &= (a\otimes h_{(1,\alpha)})\otimes_A (1_A\otimes h_{(2,\beta)});\\ \varepsilon &= A\otimes \varepsilon : A\otimes H_e\to A.\end{aligned}$$

$\underline{x} = (1_A\otimes 1_{H_\alpha})_{\alpha\in G}$ 是 $A\otimes \underline{H}$ 的一族群象元.

很容易发现 [237,239], 对任意 $a\in A$, $a\in A^{co\underline{\mathcal{C}}}$ 当且仅当 $a\otimes 1_{H_\alpha}$ 等于 $(1_A\otimes 1_{H_\alpha})a = a_{[0]}\otimes a_{[1]} = \rho_\alpha(a)$, 对所有 $\alpha\in G$. 这说明

$$A^{co\underline{\mathcal{C}}} = A^0 = \{a\in A \mid \rho_\alpha(a) = a\otimes 1_{H_\alpha},\ \forall\alpha\in G\}.$$

设 $B\to A^{co\underline{\mathcal{C}}}$ 是环同态, 计算态射 $\underline{\mathrm{Can}} : (A\otimes_B A)\langle G\rangle \to A\otimes \underline{H}$ 如下: $\mathrm{Can}_\alpha : \mu_\alpha(A\otimes_B A)\to A\otimes H_\alpha$ 由下面公式定义

$$\mathrm{Can}_\alpha(\mu_\alpha(a\otimes b)) = a(1_A\otimes 1_{H_\alpha})b = ab_{[0]}\otimes b_{[1,\alpha]}.$$

这就证明了命题 6.8.2.

**命题 6.8.2**　设 $A$ 是 Hopf $G$ 余代数 $\underline{H}$ 上的右余模代数. 那么 $(A\otimes \underline{H}, (1_A\otimes 1_{H_\alpha})_{\alpha\in G})$ 是 Galois $G$-$A$ 余环当且仅当 $A$ 是 $A^{co\underline{\mathcal{C}}} = A^0$ 的 $G$-$\underline{H}$-Galois 扩张.

设 $H$ 是 Hopf 代数, 而且 $\underline{H} = (H_\alpha)_{\alpha\in G}$ 是 $H$ 的同构类集合, 下标用群 $G$ 中元素定义. 令 $H_e = H$, 且 $\lambda_\alpha : H\to H_\alpha$ 表示相应的同构. 那么 $\underline{H}$ 是 Hopf $G$ 余代数, 带有结构映射

$$\Delta_{\alpha,\beta}(\lambda_{\alpha\beta}(h)) = \lambda_\alpha(h_{(1)})\otimes\lambda_\beta(h_{(2)}),\quad S_\alpha(\lambda_{\alpha^{-1}}(h)) = \lambda_\alpha(S(h)).$$

$\underline{H}$ 的余单位就是 $H$ 的余单位, 每个 $H_\alpha$ 是 $k$ 代数. 称 $\underline{H} = H\langle G\rangle$ 为关于 $H$ 的余自由的 Hopf $G$ 余代数. 利用命题 6.3.10 和命题 6.8.2, 得到下面结论:

**命题 6.8.3**　设 $A$ 是 Hopf $G$ 余代数 $\underline{H}$ 上的右余模代数. $A$ 是 $A^0$ 的 $G$-$\underline{H}$-Galois 扩张当且仅当 $\underline{H}$ 是余自由的 Hopf $G$ 余代数, 而且 $A$ 是 $A^{coH_e} = A^0$ 的 $H$-Galois 扩张.

推广右相关 $(\underline{H}, A)$-Hopf 模到右相关 $G$-$(\underline{H}, A)$-Hopf 模 [101,103,144−148,203−206], 它是一个右 $A$ 模 $M$, 还是一个右 $\underline{H}$ 余模, 满足相容条件

$$\rho_\alpha(ma) = m_{[0]}a_{[0]}\otimes m_{[1,\alpha]}a_{[1,\alpha]},$$

对任意 $m\in M, a\in A, \alpha\in G$. $\mathcal{M}_A^{\underline{H}}$ 表示右相关 $G$-$(\underline{H}, A)$-Hopf 模范畴.

类似地, 一个右相关群 $(\underline{H}, A)$-Hopf 模是一族右 $A$ 模 $(M_\alpha)_{\alpha\in G}$, 带有右 $G$-$\underline{H}$ 余模结构 $(\rho_{\alpha,\beta})_{\alpha,\beta\in G}$, 满足相容条件

$$\rho_{\alpha\beta}(ma) = m_{[0,\alpha]}a_{[0]}\otimes m_{[1,\alpha]}a_{[1,\beta]},$$

对所有 $\alpha,\beta\in G, m\in M_{\alpha\beta}$ 和 $a\in A$. 右相关群 $(\underline{H}, A)$-Hopf 模范畴记为 $\mathcal{M}_A^{G,\underline{H}}$. 下面命题的证明比较直接, 留给读者完成.

**命题 6.8.4**　设 $A$ 是 Hopf $G$ 余代数 $\underline{H}$ 上的右余模代数. 得到范畴 $\mathcal{M}_A^{\underline{H}}\cong\mathcal{M}^{A\otimes\underline{H}}$ 和 $\mathcal{M}_A^{G,\underline{H}}\cong\mathcal{M}^{G,A\otimes\underline{H}}$ 同构.

设 $B\to A^0$ 是环同态. 由命题 6.3.4 和命题 6.8.4, 有范畴 $\mathcal{M}_B$ 和 $\mathcal{M}_A^{G,\underline{H}}$ 之间的一对伴随函子 $(F_7, G_7)$. 作为定理 6.3.12 的应用, 得到下面的相关群 $(\underline{H}, A)$-Hopf 模上的结构定理.

**命题 6.8.5**　设 $A$ 是 Hopf $G$ 余代数 $\underline{H}$ 上的右余模代数, 且 $B\to A^0$ 是环同态. 则下面叙述等价:

(1) $B\cong A^0$, $A$ 是 $A^0$ 的 $G$-$\underline{H}$-Galois 扩张, 而且 $A$ 是完全忠实平坦左 $B$ 模.

(2) $(F_7, G_7)$ 是一对可逆等价且 $A$ 作为左 $B$ 模是平坦的.

最后计算 $A\otimes\underline{H}$ 的左对偶分次 $A$ 环. 有下面的 $k$ 模同构

$$R=\bigoplus_{\alpha\in G}{}_A\mathrm{Hom}(A\otimes H_{\alpha^{-1}}, A)\cong\bigoplus_{\alpha\in G}\mathrm{Hom}(H_{\alpha^{-1}}, A).$$

$R$ 上的乘法 (和双 $A$ 模结构) 能够平移到 $\bigoplus_{\alpha\in G}\mathrm{Hom}(H_{\alpha^{-1}}, A)$ 上. 得到下面的乘法法则, $\forall f\in\mathrm{Hom}(H_{\alpha^{-1}}, A)\cong R_\alpha, g\in\mathrm{Hom}(H_{\beta^{-1}}, A)\cong R_\beta, h\in H_{(\alpha\beta)^{-1}}$:

$$(f\#g)(h) = f(h_{(2,\alpha^{-1})})_{[0]}g(h_{(1,\beta^{-1})}f(h_{(2,\alpha^{-1})})_{[1,\beta^{-1}]}). \tag{6.18}$$

在更仔细地研究 $\underline{H}$ 为奇次有限 (即每个 $H_\alpha$ 为有限生成投射 $k$ 模) 情况前, 先考虑一般的情形.

设 $K$ 是一个 (经典) Hopf 代数, $A$ 是左 $K$ 模代数. 那么能构造一个冲积 $K^{op}\#A$, 乘法定义为

$$(h\#a)(k\#b) = k_{(1)}\#(k_{(2)}\cdot a)b. \tag{6.19}$$

众所周知, $K^{op}\#A$ 是一个 $A$ 环.

称 $K$ 是一个分次 Hopf 代数, 如果 $K$ 是 Hopf 代数, 而且还是 $G$ 分次代数, 使得 $\Delta(K_\alpha)\subset K_\alpha\otimes K_\alpha$ 和 $S(K_\alpha)\subset K_{\alpha^{-1}}$. 这说明, 特殊地, 每个 $K_\alpha$ 是 $K$ 的一个子代数. 如果 $K$ 是一个分次 Hopf 代数, $A$ 是左 $K$ 模代数, 那么 $K^{op}\#A$ 是分次 $A$ 环.

一个 $G$ 分次 Hopf 代数等同于一个打包的 Hopf $G$ 代数. Hopf $G$ 代数的定义原理是对偶于 Hopf $G$ 余代数的定义. 一个 Hopf $G$ 代数是一族 $k$ 余代数 $\underline{K} = (K_\alpha)_{\alpha\in G}$ 和 $k$ 余代数映射 $\mu_{\alpha,\beta} : K_\alpha \otimes K_\beta \to K_{\alpha\beta}$ 和 $\eta : k \to K_e$ 满足原来的结合性和单位性. 还需要反对极映射 $S_\alpha : K_\alpha \to K_{\alpha^{-1}}$ 使得

$$\mu_{\alpha^{-1},\alpha}(S_\alpha(k_{(1)}) \otimes k_{(2)}) = \mu_{\alpha,\alpha^{-1}}(k_{(1)} \otimes S_\alpha(k_{(2)})) = \eta(\varepsilon(k)),$$

对任意 $k \in K_\alpha$. 直接验证 $K = \bigoplus_{\alpha\in G} K_\alpha$ 是分次代数. 相反地, 如果 $K$ 是分次 Hopf 代数, 那么 $(K_\alpha)_{\alpha\in G}$ 是 Hopf $G$ 代数. 得到一个 $G$ 分次 Hopf 代数范畴与 Hopf $G$ 代数范畴之间的同构.

如果 $\underline{H}$ 是齐次有限 Hopf $G$ 余代数, 那么 $\underline{K} = (H^*_{\alpha^{-1}})_{\alpha\in G}$ 是 Hopf $G$ 代数, 并且, $K = \bigoplus_{\alpha\in G} H^*_{\alpha^{-1}}$ 是 $G$ 分次 Hopf 代数.

如果 $A$ 是右 $\underline{H}$ 模代数, 那么它还是左 $K$ 模代数, 模作用定义为 $h^* \cdot a = \langle h^*, a_{[1,\alpha^{-1}]}\rangle a_{[0]}$, 对任意 $h^* \in K_\alpha = H^*_{\alpha^{-1}}$.

对任意 $\alpha \in G$,

$$_A\mathrm{Hom}(A \otimes H_{\alpha^{-1}}, A) \cong \mathrm{Hom}(H_{\alpha^{-1}}, A) \cong H^*_{\alpha^{-1}} \otimes A$$

是 $K^{op}\#A$ 的第 $\alpha$ 个分量.

**定理 6.8.6** 设 $\underline{H}$ 是奇次有限 Hopf $G$ 余代数, $A$ 是右 $\underline{H}$ 余模代数. 那么 $R = \bigoplus_{\alpha\in G} {}_A\mathrm{Hom}(A \otimes H_{\alpha^{-1}}, A)$ 同构于 $K^{op}\#A$ 作为 $G$ 分次 $A$ 环. 相应地, 范畴 $\mathcal{M}_A^{G,\underline{\mathcal{C}}}$ 和 $\mathcal{M}^G_{K^{op}\#A}$ 也同构.

**证明** 先证下面 $k$ 模同构

$$\lambda_\alpha : H^*_{\alpha^{-1}} \otimes A \to \mathrm{Hom}(H_{\alpha^{-1}}, A), \quad \lambda_\alpha(h^* \otimes a)(h) = \langle h^*, h\rangle a$$

可把乘法法则 (6.19) 变为 (6.18). 取 $\alpha, \beta \in G, h^* \in H^*_{\alpha^{-1}}, k^* \in H^*_{\beta^{-1}}, a, b \in A$, 记 $f = \lambda_\alpha(h^* \otimes a), g = \lambda_\beta(k^* \otimes b)$. 对 $h \in H_{(\alpha\beta)^{-1}}$, 则有

$$\begin{aligned}(f\#g)(h) &= \langle h^*, h_{(2,\alpha^{-1})}\rangle a_{[0]} g(h_{(1,\beta^{-1})} a_{[1,\beta^{-1}]}) \\ &= \langle h^*, h_{(2,\alpha^{-1})}\rangle \langle k^*, h_{(1,\beta^{-1})} a_{[1,\beta^{-1}]}\rangle a_{[0]} b \\ &= \langle h^*, h_{(2,\alpha^{-1})}\rangle \langle k^*_{(1)}, h_{(1,\beta^{-1})}\rangle \langle k^*_{(2)}, a_{[1,\beta^{-1}]}\rangle a_{[0]} b \\ &= \langle k^*_{(1)} * h^*, h\rangle (k^*_{(2)} \cdot a) b = \lambda_{\alpha\beta}(k^*_{(1)} * h^* \#(k^*_{(2)} \cdot a) b)(h),\end{aligned}$$

得到 $\lambda_\alpha(h^* \otimes a)\#\lambda_\beta(k^* \otimes b) = \lambda_{\alpha\beta}((h^*\#a)(k^*\#b))$, 证毕. □

Hopf 群余代数是一类特殊的乘子 (multiplier) Hopf 代数 [224,225], 进一步研究见文献 [77, 227–230].

# 参考文献


[1] Abe E. Hopf Algebras. Cambridge: Cambridge University Press, 1977.

[2] Abuhlail J Y, Gómez-Torrecillas J, Lobillo F J. Duality and rational modules in Hopf algebras over commutative rings. J. Algebra, 2001, 240: 165-184.

[3] Abuhlail J. Morita contexts forcorings and equivatences//Caenepeel S, Van Oystaeyen F. (Eds.). Hopf Algebras in Noncommutalive Geometry and Physics. Dekker, 2005: 1-29.

[4] Albu T, Wisbauer R. $M$-density, $M$-adic completion and $M$-subgeneration. Rend. Sem. Mat. Univ. Padova, 1997, 98: 141-159.

[5] Allen H P, Trushin D. Coproper coalgebras. J. Algebra, 1978, 54: 203-215.

[6] Allen H P, Trushin D. A generalized Frobenius structure for coalgebras with applications to character theory. J. Algebra, 1980, 62: 430-449.

[7] Amitsur S. Simple algebras and cohomology groups of arbitrary fields. Trans. Amer. Math. Soc., 1959, 90: 73-112.

[8] Anderson F, Fuller K. Rings and Categories of Modules. Berlin: Springer, 1974.

[9] Anquela J A, Cortés T, Montaner F. Nonassociative coalgebras. Comm. Algebra, 1994, 22: 4693-4716.

[10] Artin M. On Azumaya algebras and finite representations of rings. J. Algebra, 1969, 11: 532-563.

[11] Auslander M, Reiten I, Smalφ S. Galois actions on rings and finite Galois coverings. Math. Scand., 1989, 65: 5-32.

[12] Bass H. Algebraic K-theory. New York: Benjamin, 1968.

[13] Beattie M, Dăscălescu S, Raianu S. Galois extensions for co-Frobenius Hopf algebras. J. Algebra, 1997, 198: 164-183.

[14] Beattie M, Dăscălescu S, Grünenfelder L, Năstăsescu C. Finiteness conditions, co-Frobenius Hopf algebras, and quantum groups. J. Algebra, 1998, 200: 312-333.

[15] Bergen J, Montgomery S. Smash products and outer derivations. Israel J. Math., 1986, 53: 321-345.

[16] Blattner R J, Montgomery S. A duality theorem for Hopf module algebras. J. Algebra, 1985, 95: 153-172.

[17] Böhm G. Doi-Hopf modules over weak Hopf algebras. Comm. Algebra, 2000, 28: 4687-4698.

[18] Böhm G, Nill F, Szlachányi K. Weak Hopf algebras I. Integral theory and $C^*$-structure. J. Algebra, 1999, 221: 385-438.

[19] Böhm G, Vercruysse J. Moritatheory for coring extensions and cleft bicomodules. Adv. Math., 2007, 209: 611-648.

[20] Boisen P. Graded morita theory. J. Algebra, 1994, 164: 1-25.

[21] Borceux F. Handbook of Categorical Algebra 2. Categories and Structures. Cambridge: Cambridge University Press, 1994.

[22] Bourbaki N. Algebra I. Addison-Wesley, Reading, MA, 1974.

[23] Bourbaki N. Algèbre, Chapitres 1 à 3. Paris: Hermann, 1970.

[24] Bourbaki N. Algèbre Commutative, Chapitres 1 à 9. Paris: Hermann, 1961-1983.

[25] Brown K A, Goodearl K R. Lectures on Algebraic Quantum Groups. Basel: Birkhäuser, 2002.

[26] Brzeziński T. Translation map in quantum principal bundles. J. Geom. Phys., 1996, 20: 349-370.

[27] Brzeziński T. Quantum homogenous spaces and coalgebra bundles. Rep. Math. Phys., 1997, 40: 179-185.

[28] Brzeziński T. On modules associated to coalgebra-Galois extensions. J. Algebra, 1999, 215: 290-317.

[29] Brzeziński T. Frobenius properties and Maschke-type theorems for entwined modules. Proc. Amer. Math. Soc., 2000, 128: 2261-2270.

[30] Brzeziński T. Coalgebra-Galois extensions from the extension theory point of view. Hopf algebras and quantum groups (Brussels, 1998), 47-68. Lecture Notes in Pure and Appl. Math., 209. New York: Dekker, 2000.

[31] Brzeziński T. The cohomology structure of an algebra entwined with a coalgebra. J. Algebra, 2001, 235(1): 176-202.

[32] Brzeziński T. The structure of corings. Induction functors, Maschke-type theorem, and Frobenius and Galois properties. Algebras and Representatation Theory, 2002, 5: 389-410.

[33] Brzeziński T.The structure of corings with a grouplike element. Noncommutative geometry and quantum groups (Warsaw, 2001), 21-35. Banach Center Publ., 61. Polish Acad. Sci.. Warsaw, 2003.

[34] Brzeziński T. Towers of corings. Comm. Algebra, 2003, 31: 2015-2026.

[35] Brzeziński T, Caenepeel S, Militaru G. Doi-Koppinen modules for quantum groupoids. J. Pure Appl. Algebra, 2002, 175: 45-62.

[36] Brzeziński T, Hajac P M. Coalgebra extensions and algebra coextensions of Galois type. Comm. Algebra, 1999, 27: 1347-1367.

[37] Brzeziński T, Kadison L, Wisbauer R. On coseparable and biseparable corings. Hopf algebras in noncommutative geometry and physics, 71-87. Lecture Notes in Pure and Appl. Math., 239. New York: Dekker, 2005.

[38] Brzeziński T, Majid S. Quantum group gauge theory on quantum spaces. Comm. Math. Phys., 1993, 157: 591-638.

[39] Brzeziński T, Majid S. Coalgebra bundles. Comm. Math. Phys., 1998, 191: 467-492.

[40] Brzeziński T, Militaru G. Bialgebroids, $\times_A$-bialgebras and duality. J. Algebra, 2002, 251: 279-294.

[41] Brzeziński T, Wisbauer R. Corings and Comodules//London Math. Soc. Lecture Note Ser. Cambridge, UK: Cambridge Univ. Press, 2003, 309.

[42] Caenepeel S. Brauer Groups, Hopf Algebras and Galois Theory. Dordrecht: Kluwer, 1998.

[43] Caenepeel S. Galois corings from the descent theory point of view. Fields Inst. Comm., 2004, 43: 163-186.

[44] Caenepeel S, De Groot E. Modules over weak entwining structures. New trends in Hopf algebra theory (La Falda, 1999), 31-54. Contemp. Math., 267. Amer. Math. Soc., Providence, RI, 2000.

[45] Caenepeel S, De Groot E. Galois theory for weak Hopf algebras. Rev. Roumaine Math. Pures Appl., 2007, 52: 151-176.

[46] Caenepeel S, De Groot E, Vercruysse J. Galois Theory for Comatrix Corings: Descent Theory, Morita Theory, Frobenius and Separability Properties. Trans. Amer. Math. Soc., 2007, 359: 185-226.

[47] Caenepeel S, Ion B, Militaru G. The structure of Frobenius algebras and separable algebras. $K$-Theory, 2000, 19: 365-402.

[48] Caenepeel S, Janssen K, Wang S H. Group corings. Appl. Categ. Structures, 2008, 16: 65-96.

[49] Caenepeel S, Militaru G, Zhu S. Crossed modules and Doi-Hopf modules. Israel J. Math., 1997, 100: 221-247.

[50] Caenepeel S, Militaru G, Zhu S. Doi-Hopf modules, Yetter-Drinfel'd modules and Frobenius type properties. Trans. Amer. Math. Soc., 1997, 349: 4311-4342.

[51] Caenepeel S, Militaru G, Zhu S. Frobenius and Separable Functors for Generalized Hopf Modules and Nonlinear Equations. LNM 1787. Berlin: Springer, 2002.

[52] Caenepeel S, Raianu S. Induction functors for the Doi-Koppinen unified Hopf modules. Abelian groups and modules (Padova, 1994), 73-94. Math. Appl., 343. Dordrecht: Kluwer Acad. Publ., 1995.

[53] Caenepeel S, Vercruysse J, Wang S H. Morita theory for corings and cleft entwining structure. J. Algebra, 2004, 276: 210-235.

[54] Caenepeel S, Vercruysse J, Wang S H. Rationality properties for Morita contexts associated to corings. Hopf algebras in noncommutative geometry and physics, 113-136. Lecture Notes in Pure and Appl. Math., 239. New York: Dekker, 2005.

[55] Cao-Yu C, Nichols W D. A duality theorem for Hopf module algebras over Dedekind rings. Comm. Algebra, 1990, 18: 3209-3221.

[56] Cartan H, Eilenberg S. Homological Algebra. Princeton, NJ: Princeton University Press, 1956.

[57] Cartier P. Cohomologie des coalgèbres. Sém. Sophus Lie 1955-1956, exp. 5.

[58] Castaño Iglesias F, Gómez-Torrecillas J, Năstăsescu C. Separable functors in coalgebras. Applications. Tsukuba J. Math., 1997, 21: 329-344.

[59] Chari V, Pressley A. A Guide to Quantum Groups. Cambridge: Cambridge University Press, 1994.

[60] Chase S U, Harrison D K, Rosenberg A. Galois theory and Galois cohomology of commutative rings. Mem. AMS, 1965, 52: 1-20.

[61] Chase S U, Sweedler M E. Hopf Algebras and Galois Theory. Berlin-Heidelberg-New York: Springer, 1969.

[62] Chen H X, Wang S H. Hopf modules, Miyashita-Ulbrich coactions, and monoidal center constructions. Comm. Algebra, 2002, 30: 2853-2881.

[63] Chen J Z. The Theory of Differential Calculi on Some Noncommutative Algebras. PhD Thesis, Southeast University, 2008.

[64] Chen J Z, Wang S H. Differential calculi on quantum groupoids. Comm. Algebra, 2008, 36: 3792-3819.

[65] Chen J Z, Zhang Y, Wang S H. Twisting theory for weak Hopf algebras. Appl. Math. J. Chinese Univ. Ser. B, 2008, 23: 91-100.

[66] Cheng C C. Separable semigroup algebras. J. Pure Appl. Algebra, 1984, 33: 151-158.

[67] Childs L N. Taming Wild Extensions: Hopf Algebras and Local Galois Module Theory. AMS, Providence, RI, 2000.

[68] Chin W, Montgomery S. Basic coalgebras. Modular interfaces (Riverside, CA, 1995), 41-47. AMS/IP Stud. Adv. Math., 4. Amer. Math. Soc., Providence, RI, 1997.

[69] Cohen M, Fischman D, Montgomery S. Hopf Galois extensions, smash products, and Morita equivalence. J. Algebra, 1990, 133: 351-372.

[70] Cohen M. A Morita context related to finite automorphism groups of rings. Pacific J. Math., 1982, 98: 37-54.

[71] Cohen M, Fishman D. Hopf algebra actions. J. Algebra, 1986, 100: 363-379.

[72] Cohen M, Westreich S. Central invariants of $H$-module algebras. Comm. Algebra, 1993, 21: 2859-2883.

[73] Connes A. Noncommutative differential geometry. Inst. Hautes Études Sci. Publ. Math. No., 1985, 62: 257-360.

[74] Cuadra J, Gómez-Torrecillas J. Idempotents and Morita-Takeuchi theory. Comm. Algebra, 2002, 30: 2405-2426.

[75] Cuntz J, Quillen D. Algebra extensions and nonsingularity. J. Amer. Math. Soc., 1995, 8: 251-289.

[76] Dăscălescu S, Năstăsescu C, Raianu S. Hopf Algebras. An Introduction. New York-Basel: Marcel Dekker, 2001.

[77] Delvaux L, Van Daele A, Wang S H. Quasitriangular ($G$-cograded) multiplier Hopf algebras. J. Algebra, 2005, 289: 484-514.

[78] Doi Y. Homological coalgebra. J. Math. Soc. Japan, 1981, 33: 31-50.

[79] Doi Y. Unifying Hopf modules. J. Algebra, 1992, 153: 373-385.

[80] Doi Y, Takeuchi M. Cleft comodule algebras for a bialgebra. Comm. Algebra, 1986, 14: 801-817.

[81] Doi Y, Takeuchi M. Hopf-Galois extensions of algebras, the Miyashita-Ulbrich action, and Azumaya algebras. J. Algebra, 1989, 121: 488-516.

[82] Donkin S. On projective modules for algebraic groups. J. London Math. Soc., 1996, 54: 75-88.

[83] Drinfel'd V G. Quantum groups. Proceedings of the International Congress of Mathematicians, Vol. 1, 2 (Berkeley, Calif., 1986), 798-820. AMS, Providence, RI, 1987.

[84] El Kaoutit L, Gómez-Torrecillas J. Comatrix corings: Galois corings, descent theory, and a structure theorem for cosemisimple corings. Math. Z., 2003, 244: 887-906.

[85] El Kaoutit L, Gómez-Torrecillas J, Lobillo F J. Semisimple corings. Algebra Colloq., 2004, 11: 427-442.

[86] Etingof P, Nikshych D. Dynamical quantum groups at roots of 1. Duke Math. J., 2001, 108: 135-168.

[87] García J J, del Rio A. Actions of groups on fully bounded Noetherian rings. Comm. Algebra, 1994, 22: 1495-1505.

[88] García J M, Jara P, Merino L M. Decomposition of locally finite modules. Rings, Hopf algebras, and Brauer groups (Antwerp/Brussels, 1996), 147-157. Lecture Notes in Pure and Appl. Math., 197. New York: Dekker, 1998.

[89] García J M, Jara P, Merino L M. Decomposition of comodules. Comm. Algebra, 1999, 27: 1797-1805.

[90] Garfinkel G S. Universally torsionless and trace modules. Trans. Amer. Math. Soc., 1976, 215: 119-144.

[91] Gerstenhaber M. The cohomology structure of an associative ring. Ann. Math., 1963, 78: 267-288.

[92] Gerstenhaber M, Schack S D. Algebras, bialgebras, quantum groups, and algebraic deformations. Deformation theory and quantum groups with applications to mathematical physics (Amherst, MA, 1990), 51-92. Contemp. Math., 134. Amer. Math. Soc., Providence, RI, 1992.

[93] Golan J S. Linear Topologies on a Ring. Pitman Research Notes 159. London, 1987.

[94] Gómez-Torrecillas J. Coalgebras and comodules over a commutative ring. Rev. Roumaine Math. Pures Appl., 1998, 43: 591-603.

[95] Gómez-Torrecillas J. Separable functors in corings. Int. J. Math. Math. Sci., 2002, 30: 203-225.

[96] Gómez-Torrecillas J, Năstăsescu C. Quasi-co-Frobenius coalgebras. J. Algebra, 1995, 174: 909-923.

[97] Green J A. Locally finite representations. J. Algebra, 1976, 41: 137-171.

[98] Grothendieck A. Technique de descente et théorèmes d'existence en géométrie algébrique, I. Généralités, descente par morphismes fidèlement plats. Séminaire Bourbaki 12, No. 190, 1959/1960.

[99] Grothendieck A. Technique de descente et théorèmes d'existence en géométrie algébrique, II. Le théorèmes d'existence en théorie formelle des modules. Séminaire Bourbaki 12, No. 195, 1959/1960.

[100] Grunenfelder L, Parè R. Families parametrized by coalgebras. J. Algebra, 1987, 107: 316-375.

[101] Guo Q L. The Structure and Application of (Weak) Group Coring. PhD Thesis, Southeast University, 2009.

[102] Guo Q L, Wang S H. Rational modules for corings and weak entwining structure. Nanjing Daxue Xuebao Shuxue Bannian Kan, 2008, 25: 158-167.

[103] Guo Q L, Wang S H. Lax group corings. Int. Electron. J. Algebra, 2008, 4: 83-103.

[104] Guo Q L, Wang S H, Zhan Y. Inner deformations of entwined modules and their simpleness. Arab. J. Sci. Eng. Sect. C Theme Issues, 2008, 33: 205-223.

[105] Gumm H P. Elements of the General Theory of Coalgebras. Preliminary version, Universität Marburg, 2000.

[106] Guzman F. Cointegrations and relative cohomology for comodules. PhD Thesis, Syracuse University, New York, 1985.

[107] Guzman F. Cointegrations, relative cohomology for comodules, and coseparable corings. J. Algebra, 1989, 126: 211-224.

[108] Hayashi T. Quantum group symmetry of partition functions of IRF models and its applications to Jones' index theory. Comm. Math. Phys., 1993, 157: 331-345.

[109] Heyneman R G, Radford D E. Reflexivity and coalgebras of finite type. J. Algebra, 1974, 28: 215-246.

[110] Hilton P J, Stambach U. A Course in Homological Algebra. Berlin: Springer, 1971.

[111] Hirata K. Some types of separable extensions of rings. Nagoya Math. J., 1968, 33: 107-115.

[112] Hobst D, Pareigis B. Double quantum groups. J. Algebra, 2001, 242: 460-494.

[113] Hochschild G. On the cohomology groups of an associative algebra. Ann. Math., 1945, 46: 58-67.

[114] Hochschild G. Relative homological algebra. Trans. Amer. Math. Soc., 1956, 82: 246-269.

[115] Hughes J. A study of categories of algebras and coalgebras. PhD Thesis, Carnegie Mellon University, Pittsburgh, 2000.

[116] Husemoller D. Fibre Bundles. Berlin: Springer, 1992.

[117] Jimbo M. A $q$-difference analog of $U(g)$ and the Yang-Baxter equation. Lett. Math. Phys., 1985, 10: 63-69.

[118] Jonah D W. Cohomology of Coalgebras. Mem. AMS 82, 1968.

[119] Jones V F R. Index of subrings of rings. AMS Contemp. Math., 1985, 43: 181-190.

[120] Kadison L. New Examples of Frobenius Extensions. AMS, Providence, RI, 1999.

[121] Kadison L. Hopf algebroids and $H$-separable extensions. Proc. Amer. Math. Soc., 2003, 131: 2993-3002.

[122] Kadison L, Szlachányi K. Bialgebroid actions on depth two extensions and duality. Adv. Math., 2003, 179: 75-121.

[123] Kan H B, Wang S H. A categorical interpretation of Yetter-Drinfel'd modules. Chinese Sci. Bull., 1999, 44: 771-778.

[124] Kaplansky I. Bialgebras. Lecture Notes in Math. University of Chicago, Chicago, 1975.

[125] Kasch F. Projective Frobenius-Erweiterungen, Sitzungsber. Heidelberger Akad. Wiss. Math.-Natur. Kl., 1960, 61(4): 89-109.

[126] Kassel C. Quantum Groups. Berlin: Springer, 1995.

[127] Kleiner M. The dual ring to a coring with a grouplike. Proc. Amer. Math. Soc., 1984, 91: 540-542.

[128] Klimyk A, Schmüdgen K. Quantum Groups and Their Representations. Berlin: Springer, 1977.

[129] Kluge L, Paal E, Stasheff J. Invitation to composition. Comm. Algebra, 2000, 28: 1405-1422.

[130] Kontsevich M. Deformation quantization of Poisson manifolds. Lett. Math. Phys., 2003, 66: 157-216.

[131] Kontsevich M. Operads and motives in deformation quantization. Lett. Math. Phys., 1999, 48: 35-72.

[132] Koppinen M. Variations on the smash product with applications to group-graded rings. J. Pure Appl. Algebra, 1995, 104: 61-80.

[133] Koppinen M. On twisting of comodule algebras. Comm. Algebra, 1997, 25: 2009-2027.

[134] Kreimer H F, Takeuchi M. Hopf algebras and Galois extensions of an algebra. Indiana Univ. Math. J., 1981, 30: 675-692.

[135] Kriz I, May J P. Operads, Algebras, Modules and Motives. Astérisque 293, 1995.

[136] Knus M A, Ojanguren M. Théorie de la descente et algèbres d'Azumaya. LNM 389. Berlin: Springer, 1974.

[137] Larson R G. Coseparable Hopf algebras. J. Pure Appl. Algebra, 1973, 3: 261-267.

[138] Larson R G, Sweedler M S. Eisenberg An associative orthogonal bilinear form for Hopf algebras. Amer. J. Math., 1969, 91: 75-94.

[139] Li F. Weak Hopf algebras and some new solutions of the quantum Yang-Baxter equation. J. Algebra, 1998, 208: 72-100.

[140] Lin B I. Morita's theorem for coalgebras. Comm. Algebra, 1974, 1, 311-344.

[141] Lin B I. Products of torsion theories and applications to coalgebras. Osaka J. Math., 1975, 12: 433-439.

[142] Lin B I. Semiperfect coalgebras. J. Algebra, 1977, 49: 357-373.

[143] Liu G H, Wang S H. A construction method for Hopf algebras. Southeast Asian Bull. Math., 2006, 30: 283-300.

[144] Liu L. The Construction of Braided Crossed Monoidal Category. PhD Thesis, Southeast University, 2009.

[145] Liu L, Wang S H. Tensor identities in entwined module categories. J. Math. (China), 2009. to appear.

[146] Liu L, Wang S H. Constructing new braided T-categories over weak Hopf algebras. Applied Categorical Structures, 2009. to appear.

[147] Liu L, Wang S H. Making the category of entwined modules into a braided monoidal category. J. Southeast Univ. (English Ed.), 2008, 24: 250-252.

[148] Liu L, Wang S H. The generalized C. M. Z.-theorem and a Drinfel'd double construction for WT-coalgebras and graded quantum groupoids. Comm. Algebra, 2008, 36: 3393-3417.

[149] Loday J L, Stasheff J, Voronov A A(Eds.). Operads: Proceedings of Renaissance Conferences. Contemp. Math., 1997, 202.

[150] Lomp Ch. Primeigenschaften von algebren in modulkategorien über Hopf algebren. PhD Thesis, University of Düsseldorf, 2002.

[151] Lu D M. Braided Yang-Baxter operators. Comm. Algebra, 1999, 27: 2503-2509.

[152] Lu J H. Hopf algebroids and quantum groupoids. Int. J. Math., 1996, 7: 47-70.

[153] Lusztig G. Introduction to Quantum Groups. Basel: Birkhäuser, 1993.

[154] Ma T S, Wang S H. General double quantum groups. Comm. Algebra, 2008. to appear.

[155] Ma T S, Wang S H. Bitwistor and quasitriangular structures of bialgebras. Comm. Algebra, 2009. to appear.

[156] Mac Lane S. Categories for the Working Mathmatician. GTM 5. New York: Springer, 1998.

[157] Mackenzie K. Lie Groupoids and Lie Algebroids in Differential Geometry. Cambridge: Cambridge University Press, 1987.

[158] Majid S. Foundations of Quantum Group Theory. Cambridge: Cambridge University Press, 2002.

[159] Majid S. A Quantum Group Primer. Cambridge: Cambridge University Press, 2002.

[160] Marcus A. Equivalences incluced by graded bimodules. Comm. Algebra, 1998, 26: 713-731.

[161] May J P. The Geometry of Iterated Loop Spaces. LNM 271. Berlin: Springer, 1972.

[162] Menini C, Năstăsescu C. When are induction and coinduction functors isomorphic? Bull. Belg. Math. Soc. Simon Stevin, 1994, 1: 521-558.

[163] Menini C, Torrecillas B, Wisbauer R. Strongly rational comodules and semiperfect Hopf algebras over QF rings. J. Pure Appl. Algebra, 2001, 155: 237-255.

[164] Menini C, Zuccoli M. Equivalence theorems and Hopf-Galois extensions. J. Algebra, 1997, 194: 245-274.

[165] Mesablishvili, B. Entwining structures in monoidal categories. J. Algebra, 2008, 319: 2496-2517.

[166] Milnor J, Moore J C. On the structure of Hopf algebras. Ann. Math., 1965, 81: 211-264.

[167] Miyamoto H. A note on coreflexive coalgebras. Hiroshima Math. J., 1975, 5: 17-22.

[168] Montgomery S. Indecomposable coalgebras, simple comodules, and pointed Hopf algebras. Proc. Amer. Math. Soc., 1995, 123: 2343-2351.

[169] Montgomery S. Fixed Rings of Finite Automorphism Groups of Associative Rings. LNM 818. Berlin: Springer, 1980.

[170] Montgomery S. Hopf Algebras and Their Actions on Rings. Reg. Conf. Series in Math. CBMS 82, AMS, Providence RI, 1993.

[171] Morita K. Adjoint pairs of functors and Frobenius extensions. Sci. Rep. Tokyo Kyoiku Daigaku Sect. A, 1965, 9: 40-71.

[172] Müller E F, Schneider H-J. Quantum homogeneous spaces with faithfully flat module structures. Israel J. Math., 1999, 111: 157-190.

[173] Nakajima A. Bialgebras and Galois entensions. Math. J. Okayama Univ., 1991, 33: 37-46.

[174] Graded coalgebras. Tsukuba Math. J. 17(1993) 461-479.

[175] Năstăsescu C, F. Van Oystaeyen. Methods of gradedrings. Lect. Notes in Math. 1836. Springer. Verlag. Berlin. 2004.

[176] Nichols W D. Cosemisimple Hopf algebras. Advances in Hopf algebras (Chicago, IL, 1992), 135-151. Lecture Notes in Pure and Appl. Math., 158. New York: Dekker, 1994.

[177] Nichols W D, Sweedler M S. Hopf algebras and combinatorics. Umbral calculus and Hopf algebras (Norman, Okla., 1978), 49-84. Contemp. Math., 6. Amer. Math. Soc., Providence, R.I., 1982.

[178] Nill F. Axioms for a weak bialgebra. Preprint ArXiv math.QA/9805104, 1998.

[179] Nuss P. Noncommutative descent and non-Abelian cohomology. K-Theory, 1997, 12: 23-74.

[180] Ocneanu A. Quantized groups, string algebras and Galois theory for algebras. in Operators algebras and applications 2, Evans et al.(Eds). Cambridge: Cambridge University Press, 1988.

[181] Ohm J, Bush D E. Content modules and algebras. Math. Scand., 1972, 31: 49-68.

[182] Panaite, F., Staic, M. D. Generalized (anti) Yetter-Drinfel'd modules as components of a braided T-category. Israel J. Math., 2007, 158: 349-366.

[183] Pareigis B. Categories and Functors. New York-London: Academic Press, 1970.

[184] Pareigis B. When Hopf algebras are Frobenius algebras. J. Algebra, 1971, 18: 588-596.

[185] Pareigis B. On the cohomology of modules over Hopf algebras. J. Algebra, 1972, 22: 161-182.

[186] Pierce R. Associative Algebras. Berlin: Springer, 1992.

[187] Popescu N. Abelian Categories with Applications to Rings and Modules. New York-London: Academic Press, 1973.

[188] Prest Mike, Wisbauer R. Finite presentation and purity in categories $\sigma[M]$. Colloq. Math., 2004, 99: 189-202.

[189] Radford D E. Coreflexive coalgebras. J. Algebra, 1973, 26: 512-535.

[190] Radford D E. Finiteness conditions for a Hopf algebra with a nonzero integral. J. Algebra, 1977, 46: 189-195.

[191] Radford D E. On the structure of pointed coalgebras. J. Algebra, 1982, 77: 1-14.

[192] Radford D E, Towber, Jacob Yetter-Drinfel'd categories associated to an arbitrary bialgebra. J. Pure Appl. Algebra, 1993, 87: 259-279.

[193] Rafael M D. Separable functors revisited. Comm. Algebra, 1990, 18: 1445-1459.

[194] Raynaud M, Gruson L. Critère de platitude et de projectivité. Inv. Math., 1971, 13: 1-89.

[195] Rojter A V. Matrix problems and representations of BOCS's. LNM 831. Berlin: Springer, 1980.

[196] Rotman J J. An Introduction to Homological Algebra. New York: Academic Press, 1979.

[197] Schauenburg P. Bialgebras over noncommutative rings and a structure theorem for Hopf bimodules. Appl. Categ. Structures, 1998, 6: 193-222.

[198] Schauenburg P. Doi-Koppinen Hopf modules versus entwined modules. New York J. Math., 2000, 6: 325-329 .

[199] Schneider H-J. Principal homogeneous spaces for arbitrary Hopf algebras. Hopf algebras. Israel J. Math., 1990, 72: 167-195.

[200] Schneider H-J. Representation theory of Hopf Galois extensions. Hopf algebras. Israel J. Math., 1990, 72: 196-231.

[201] Schneider H-J. Normal basis and transitivity of crossed products for Hopf algebras. J. Algebra, 1992, 152: 289-312.

[202] Schubert H. Categories. Berlin: Springer, 1972.

[203] Shen B L. On Duality in the Theory of Hopf Algebras. PhD Thesis, Southeast University, 2009.

[204] Shen B L, Wang S H. Hopf algebras in group Yetter-Drinfel'd categories. J. Math. Res. Exposition (English Ed.), 2009, 29: 266-274.

[205] Shen B L, Wang S H. On group crossed products. Int. Electron. J. Algebra, 2008, 4: 177-188.

[206] Shen B L, Wang S H. Blattner-Cohen-Montgomery's duality theorem for (weak) group smash products. Comm. Algebra, 2008, 36: 2387-2409.

[207] Shudo T. A note on coalgebras and rational modules. Hiroshima Math. J., 1976, 6: 297-304.

[208] Shudo T, Miyamoto H. On the decomposition of coalgebras. Hiroshima Math. J., 1978, 8: 499-504.

[209] Stenström B. Rings of Quotients. Berlin: Springer, 1975.

[210] Sullivan J B. The uniqueness of integrals for Hopf algebras and some existence theorems of integrals for commutative Hopf algebras. J. Algebra, 1971, 19: 426-440.

[211] Sweedler M E. Groups of simple algebras. Inst. Hautes Études Sci. Publ. Math., 1974, 44: 79-189.

[212] Sweedler M E. The predual theorem to the Jacobson-Bourbaki theorem. Trans. Amer. Math. Soc., 1975, 213: 391-406.

[213] Sweedler M E. Hopf Algebras. New York: Benjamin, 1969.

[214] Taft E J. Reflexivity of algebras and coalgebras. Amer. J. Math., 1972, 94: 1111-1130.

[215] Takeuchi M. A correspondence between Hopf ideals and sub-Hopf algebras. Manuscripta Math., 1972, 7: 251-270.

[216] Takeuchi M. Groups of algebras over $A\otimes\overline{A}$. J. Math. Soc. Japan, 1977, 29: 459-492.

[217] Takeuchi M. Morita theorems for categories of comodules. J. Fac. Sci. Univ. Tokyo Sect. IA Math., 1977, 24: 629-644.

[218] Takeuchi M. Relative Hopf modules$\sim$-equivalences and freeness criteria. J. Algebra, 1979, 60: 452-471.

[219] Tamarkin D E. Another proof of M. Kontsevich formality theorem for $R^n$. Preprint ArXiv math.QA/9803025, 1998.

[220] Tambara D. The coendomorphism bialgebra of an algebra. J. Fac. Sci. Univ. Tokyo Sect. IA, Math., 1990, 37: 425-456.

[221] Tominaga H. On s-unital rings. Math. J. Okayama Univ., 1976, 18: 117-134.

[222] Turaev V. G. Quantum Invariants of Knots and 3-Manifolds//de Gruyter Stud. Math. Vol. 18, de Gruyter, Berlin, 1994.

[223] Turaev V. G. Homotopy field theory in dimension 3 and crossed group-categories, Preprint GT/0005291.

[224] Van Daele V. Multiplier Hopf algebras, Trans. Amer. Math. Soc., 1994, 342(2): 917-932.

[225] Van Daele V. An algebraic framework for group duality. Adv.Math., 1998, 140: 323-366.

[226] Van Daele A, Wang S H. New braided crossed categories and Drinfel'd quantum double for weak Hopf group coalgebra. Comm. Algebra, 2008, 36: 2341-2386.

[227] Van Daele A, Wang S H. A class of multiplier Hopf algebras. Algebr. Represent. Theory, 2007, 10: 441-461.

[228] Van Daele A, Wang S H. On the twisting and Drinfel'd double for multiplier Hopf algebras. Comm. Algebra, 2006, 34: 2811-2842.

[229] Van Daele A, Wang S H. The Larson-Sweedler theorem for multiplier Hopf algebras. J. Algebra, 2006, 296: 75-95.

[230] Van Daele A, Wang S H. Larson-Sweedler theorem and some properties of discrete type in ($G$-cograded) multiplier Hopf algebras. Comm. Algebra, 2006, 34: 2235-2249.

[231] Van Daele A, Zhang Y H. Multiplier Hopf algebras of Discrete Type. J. Algebra, 1999, 214: 400-417.

[232] Vanaja N. All finitely generated M-subgenerated modules are extending. Comm. Algebra, 1996, 24: 543-572.

[233] Virelizier A. Hopf group-coalgebras. J. Pure Appl. Algebra, 2002, 171: 75-122.

[234] Wang S H. Turaev Group Coalgebras and Twisted Drinfel'd Double. Indiana Univ. Math. J., 2009, 58 (3). to appear.

[235] Wang S H. New Turaev braided group categories over entwining structures. Comm. Algebra, 2009. to appear.

[236] Wang S H. Coquasitriangular Hopf group algebras and Drinfel'd co-doubles. Comm. Algebra, 2007, 35: 77-101.

[237] Wang S H. Morita contexts, $\pi$-Galois extensions for Hopf $\pi$-coalgebras. Comm. Algebra, 2006, 34: 521-546.

[238] Wang S H. An analogue of Kegel's theorem for quasi-associative algebras. Comm. Algebra, 2005, 33: 2607-2623.

[239] Wang S H. A Maschke type theorem for Hopf $\pi$-comodules. Tsukuba J. Math., 2004, 28: 377-388.

[240] Wang S H. Cibils-Rosso's theorem for quantum groupoids. Comm. Algebra, 2004, 32: 3703-3723.

[241] Wang S H. Group entwining structures and group coalgebra Galois extensions. Comm. Algebra, 2004, 32: 3437-3457.

[242] Wang S H. Group twisted smash products and Doi-Hopf modules for $T$-coalgebras. Comm. Algebra, 2004, 32: 3417-3436.

[243] Wang S H. A generalized double crossproduct and Drinfel'd double. Southeast Asian Bull. Math., 2002, 26: 159-180.

[244] Wang S H. Braided monoidal categories associated to Yetter-Drinfel'd categories. Comm. Algebra, 2002, 30: 5111-5124.

[245] Wang S H. A construction of braided Hopf algebras. Tsukuba J. Math., 2002, 26: 269-289.

[246] Wang S H. On the generalized $H$-Lie structure of associative algebras in Yetter-Drinfel'd categories. Comm. Algebra, 2002, 30: 307-325.

[247] Wang S H. Doi-Koppinen Hopf bimodules are modules. Comm. Algebra, 2001, 29: 4671-4682.

[248] Wang S H. On the braided structures of bicrossproduct Hopf algebras. Tsukuba J. Math., 2001, 25: 103-120.

[249] Wang S H. Solvable ideal properties of $\rho$-Lie algebras in Yetter-Drinfel'd categories. (Chinese) Chinese Ann. Math. Ser. A, 2000, 21: 547-552.

[250] Wang S H. Central invariants of $\rho$-Lie algebras in Yetter-Drinfel'd categories. Sci. China Ser. A, 2000, 43: 803-809.

[251] Wang S H. Quasitriangularity of the twisted smash coproduct Hopf algebras. Progr. Natur. Sci. (English Ed.), 1999, 9: 894-902.

[252] Wang S H. On braided Hopf algebra structures over the twisted smash products. Comm. Algebra, 1999, 27: 5561-5573.

[253] Wang S H. Some properties of $R$-Lie algebras and their $R$-Lie ideals. Kexue Tongbao (Chinese), 1999, 44: 142-145.

[254] Wang S H. $H$-weak comodule coalgebras and crossed coproducts of Hopf algebras. Chinese Ann. Math. Ser. A, 1995, 16: 471-479.

[255] Wang S H. A duality theorem of crossed coproduct for Hopf algebras. Sci. China Ser. A, 1995, 38: 1-7.

[256] Wang S H, Chen H X. Hopf-Galois coextensions and braided Lie coalgebras. Progr. Natur. Sci. (English Ed.), 2002, 12: 264-270.

[257] Wang S H, Jiao Z M, Zhao W Z. Hopf algebra structures on crossed products. Comm. Algebra, 1998, 26: 1293-1303.

[258] Wang S H, Kim Y G. Quasitriangular structures for a class of Hopf algebras of dimension $p^6$. Comm. Algebra, 2004, 32: 1401-1423.

[259] Wang S H, Li J Q. $H$-comodule algebras, total integrals and separable extensions. (Chinese) Chinese Ann. Math. Ser. A, 1996, 17: 589-594.

[260] Wang S H, Li J Q. On twisted smash products for bimodule algebras and the Drinfel'd double. Comm. Algebra, 1998, 26: 2435-2444.

[261] Wang S H, Li J Q. Morita contexts for comodule algebras. (Chinese) J. Fudan Univ. Natur. Sci., 1994, 33: 643-646.

[262] Wang S H, Ma T S. Singular solutions to the quantum Yang-Baxter equations. Comm. Algebra, 2009, 37: 296-316.

[263] Wang S H, Van Daele A, Zhang Y H. Constructing quasitriangular multiplier Hopf algebras by twisted tensor coproducts. Comm. Algebra, 2008. to appear.

[264] Wang S H, Wang D G. Hopf algebra structure $H^{\sigma-R}$ with two sided invertible 2-cocycle. Comment. Math. Univ. Carolin., 1999, 40: 635-650.

[265] Wang S H, Zhu H X. On Braided Lie Structures of Algeras in the Categories of weak Hopf bimodules. Algebra Colloq, 2009. to appear.

[266] Wilke B. Zur Modulstruktur von Ringen über Schiefgruppenringen. Algebra-Berichte 73, München, 1994.

[267] Wisbauer R. Localization of modules on the central closure of rings. Comm. Algebra, 1981, 9: 1455-1493.

[268] Wisbauer R. Local-global results for modules over algebras and Azumaya rings. J. Algebra, 1990, 135: 440-455.

[269] Wisbauer R. On module classes closed under extensions. Rings and radicals (Shijiazhuang, 1994), 73-97. Pitman Res. Notes Math. Ser., 346. Longman, Harlow, 1996.

[270] Wisbauer R. Tilting in module categories. Abelian groups, module theory, and topology (Padua, 1997), 421-444. Lecture Notes in Pure and Appl. Math., 201. New York: Dekker, 1998.

[271] Wisbauer R. Static modules and equivalences. Interactions between ring theory and representations of algebras (Murcia), 423-449. Lecture Notes in Pure and Appl. Math., 210. New York: Dekker, 2000.

[272] Wisbauer R. Semiperfect coalgebras over rings. Algebras and combinatorics (Hong Kong, 1997), 487-512. Singapore: Springer, 1999.

[273] Wisbauer R. Decompositions of modules and comodules. Algebra and its applications (Athens, OH, 1999), 547-561. Contemp. Math., 259. Amer. Math. Soc., Providence, RI, 2000.

[274] Wisbauer R. Weak corings. J. Algebra., 2001, 245: 123-160.

[275] Wisbauer R. Foundations of Module and Ring Theory. Gordon and Breach, Reading-Paris, 1991 (Grundlagen der Modul-und Ringtheorie, Verlag Reinhard Fischer, München, 1988).

[276] Wisbauer R. Modules and Algebras: Bimodule Structure and Group Actions on Algebras. Pitman Mono. PAM 81. Longman, Essex: Addison Wesley, 1996.

[277] Wisbauer R. On the category of comoclule over corings, in : Mathematics and Mathematics Education, Bethlehem 2000, World Scientific, River Edge. NJ, 2000: 325-336.

[278] Woronowicz S L. Compact matrix pseudogroups. Comm. Math. Phys., 1987, 111: 613-665.

[279] Xu P. Quantum groupoids. Comm. math. Phys., 2001, 216: 539-581.

[280] Yamanouchi T. Duality for generalized Kac algebras and a chacterisation of finite groupoid algebras. J. Algebra, 1994, 163: 9-15.

[281] Yettrer D N. Quantum groups and representations of monoidal categories. Math. Proc. Camb. Phil. Soc., 1990, 108: 261-290.

[282] Zhang L Y, Wang S H. Yetter-Drinfel'd module and convolution module. Northeast. Math. J., 2002, 18: 13-18.

[283] Zhang Y. Hopf Frobenius extensions of algebras. Comm. Algebra, 1992, 20: 1907-1915.

[284] Zhao W Z, Wang S H, Jiao Z M. On the quasitriangular structures of bicrossproduct Hopf algebras. Comm. Algebra, 2000, 28: 4839-4853.

[285] Zhao W Z, Wang S H, Jiao Z M. The Hopf algebra structure on a double crossproduct. Comm. Algebra, 1998, 26: 467-476.

[286] Zhu H X, Wang S H. A generalized Drinfeld quantum double construction based on weak Hopf algebras. Comm. Algebra, 2009. to appear.